普通高等教育“十二五”规划教材

UG NX 8.0 CAD/CAM
技术基础与实例教程

祖海英　闫月娟　孟碧霞　温后珍　编著
宋玉杰　主审

中国石化出版社

内 容 提 要

本书以 UG NX 8.0 中文版为操作平台，以教学模式为编写思路，较为全面地讲解了 UG NX 8.0 中 CAD/CAM 部分的使用方法和操作技巧，内容包括 UG NX 8.0 基础知识、草图、实体建模、工程制图、装配设计、运动仿真、数控编程技术基础、UG 平面铣、UG 型腔铣、UG 固定轴曲面轮廓铣、UG 车削加工、UG 后处理与仿真加工等。

全书实例丰富，结构安排合理，使读者能够掌握从建模、装配、仿真到加工的全数字化开发过程，适合作为高等院校、职业技术院校机械、机电、数控加工、模具等专业的教材，也可以作为 CAD/CAM/CAE 工程技术人员的参考资料。

图书在版编目(CIP)数据

UG NX 8.0 CAD/CAM 技术基础与实例教程/ 祖海英等编著．—北京：中国石化出版社，2013.8(2021.7 重印)
普通高等教育“十二五”规划教材
ISBN 978-7-5114-2308-5

Ⅰ.①U… Ⅱ.①祖… Ⅲ.①机械设计-计算机辅助设计-应用软件-高等学校-教材 Ⅳ.①TH122

中国版本图书馆 CIP 数据核字(2013)第 191972 号

中国石化出版社出版发行

地址：北京市东城区安定门外大街 58 号
邮编：100011 电话：(010)57512500
发行部电话：(010)57512575
http://www.sinopec-press.com
E-mail：press@sinopec.com
北京富泰印刷有限责任公司印刷
全国各地新华书店经销

*

787×1092 毫米 16 开本 18.75 印张 474 千字
2021 年 7 月第 1 版第 6 次印刷
定价：38.00 元

前　言

一、编写意图

UG NX 软件是目前我国机械、模具、家电、汽车和航天等领域普遍选用的高端 CAD/CAE/CAM 集成应用软件，是当今世界最先进的计算机辅助设计、分析和制造软件，在我国拥有较大的应用群体。UG NX 8.0 是其新推出的版本，在 CAD 建模、制图、仿真和加工流程等方面新增了很多实用功能，进一步提高了整个产品的开发效率。目前国内市场已有一部分 UG NX 8.0 中文版图书上市，但数量不多，且良莠不齐，有部分图书内容庞杂，编写生硬，不利于读者学习掌握。

本书以 UG NX 8.0 中文版为操作平台，较为全面地讲解了 UG NX 8.0 中 CAD/CAM 部分的使用方法和操作技巧，语言流畅、图文并茂，使读者能够掌握产品从建模、装配、仿真到加工的全数字化开发过程，快速提高产品开发能力。

二、内容介绍

本书以一套典型的石油装备为实例，带领读者全面学习 UG NX 8.0，从而达到快速入门和独立进行产品设计的目的。全书共分十二章，具体内容如下：

第一章　介绍 UG NX 8.0 入门知识及基本操作，具体包括 UG NX 产品概述、UG NX 8.0 操作界面、管理对象显示、坐标系与基准特征。

第二章　详细介绍草图基本环境的设置、草图的绘制和编辑方法以及添加草图约束、定位等内容，最后介绍了两个草图绘制实例。

第三章　首先介绍实体建模入门概述，接着介绍如何创建体素特征、扫掠特征和基本成形设计特征，特征操作及编辑的基础与应用知识，最后介绍三个实体建模实例。

第四章　内容包括工程制图模块切换、工程制图参数预设置、工程图的基本管理操作、插入试图、编辑视图、修改剖面线、图样标注/注释、制图编辑进阶知识和零件工程图综合实例。

第五章　内容包括装配设计基础、装配建模方法、装配配对条件、检查简单干涉与装配间隙、爆炸视图、装配序列基础与应用等，最后还介绍了装配综合应用范例。

第六章　重点介绍了运动仿真环境设置，如何创建连杆、运动副和定义运动驱动等命令，以及仿真解算过程和结果输出等内容，最后重点介绍了运动分析实例。

第七章　主要讲述了数控编程基础，包括数控编程的步骤、数控程序的格式及主要指令、机床坐标系与工件坐标系、常用的数控指令以及手工编程方法、斯沃数控仿真软件的操作方法、西门子 802C 数控车床和数控铣床的操作方法等。

第八章　主要讲述了 UG 平面铣，包括 UG CAM 操作入门及编程步骤、UG 平面铣的操作方法，在此基础上讲述了 UG 平面铣实例。

第九章　主要讲述了 UG 型腔铣，包括 UG 型腔铣的操作方法和 UG 型腔铣实例。

第十章　主要讲述了 UG 固定轴曲面轮廓铣，包括 UG 固定轴曲面轮廓铣的介绍以及 UG 固定轴曲面轮廓铣的加工实例。

第十一章　主要讲述了 UG 车削加工，包括对 UG 车削加工方法的介绍以及 UG 车削加工实例。

第十二章　主要讲述了 UG 后处理及仿真加工，包括西门子 802C 数控铣床仿真加工和西门子 802C 数控车床仿真加工。

三、本书特点

(1) UG 产品以功能强大、内容全面而著称，但这一特点也给初学者学习该软件带来了很大麻烦。本书作者根据多年的教学和使用经验，针对初、中级用户的需求选取了最为常用的功能和命令进行了深入浅出、图文并茂的讲解，有利于初学者快速入门。

(2) 本书内容丰富，涵盖了 UG NX 8.0 中 CAD/CAM 部分的主要内容，对于 CAE 部分也有所涉猎，使读者能够掌握从建模、装配、仿真到加工的全数字化开发过程，能快速提高读者的产品开发能力。

(3) 本书实例丰富，以机械设备中最常见的零部件为分析对象，以一套石油装备为载体，从建模、装配、运动仿真到加工按产品开发程序逐步讲解，有利于读者快速领略 UG NX 8.0 的产品开发思路，为后续深入学习奠定基础。

四、适应范围

本书内容全面、结构完整、可读性和可操作性强，全书可安排 32~48 个课时，可以作为高校、职业技术院校机械、机电、数控加工、模具等专业的教材，也可以作为 CAD/CAM/CAE 工程技术人员的参考资料。

五、编者分工

参加本书编写的有闫月娟(第一章、第二章、第三章、第四章)，祖海英(第五章、第六章)、温后珍(第七章、第十一章、第十二章)，孟碧霞(第八章、第九章、第十章)。宋玉杰承担了本书的审定工作。

本书的内容是国家科技支撑计划课题——“石油装备制造业创新技术服务平台建设(2012BAH28F03)”研究成果的组成部分，得到了该课题的大力支持。

由于时间仓促和编写人员水平有限，书中难免有不妥之处，恳请使用本教材的广大师生和读者提出宝贵意见，可通过 E-mail：jgmetalwork@126.com 与我们联系。如需书中案例素材，也可向此邮箱索取。

目　　录

第一章　UG NX 8.0 基础知识

第一节　UG NX 8.0 概述

UG 是 Siemens PLM Software 公司旗舰数字化产品开发解决方案，它为用户的产品设计及加工过程提供数字化造型和验证手段，这些解决方案可以全面地改善设计过程的效率，削减成本，并缩短产品进入市场的时间。

UG 使企业能够通过新一代数字化产品开发系统实现向产品全生命周期管理转型的目标。它包含了企业中应用最广泛的 CAD/CAE/CAM 集成应用套件，可用于产品设计、分析和制造全范围的开发过程，是当今世界最先进的计算机辅助设计、分析和制造软件。UG 面世以来，在航空航天、汽车、通用机械、工业设备、医疗器械以及其他高科技应用领域得到了广泛的应用。

UG 主要客户包括通用汽车、通用电气、福特、波音公司、劳斯莱斯、普惠发动机、日产、克莱斯勒以及美国军方等。几乎所有飞机发动机和大部分汽车发动机都采用 UG 进行设计，充分体现了 UG 在高端工程领域，特别是军工领域的强大实力。

UG 进入中国以后，很快就以其先进的管理理念、强大的工程背景、完善的技术功能以及专业化的技术服务队伍赢得了广大中国客户的赞誉，在中国的业务有了很大的发展，中国已成为其远东区业务增长最快的国家。

UG NX 8.0 是西门子公司 2011 年下半年正式发布的新版本。该版本构建在西门子的全新 PLM 技术框架之上，可以为用户提供可视程度更高的信息和分析，从而改善协同和决策过程。UG NX 8.0 在 CAD 建模、分析、制图、仿真和加工等方面新增或增强了很多实用功能，以进一步提高整个产品开发过程中的生产效率。本书将以 UG NX 8.0 中文版为操作平台，全面地讲解 UG NX 8.0 软件中 CAD/CAM 部分的使用方法和操作技巧。

一、UG 产品的特点

UG 系统提供了一个基于过程的产品设计环境，使产品开发从设计到加工真正实现了数据的无缝集成，从而优化了企业的产品设计与制造。UG 面向过程驱动的技术是虚拟产品开发的关键技术，在面向过程驱动技术的环境中，用户的全部产品以及精确的数据模型能够在产品开发全过程的各个环节保持相关，从而有效地实现了并行工程。

该软件不仅具有强大的实体建模、曲面建模、虚拟装配和生成工程图等设计功能，而且在设计过程中可进行有限元分析、机构运动分析、动力学分析和仿真模拟，提高设计的可靠性。同时，可用建立的三维模型直接生成数控代码，用于产品的加工，其后处理程序支持多种类型数控机床。它所提供的二次开发语言 UG/Open GRIP、UG/Open API 简单易学，实现功能多，便于用户开发专用 CAD 系统。

(1) 具有统一的数据库，真正实现了 CAD/CAE/CAM 等各模块之间的无缝集成，可实施并行工程。

(2) 采用复合建模技术，可将实体建模、曲面建模、线框建模、显示几何建模与参数化建模融为一体。

(3) 用基于特征(如孔、凸台、键槽、倒角等)的建模和编辑方法作为实体建模基础，形象直观，类似于工程师传统的设计办法，并能用参数驱动。

(4) 曲面设计采用非均匀有理 B 样条作基础，可用多种方法生成复杂的曲面，特别适合于汽车外形、汽轮机叶片等具有复杂曲面的产品的建模。

(5) 出图功能强，可十分方便地从三维实体模型直接生成二维工程图。能按 ISO 标准和国标标准标注尺寸、形位公差和汉字说明等，并能直接对实体做旋转剖、阶梯剖和轴测剖等形成各种剖视图，增强了绘制工程图的实用性。

(6) 以 Parasolid 为实体建模核心，实体建模功能处于领先地位。目前大部分 CAD/CAE/CAM 软件均以此作为实体建模基础。

(7)提供了界面良好的二次开发工具 GRIP 和 UFUNC，并能通过高级语言接口，使 UG 的图形功能与高级语言的计算功能紧密结合起来。

二、UG NX 各功能模块介绍

UG NX 的功能是靠各功能模块来实现的，利用不同的功能模块，来实现不同的用途。下面简要介绍几种常用的功能模块。

1. CAD 模块

1) 实体建模

提供业界最强的复合建模功能。UG 实体建模模块是基于约束的特征建模和显式几何建模，用户能够方便地建立二维和三维线框模型，通过扫描和旋转形成实体，并可对实体进行布尔运算及进行参数化编辑。实体建模是特征建模和自由形状建模的必要基础。如图 1-1 所示。

2) 特征建模

UG 特征建模模块提供了对建立和编辑标准设计特征的支持，常用的特征建模命令包括圆柱、圆锥、球、圆台、凸垫及孔、键槽、腔体、倒圆角、倒角等。特征可以相对于任何其他特征或对象定位，也可以被引用复制。如图 1-2 所示。

图 1-1　实体建模创建的模型

图 1-2　特征建模创建的模型

3）自由形状建模

自由形状建模用于构建用标准建模方法无法创建的复杂形状，它既能生成曲面，也能生成实体。定义自由形状特征可以采用点、线、片体或实体的边界和表面。如图 1-3 所示。

4）制图模块

制图模块即工程图模块，通过该模块设计人员能够快速、方便地由三维实体模型直接生成全相关的二维工程图，当实体模型改变时，工程图将被同步更新，从而减少工程图生成的时间和成本，提高设计效率。制图模块提供自动的视图布局(包括基本视图、剖视图、投影视图和局部放大图等)，可以自动、手动标注尺寸，自动绘制剖面线、标注形位公差和表面粗糙度等。利用装配模块创建的装配信息可以方便地建立装配图，包括快速地建立装配图剖视、爆炸图等。如图 1-4 所示。

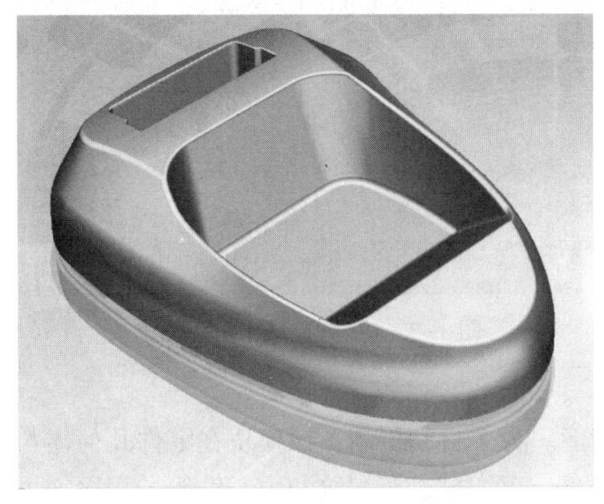

图 1-3　自由形状建模

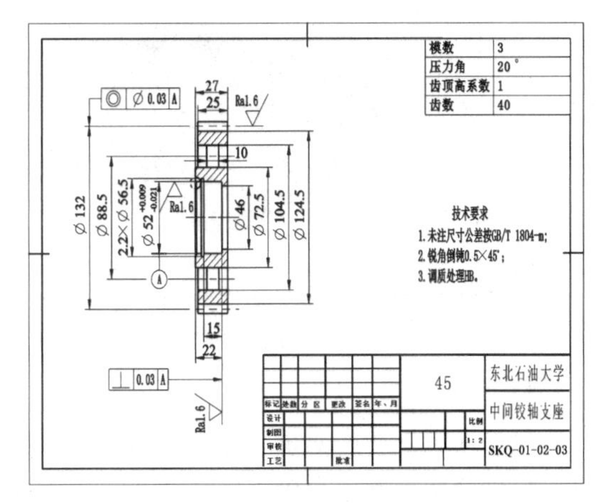

图 1-4　工程图

5）装配模块

装配模块提供并行的自顶向下和自底向上的产品开发方法，其生成的装配模型中零件数据是对零件本身的链接映像，保证装配模型和零件设计完全双向相关，并改进了软件操作性能，减少了对存储空间的需求。零件设计修改后装配模型中的零件会自动更新，同时可在装配环境下直接修改零件设计。装配建模的主模型可以在总装配的上下文中设计和编辑，组件以接触对齐、同心和距离等方式被灵活地配对或定位。如图 1-5 所示。

2. CAM 模块

使用加工模块可根据建立的三维模型生成数控代码，用于产品的加工，其后处理程序支持多种类型的数控机床。加工模块提供了众多的基本模块，如车削、固定轴铣削、可变轴铣削、切削仿真、线切割等。

1）加工基础

加工基础提供连接基于 UG 的所有加工模块的框架，它为所有 UG 的加工模块提供一个相同的、工作界面友好的图形化窗口环境。可在图形方式下观察刀具沿轨迹运行的情况，进行图形化修改，如对刀具轨迹进行扩展、缩短或修改等。用户可按需

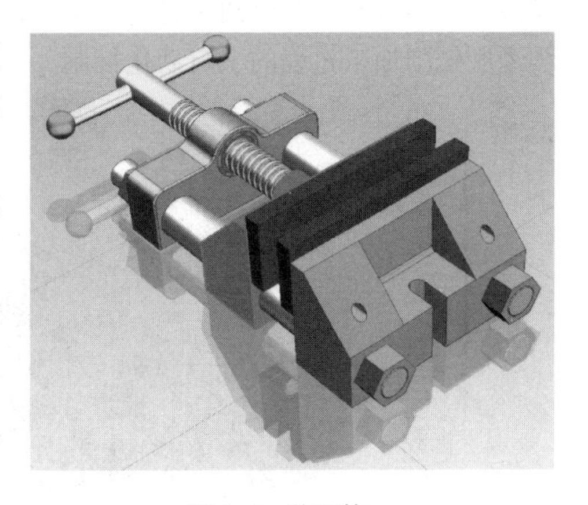

图 1-5　装配体

求进行灵活的个性化修改和剪裁、定义标准化刀具库，加工工艺参数样板库等，使常用加工参数标准化，以减少使用培训时间并优化加工工艺。如图 1-6 所示。

2）后处理

后处理模块使用户能够方便地建立自己的加工后置处理程序，适用于目前世界上几乎所有的主流 NC 机床和加工中心。该模块包括一个通用的后置处理器，使用户能够方便地建立用户定制的后置处理。通过使用加工数据文件生成器，用户可以选择适合特定机床和控制器特性的参数。如图 1-7 所示。

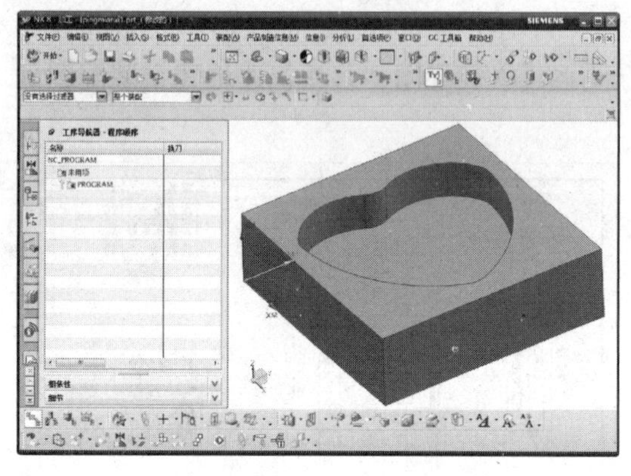

图 1-6　UG 加工基础

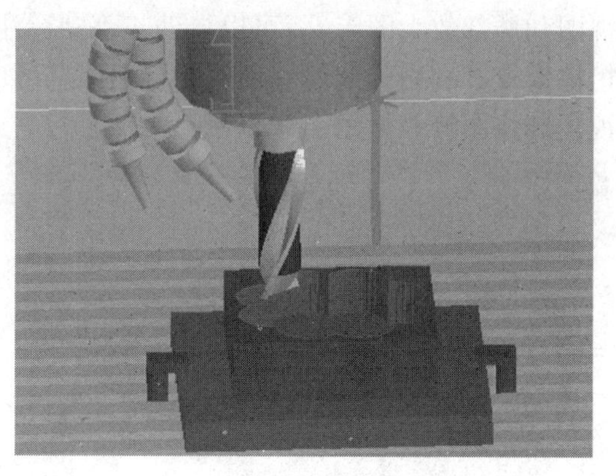

图 1-7　UG 数控铣床仿真加工

3）车削

车削提供生产高质量车削零件需要的所有功能。为了自动更新，该模块在零件几何体与刀轨间是全相关的。提供了包括粗车、多刀路精车、车沟槽、车螺纹和中心钻等子程序，可以产生直接被后处理器读取的源文件。用户控制的参数如进给速度、主轴转速和加工余量等，可以通过屏幕模拟显示生成的刀轨，检测参数设置是否正确。最后可生成刀位源文件，刀轨文件可以进行存储和更改。如图 1-8 所示。

4）型芯和型腔铣削

型芯和型腔铣削模块常用于模具和冲模加工中，在汽车和消费品工业中也常被用到。它提供粗加工单个或多个型腔的功能，可沿非常复杂的形状产生刀具运动轨迹。通过型腔铣削可加工设计精度低、曲面之间有间隙和重叠的形状。构成型腔的表面可以有数百个，加工中发现型面异常时，可以纠正这些异常或在用户规定的公差内加工型腔。这个模块提供对型芯和型腔铣削加工过程的全自动化控制。如图 1-9 所示。

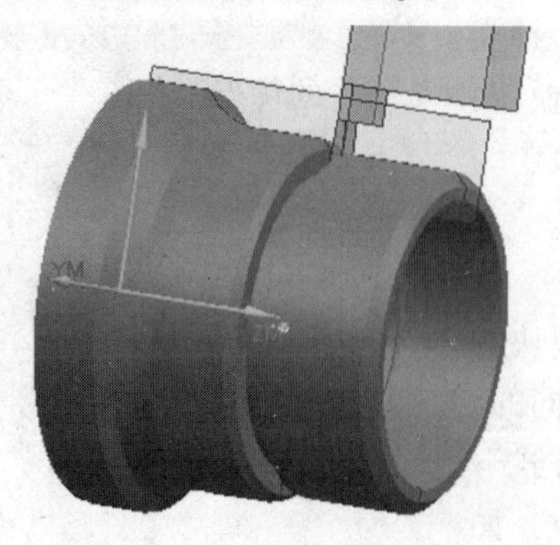

图 1-8　UG 车削加工

图 1-9　UG 型腔铣

5）固定轴曲面轮廓铣削

固定轴曲面轮廓铣削模块提供生成 3 轴联动运动刀轨、加工区域选择、多种驱动方法和走刀方式选择等功能，如走刀方式可选择沿边界切削、径向切削、螺旋切削和用户定义切削等。主要进行曲面的精加工。在沿边界驱动的切削方法中，又可选择同心或径向等不同切削方式。该模块提供顺铣和逆铣以及螺旋进刀等切削方式，可自动识别前道工序未能切除的未加工区域和陡峭区域，以便用户进一步清理这些区域。如图 1-10 所示。

6）可变轴铣削

可变轴铣削模块支持定轴和多轴铣削功能，可加工 UG 建模模块中生成的任何几何体，并保持主模型相关性。该模块提供 3~5 轴铣削功能，提供刀轴控制、走刀方式选择和刀具路径生成功能。可变轴铣削模块可方便地设定所有需要的参数，如进给速度、主轴转速和加工余量等，用户可以在任何时间生成刀轨。如图 1-11 所示。

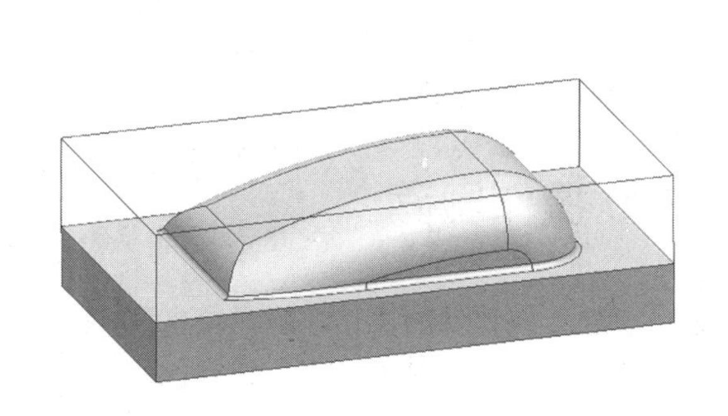

图 1-10　UG 固定轴曲面轮廓铣

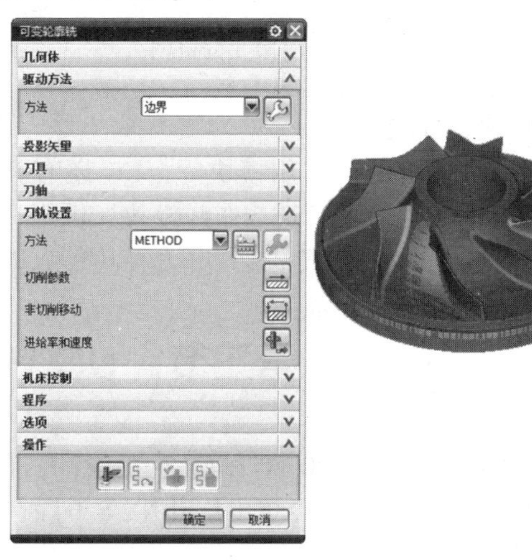

图 1-11　UG 可变轴铣削

3. CAE 模块

1）FEA

FEA 是一个与 UG/Scenario for FEA 前处理和后处理功能紧密集成的有限元解算器，这些产品结合在一起为在 UG 环境内的建模与分析提供一个完整的解，UG/FEA 是基于世界领先的 FEA 程序 MSC/NASTRAN 开发的。它不仅仅在过去的 30 年为有限元的精度和可靠性建立了标准，而且也在今天的动态产品开发环境中继续证明它的精度和有效性，MSC/NASTRAN 通过恒定地发展结构分析的最新分析功能和算法的优点，保持领先的 FEA 程序 。如图 1-12 所示。

2）运动分析

运动分析直接在 UG 内方便地进行二维或三维机构系统的运动学分析和设计仿真，用最小距离、干涉检测和跟踪轨迹包络选项，可以执行各种打包研究。独特的交互运动学方式，允许同时控制五个运动副，用户可以分析反作用力、图示最终位移、速度和加速度等，反作用力可以输入到 FEA 中。运动分析使用嵌入的来自机构动力学公司(MDI)的 ADAMS/Kinematics 解算器，对于更复杂的应用，可以为 ADAMS/Solver 的动力学解算器建立一个输入文件。如图 1-13 所示。

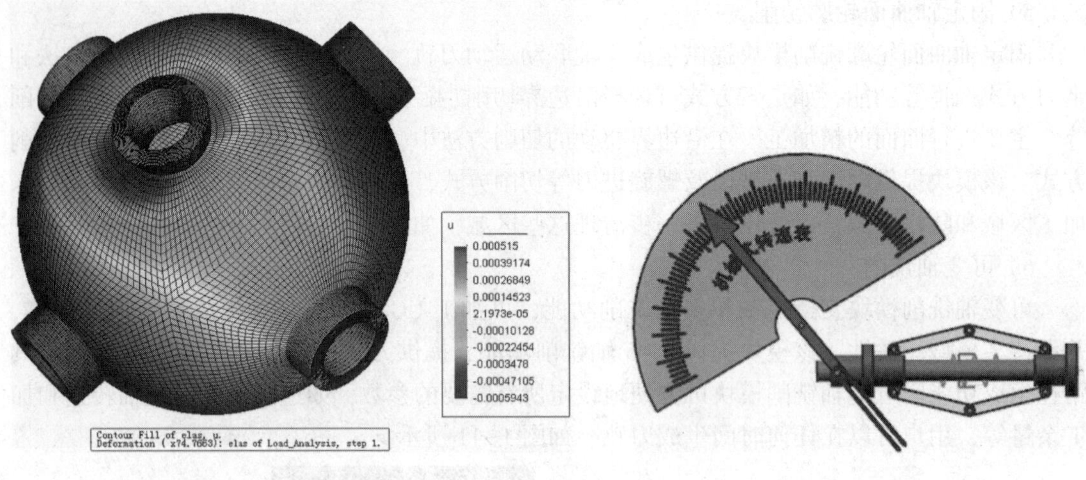

图 1-12　有限元分析图　　　　图 1-13　运动分析图

4. 其他模块

除了以上介绍的常用模块外，UG 还有其他一些功能模块。如用于钣金设计的钣金模块，用于管路设计的管道与布线模块，供用户进行二次开发的由 UG/Open GRIP、UG/Open API 和 UG/Open++组成的 UG 开发模块等。以上模块构成了 UG 的强大功能。

第二节　UG NX 8.0 操作界面

要使用 UG NX 8.0 软件进行产品设计，首先必须进入该软件的操作环境。单击【开始】→【程序】→【Siemens NX 8.0】→【NX 8.0】命令，启动 UG NX 8.0 软件，然后通过【新建】文件或【打开】已有文件的命令，进入 UG 软件的操作环境。新建文件时，确保文件名及路径均为英文，UG 初始设置不支持中文的文件名和路径。UG NX 8.0 的操作界面如图 1-14 所示。

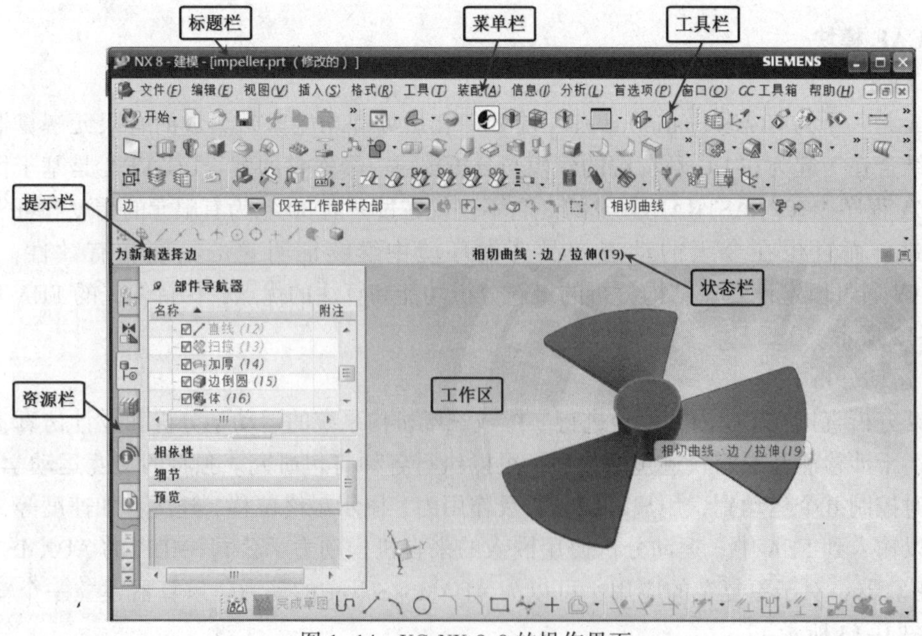

图 1-14　UG NX 8.0 的操作界面

UG NX 8.0 的操作界面主要包括以下几个部分：标题栏、菜单栏、工具栏、工作区、提示栏、状态栏等。

一、标题栏

用来显示软件版本、当前使用的应用模块的名称和文件名等信息。

二、菜单栏

主要用来调用 UG NX 8.0 各功能模块和各功能命令以及对 UG NX 8.0 系统的参数进行设置。对于不同的功能模块，菜单略有不同。

三、工具栏

在 UG NX 8.0 软件中，为了方便操作提供了大量的工具条，每个工具条的按钮都对应着菜单中的一个命令。不同功能模块显示的工具条和命令也各不相同。由于 UG NX 8.0 的工具条和命令非常丰富，不可能所有工具条和命令同时布置到工作界面上，因此，为了方便工作，我们需要根据工作目的布置工作界面，提高工作效率。

1. 显示或隐藏工具条

在工具栏区域的空白位置单击鼠标右键，系统会弹出如图 1-15 所示的工具条设置快捷菜单。用户可以按照自己工作的需要，设置工具条的显示或隐藏，以方便操作。设置时，只需要在相应功能的工具条选项上单击，使其前面出现一个对钩即可。要取消设置，不想让某个工具条出现在界面上时，只需要再单击该选项，取消勾选。

选择条
标准
重复命令
视图
实用工具
可视化
真实着色
可视化形状
形状分析
电影
操作记录
可视报告
Check-Mate
应用模块
主动数字样机
知识融合
重用库
曲线
直线和圆弧
编辑曲线
表
标准化工具 - GC 工具箱
直接草图
特征
同步建模
编辑特征
特征重放
曲面
剖切曲面
编辑曲面
建模
行业特定的
定制...

图 1-15　工具栏设定

2. 添加命令按钮

一个工具条中包含有很多个命令按钮，并不是所有的命令按钮都显示在工具条上，此时我们可以单击工具条右侧的按钮，弹出【添加或移除按钮】命令，选择相应的工具条，例如选择【同步建模】工具条，在弹出的菜单中勾选所需命令，如图 1-16 所示。

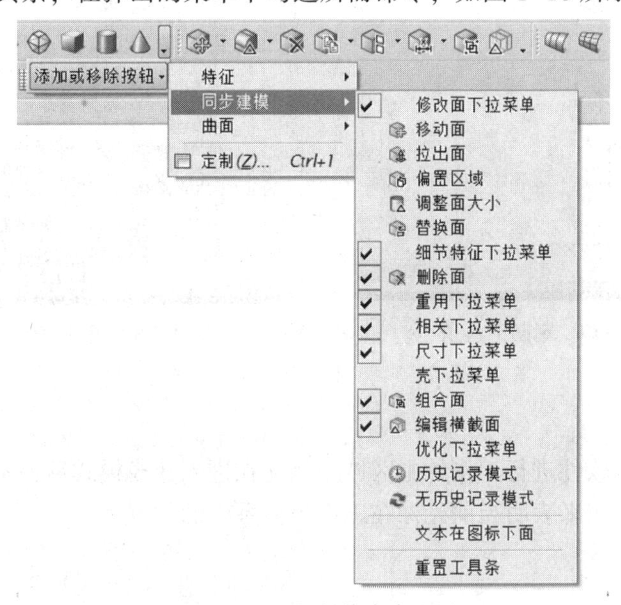

图 1-16　添加操作命令按钮

3. 定制菜单栏和工具条

如果没有所需的菜单或在弹出的菜单中没有相应的命令按钮，可以调出工具条【定制】对话框来调整。在工具栏空白处单击鼠标右键，选择【定制】，或通过【工具】→【定制】，进入工具栏定制窗口，如图 1-17 所示。其中：

【工具条】 该选项用来显示或隐藏某些工具条，勾选的工具条为显示在工作界面的工具条。例如勾选【曲线】工具条，将弹出该工具条，按住鼠标左键拖动工具条将其放置到合适的位置。

【命令】 该选项用来显示或隐藏工具条中的某些命令按钮。例如在图 1-18 所示的【特征】工具条中没有【长方体】的建模命令，但不代表 UG NX 8.0 中没有这项功能，只是该命令按钮没有被添加到【特征】工具条中。此时，选择【命令】选项卡，选择【插入】菜单栏的【设计特征】工具条，在右栏中选择【长方体】命令按钮，按住鼠标左键并拖动，将其放置在【特征】工具条的相应位置上，松开鼠标左键，按钮添加完毕。

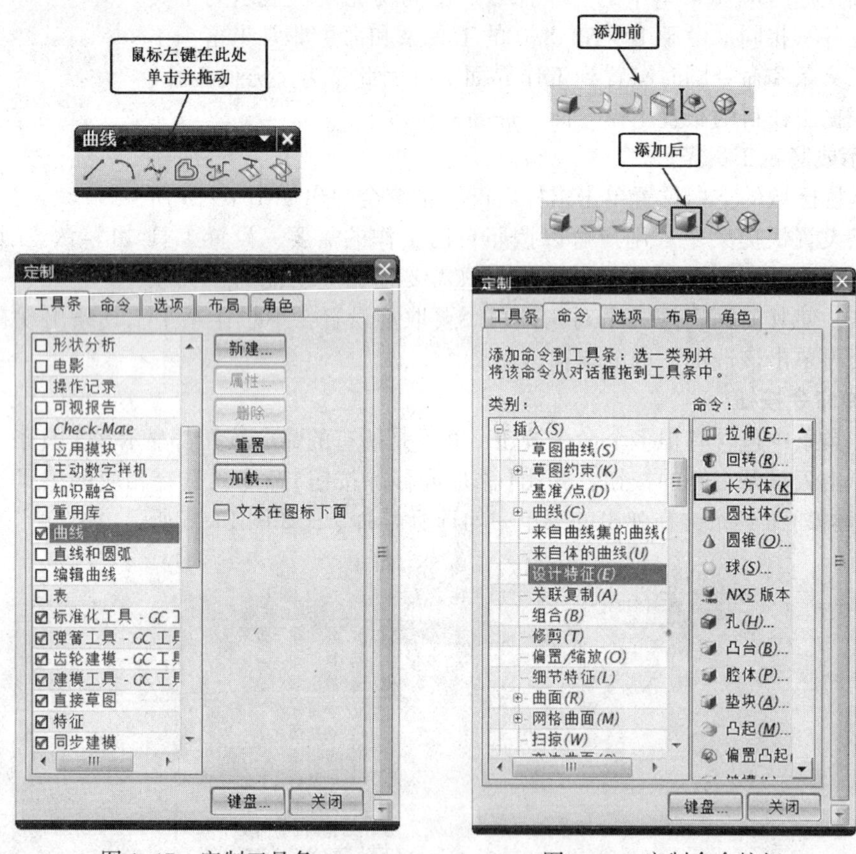

图 1-17 定制工具条　　　　图 1-18 定制命令按钮

四、工作区

工作区是利用该软件进行工作的主区域。例如在进入建模模式后，工作区内就会显示选择球和辅助工具条，用来表明当前光标在工作坐标系中的位置。

五、提示栏

提示栏主要用来提示用户如何操作。执行每个命令步骤时，系统都会在提示栏中显示用户必须执行的动作，或者提示用户下一个动作，初学者应关注该区域的提示。

六、状态栏

状态栏主要用来显示系统及图元的状态。

七、资源栏

资源栏是用于管理当前零件的操作及操作参数的一个树形界面，当鼠标离开资源栏界面时，操作导航器将会自动隐藏，如图 1-19 所示。资源栏工具条上有装配导航器、部件导航器、系统材料、加工向导、历史记录、角色等工具，体现了 UG NX 8.0 部件操作的强大功能。

1. 部件导航器

用来显示零件特征树及其相关操作过程，即从中可以看出零件的建模过程及其相关参数。通过特征树可以随时对零件进行编辑和修改。在部件导航器中单击【模型视图】左侧的 ⊞/⊟ 号，可以展开或折叠模型视图选项，在所需的视图上双击鼠标左键，图形区的模型按相应的投影方向显示。

1）模型历史记录

显示模型的建模过程，并对每一步骤进行编号。左侧方框□内如显示绿色对钩，表示建模过程正确，如显示红色对勾表明建模过程存在错误，需修正。用鼠标左键单击方框可控制对钩的勾选或取消，当取消对钩时，该特征被抑制，在模型上不显示出来，但该特征并没有被删除，重新勾选后恢复显示。

2）编辑和修改

选择需编辑的特征，例如图 1-19 中第(2)步创建的【矩形腔体】，用鼠标左键单击【矩形腔体】，然后单击鼠标右键，弹出相应的快捷菜单，可对特征进行【编辑参数】和【编辑位置】等操作。

2. 历史记录

历史记录中会记录近期曾打开的文件，通过此处的历史记录，可以快速地打开这些文件。双击要打开的文件或单击并拖动文件到工作区域就可以打开该文件。如图 1-20 所示。

3. 角色

UG NX 8.0 中引入了一个客户化用户使用界面的概念——角色。其针对不同客户的要求，提供了一系列集中的、剪裁的菜单和工具条，使得查找命令相对简单。其通过隐藏某个给定角色中不使用的工具调整用户界面。默认情况下只显示关键的工具组。资源栏中的角色工具条中预设有多种角色，用户可根据需要选择，也可通过【定制】对话框的【角色】选项卡，创建自己的角色。如图 1-21 所示。下面介绍两个常用的角色。

1）基本功能

该角色的工具条中，每个工具按钮下配有相应的文字说明，对不熟悉 UG NX 8.0 命令按钮的初学者来说比较方便，因此推荐初学者优先选择该角色。该角色的缺点是工具条占用空间大，可布置的工具条较少，或占用工作区较大。

2）高级

该角色工具按钮下没有文字说明，因此占用空间小，可布置较多的工具条和命令按钮，使操作更加方便，且工作区较大，因此当对 UG NX 8.0 界面较熟悉时可选择【高级】角色。

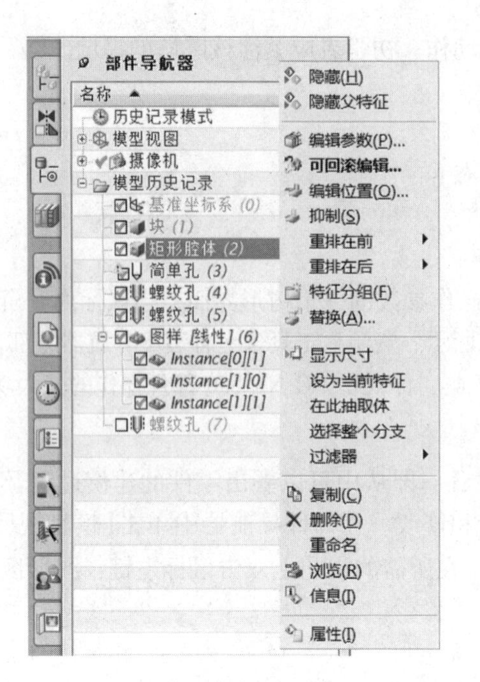

图 1-19　部件导航器

图 1-20　历史记录

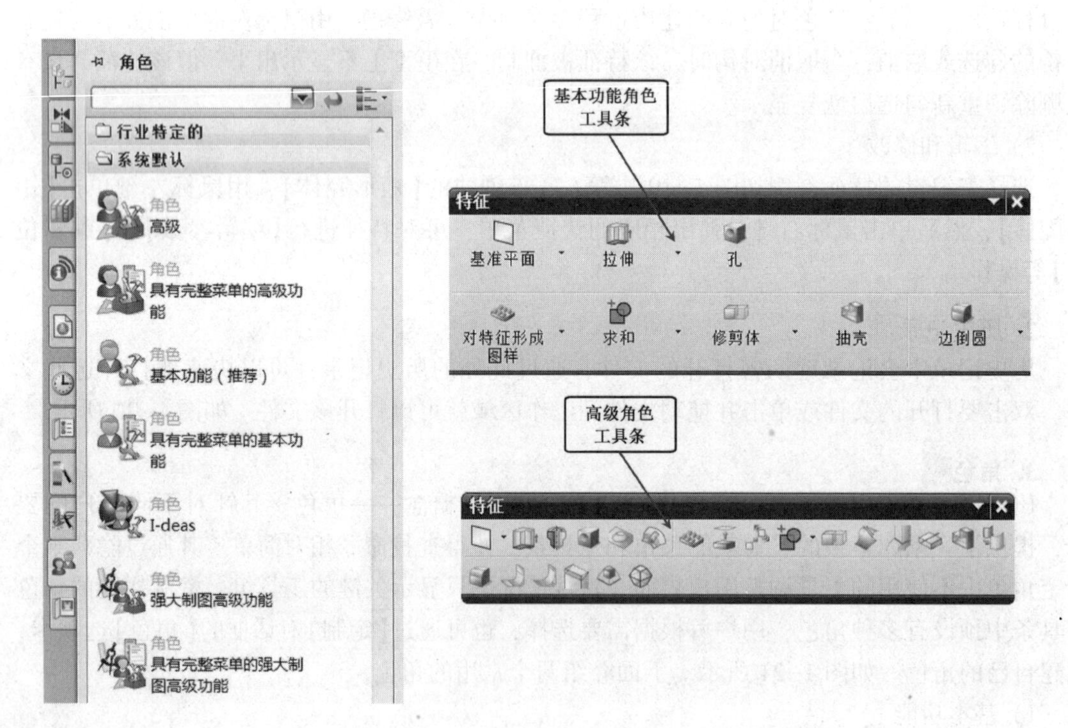

图 1-21　创建角色

第三节　管理对象显示

在建模过程中，为了方便操作，可对对象的显示方式和显示方位等进行灵活切换，从而达到提高设计效率的目的。

一、调整对象显示方式

在模型创建过程中，经常需要改变观察模型视图对象的位置和角度，以便进行操作和分析研究。在 UG NX 8.0 中通过【视图】工具栏实现上述功能，【视图】工具栏如图 1-22 所示。

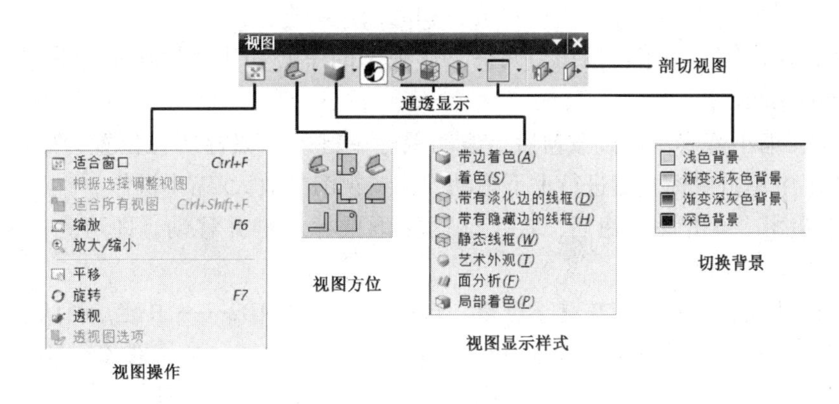

图 1-22 【视图】工具栏

1. 视图的显示样式

在视图工具栏上单击【视图显示样式】下拉按钮▾，在弹出的视图显示样式菜单中选择所需的显示样式。不同显示样式的效果如 1-23 所示。

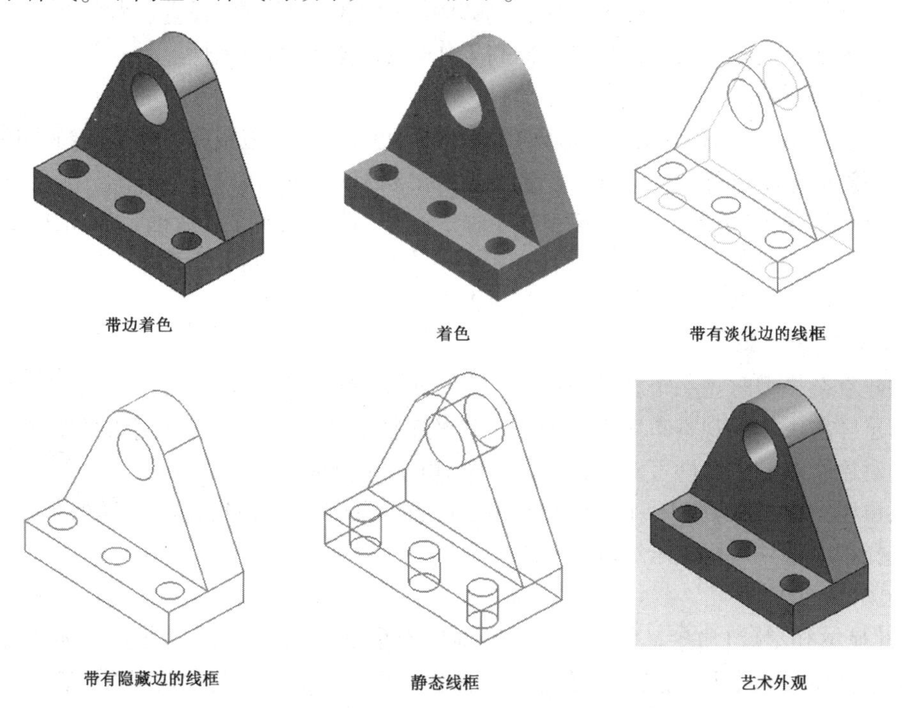

图 1-23 视图显示样式

如欲给所建模型选择材料或纹理，必须将视图显示样式设置为【艺术外观】。

2. 切换视图方位

通过视图方位的调整，可以方便、快捷地切换和观察模型对象各个方向的视图。在绝对坐标系下，有 8 种视图方位供选择。单击视图方向按钮，显示相应的视图。

3. 视图操作

在实际的建模过程中，除了调整对象显示方式外，还需对视图进行放大、缩小等操作，此时单击【视图操作】菜单中的命令即可进行相应操作。

(1) 适合窗口。单击该按钮，调整工作视图的中心和比例以显示所有对象，即在工作区显示全部视图。

(2) 放大/缩小。单击该按钮后，滚动鼠标中键即以鼠标所在位置为中心进行缩放，也可在工作区中单击鼠标左键进行上下拖动，完成视图的放大/缩小操作。

(3) 旋转。单击该按钮后，在工作区按下鼠标左键并移动，即可完成视图的旋转操作。

(4) 鼠标功能：MB1——左键，点取、选择、拖曳；MB2——中键，确认；MB3——右键，显示弹出菜单，在文本域 Cut/Copy/Paste；MB2+MB3——平移对象；MB2——旋转对象；MB1+MB2——按住这两个键向屏幕中心或向外侧拖动以缩放对象；滚轮——以鼠标所在点为中心缩放对象。

二、对象操作

在 UG NX 8.0 建模过程中，通过对象操作命令进行参数设置、显示设置、显示/隐藏设置等，能够满足不同使用者的建模习惯，例如图层的颜色、线宽的设置、背景及部件的颜色等，以便更快地适应软件的工作环境，提高工作效率及建模的准确性。

1. 编辑对象显示

通过对象显示方式的编辑，可以修改对象的颜色、线型、透明度等属性。特别适用于创建复杂的实体模型时对各部分的观察、选取以及分析修改等操作。

在菜单栏中单击【编辑】→【对象显示】命令，弹出【类选择】对话框，如图 1-24 所示，点选欲进行编辑的对象，单击【确定】按钮后弹出【编辑对象显示】对话框。可在该对话框内设置对象的颜色、线型、线宽、透明度等属性。

2. 显示/隐藏对象

在创建复杂模型时，一个文件中往往存在多个实体模型，造成各实体之间的位置关系互相错叠，这样在大多的观察角度上将无法看到被遮挡的实体。这时，利用该操作将当前不进行操作的对象隐藏起来，即可对其覆盖的对象进行方便的操作。

在菜单栏中单击【编辑】→【显示和隐藏】命令，弹出【显示和隐藏】对话框，如图 1-25 所示。选择相应选项进行显示/隐藏操作。

1) 显示和隐藏

点击【显示和隐藏】命令，弹出【显示和隐藏】对话框，如图 1-25 所示。该命令可对一类图形元素进行显示和隐藏，点击+按钮显示图形元素，点击-按钮隐藏图形元素。

2) 隐藏

该选项可以使选定的对象在绘图区中隐藏。其操作方法是：点击【编辑】→【显示和隐藏】→【隐藏】，弹出【类选择】对话框，点击要隐藏的对象后，单击【确定】按钮，将对象隐藏，再点击【反转显示和隐藏】命令，互换显示和隐藏对象，效果如图 1-26 所示。

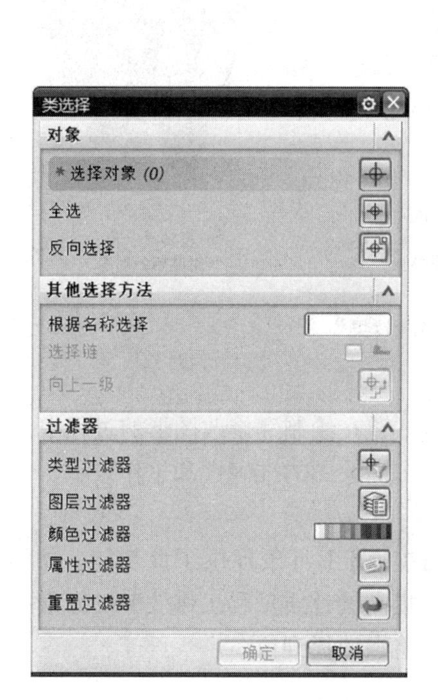

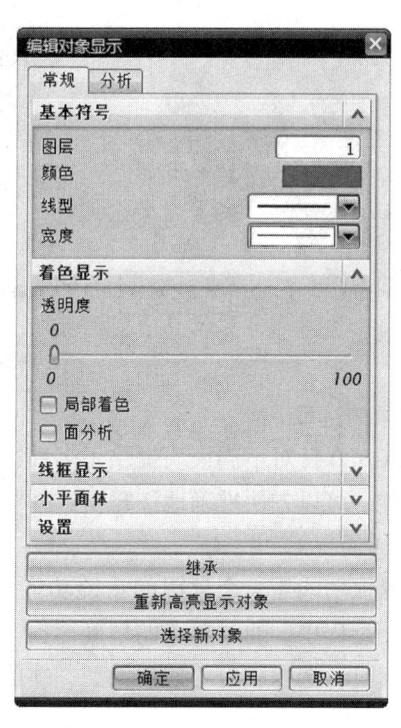

图 1-24 【类选择】对话框和【编辑对象显示】对话框

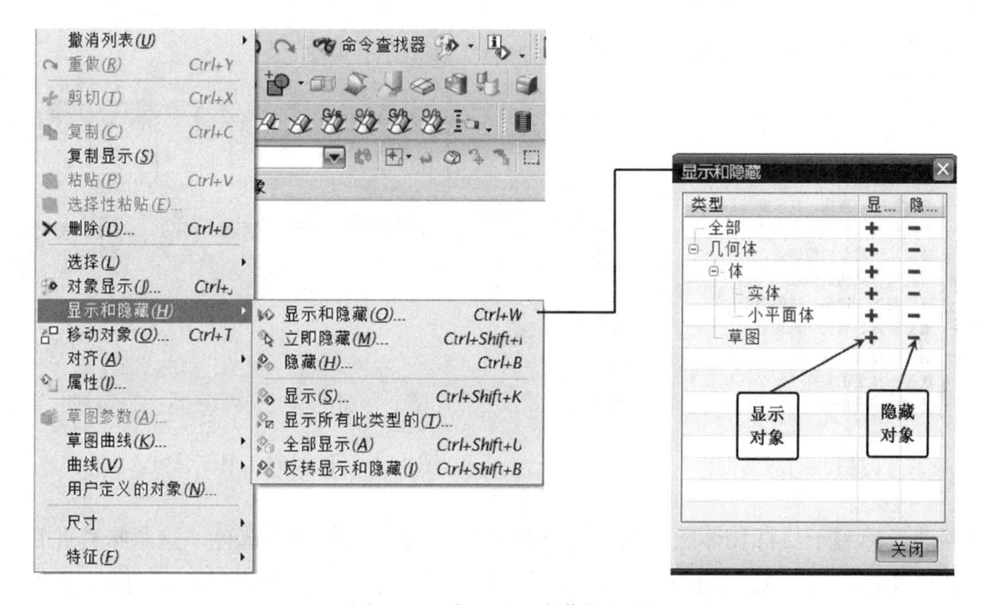

图 1-25 【显示和隐藏】对话框

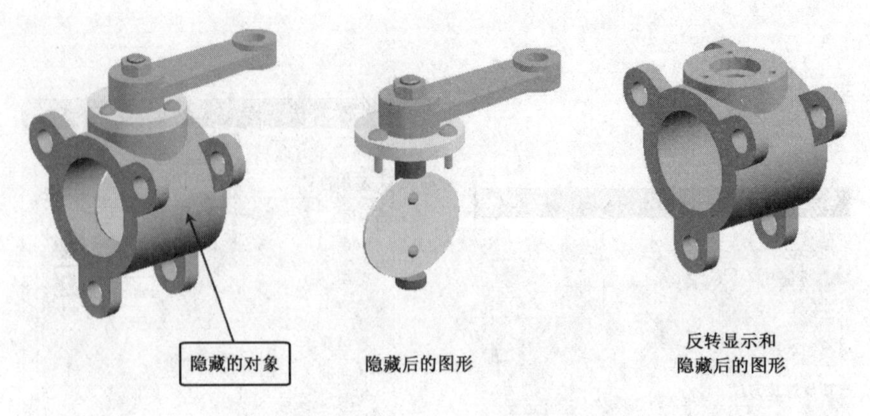

图 1-26　隐藏效果

3. 对象的选取

UG NX 8.0 针对不同模块提供了多种选择方式，在绘制和修改图形的过程中，通过对象选择的设置，可以方便准确地按需要选择对象，提高绘图的准确性和工作效率。

1）点的捕捉

点的捕捉功能是一个常用的系统功能，【捕捉点】工具条提供了该功能，如图 1-27 所示。在设计过程中，通过对点的精确捕捉，可以提高设计质量和工作效率。如果一个区域存在较多的点时，选取相应的捕捉类型，才能正确将点捕捉到位。

2）类选择

在许多功能模块的使用过程中，经常需要选择特定对象，【选择】工具条如图 1-28 所示。在【选择】工具条中，单击没有选择过滤器后，弹出对象选择下拉菜单，定义选取的对象类型。点击整个装配按钮，确定选择对象的范围。例如定义选取【曲线】后，就只会选取工作区中的曲线，而其他的对象则不会被选中，避免了误操作。

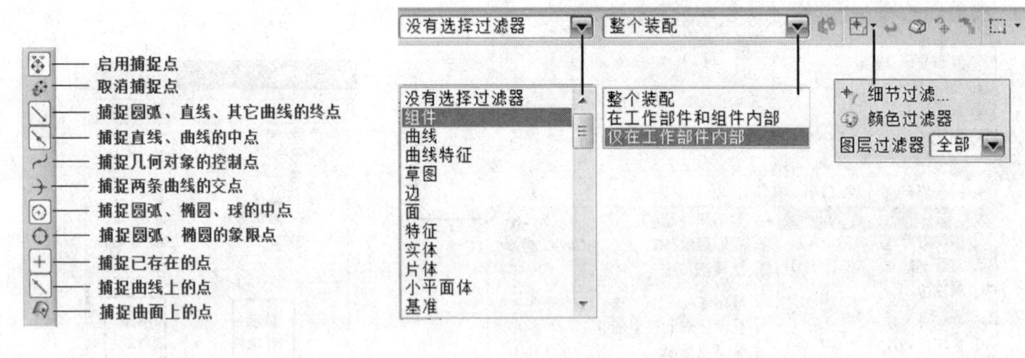

图 1-27　【捕捉点】对话框　　　　图 1-28　【选择】工具条

当移动光标置于目标物体之上时，目标物体的颜色会改变为预选色。这意味着此目标物体成为被选择物体并可被执行操作。当选择光标位置有多个候选物体时，光标短暂停留片刻，此时光标变成一个小十字，此时再单击一次，会弹出【快速拾取】对话框，通过它可以确定要选择的对象，如图 1-29 所示。

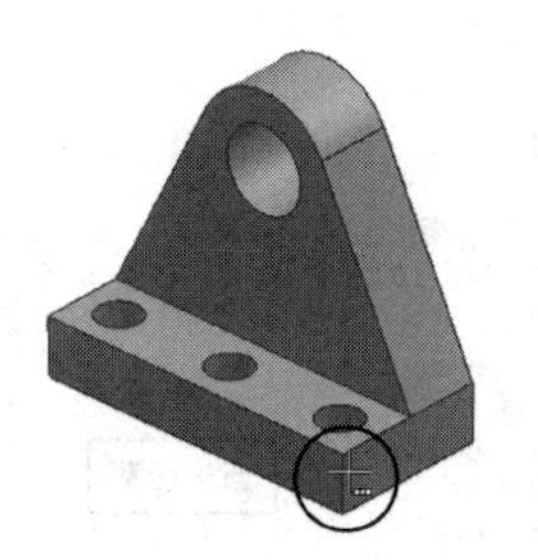

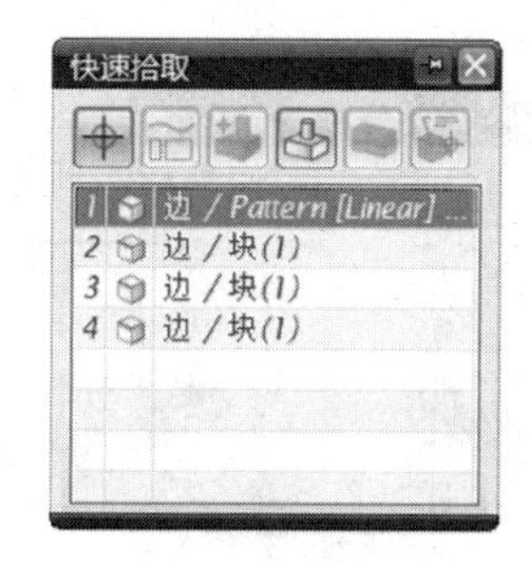

图 1-29　多重选择

第四节　坐标系与基准特征

一、坐标系

1. 坐标系分类

UG NX 8.0 一般可以在一个文件中使用多个坐标系，但是与用户直接相关的有两个，即绝对坐标系(ABS)和工作坐标系(WCS)。绝对坐标系定义了实体的坐标参数，这种坐标系在文件建立时就存在，而且在使用过程中不能被更改，从而使实体在建立以后，其坐标在文件之中以及在相对之间是固定的、唯一的。绝对坐标系以 X、Y、Z 表示三个坐标轴。工作坐标系也就是用户坐标系，即用户当前正在使用的坐标系。用户可以选择已存在的坐标系，也可以规定新的坐标系。工作坐标系是可以移动和旋转的，这样方便了用户建模，但是建立的实体在坐标系中的坐标参数是随时改变的。相对坐标系以 XC、YC、ZC 表示三个坐标轴。绝对坐标系与相对坐标系如图 1-30 所示。

2. 移动坐标系

用户坐标系(WCS)是可以移动的，如图1-31所示，选择菜单命令【格式】→【WCS】→【原点】，就可以打开图 1-32 所示的【点】对话框，它是通过移动坐标原点从而移动坐标系的。工作坐标系可通过输入坐标值或通过移动到相应的点来移动坐标系。如图 1-32 所示，在【XC】中输入 50，即可将工作坐标系沿 XC 方向移动 50mm。

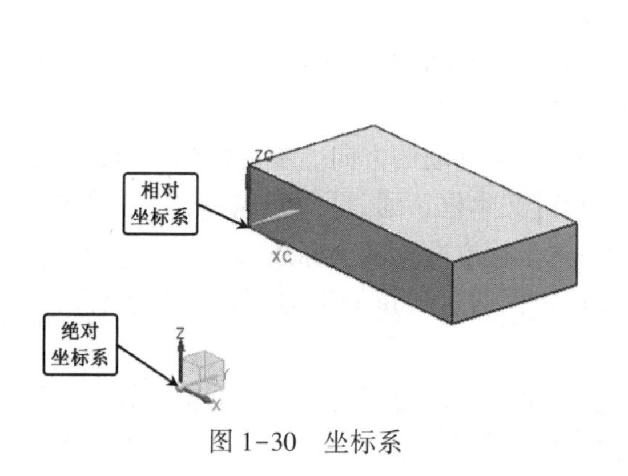

图 1-30　坐标系

图 1-31　工作坐标系菜单

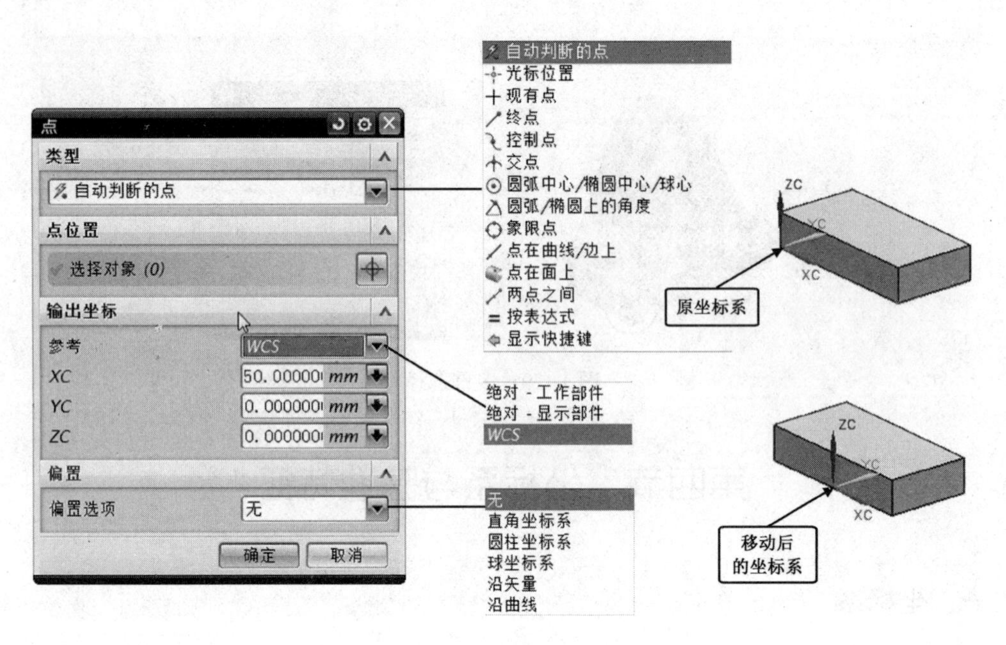

图 1-32　移动工作坐标系

3. 旋转坐标系

选择菜单命令【格式】→【WCS】→【旋转】，打开坐标系旋转对话框，如图 1-33 所示。

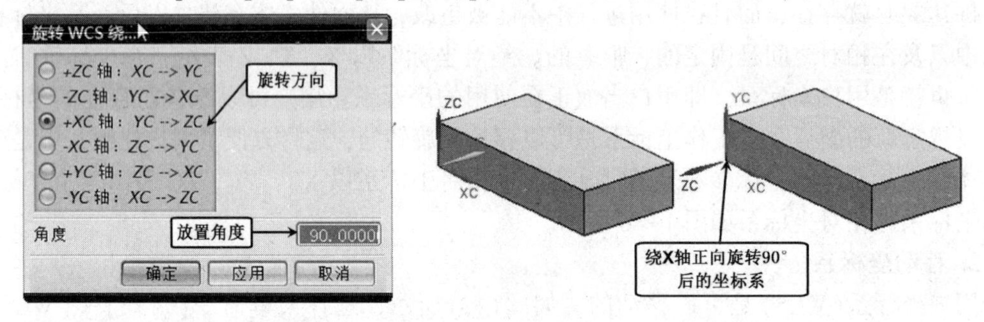

图 1-33　【坐标系旋转 WCS】对话框及操作

对话框中提供了 6 个确定旋转方向的单选项，旋转轴分别为 3 个坐标轴的正、负方向，旋转方向的正向用右手定则来判定。确定了旋转方向以后，在【角度】栏中输入旋转的角度值，单击【确定】完成坐标系旋转。

4. 动态坐标系

选择菜单命令【格式】→【WCS】→【动态】，当前坐标系将变为动态坐标系，如图 1-34 所示。通过动态坐标系，用户可以调整坐标系的位置。

（1）当光标放在动态坐标轴箭头处时，程序将提示可移动的方向。单击坐标轴箭头，建模工作区中将显示【矢量构造器】按钮和输入【移动值】文本框。通过【矢量构造器】可将坐标系旋转到所选矢量方向，在文本框输入数值将在所选坐标方向移动坐标系。

（2）单击动态坐标轴，将显示【矢量构造器】按钮，通过矢量构造器可将坐标系旋转到所选矢量方向。

（3）单击动态坐标系两个坐标轴间的选择球，拖动选择球可绕与其垂直的轴线旋转，每次转过的角度在【捕捉】输入框内设置，也可在【角度】输入框内输入数值，回车后坐标系转

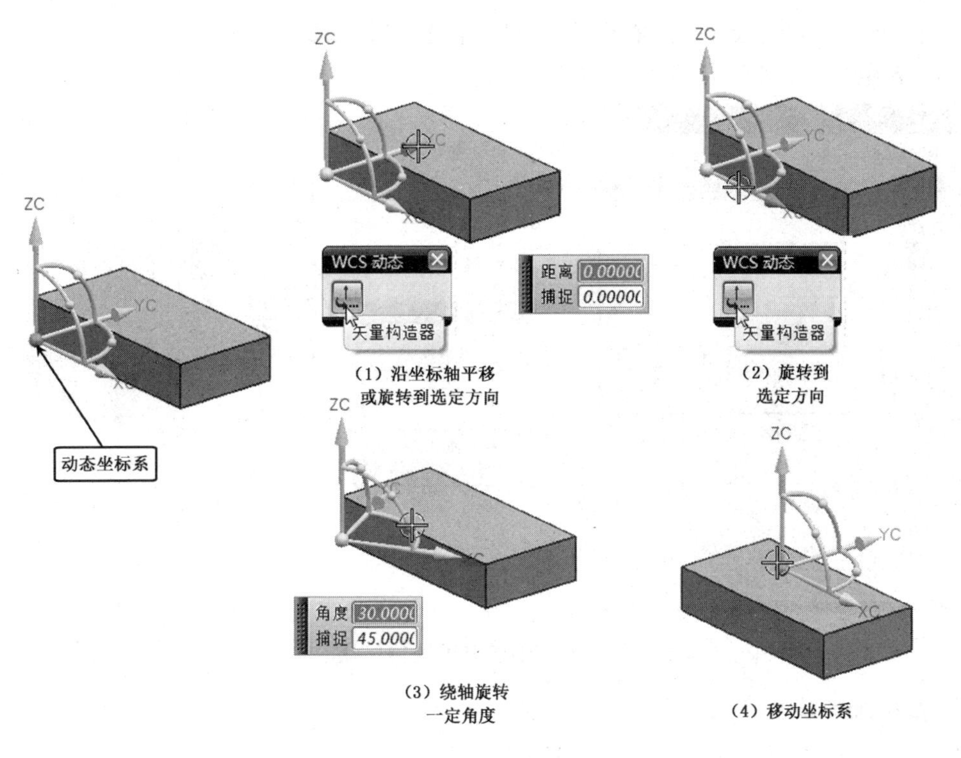

图 1-34　动态坐标系

过该角度。

(4) 当光标放在坐标系原点上时，可拖动当前坐标系移动，但没有精确的移动数值。

5. 显示/隐藏坐标系

选择菜单命令【格式】→【WCS】→【显示】，或在工具条上单击按钮，实现坐标系的显示和隐藏。

二、基准特征

基准特征是实体建模的辅助工具，起参考作用。基准特征包括基准轴和基准面。在实体建模过程中，利用基准特征，可以在所需的方向和位置上绘制草图生成实体或者直接创建实体。基准特征的位置可以固定，也可以随其关联对象的变化而改变，使实体建模更灵活方便。

1. 基准轴

使用基准轴命令可定义线性参考对象，有助于创建其他对象，如基准平面、旋转特征、拉伸特征及圆形阵列。基准轴分为固定基准轴和相对基准轴两种。相对基准轴可参考其他曲线、面、边、点和其他基准对象创建，与这些对象关联，并受其关联对象约束，是相对的。固定基准轴不参考其他几何体。通过清除基准轴对话框中的关联框，可以使用任何相对基准轴方法来创建固定基准轴。固定基准轴没有任何参考，是绝对的，不受其他对象约束。

在【基准/点】下拉菜单中选择【基准轴】命令按钮或选择菜单栏中的【插入】→【基准/点】→【基准轴】，将弹出如图 1-35 所示对话框。对话框上部的【类型】为创建基准轴的方式，中部为创建该类型基准轴所需的组成要素。如类型为【点和方向】时，需选择一个点和一个方向。创建的基准轴如与所需相反，点【反向】按钮。取消【关联】选项则创建固定基准轴。下面介绍几种常用基准轴的创建方法。

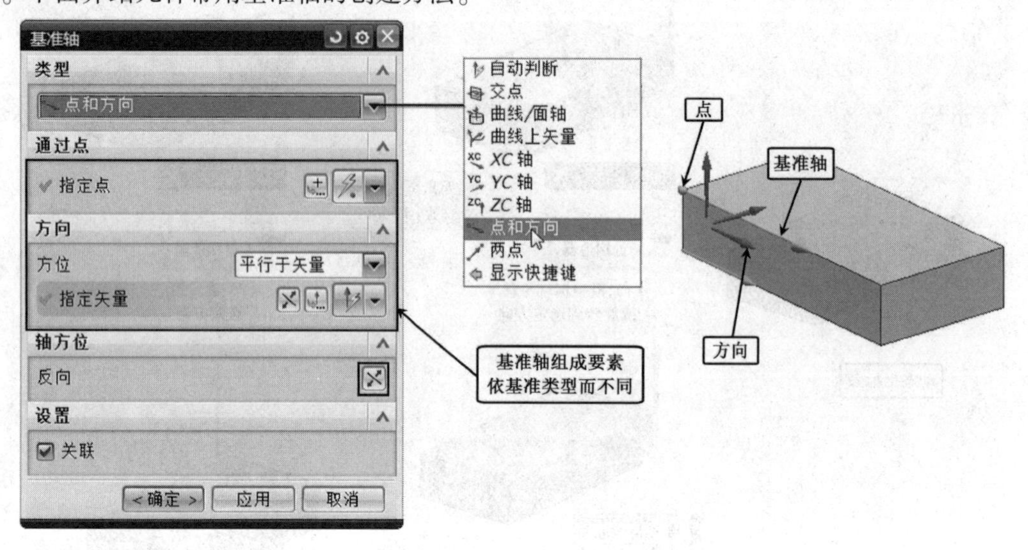

图 1-35　创建【基准轴】对话框

1）自动判断

根据所选的对象确定要使用的最佳基准轴类型。

2）三个坐标轴、、

用于在三个坐标轴方向 XC、YC、ZC 上分别创建一个固定基准轴。创建时点击按钮，在【类型】选项中选择相应的坐标轴，点击【确定】即可完成基准轴的创建。该方式操作简单，是较常用的类型。

3）点和方向

选择该选项如图 1-35 所示，用于给定一点和一个方向来确定基准轴。按选择步骤，先选择一点，然后给定方向，单击【确定】即可创建所需要的基准轴。

4）两点

通过选定两点来确定基准轴。

5）相交

在两个平面或基准平面的相交处创建基准轴，如图 1-36 所示。

6）沿曲线或面的轴创建基准轴

可以在圆柱体、圆锥体、球体、圆环、线性曲线或边的轴上创建基准轴。如图 1-36 中，选择圆柱面，则以圆柱轴线创建基准轴。

7）在曲线上创建基准轴

在曲线上选定一点，创建以曲线的切向、法向、平行或垂直方向为方向的基准轴。

2. 基准平面

基准平面是实体建模中经常使用的辅助平面，通过使用基准平面可以在非平面上方便地创建特征，或为草图提供草图工作平面。例如：借助基准平面，可在圆柱面、圆锥面、球面等不易创建特征的表面上，方便地创建孔、键槽等复杂形状的特征。

与基准轴相类似，基准平面分为相对基准平面和固定基准平面两种。固定基准平面没有

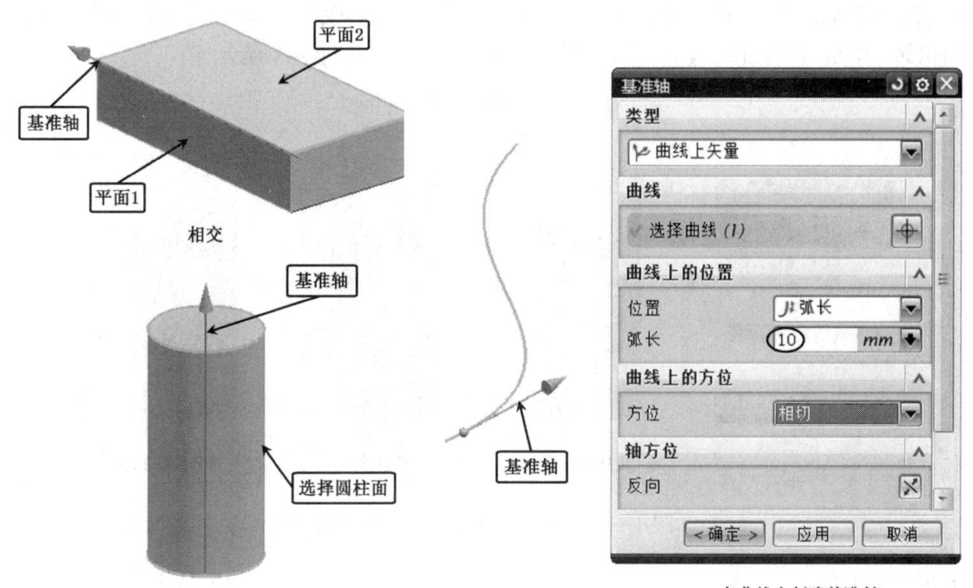

图 1-36　创建基准轴

关联对象，不受其他对象约束；相对基准平面与模型中其他对象，如曲线、面或其他基准等关联，并受其关联对象约束。

在工具条上【基准/点】下拉菜单中选择【基准平面】命令按钮，或选择菜单栏中的【插入】→【基准/点】→【基准平面】，将弹出如图 1-37 所示对话框。与基准轴相类似，对话框上部的【类型】为创建基准平面的方式，中部为创建选中类型基准平面所需的组成要素。如类型为【点和方向】时，需选择一个点和一个方向。创建的基准平面如与所需相反，点【反向】按钮。取消【关联】选项则创建固定基准平面。下面介绍几种常用基准平面的创建方法。

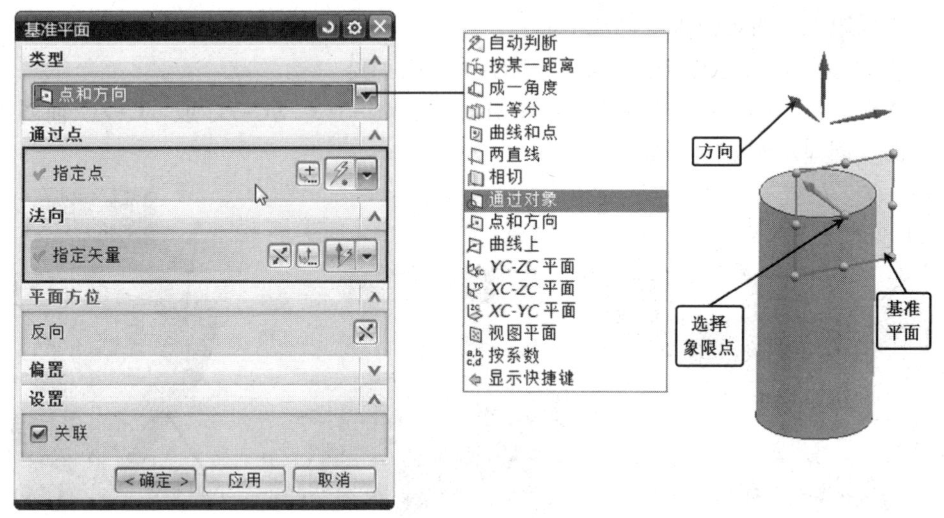

图 1-37　【基准平面】对话框

1）自动判断

根据所选的对象确定要使用的最佳基准平面类型。以圆柱体为例，当选择上下平面时，自动判断在该表面上生成基准平面；当选择圆柱面时，生成与 X 轴垂直的相切平面；当选择圆柱轴线时生成一个过轴线且与 YC 轴垂直的平面。如图 1-38 所示。

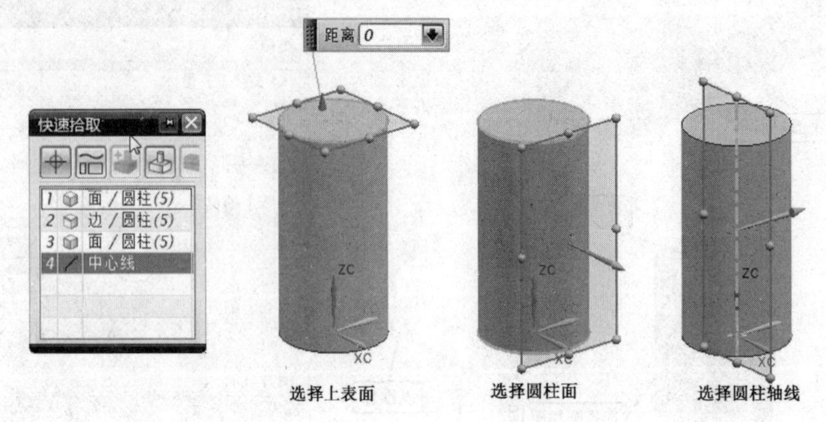

图 1-38 【自动判断】生成基准平面

2）成一角度

按照与选定平面对象所呈的特定角度创建平面。

3）以一定距离

创建与一个平面或其他基准平面平行且相距指定距离的基准平面。

4）二等分

在两个选定的平面或平面的中间位置创建平面。如果输入平面互相呈一角度，则以平分角度放置平面。

5）相切

创建与一个非平的曲面相切的基准平面(相对于第二个所选对象)。

6）曲线上

在曲线或边上的指定位置处创建平面。

7）YC-ZC 平面、XC-ZC 平面、XC-YC 平面

沿工作坐标系（WCS）或绝对坐标系（ABS）的 XC-YC、XC-ZC 或 YC-ZC 轴创建固定的基准平面。创建示例如图 1-39 所示。

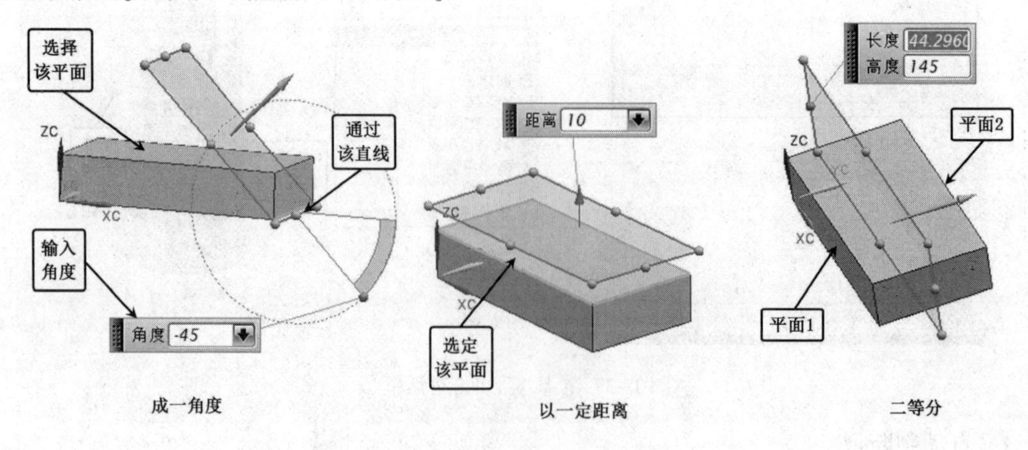

图 1-39 创建基准平面

第二章　草　图

草图是与实体模型相关联的二维图形，一般作为三维实体模型的基础。草图模式可以在三维空间中的任何一个平面内建立草图平面，并在该平面内绘制草图。草图中提出了约束的概念，可以通过几何约束与尺寸约束控制草图中的图形，可以实现与特征建模模块同样的尺寸驱动，可以方便地实现参数化建模。

应用草图工具，用户可以绘制近似的曲线轮廓，再添加精确的约束定义后，即可完整表达设计的意图。建立的草图可用实体建模工具进行拉伸、旋转等操作，生成与草图相关联的实体模型，修改草图时，关联的实体模型也会自动更新。

本章学习的主要内容是草图曲线的绘制和草图操作方法、添加草图约束以及通过草图创建实体模型等。

第一节　草图基本环境

一、创建草图

当需要绘制草图时，首先进入草图基本环境。在菜单栏中选择命令【插入】→【任务环境中的草图】进入草图环境，草图工作界面及工具条如图 2-1 所示。UG NX 8.0 中提供了【直接草图】工具条，使用此工具条上的命令创建点或曲线时，系统会在建模环境下创建一个草图并使其处于活动状态，而无需进入草图任务环境。直接绘制草图所需的鼠标单击次数更少，这使得创建和编辑草图变得更快且更容易。新草图将列于部件导航器中的模型历史记录中。单击【插入】→【草图】或单击屏幕下方【直接草图】工具条上的按钮，打开【创建草图】对话框，如图 2-2 所示。

草图工作平面的选择是草图绘制的第一步，要创建的所有草图元素都必须在指定的平面内完成。UG NX 中提供了多种创建草图工作平面的方法，下面介绍两种常用方法。

1. 创建新平面作为草图工作平面

（1）选择平面创建方法。选择【平面方法】为【创建平面】，点击【指定平面】选项的按钮，弹出平面创建工具。例如在 XC-YC 平面上创建草图，则选择垂直于 Z 方向按钮创建草图平面。

（2）确定水平方向。单击按钮选择草图水平方向，如以 Y 轴为水平方向，则用鼠标左键单击 Y 坐标轴，如需反向则单击反向按钮。此处不反向。

（3）确定草图原点。如已存在点，可借助点捕捉工具选择一个点，如没有点，单击点创建工具创建一个点作为草图的原点，缺省设置为坐标原点，【创建草图】对话框如图 2-2 所示。

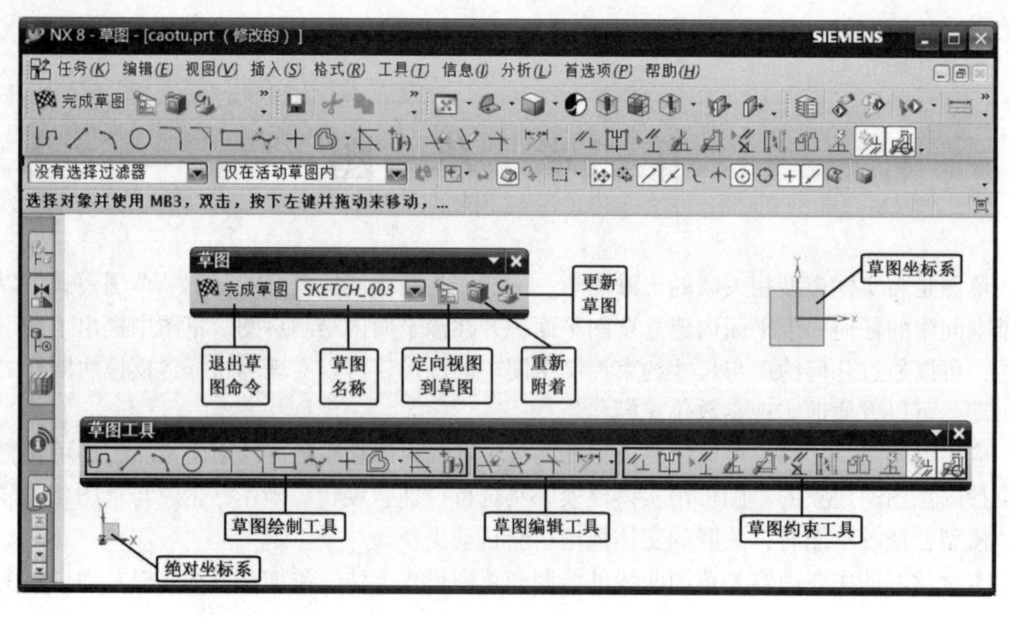

图 2-1　草图环境及草图工具条

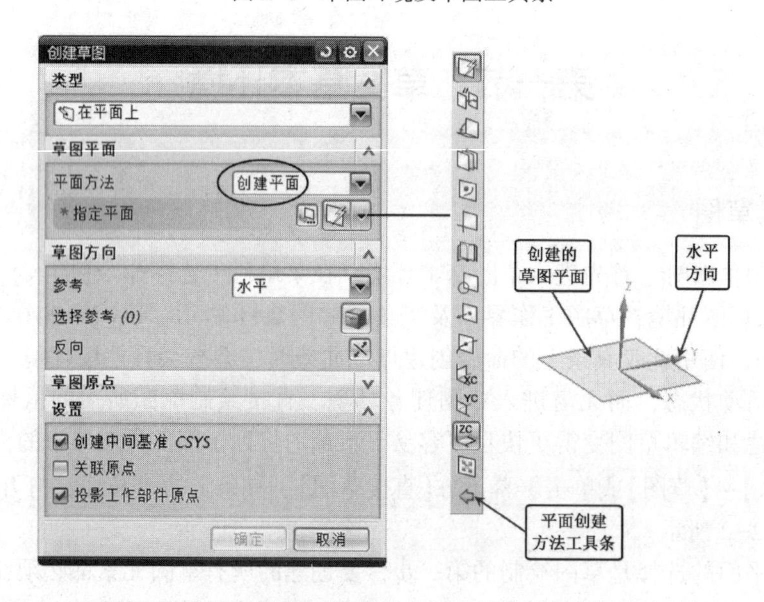

图 2-2 【创建草图】对话框及以新建平面创建的草图平面

2. 以现有平面作为草图工作平面

选择现有平面作为草图平面。如图 2-3 所示，选择长方体的上表面为草图平面。选择【平面方法】为【现有平面】，单击长方体的上表面，水平参考及草图原点的设置同上。草图平面建成后，单击定向视图到草图按钮，将视图定向到草图绘制平面。

二、草图首选项设置

在草图的工作环境中，为了更准确有效地绘制草图，可以进行草图文本高度、小数位数和默认前缀名称等基本参数的设置。

单击菜单栏中的【首选项】→【草图】，弹出草图首选项对话框，如图 2-4 所示，可以分别对【草图样式】、【会话设置】和【部件设置】三个选项卡进行设置，从而使视图更方便、更清晰地反映图形信息。

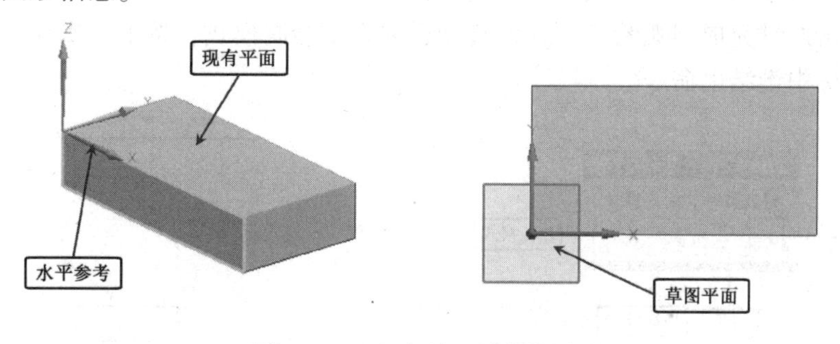

图 2-3　以现有平面创建草图平面

图 2-4　【草图首选项】对话框

第二节　绘制和编辑草图

草图对象是指草图中的曲线和点。建立草图工作平面后，可在草图工作平面上建立草图对象。建立草图对象的方法有多种，既可以在草图中直接绘制草图曲线或点，也可以通过一些功能操作，添加建模工作区存在的曲线或点到草图中，还可以从实体或片体上抽取对象到草图中。绘制草图时既可以给定参数精确绘出草图，也可以绘出近似的轮廓曲线后，添加尺寸和形状等约束，获得精确的曲线形状。在这里我们先介绍在草图中直接绘制草图曲线或点，关于其他的操作功能，我们会在后面的讲解中陆续介绍。

一、绘制草图

1. 轮廓

利用【轮廓】工具可以创建一系列首尾连接的曲线和圆弧。单击【轮廓】按钮，弹出【轮廓】对话框，如图 2-5 所示。输入模式分为坐标模式和参数模式。在坐标模式时输入相应点的坐标，在参数模式时，输入相应的参数值。在草图工具条上单击按钮，取消/打开自动标注尺寸功能，暂时关闭自动标注尺寸。单击按钮，取消/打开创建自动判断约束功能，确保其处于开启状态。绘制图2-5中所示的曲线轮廓时，首先点击画出直线，然后按住鼠标左键拖动进入圆弧绘制模式，绘制过程中会出现虚线显示的对齐线，同时自动添加相切约束，点击左键完成圆弧绘制。系统自动返回直线绘制模式，按上述操作完成剩余图形的绘制，按鼠标中键结束命令。

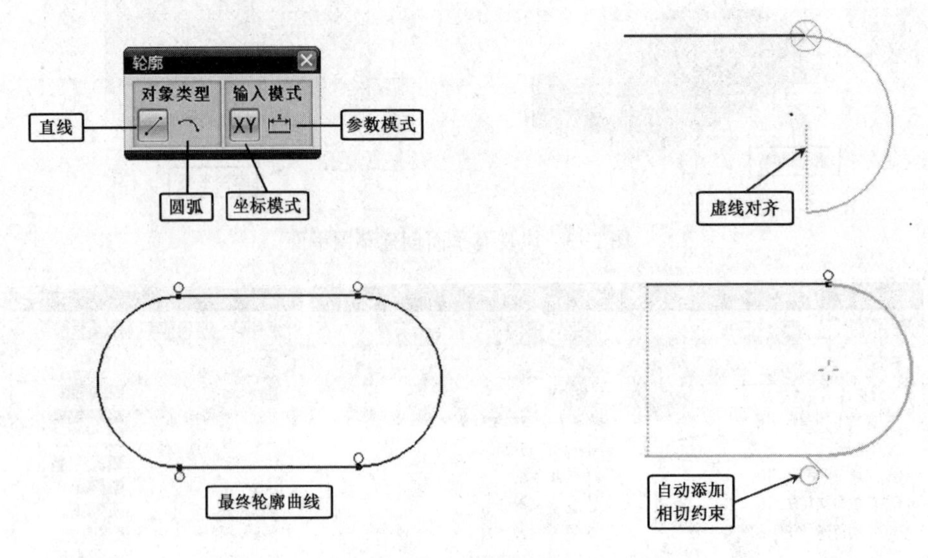

图2-5　轮廓草图

2. 派生直线

使用派生直线命令，可以根据选择的参考直线建立参考直线的平行线或者建立两条参考直线的角平分线，如图2-6所示。

(1) 偏置曲线。单击【派生直线】按钮，将光标移动到参考直线上，选择球的方向应偏向欲偏置的方向，输入偏置值，单击回车偏置曲线，按鼠标中键结束命令。

(2) 平行线中线。单击【派生直线】按钮，点选两条平行线，通过拖动鼠标或在长度输入框中输入数值可设置直线长度。

(3) 平分线。单击【派生直线】按钮，点选两条非平行直线，可以以图形方式放置直线终点，或在长度输入框中输入一个值。

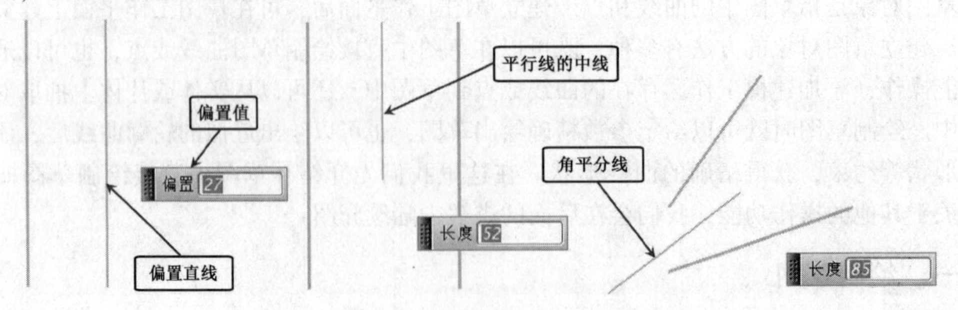

图2-6　派生直线操作

3. 圆角

使用【圆角】命令可以在两条或三条曲线之间创建一个圆角。

(1) 创建圆角后修剪。单击按钮，选择要创建圆角的曲线，当选择第二条曲线时，

NX 会预览圆角，如图 2-7(a)所示。移动光标，调整圆角大小和位置，在适当的位置单击鼠标左键完成修剪圆角；也可在半径输入框中更改半径值，回车完成修剪圆角。按 Page Up 或 Page Down 键预览互补圆角。

（2）创建圆角后取消修剪。单击按钮，操作同上，圆角效果如图 2-7(b)所示。

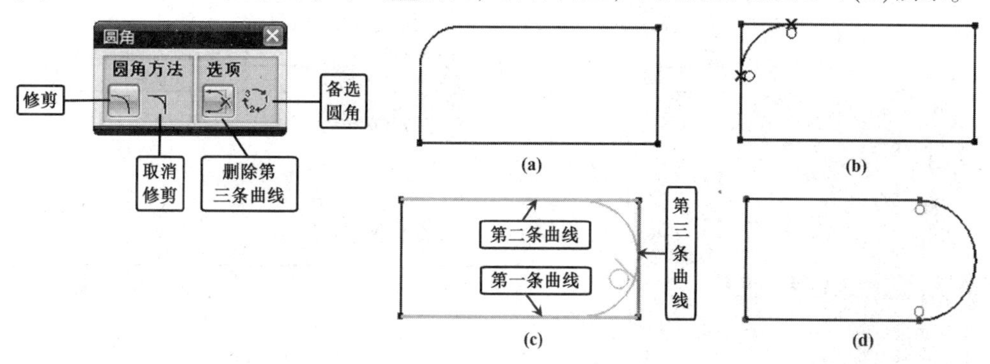

图 2-7 【圆角】对话框及圆角效果

（3）创建圆角后修剪，删除第三条曲线。单击按钮，同时在【选项】中单击，按图 2-7(c)所示选择三条曲线，第一和第二曲线选择顺序的不同将产生不同的圆角结果，同时按【备选解】按钮，在不同解间切换。最后的圆角效果如图 2-7(d)所示。

4. 阵列曲线

使用【阵列曲线】命令可对与草图平面平行的边、曲线和点设置阵列。如果草图工具条上没有该命令，可用【添加或删除】按钮从草图工具菜单中勾选【来自曲线集的曲线下拉菜单】将该命令添加到工具栏中。

单击按钮，弹出【阵列曲线】对话框，如图 2-8 所示。首先用鼠标选择欲阵列的曲线，【布局】选【线性】，用鼠标点击【方向 1】下的【选择线性对象】按钮，然后到图形中选择矩形的长边为方向 1，如果显示方向与阵列方向相反，单击反向按钮使方向反转。【间距】项选择【数量和节距】，数量输入 5，节距输入 100，节距为两个圆孔中心的距离。

勾选【使用方向 2】选项，如果只沿一个方向阵列曲线不需此步。单击【选择线性对象】按钮，然后到图形中选择矩形的宽边为方向 2，其他设置同上，数量输入 3，节距输入 80，单击【确定】完成曲线的阵列。

5. 投影曲线

使用【投影曲线】命令，可将草图外的曲线、边或点沿着草图平面的法线投影到草图上。单击草图工具条上的【投影曲线】命令按钮，弹出【投影曲线】对话框，如图 2-9 所示，首先将隐藏的实体显示出来，选择实体的三条边作为投影的曲线，即选择长方体的三条边，点击【确定】，可将这三条边投影到草图上。

二、编辑草图

1. 快速修剪

使用【快速修剪】命令可以将曲线修剪到任一方向上最近的实际交点或虚拟交点处。在草图工具条上，单击快速修剪命令，用鼠标逐个单击要修剪的曲线，或在要修剪的多条曲线处按住鼠标左键不放，拖过需要修剪的曲线，系统将自动把被拖过的曲线修剪到最近的交点，效果如图 2-10 所示。

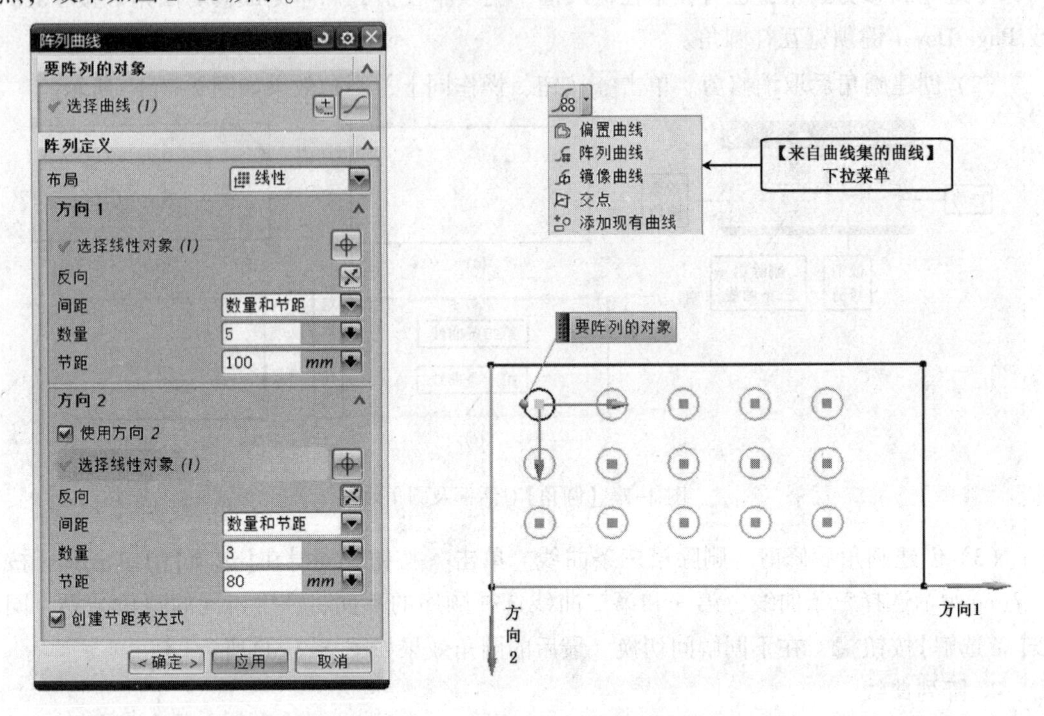

图 2-8 【阵列曲线】对话框及阵列曲线效果

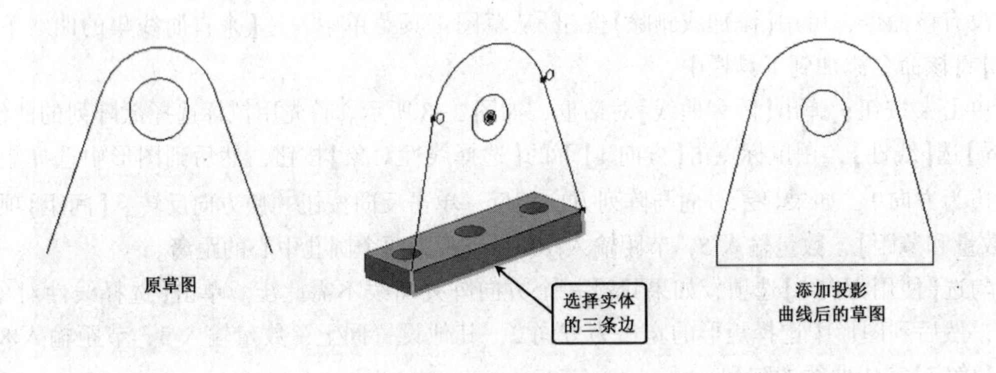

图 2-9 投影曲线操作

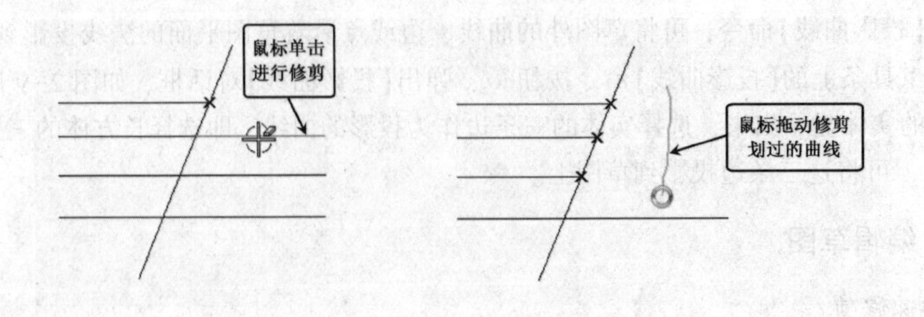

图 2-10 快速修剪操作及效果

2. 快速延伸

使用【快速延伸】命令可以将曲线延伸到它与另一条曲线的实际交点或虚拟交点处。在草图工具条上，单击快速延伸命令，其操作与快速修剪相似，效果如图 2-11 所示。

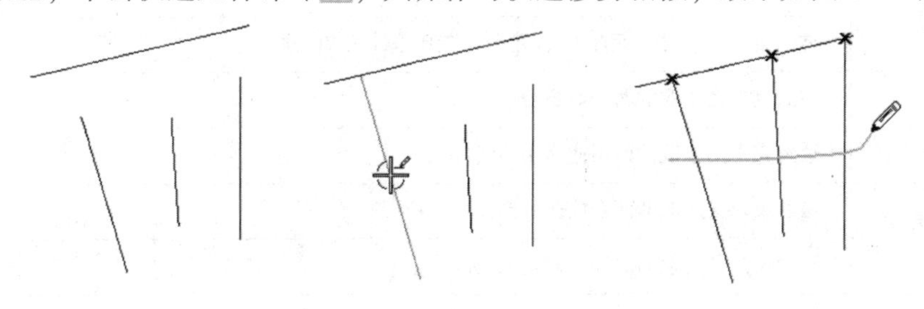

图 2-11　快速延伸操作及效果

第三节　草图的约束

草图约束限制草图的形状和大小，包括了几何约束(限制形状)和尺寸约束(限制大小)两种。本节将说明如何使用草图约束功能来约束草图对象的尺寸和几何关系。

一、几何约束

几何约束可以确定单一草图元素的几何特征，或创建两个或多个草图元素之间的几何特征，包括约束和自动约束两种类型。

1. 约束

此类型的约束随所选取草图元素间关系的不同而不同。单击【约束】按钮，各草图对象上显示由互相垂直的红色箭头表示的自由度符号，表明当前存在哪些自由度没有被限制，如果没有出现箭头，即代表此对象已完全受约束。随着几何约束和尺寸约束的添加，自由度符号逐步减少，当草图对象全部被约束以后，自由度符号会全部消失。

在 UG NX 8.0 系统中，几何约束的种类多达 20 余种，根据不同的草图对象，可添加不同的几何约束类型，各种几何约束的含义如表 2-1 所示。

表 2-1　草图几何约束的种类及含义

约束类型	约束含义
固定	该约束是将草图对象固定在某个位置。一般在几何约束的开始，需要利用该约束固定一个对象作为整个草图的参考点。不同几何对象有不同的固定方法，“点”一般固定其所在位置；“线”一般固定其角度或端点；“圆和椭圆”一般固定其圆心；“圆弧”一般固定其圆心或端点
完全固定	该约束将元素所有自由度都固定，无法移动或更改尺寸
重合	该约束定义两个或多个点相互重合
同心	该约束定义两个或多个圆弧或椭圆弧的圆心相互重合
共线	该约束定义两条或多条直线共线
中点	该约束定义点在直线的中点或圆弧的中点上
水平	该约束定义直线为水平直线(平行于工作坐标的 XC 轴)

续表

约束类型	约束含义
平行	该约束定义两条曲线相互平行
竖直	该约束定义直线为垂直直线(平行于工作坐标的 YC 轴)
相切	该约束定义选取的两个对象相互相切
等长	该约束定义选取的两条或多条曲线等长
等半径	该约束定义选取的两个或多个圆弧等半径
定长	该约束定义选取的曲线为固定的长度
定角	该约束定义选取的直线为固定的角度
点在曲线上	该约束定义所选取的点在某曲线上
镜像	该约束定义对象间彼此为镜像关系

以图 2-12 中的草图为例，说明手动添加约束的步骤。单击【约束】按钮，在草图中显示出没有受到约束的自由度，状态栏显示没有约束的自由度的数量。首先选择小圆的圆心与 Y 坐标轴，单击按钮，添加【点在曲线上】约束，固定草图的位置；然后选择小圆和外侧圆弧，添加同心约束，效果如图所示。

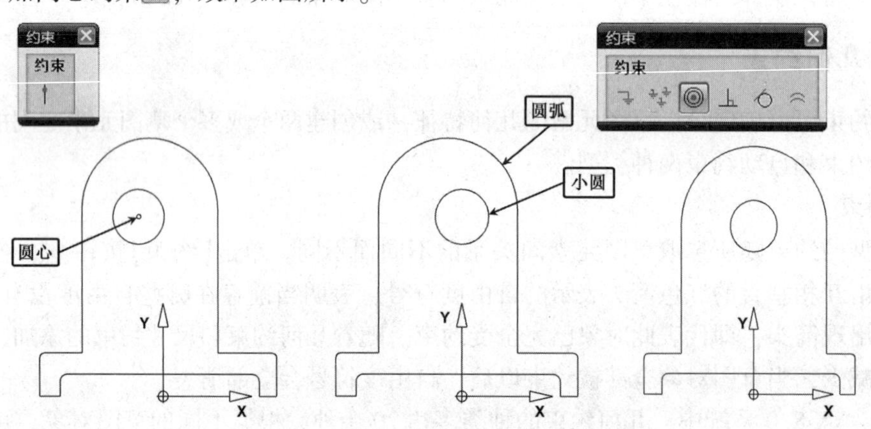

图 2-12　手动添加点在线上和同心约束

2. 自动约束

自动约束是系统用选择的几何约束类型，根据草图对象间的关系，自动添加相应约束到草图对象上的方法。

如果要自动产生约束，在【草图】工具条上单击【自动约束】按钮，系统会弹出如图 2-13所示的【自动约束】对话框。该对话框显示当前草图对象可添加的几何约束类型。在该对话框中选择自动添加到草图对象的某些约束类型，选择要添加约束的曲线，然后单击【确定】或【应用】。系统分析草图对象的几何关系，根据选择的约束类型，自动添加相应的几何约束到草图对象上。这种方法主要适用于位置关系已经明确的草图对象，对于从其他 CAD 系统转换过来的几何对象特别有用。

3. 显示所有约束

在草图工具条上单击【显示约束】按钮，可以显示所有已建立的约束。

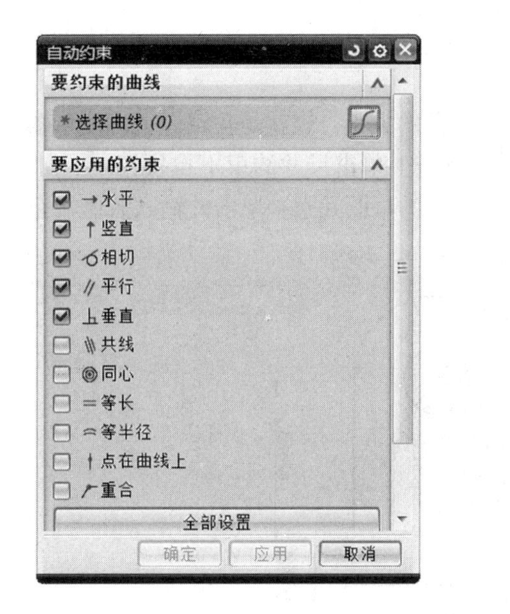

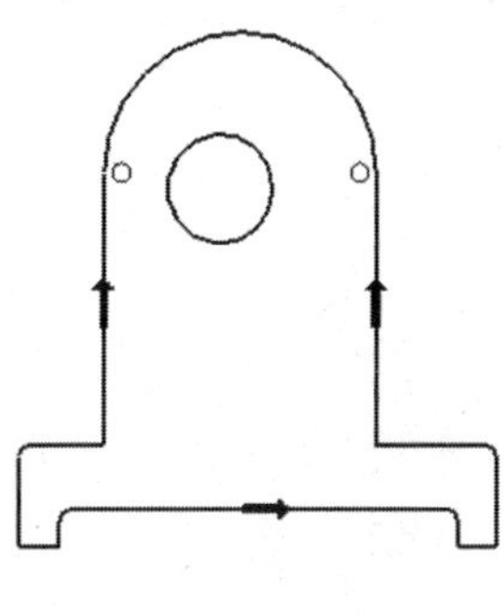

图 2-13　自动添加草图约束

4. 显示/移除约束

显示/移除约束主要是用来查看现有的几何约束，设置查看的范围、查看类型和约束列表以及移去不需要的几何约束。点击【显示/移除约束】按钮时，系统将弹出如图 2-14 所示的【显示/移除约束】对话框。其中包含了约束范围、约束类型、约束列表、移除约束和约束信息等选项。选择草图对象，约束列表框内将显示该草图对象所添加的约束，点击要移除的约束，该约束被高亮显示，单击【移除高亮显示的】，移除该约束，单击【确定】退出对话框。

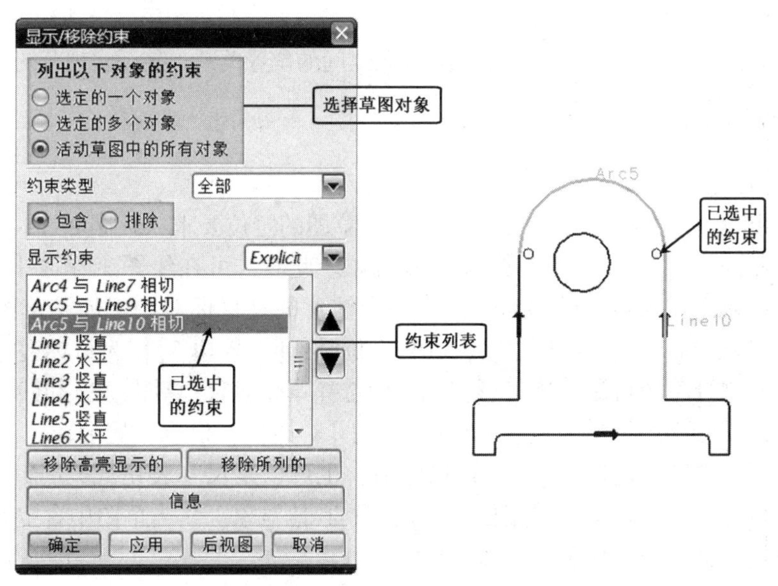

图 2-14　【显示/移除约束】对话框

二、尺寸约束

建立草图尺寸约束可以限制草图几何对象的大小，也就是在草图上标注草图尺寸，并设置尺寸标注线的形式与尺寸值。在【草图】工具条上单击尺寸约束下拉按钮，如图 2-15 所示。选择合适的尺寸约束方式，在草图上选择相应的草图元素，单击并输入数值，完成尺寸约束。

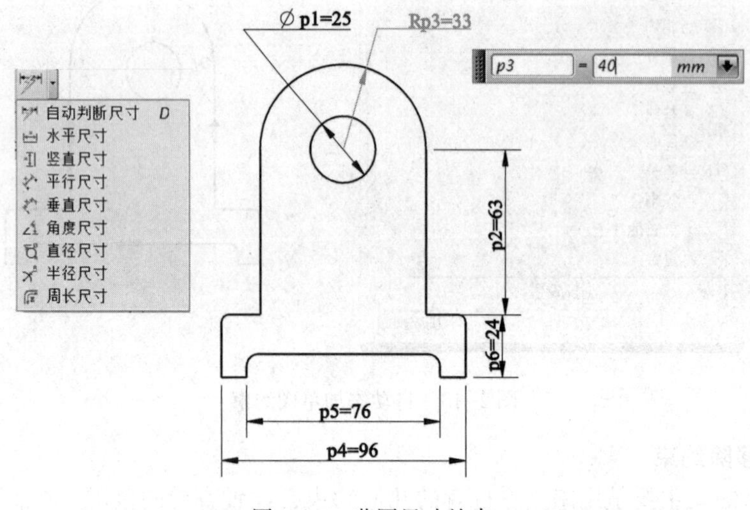

图 2-15　草图尺寸约束

第四节　草图的定位

绘制草图时可先绘制草图的形状，而不考虑草图的定位。当草图绘制完成后可利用草图定位功能确定草图与实体边、参考平面、基准轴等对象之间的位置关系，甚至实现草图的重新附着。

一、草图的定位

1. 创建定位尺寸

点击【草图】工具条中草图定位按钮，根据草图的定位要求，在图 2-16 对话框中选择【水平】和【垂直】的定位方式，然后选择目标对象。此时，可在绘图工作区中选择实体边、基准平面和基准轴等作为定位的参考基准，但要注意的是目标对象不能是草图中的草图对象。此例中水平定位时选择【实体边 1】，垂直定位时选【实体边 3】作为目标边。选择目标对象后，系统提示选择草图对象，这时可在草图中选择草图对象【草图边 2】和【草图边 4】作为草图的定位边。接着系统将弹出表达式【定位尺寸】对话框，根据位置要求，在文本框中输入定位尺寸即可完成草图的定位(可以是尺寸值，也可以是尺寸表达式)。当草图位置完全确定后，系统则会将草图按输入的定位尺寸定位到其他对象上。当草图中含空间约束或抽取对象时不能进行草图定位操作。

2. 编辑草图定位尺寸

点击【草图】工具条中草图定位按钮，绘图区中所有定位尺寸将显示出来，并弹出【编辑表达式】对话框。在绘图工作区选取一个要编辑的尺寸，输入要修改的尺寸值，单击【确定】，即可完成定位尺寸的修改，如图 2-17 所示。

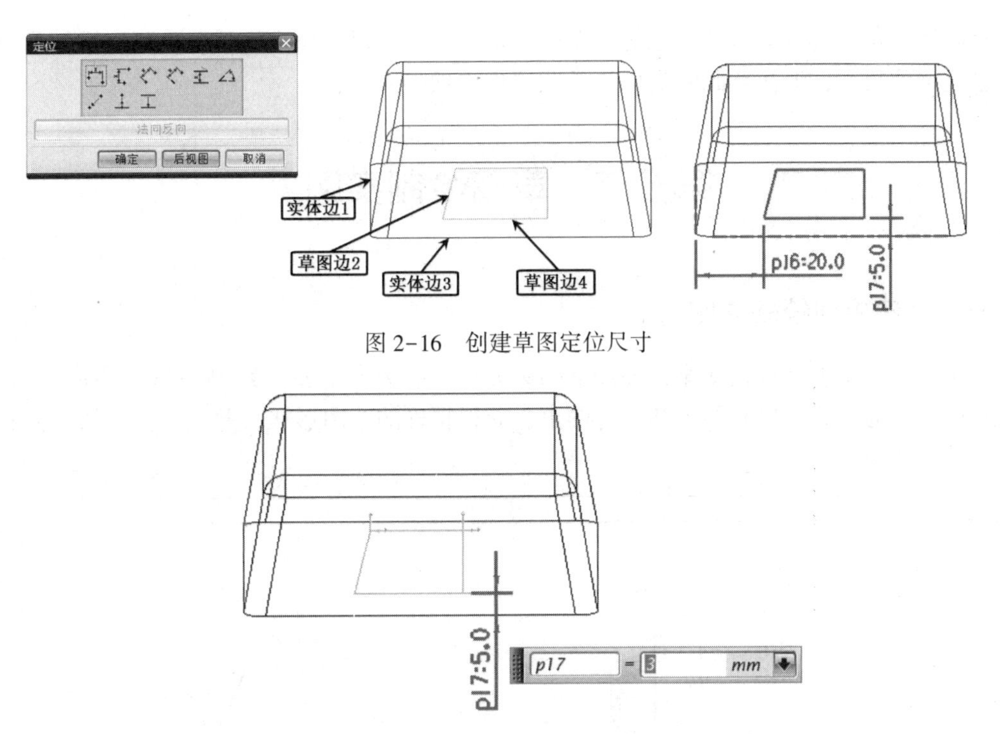

图 2-16　创建草图定位尺寸

图 2-17　编辑草图定位尺寸

二、草图的重新附着

草图重新附着功能可以实现改变草图的附着平面，将在一个表面上建立的草图移到另一个不同方位的基准平面、实体表面或片体表面上。

单击【草图】工具条或【直接草图】工具条内的【重新附着草图】图标时，弹出如图2-18所示的【重新附着草图】对话框，按图所示选择附着草图的放置平面、指定新的水平参考方

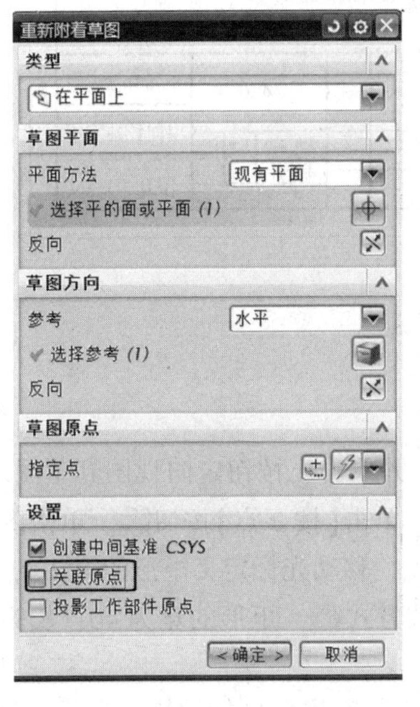

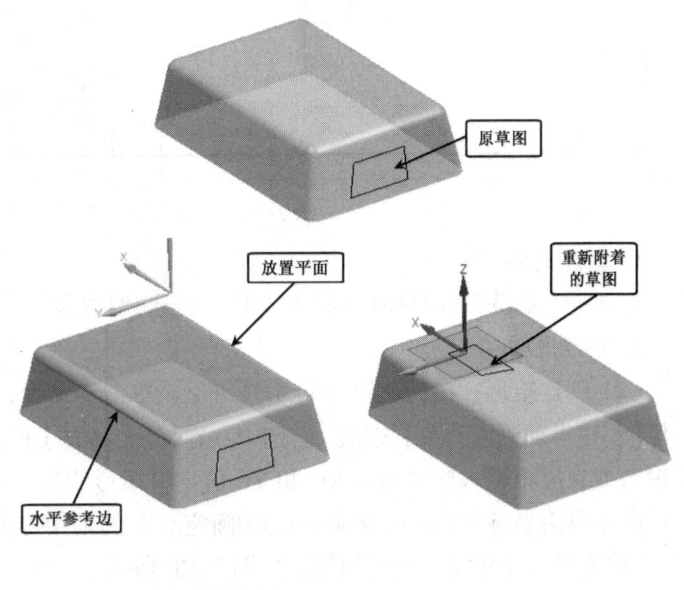

图 2-18　重新附着草图

向和重新确定草图位置的基准对象等。草图的定位方式可以用原点定位，也可以重新附着后重新创建定位尺寸，但注意此时需取消关联原点选项。

第五节　草图绘制实例

一、创建中间铰轴支座

本实例是绘制中间铰轴支座，如图 2-19 所示。本例中主要需绘制矩形、圆形、圆弧、相切直线等，通过添加尺寸约束和几何约束，获得精确的草图形状，并进一步介绍如何利用草图生成实体模型。

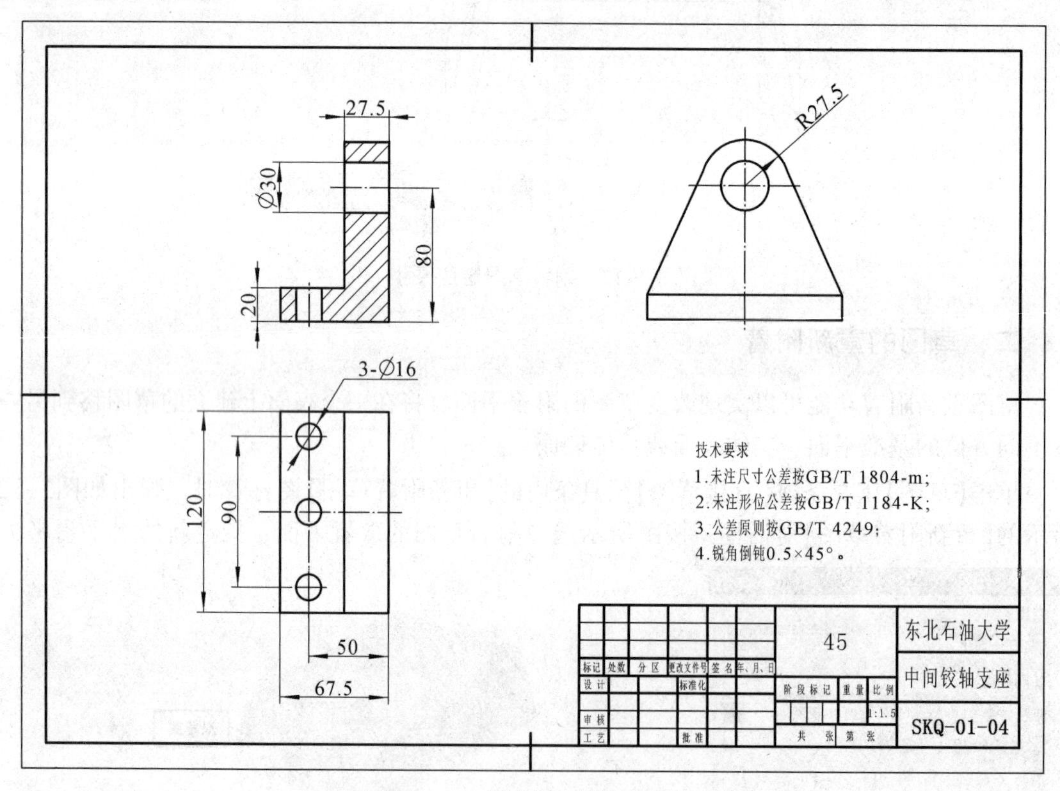

图 2-19　中间铰轴支座平面图

1. 新建文件

新建一个名为“ SKQ-01-04”的文件，进入建模模块。

2. 创建底板

（1）创建矩形。在【直接草图】工具条上，单击命令，并单击按钮定向视图到草图。确保【创建自动判断约束】按钮已选中。在【矩形方法】下，单击【按 2 点】按钮。单击图形窗口或在屏幕输入框中输入 XC 和 YC 值定义矩形的第一点，移动光标定义矩形的第 2 点。矩形大小可由坐标模式XY或参数模式确定。本例采用参数方式，矩形的宽为 40，长为 120，单击鼠标左键完成矩形创建，如图 2-20 所示。

（2）草图定位（此步也可不做，不影响建模效果）。将草图定位到坐标原点。单击 p52

表达式将其设置为-40，单击 p53 表达式将其设置为 0，此时矩形定位到坐标原点上，如图 2-21 所示。

（3）在矩形上绘制圆形。在【直接草图】工具条上，单击画圆命令，选择圆心和直径方式绘圆命令，在矩形内任选一点作为圆心的位置，直径输入 16，每次输入数值后按【回车】确定，单击鼠标中键结束命令。双击草图中圆形的定位尺寸线，与 X 轴距离输入 15，与 Y 轴距离输入 17.5。如图 2-22 所示。

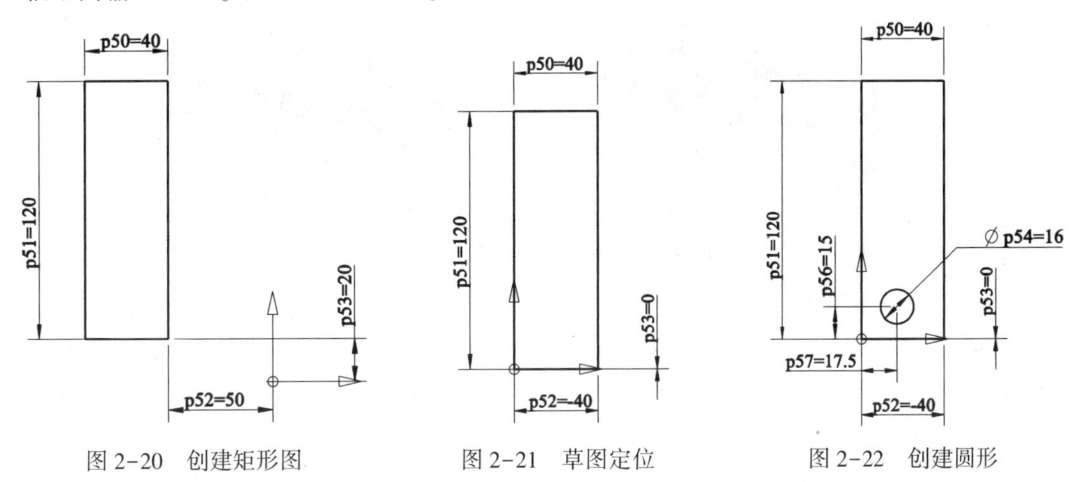

图 2-20　创建矩形图　　图 2-21　草图定位　　图 2-22　创建圆形

（4）阵列圆形。单击【直接草图】上的【阵列曲线】命令，出现【阵列曲线】对话框，如图 2-23 所示。如果工具条上没有该按钮，单击【直接草图】工具条右下角的【添加或删除按钮】，添加【阵列曲线】命令按钮。选择圆形作为阵列曲线，布局选【线性】方式，阵列【方向 1】选 Y 轴，阵列数量 3，间距 45，如默认方向与阵列方向相反，单击反向按钮，然后单击【确定】完成圆的阵列。单击【完成草图】命令退出草图环境。

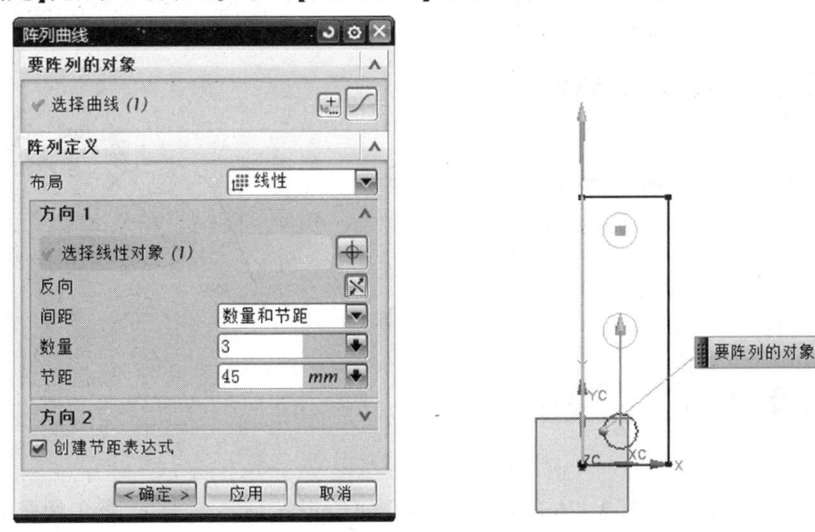

图 2-23　阵列圆形

（5）拉伸。在【特征】工具条上单击【拉伸】按钮，结束距离输入 13，点击【确定】，完成底板创建，如图 2-24 所示。

3. 创建支架

（1）创建草图平面。在【特征】工具条中单击【草图】按钮或在菜单栏中单击【插入】→【任务环境中的草图】命令，【平面方法】选项选择【现有平面】，选择矩形的侧面作为草图工作平面，选择一条长边作为水平参考，如图 2-25 所示。如方向不同，点击反向按钮，单击【确定】进入草图环境。

图 2-24　拉伸后的底板图

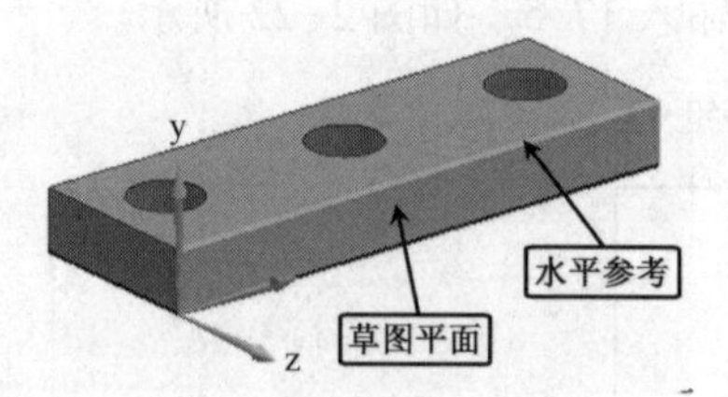

图 2-25　选择草图工作平面

（2）绘制截面图形。在【草图】工具条上单击命令，在底板上方任意点画圆 1，点击，以底板端点为起点画直线与圆相切，点击投影曲线按钮，出现【投影曲线】对话框，点选底板的三条边将其投影到草图中。点击修剪按钮，出现【快速修剪】对话框，用鼠标单击预修剪掉的曲线。点击，在轮廓中的任意位置画圆 2。点击，画底板上下边的中线。如图 2-26 所示。

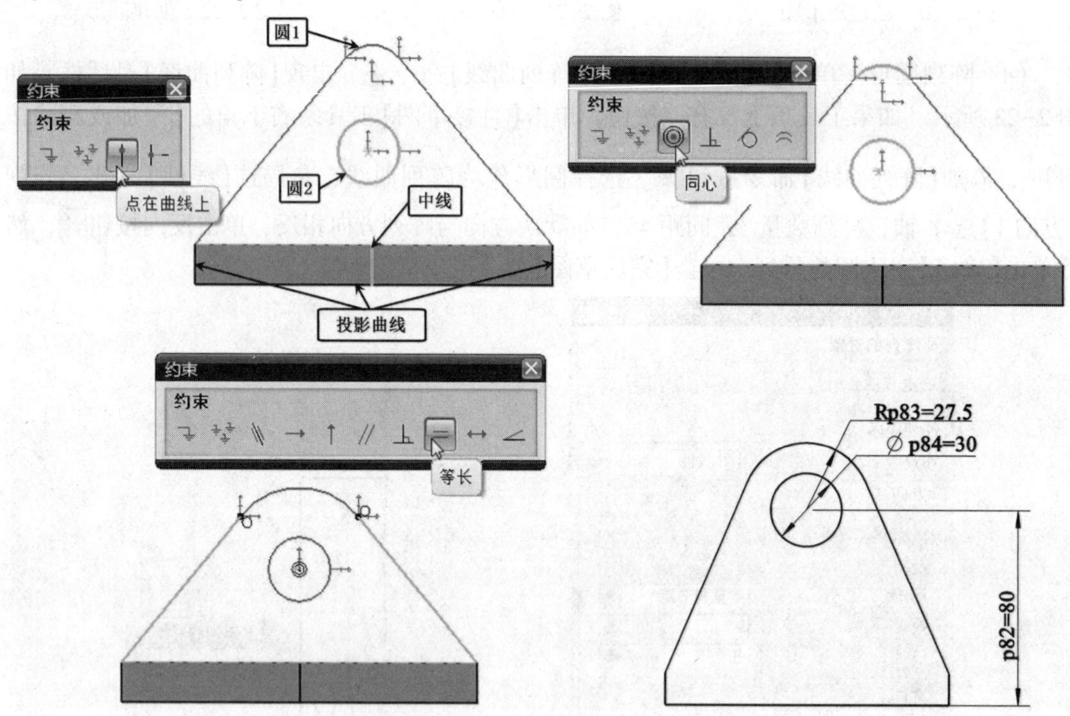

图 2-26　约束草图

（3）添加草图约束。如图 2-26 所示，点击几何约束按钮，选择圆 2 的圆心与中线，在弹出的【约束】工具条中单击按钮添加【点在线上约束】；单击圆 1 和圆 2，在弹出的【约束】工具条中单击按钮添加【同心】约束；点击两条侧边添加【等长】约束。点击尺寸约束按钮，标注圆 1 半径为 27. 5，圆 2 直径为 30，圆 2 中心高为 80。选择中线，单击鼠标右键，在弹出的快捷菜单中，选择【转换为参考】命令，该直线将不参加拉伸操作。点击完成草图按钮返回建模模块。

(4) 拉伸。在【特征】工具条上单击【拉伸】按钮，选择已建草图，结束距离输入27.5，布尔运算选择【求和】，点击【确定】，完成模型创建，如图2-27所示。

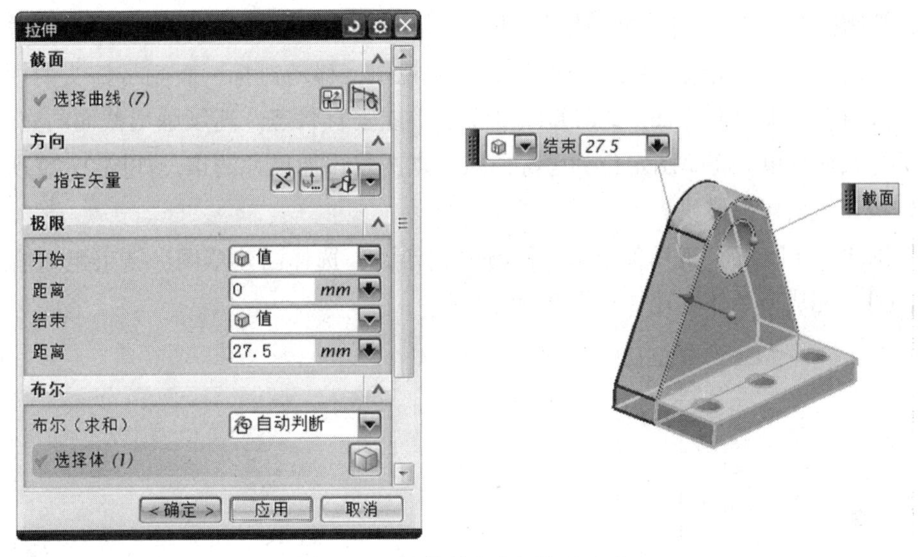

图 2-27 拉伸形成中间铰轴支座

二、创建移动齿条

移动齿条平面图如图2-28所示。

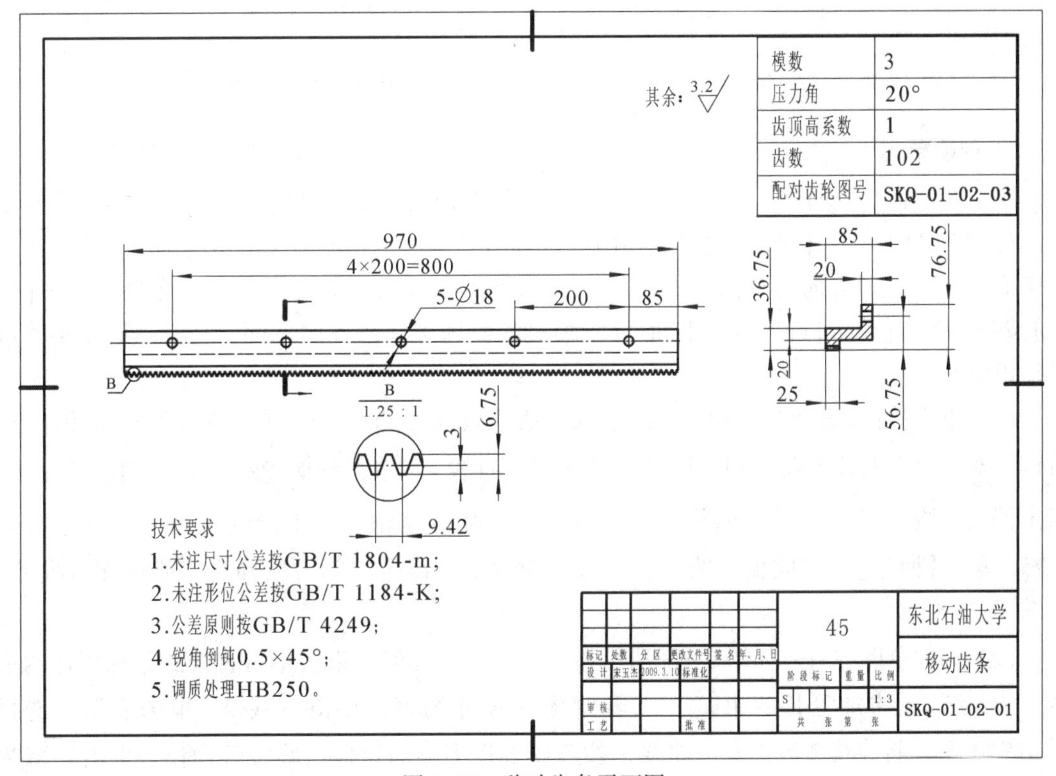

图 2-28 移动齿条平面图

1. 新建文件

新建一个名为“SKQ-01-02-01”的文件，进入建模模块。

2. 创建齿坯

(1) 绘制截面草图。在【直接草图】工具条上，单击轮廓按钮，选择直线绘制按钮。在屏幕上任选一点，点击按钮将视图调整为俯视图，移动鼠标，看到带箭头的虚线辅助线时，点击输入直线的第二点，此时直线处于水平或垂直状态，连续画出截面的完整轮廓。点击进行几何约束，将草图定位到坐标原点。点击添加尺寸约束。如图 2-29 所示。点击完成草图按钮返回建模模块。

(2) 拉伸。在【特征】工具条上单击【拉伸】按钮，选择已建草图，结束距离输入 970，点击【确定】，完成齿条体创建，如图 2-30 所示。

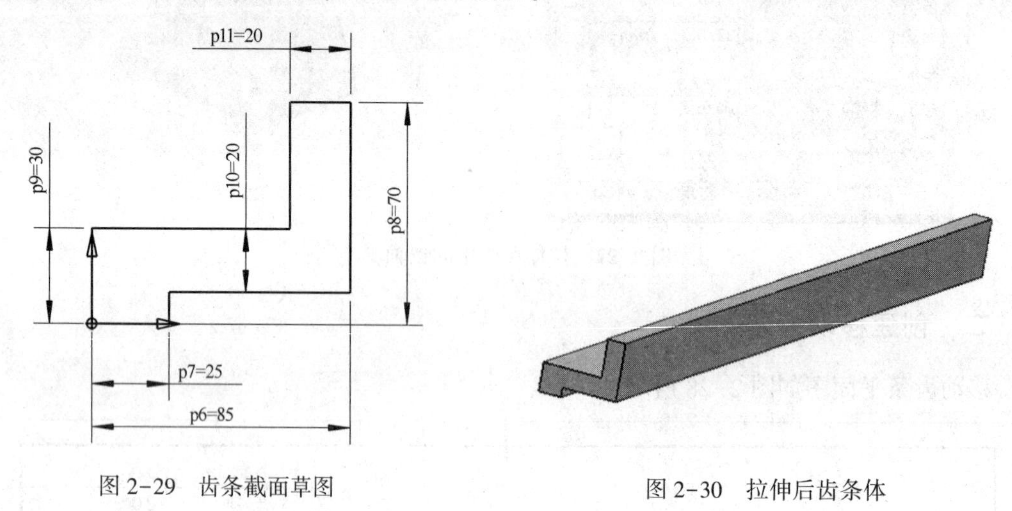

图 2-29　齿条截面草图

图 2-30　拉伸后齿条体

3. 创建单齿

(1) 绘制齿形截面图。在【特征】工具条中单击【草图】按钮，弹出【创建草图】对话框，如图 2-31 所示。【平面方法】选择【现有平面】，用鼠标点击图中所示的平面作为草图放置平面，选【水平】方向为草图的参考方向，选择如图所示的棱边作为水平参考，单击【反向】按钮，单击【确定】进入草图平面。(建模过程所用坐标系方向不同，会有不同结果，可灵活设置)

(2) 点击【连续自动标注尺寸】按钮，取消自动连续标注尺寸。单击投影曲线命令，将作为水平参考的棱边投影到草图中，并命名为直线 1。单击轮廓按钮，绘制齿形轮廓，点击偏置曲线按钮，将光标移动到直线 1，且保证选择球位于曲线上方，偏置值输入 3.75，单击【回车】，完成偏置曲线，按鼠标中键结束命令。单击命令，修剪多余曲线。如图 2-32 所示。

(3) 添加草图约束。如图 2-33 所示，点击进行几何约束，单击直线 2 添加固定约束，直线 3、4 添加等长约束。点击添加尺寸约束。点击直线 2，单击右键，选择转换为参考，将直线 2 转为参考曲线，参考曲线将不参加拉伸、旋转等操作。点击完成草图按钮返回建模模块。

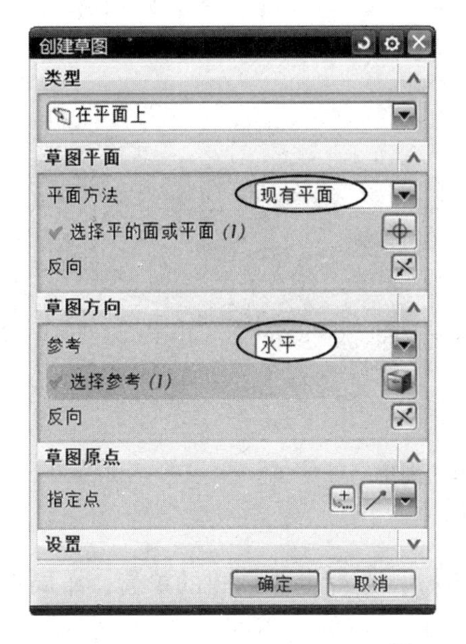

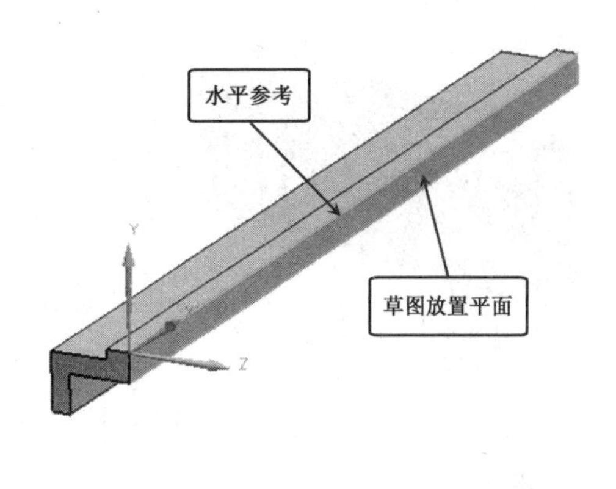

图 2-31　选择草图平面

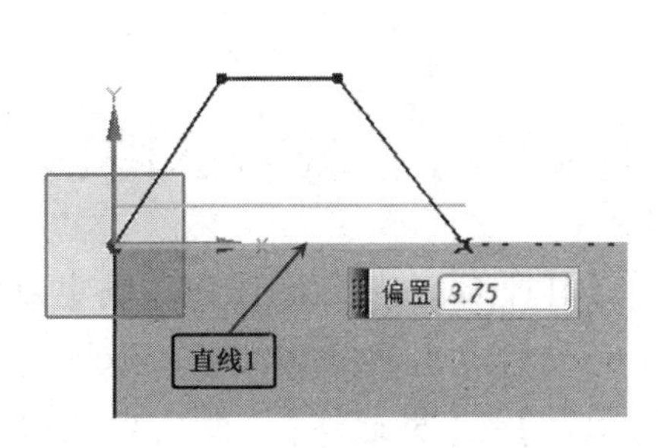

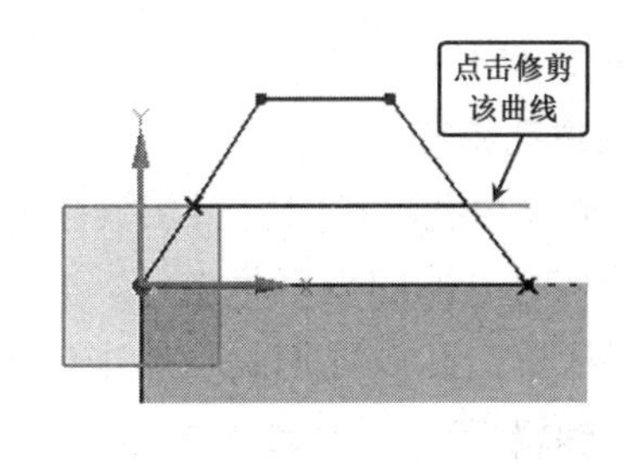

图 2-32　绘制齿形截面图

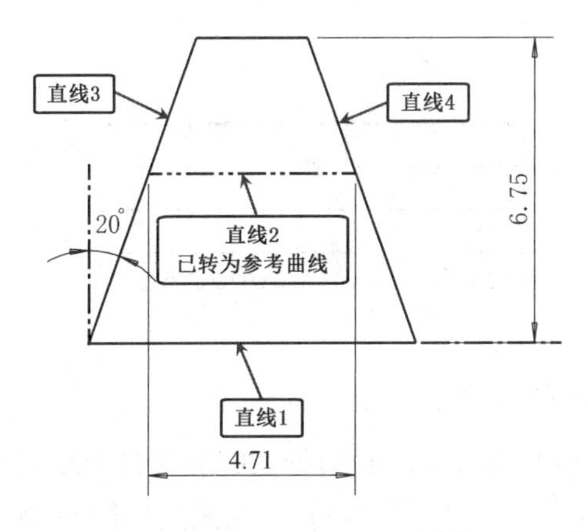

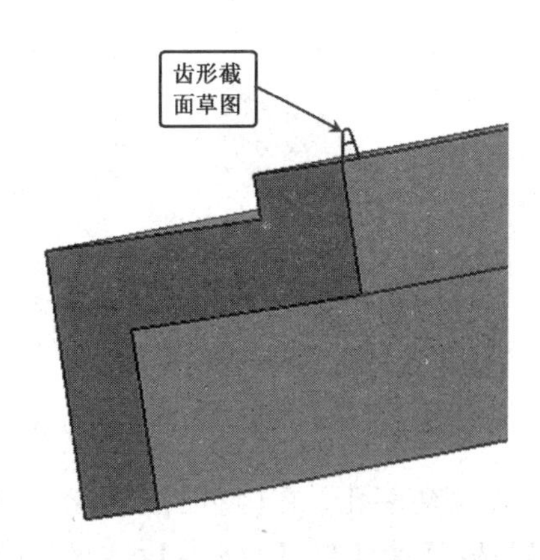

图 2-33　草图约束

到此步为止，草图绘制已完成。为了保持知识的连续性，下面将继续讲解如何利用已绘制的内容进行实体建模，下述内容也可在学习完实体建模后再来学习。

(4) 拉伸。在【特征】工具条上单击【拉伸】按钮，选择已建的齿形截面草图，结束距离输入 25，布尔运算选择求和，如预览方向与所需相反，单击【反向】按钮，点击【确定】，完成单齿创建，如图 2-34 所示。

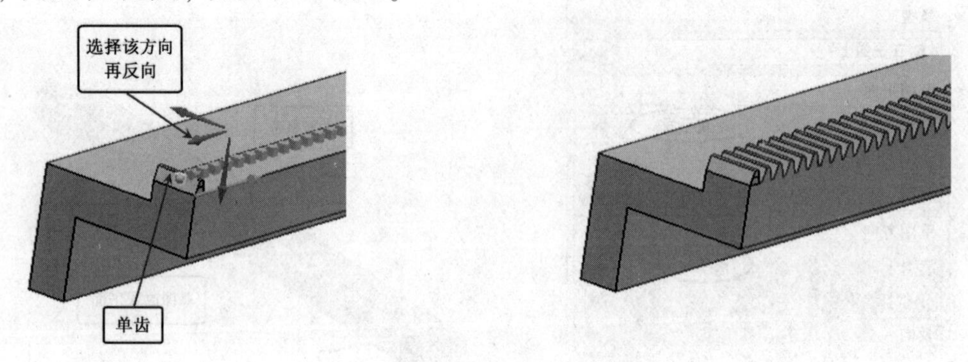

图 2-34　齿条多齿的创建

4. 创建多齿

在【特征】工具条上单击【对特征形成图样】按钮，选择上步创建的单齿，布局选择线性，【方向 1】指定矢量为-ZC 方向(不同用户创建的模型可能会不同)，间距选择数量和节距，数量为 102，节距为 9. 42，其余参数保持不变，最后单击【确定】按钮，完成多齿的创建。如图 2-34 所示。

5. 创建孔特征

(1) 创建单孔。在【特征】工具条上单击【孔】按钮，或选择【插入】→【设计特征】→【孔】命令，打开【孔】对话框。

用鼠标单击孔放置平面，点击进入【草图】工作平面。点击按钮，确定点到两个边的距离。编辑后的尺寸如图 2-35 所示。设置完成后点击完成草图按钮，返回孔设置对话框。选择【常规孔】，其中孔直径为 18，【深度限制】选【贯通体】，然后点击【确定】，创建单孔。

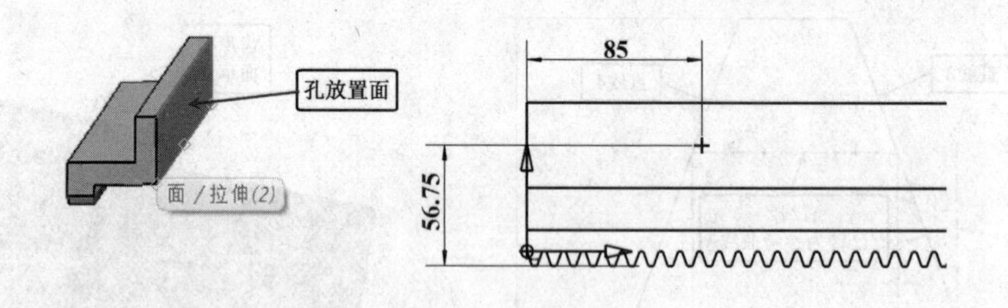

图 2-35　孔的草绘平面及定位

(2) 创建多孔。在【特征】工具条上单击【对特征形成图样】按钮，选择上步创建的孔，【布局】选择【线性】，【方向 1】指定矢量为 ZC 方向(可能会不同)，间距选择【数量和节距】，数量为 5，节距为 200，其余参数保持不变，最后单击对话框的【确定】按钮，完成多孔的创建。如图 2-36 所示。

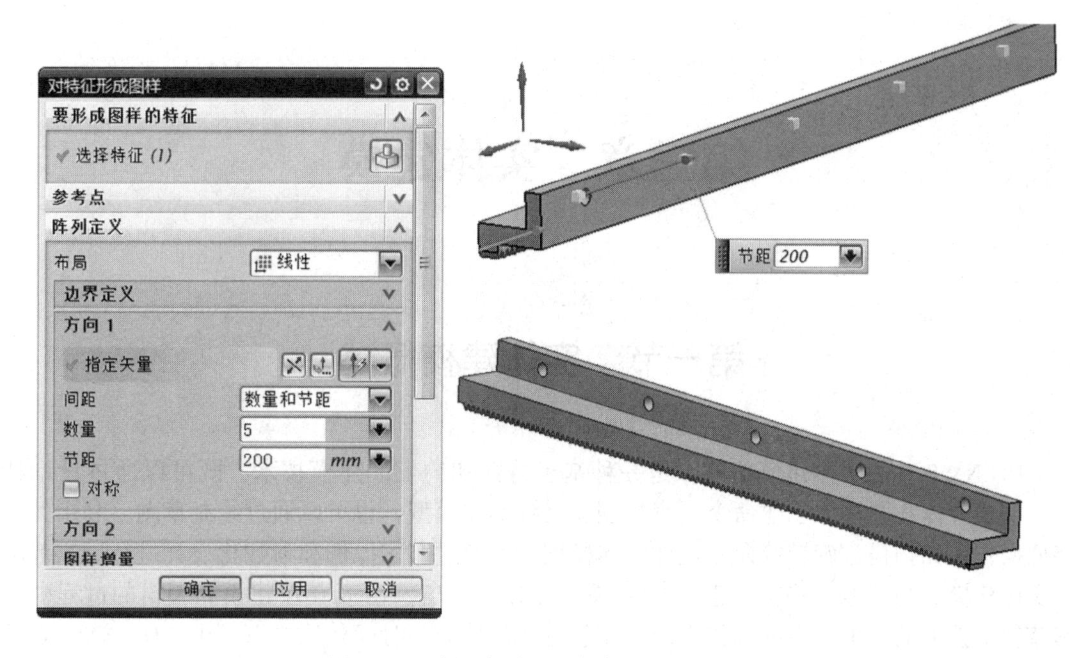

图 2-36　孔的阵列及最终建成的移动齿条

第三章　实体建模

第一节　实体建模概述

UG NX 8.0的实体建模功能，是一种基于特征和约束的建模技术，既可以通过设计特征，如长方体和圆柱体创建命令，直接创建三维实体模型，也可以通过绘制草图，利用其他特征操作，如扫描、旋转等命令创建实体模型，并通过布尔操作和参数化设计进行更广范围的实体建模。与其他一些实体建模CAD系统相比较，UG NX 8.0在建模和编辑的过程中能够获得更强大的、更自由的创作空间，而且花费的精力和时间相比之下更少。UG NX 8.0的实体建模可以对实体进行一系列修饰和渲染，如着色、消隐和干涉检查，可以保持原有的关联性，引用到二维工程图、装配、加工、机构分析和有限元分析中，实现计算机辅助设计、分析和制造的无缝集成。

特征建模是利用特征命令直接创建三维实体模型的建模方法，这种建模方法直观、高效，是UG NX 8.0较其他实体建模CAD软件更强大的因素之一。UG NX 8.0特征建模模块提供设计特征、细节特征、特征编辑、同步建模等功能模块，具有强大的实体建模和编辑功能，并且在原有版本基础上进行了一定的改进，使造型操作更简便、更直观、更实用。

下面是实体建模的菜单栏和常用工具条，如图3-1和图3-2所示。菜单栏和工具条中并没有显示出全部的命令按钮，用户可根据需要定制所需的工具栏，工具栏的定制请参考第一章第二节的相关内容。

1. 特征菜单和工具条

特征菜单和工具条包括成型特征和特征操作两部分，用于创建基本形体、扫描特征、参考特征、成型特征、用户自定义特征和抽取几何体、由曲线生成片体、增厚片体等；用于实体拔锥、边倒角、面倒圆、软倒圆、倒斜角、抽壳、螺纹、阵列特征、缝合、修补实体、简化实体、包裹、移动表面、缩放实体、修剪实体、分割实体以及布尔操作等。

2. 特征编辑工具条

用于编辑特征参数、编辑特征定位尺寸、移动特征、特征重新排序、删除特征、抑制特征、解除特征抑制、表达式抑制、移去特征参数、延时更新、更新特征等。

3. 同步建模工具条

用于修改模型，而无须考虑该模型的原点、关联性或特征历史记录。包括移动面、拉出面、偏置区域、复制面、设为共面、设为共轴、设为共线、阵列面等。通过同步建模，设计者可以使用参数化特征而不受特征历史记录的限制。

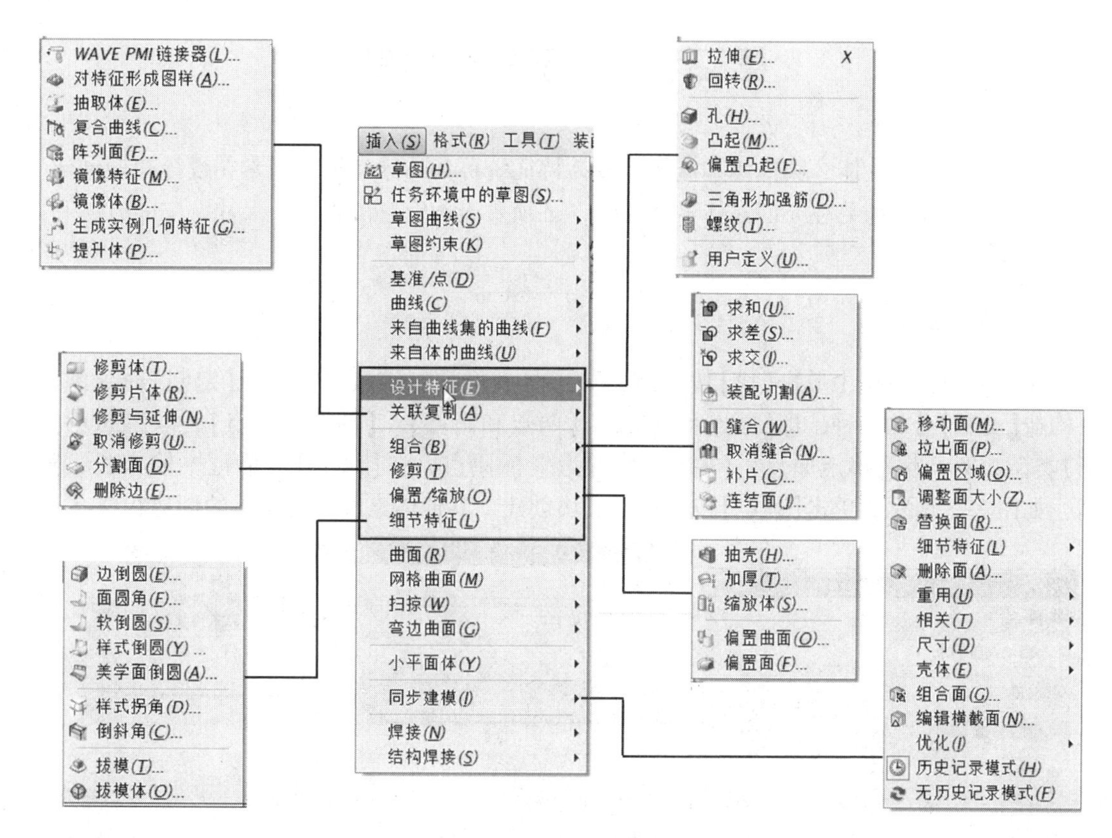

图 3-1 【实体建模】菜单栏

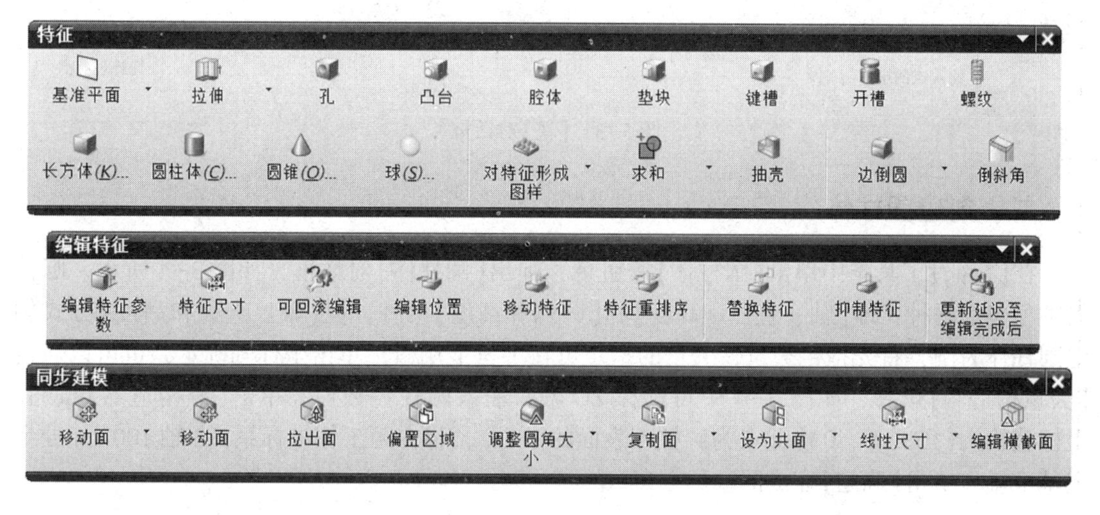

图 3-2 【实体建模】工具栏

第二节　体素特征建模

本书将块、圆柱体、圆锥体和球体等设计特征统称为体素特征。通常在设计初期创建一个体素特征作为模型毛坯。创建体素特征时，必须要先确定它的类型、尺寸、空间方向和位置等参数。

一、创建块

在【特征】工具条中单击【块】按钮，如工具条中没有该按钮，可用【定制】命令添加。块构造【类型】分为三种，即【原点和边长】、【两点和高度】、【两个对角点】。以【原点和边长】类型为例，首先确定原点，【原点】缺省为坐标原点，在【尺寸】对话框中输入长、宽、高，如图 3-3 所示，单击【确定】按钮，完成块创建。其他体素特征与块体的创建相似。

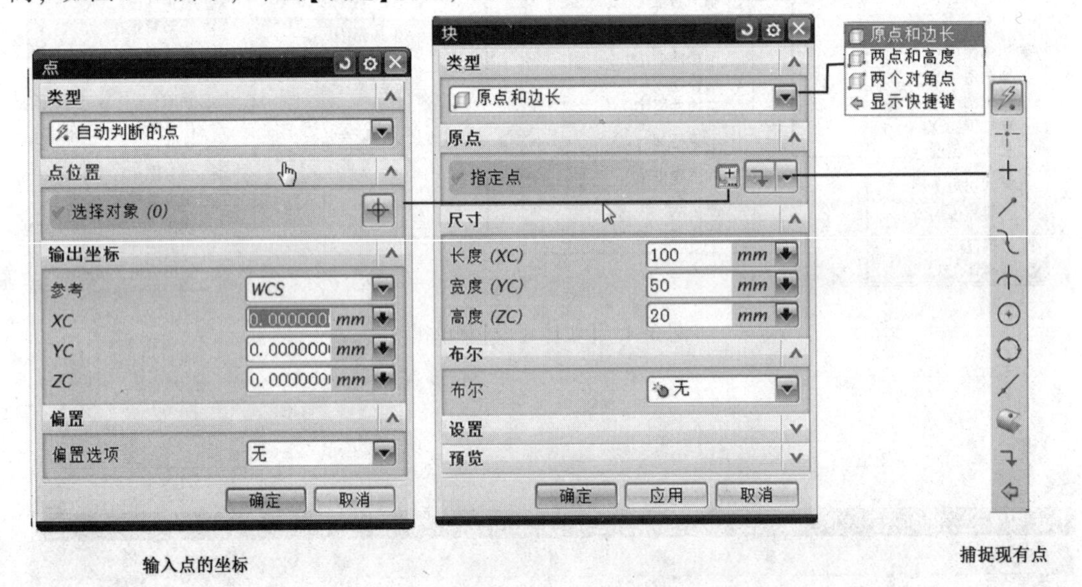

图 3-3　【块】对话框

二、创建圆柱体

在【特征】工具条中单击【圆柱体】按钮，弹出【圆柱体】对话框，如图 3-4 所示。圆柱的类型包括两种，即【轴、直径和高度】和【圆弧和高度】两种。以【轴、直径和高度】方式创建圆柱体为例，首先指定矢量，矢量的指定可在屏幕上用鼠标单击坐标轴确定，也可以通过【矢量构造器】选择，如图 3-4 中可选择 ZC 轴，输入圆柱参数值，单击【点构造器】按钮，坐标值输入(100，0，0)(此点为圆柱下表面的中心)，将在距工作坐标系 XC 轴 100mm 处生成基准轴，单击【确定】完成圆柱的创建。

三、创建圆锥体

锥体造型主要是构造圆锥和圆台实体。点击图标或者选择菜单栏中的【插入】→【设计特征】→【锥体】，弹出如图 3-5 所示选择锥体生成方式对话框。在对话框中选择一种锥体生成方式，弹出输入锥体参数对话框。在相应对话框中输入锥体参数，然后单击【确定】即可创建简单的锥体。

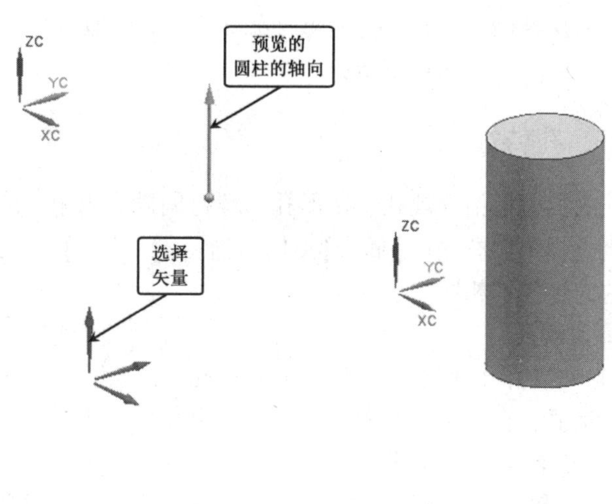

图 3-4 【圆柱】对话框

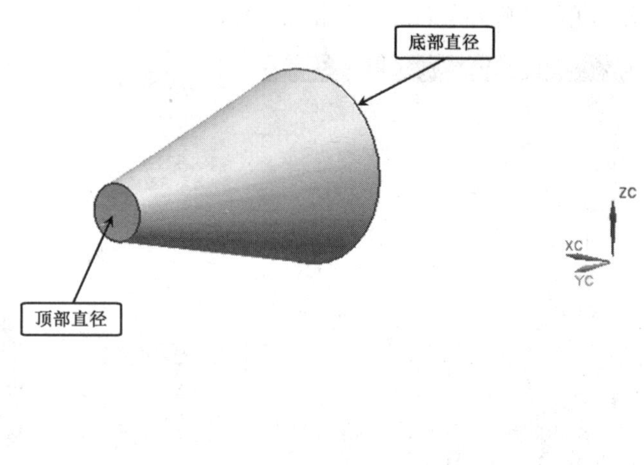

图 3-5 【圆锥】对话框及圆锥创建实例

以【直径和高度】方式为例，创建一个以 YC 为轴线，位于点(80，30，20)处，顶部直径为 15，底部直径为 50，高为 80 的圆锥。

（1）单击【矢量构造器】按钮，在【类型】下拉菜单中选择 YC 轴，单击【确定】返回【圆锥】对话框。

（2）在指定点处单击【点构造器】按钮，输入坐标值(80，30，20)。

（3）在圆锥尺寸对话框中输入(50，15，80)，单击【确定】。如图 3-5 所示。

第三节　基本成型设计特征

本节将介绍一些基本成型设计特征，包括孔特征、凸台、腔体、垫块、螺纹、键槽、拉伸特征、回转特征和扫掠等。

一、孔特征

孔的类型包括常规孔、钻形孔、螺钉间隙孔和孔系列等。在【特征】工具条上点击按钮或者选择菜单栏中的【插入】→【设计特征】→【孔】，将弹出【孔】对话框。不同类型的孔对话框的内容各不相同。

1. 常规孔

(1) 常规孔。创建指定尺寸的简单孔、沉头孔、埋头孔或锥孔特征。常规孔的深度限制类型包括值、直至选定对象、直至下一个和贯通体。

(2)【常规孔】对话框及创建步骤，如图 3-6 所示。

① 在特征工具条上，单击孔，或选择【插入】→【设计特征】→【孔】，打开孔对话框。

② 在孔对话框中，从【类型】列表中选择常规孔。在图形窗口中，单击圆柱边以选择圆弧中心。

③ 在形状和尺寸组中，从形状列表中选择形状【沉头孔】。

④ 在尺寸组中，为沉头直径、沉头深度、直径、深度和顶锥角输入值，数值如图 3-6 所示。单击【确定】完成创建常规孔特征。

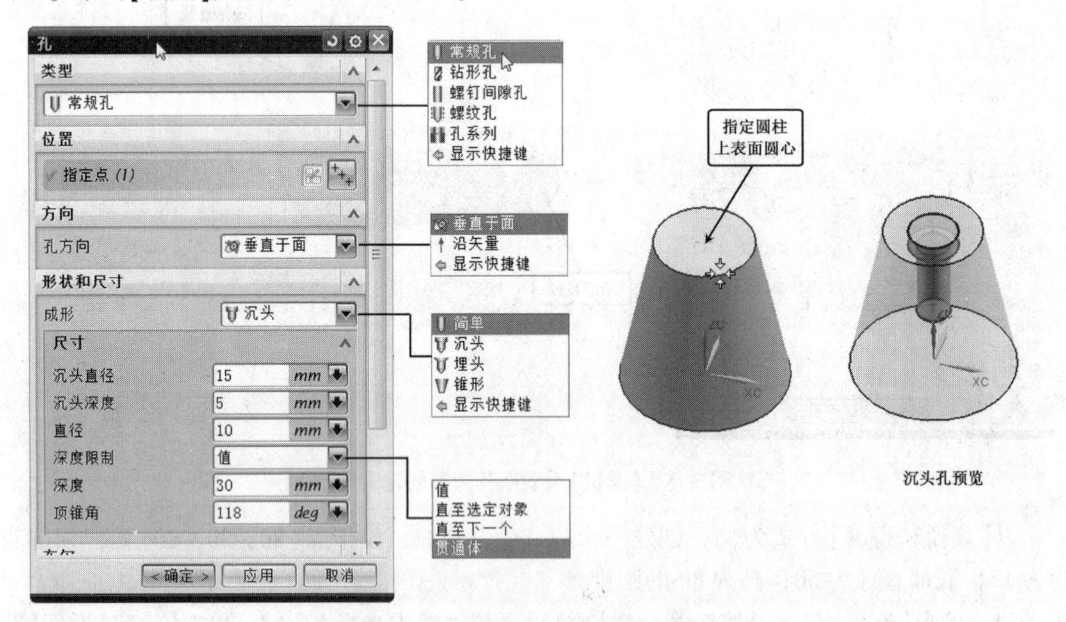

图 3-6　【常规孔】对话框

2. 螺纹孔

【螺纹孔】对话框及创建步骤如图 3-7 所示，操作目标是在长方体中心创建一个螺纹孔。

（1）在特征工具条上，单击孔，或选择【插入】→【设计特征】→【孔】，打开【孔】对话框。

（2）在【孔】对话框中，从【类型】列表中选择【螺纹孔】。在图形窗口中，单击长方体上表面进入草图，在长方体上表面创建了一个点。进入草图后可创建多个孔中心点，如果只创建一个点，关闭【草图点】对话框。双击草图中的定位尺寸线，输入正确的定位尺寸值。单击【确定】返回【孔】对话框。

（3）【孔方向】选【沿矢量】方式，点击下拉菜单，选择 ZC 轴。

（4）在尺寸组中，为大小、进刀和螺纹深度输入值。

（5）【深度限制】列表设置为贯通体，即螺纹孔为通孔。

（6）启用【起始导斜角】和【终止倒斜角】。

（7）单击【确定】以创建螺纹孔特征。

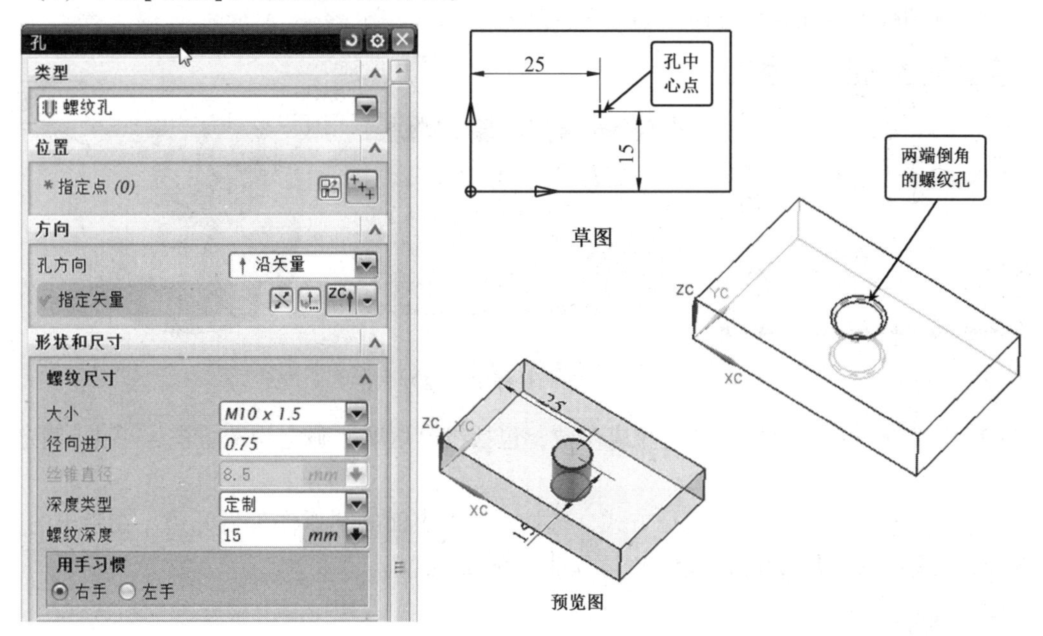

图 3-7 【螺纹孔】对话框

二、圆形凸台

圆形凸台是构建在平面上的形体。在【特征】工具条上点击按钮或者选择菜单栏中的【插入】→【设计特征】→【圆台】，弹出构建圆台对话框。

1. 在长方体中心创建圆台

（1）选长方体上表面为放置面，如图 3-8 所示。

（2）在文本框中输入圆形凸台相应参数，确定构造方向，单击【确定】，弹出【定位】对话框。

（3）选择【垂直的】定位方式，分别选择长方体的长边和宽边作为目标边，定位尺寸为圆台中心到目标边的距离，本例中输入定位数值（15，25）。每次输入数值后单击【应用】完成圆台的创建。单击【确定】即退出【定位】对话框，只有完全定位后方可单击【确定】，否则定位不完全。

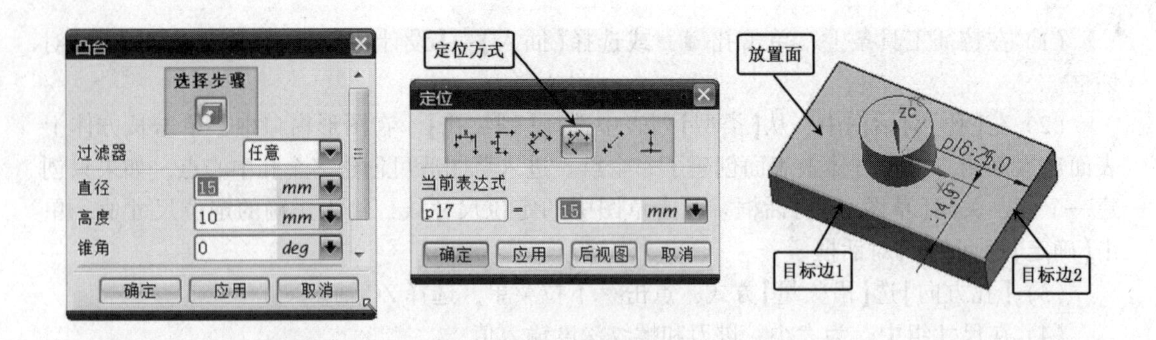

图 3-8　在长方体上创建圆台

2. 在圆柱表面创建拔模圆台

(1) 选圆柱上表面为放置面，如图 3-9 所示。

图 3-9　在圆柱体上创建圆台

(2) 在文本框中输入圆形凸台相应参数，包括拔模角度，确定构造方向，单击【确定】，弹出【定位】方式对话框。

(3) 选择【点落在点上】的定位方式，选择圆柱上表面的圆弧作为目标边，在弹出的【设置圆弧位置】对话框中选择【圆弧中心】完成圆台的创建。

三、腔体

腔体创建于实体或者片体上，其类型包括柱形腔体、矩形腔体和常规腔体。在【特征】工具条上点击按钮或者选择菜单栏中的【插入】→【设计特征】→【腔体】，弹出【腔体】对话框。在对话框中可以选择柱形、矩形或者常规构造方式，对于柱形、矩形腔体，选择实体表面或基准平面作为腔体放置平面来构建。而对于常规类型腔体，则利用创建常规腔体对话框来创建。

1. 创建圆柱腔体

(1) 腔体创建方式选【柱】，如图 3-10 所示。

(2) 选长方体上表面为放置面，在文本框中输入腔体相应参数，确定构造方向，单击【确定】，弹出【定位】对话框。

(3) 选择【垂直的】定位方式，分别选择长方体的长边和宽边作为目标边，选柱形腔体的圆弧为工具边，在弹出的【设置圆弧位置】对话框中选择【圆弧中心】，单击【确定】。在创建表达式对话框中输入定位尺寸，定位尺寸均为 15。在两个方向定位完成后，生成柱形腔体。

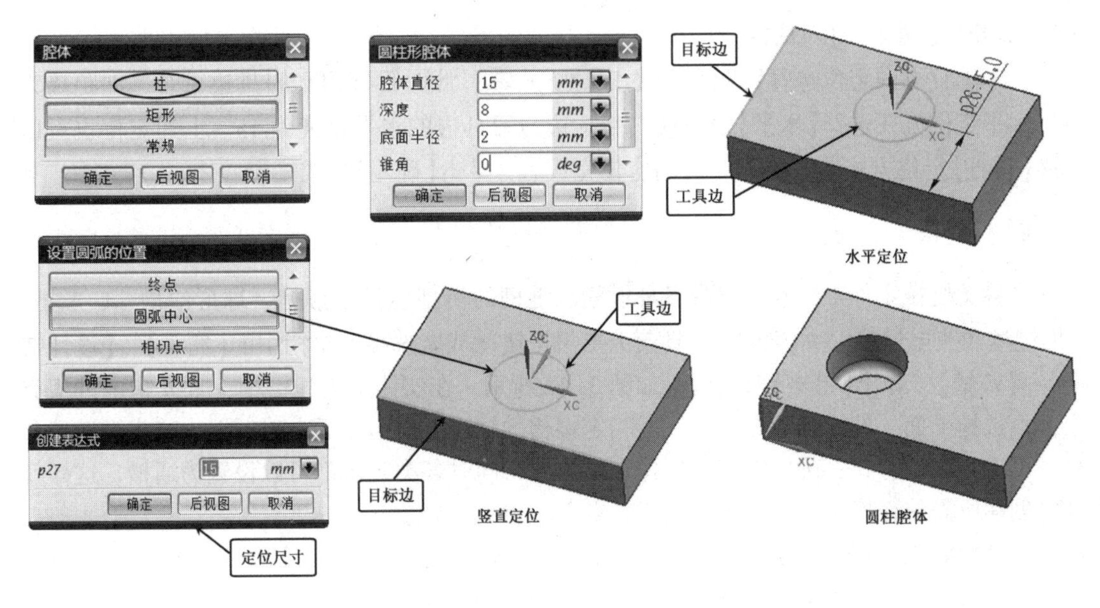

图 3-10　创建圆柱腔体

2. 创建矩形腔体

（1）腔体创建方式选【矩形】，如图 3-11 所示。

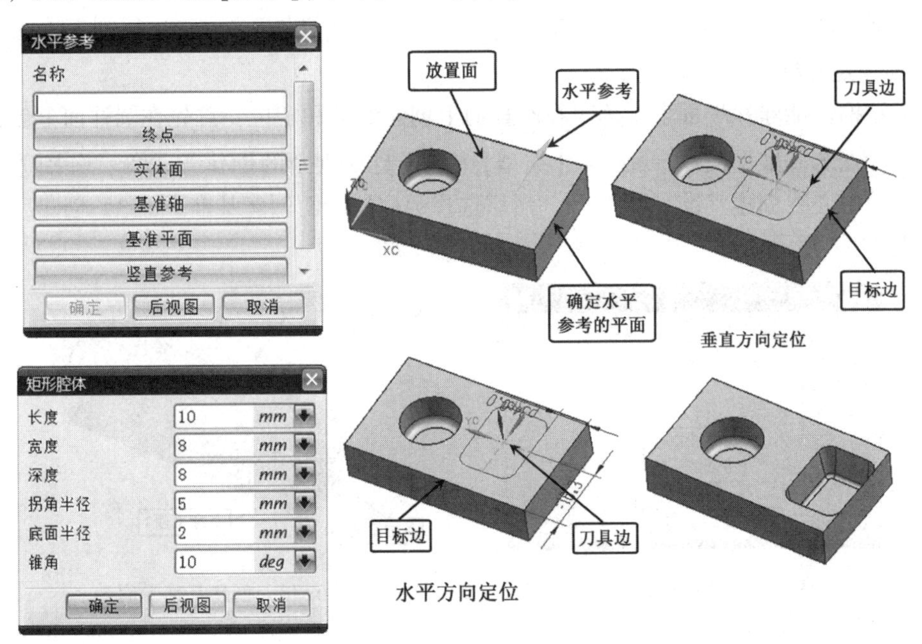

图 3-11　创建矩形腔体

（2）选长方体上表面为放置面，弹出【水平参考】对话框。水平方向是指矩形的长度方向，可由实体面、基准平面、基准轴等确定，本例选择长方体的宽面作为确定水平参考的平面。

（3）在文本框中输入腔体相应参数。长度为水平参考方向的数值，宽度为与水平参考在同一平面且相垂直的方向的数值，高度为与水平和宽度构成的平面相垂直方向的数值。拐角半径指矩形长边和宽边的拐角半径，底面半径指侧面与底面的拐角。参数输入后，单击【确定】，弹出【定位方式】对话框。

（4）垂直方向定位选择【线到线】的定位方式，此时目标边和刀具边重合，即距离为零。水平定位方式选择【水平】定位，目标边与刀具边的水平距离为15。上述定位也可以使用【垂直】定位方式。在两个方向定位完成后，单击【确定】生成矩形腔体。

四、键槽

在各类机械零件中，经常出现各种键槽。键槽的类型包括矩形槽、球形端槽、U形槽、T形键槽和燕尾槽等。在【特征】工具条上点击按钮或者选择菜单栏中的【插入】→【设计特征】→【键槽】，弹出【键槽】对话框，如图3-12所示。在实体上创建键槽，首先指定键槽类型，再选择平面，即键槽放置平面，并指定键槽的轴线方向，然后在对话框中输入键槽的参数，再选择定位方式，确定键槽在实体上的位置，同时各类键槽都可以设置为通槽，这样就可以创建所需的键槽了。

1.【键槽】对话框

（1）矩形槽，用于沿底面创建具有锐边的键槽。

（2）球形端槽，用于创建具有球体底面和拐角的键槽。

（3）U形槽，用于创建一个“U”形键槽。此类键槽具有圆角和底面半径。

（4）T形键槽，用于创建一个键槽，它的横截面是一个倒转的“T”形。

（5）燕尾槽，用于创建一个“燕尾”形键槽。此类键槽具有尖角和斜壁。

2. 创建矩形槽

（1）键槽只能建在平面上，为了在圆柱面上创建键槽和定位，首先在圆柱面上创建三个基准平面。点击基准平面命令，在【类型】中选择自动判断的创建方式，分别选择圆柱面和圆柱的中心线创建基准平面1、2，然后选择圆柱的端面创建基准平面3，创建后的基准平面如图3-13所示。

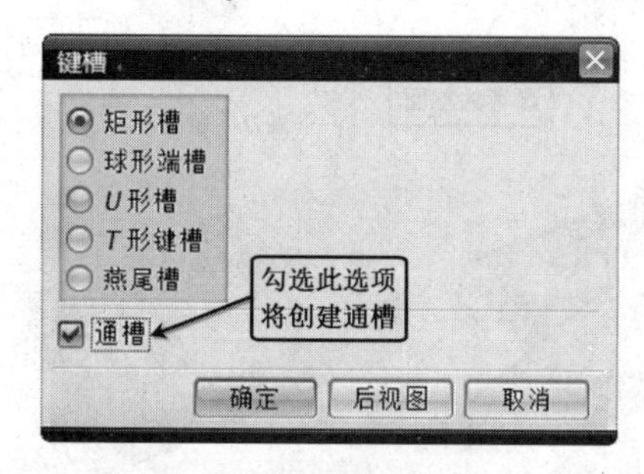

图3-12 【键槽】对话框

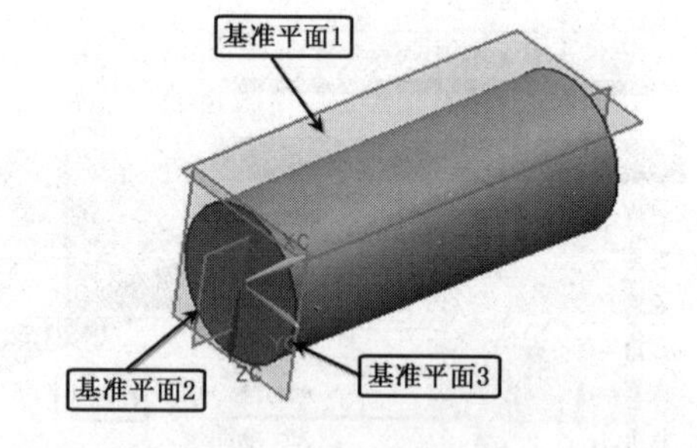

图3-13 创建基准平面

（2）在【特征】工具条上点击键槽按钮，在弹出的对话框中选择【矩形】，勾选【通槽】选项，单击【确定】，如图3-14所示。

（3）单击基准平面1放置键槽，预览方向与所需相同，单击【接受默认边】。选择基准平面2作为水平参考，选择两端面作为贯通面，在文本框中输入腔体相应参数，单击【确定】弹出定位对话框。

（4）键槽缺省设置位于圆柱中心，因此单击【确定】完成矩形槽的创建，如图3-14所示。

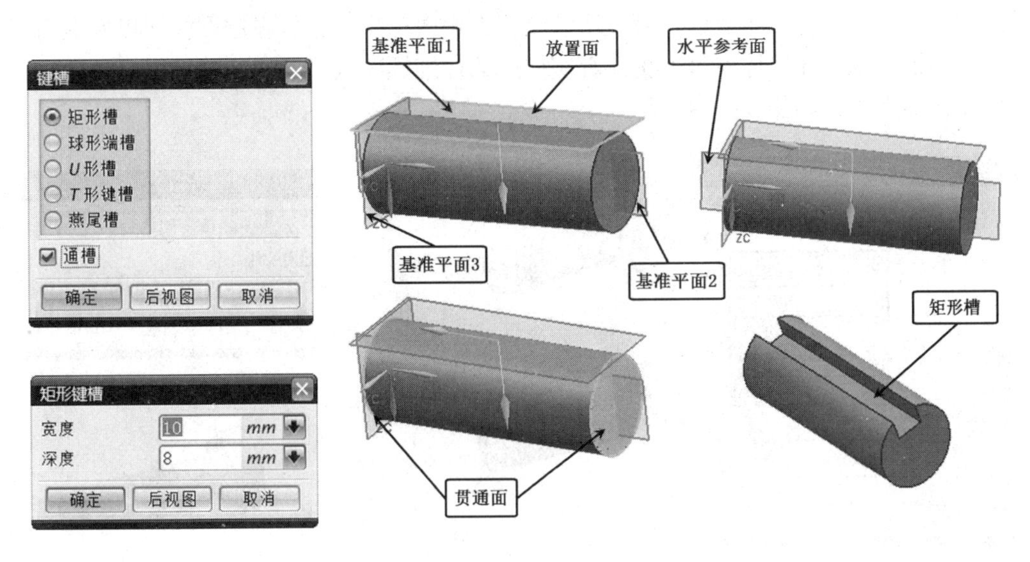

图 3-14　创建矩形槽

3. 创建 U 形槽

(1) 基准平面创建如上步所述。

(2) 在【特征】工具条上点击按钮，在弹出的对话框中选择【U 形槽】，取消【通槽】选项，单击【确定】。

(3) 单击基准平面 1 放置键槽，预览方向与所需相同，单击【接受默认边】。选择基准平面 2 作为水平参考，在文本框中输入腔体相应参数，单击【确定】弹出定位对话框。

(4) 选择【垂直的】定位方式，目标边选择基准平面 3，工具边选择键槽的竖直中心线，单击【确定】，在定位距离文本框输入 20，连续两次单击【确定】完成 U 形槽的创建，如图 3-15 所示。

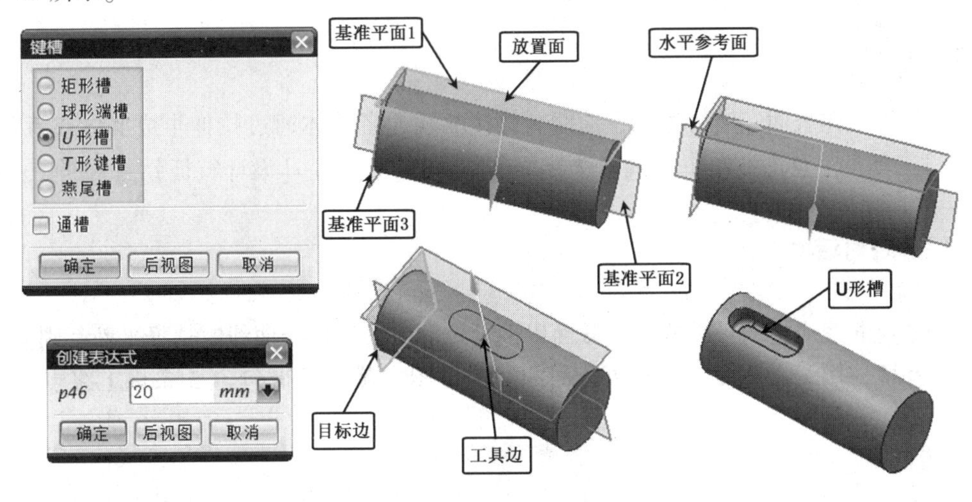

图 3-15　创建 U 形槽

五、螺纹

此命令用于在具有圆柱面的特征上创建符号螺纹或详细螺纹。这些圆柱特征包括孔、圆柱、凸台等。符号螺纹以符号表示螺纹，占用内存少，且能在制图模块以标准简化画法表达，详细螺纹则在实体模型上构造真实样式的详细螺纹效果。

创建详细螺纹，如图 3-16 所示。

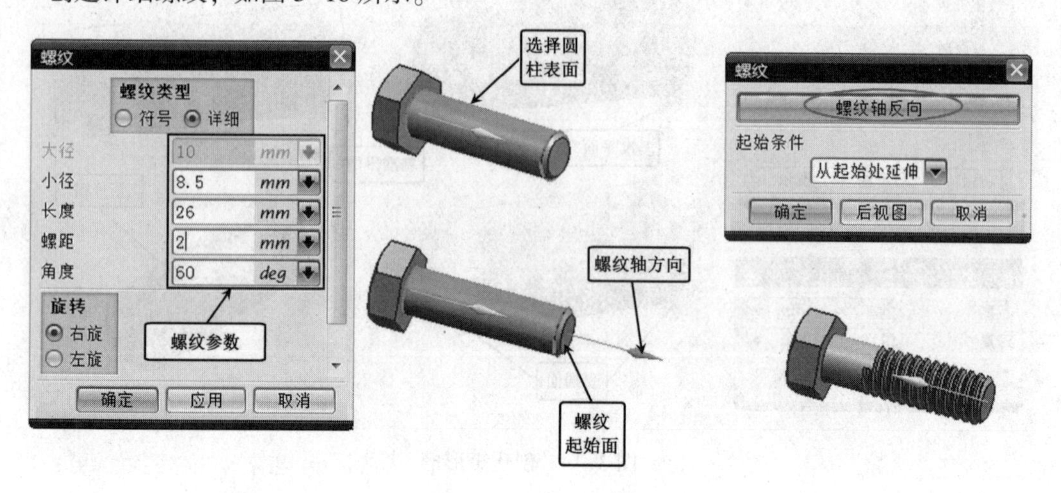

图 3-16 【螺纹】对话框及螺纹创建示例

(1) 在【特征】工具条上点击按钮，或者选择菜单栏中的【插入】→【设计特征】→【螺纹】，打开【螺纹】对话框。

(2) 选择圆柱外表面作为螺纹生成面，然后选择圆柱端面作为起始面，螺纹起始面必须为平面。起始面确定后，系统则自动判断螺纹轴的方向，如与实际螺纹创建方向相反，单击【螺纹轴反向】，单击【确定】后弹出螺纹参数对话框。

(3) 在对话框内输入螺纹参数，单击【确定】完成螺纹创建。

当在有倒斜角的孔或凸台上创建螺纹时，倒斜角特征应在螺纹特征之前创建。为保证正确显示螺纹，螺纹长度应包括倒斜角的偏置量。

六、拉伸

拉伸是将实体表面、实体边缘、曲线、链接曲线或者片体通过拉伸生成实体或者片体。在【特征】工具条上点击按钮，或者选择菜单栏中的【插入】→【设计特征】→【拉伸】，弹出如图 3-17 所示对话框。

1.【拉伸】对话框

1) 截面

用于指定曲线或边的一个或多个截面以进行拉伸。如果选择曲线时选择平面，则会打开草图任务环境，用于在该面上绘制新截面曲线的草图。截面不得包含 3 条以上终点重合的曲线。

2) 方向

用于定义拉伸截面的方向，方向可从指定矢量选项列表或矢量构造器中选择矢量方向，然后选择该类型支持的面、曲线或边。

3) 限制

用于定义拉伸特征的起点与终点，从截面起测量。

值：为拉伸特征的起点与终点指定数值。在截面上方的值为正，在截面下方的值为负。

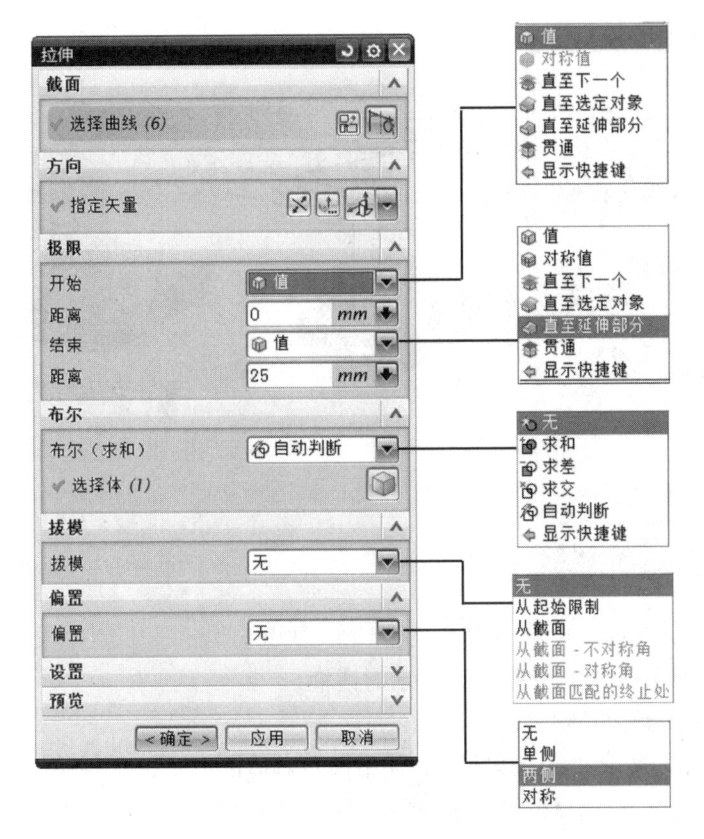

图 3-17 【拉伸】对话框

可以在截面的任一侧拖动限制手柄，或直接在距离框、屏显输入框中键入值。

直至下一个：将拉伸特征沿方向路径延伸到下一个体。

直至选定对象：将拉伸特征延伸到选定的面、基准平面或体。

直至延伸部分：在截面延伸超过所选面的边时，将拉伸特征(如果是体)修剪至该面。

对称值：将开始限制距离转换为与结束限制相同的值。

贯通：沿指定方向的路径，延伸拉伸特征，使其完全贯通所有的可选体。

4）拔模

用于将斜率(拔模)添加到拉伸特征的一侧或多侧。

5）偏置

通过键入相对于截面的值或拖动偏置手柄，可以为拉伸特征指定多达两个偏置。

2. 创建对称拉伸

（1）在【特征】工具条上点击按钮，截面选择草图曲线。

（2）拉伸方向使用自动判断的方向。

（3）【结束】选项选【对称值】，距离为 25，布尔运算选择【求和】，拔模及偏置均设为无，单击【确定】完成拉伸操作。如图 3-18 所示。

七、回转

回转是将实体表面、实体边缘、曲线、链接曲线或者片体通过旋转生成实体或者片体。其创建步骤与拉伸相类似。在【特征】工具条上点击按钮，或者选择菜单栏中的【插入】→

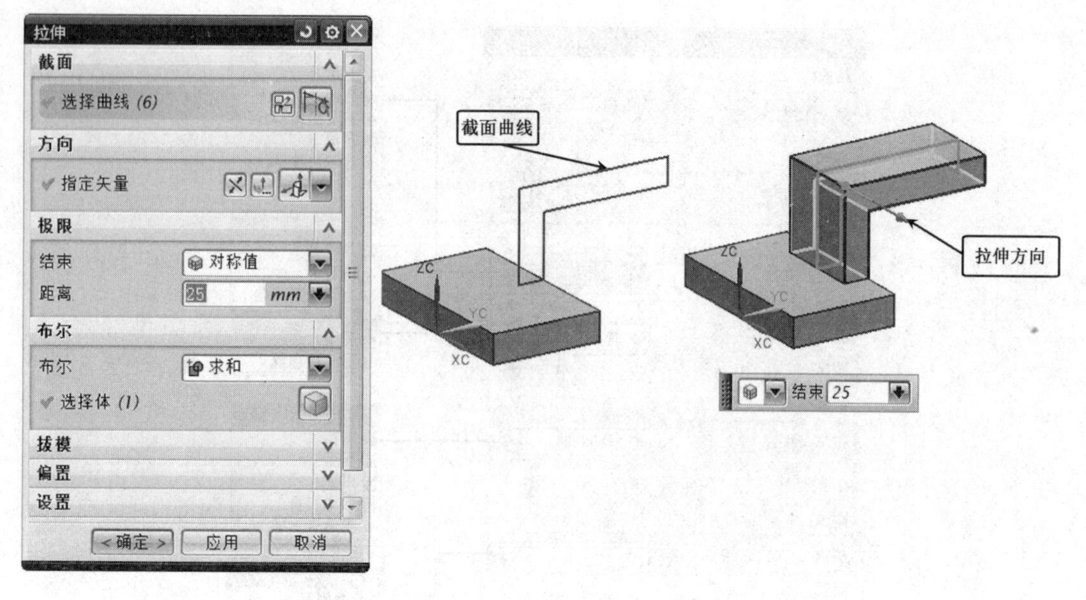

图 3-18　创建对称拉伸

【设计特征】→【回转】，弹出如图 3-19 所示对话框。

下面介绍回转的操作步骤。

（1）在【特征】工具条上点击按钮，弹出回转对话框。

（2）选择截面线。将选择框设置为相连曲线，选择已建好的截面线。

（3）选择回转方向。选 ZC 轴为回转方向，点击【点构造器】按钮，将坐标全部输为 0，使旋转点位于坐标原点。

（4）输入回转角度为 0 至 360，单击【确定】完成回转操作。

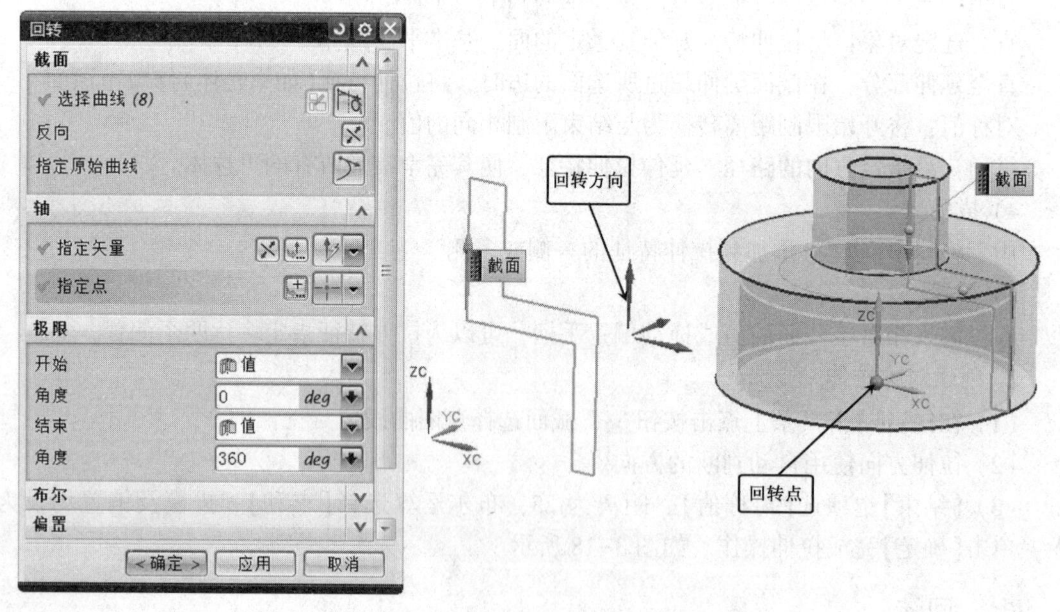

图 3-19　【回转】对话框及创建回转体

第四节　特征操作

特征操作是对已经构造的实体或特征进行修改。通过特征操作，可以用简单实体建立复杂的实体。

一、边倒圆

边倒圆是对实体或者片体边缘指定半径进行倒角，对实体或者片体进行修饰。在【特征】工具条上点击按钮，或者选择菜单栏中的【插入】→【细节特征】→【边倒圆】，弹出如图 3-20 所示对话框。首先选择要倒圆的边，相同倒圆半径的边可同时选择，然后设置倒圆的形状，倒圆的形状分为圆形和二次曲线，在文本框内输入半径值，单击【确定】完成边倒圆操作。

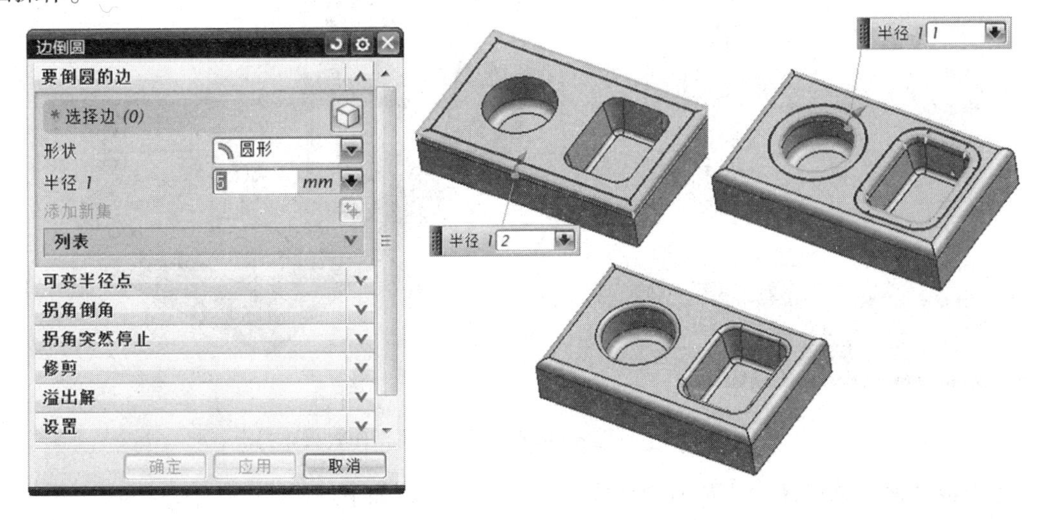

图 3-20　【边倒圆】对话框及倒圆角实例

二、倒斜角

倒斜角也是工程中经常出现的倒角方式，是对实体边缘指定尺寸进行倒角。在【特征】工具条上点击按钮，或者选择菜单栏中的【插入】→【细节特征】→【倒斜角】，弹出如图 3-21所示【倒斜角】对话框。选择所需的倒斜角方式，单击预倒角的边，在文本框中输入相应的参数，单击【确定】即完成倒斜角。

三、布尔运算

布尔运算允许将原先存在的实体或多个片体结合起来，包括求和、求差和求交。每个【布尔运算】选项提示用户指定一个目标实体(用作开始的实体)和一个或多个刀具实体。目标实体由这些刀具修改，运算终了时这些刀具实体就成为目标实体的一部分。当用户已经在部件上创建了多个实体，并且想将这些实体结合起来的时候，就会需要布尔运算。

1. 求和

使用求和布尔命令可将两个或多个刀具实体的体积组合为一个目标体。目标体和刀具体

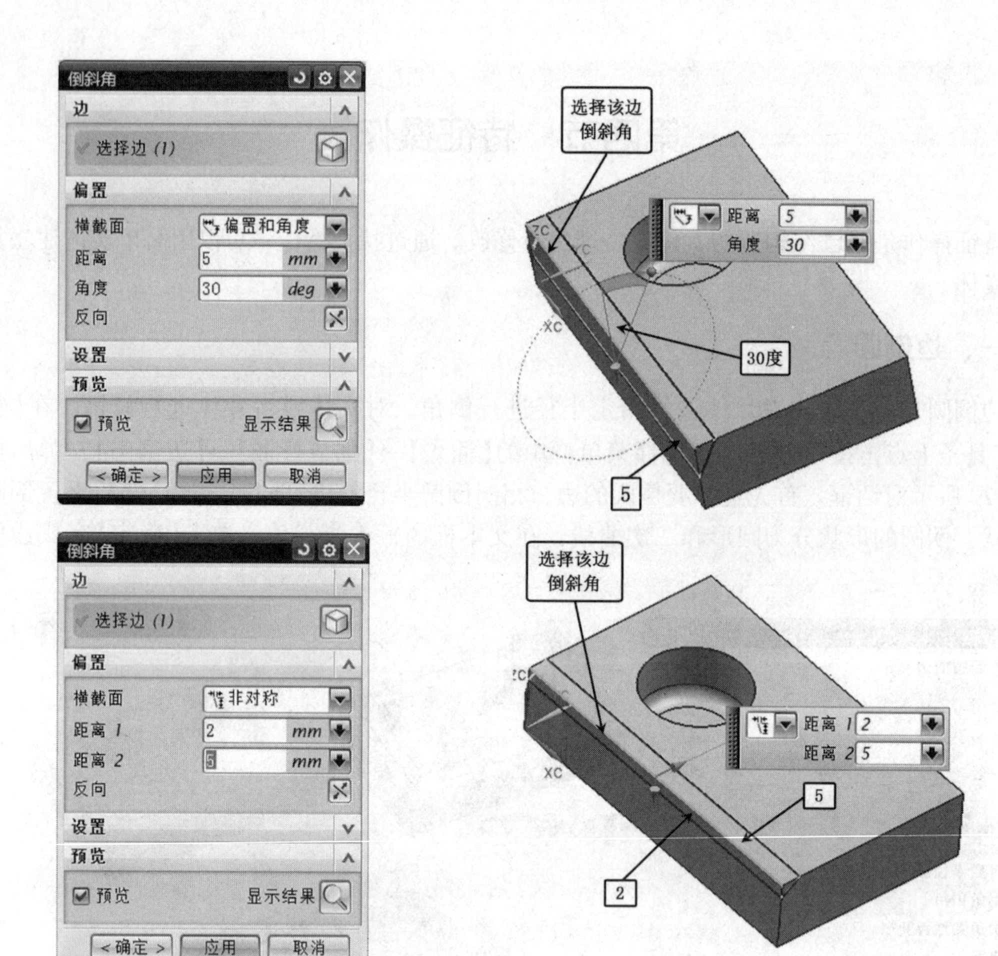

图 3-21 【倒斜角】对话框及倒斜角操作效果

必须重叠或共面，这样才会生成有效的实体。其操作步骤如下：

（1）在【特征】工具条上点击按钮，或者选择菜单栏中的【插入】→【组合】→【求和】，弹出【求和】对话框，如图 3-22 所示，图中有四个独立的实体。

（2）用鼠标点击目标体。

（3）用鼠标点击三个刀具体，单击【确定】完成求和操作。

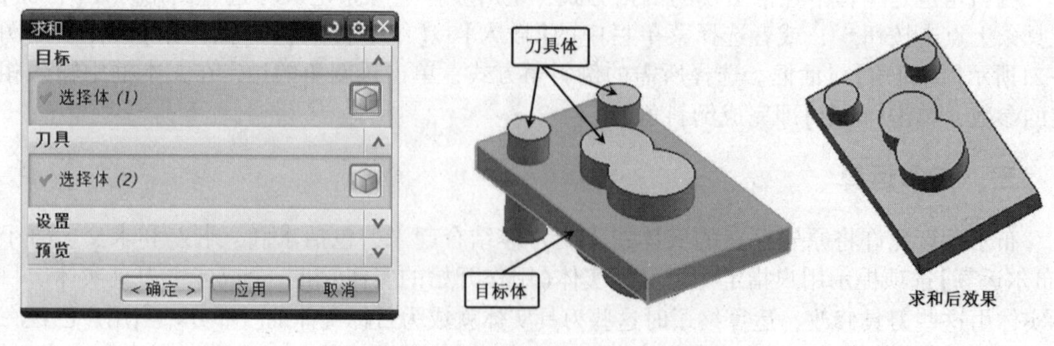

图 3-22 【求和】对话框及求和操作效果

2. 求差

使用求差命令可从目标体中移除一个或多个刀具体的体积。

(1) 在【特征】工具条上点击按钮，或者选择菜单栏中的【插入】→【组合】→【求差】，弹出【求差】对话框，如图3-23所示，图中有四个独立的实体。

(2) 用鼠标点击目标体。

(3) 用鼠标点击三个刀具体，单击【确定】完成求差操作。

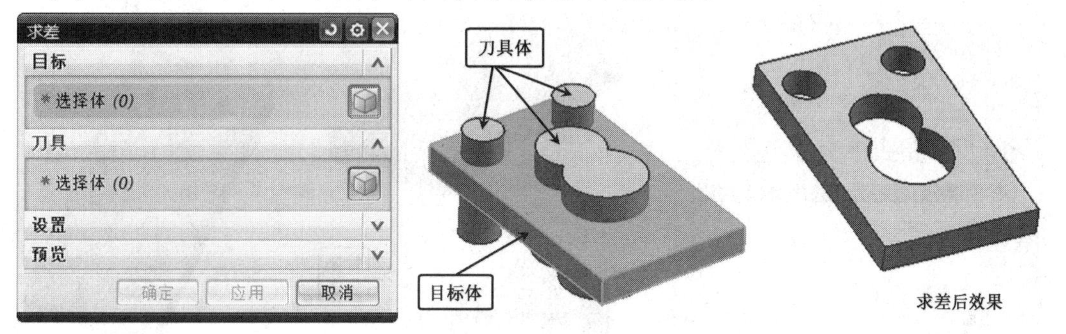

图3-23 【求差】对话框及求差操作效果

3. 求交

使用求交可创建包含目标体与一个或多个刀具体的共享体积或区域的体。操作步骤如下：

(1) 在【特征】工具条上点击按钮，或者选择菜单栏中的【插入】→【组合】→【求交】，弹出【求交】对话框，如图3-24所示，图中有四个独立的实体。

(2) 用鼠标点击目标体。

(3) 用鼠标点击三个刀具体，单击【确定】完成求交操作。

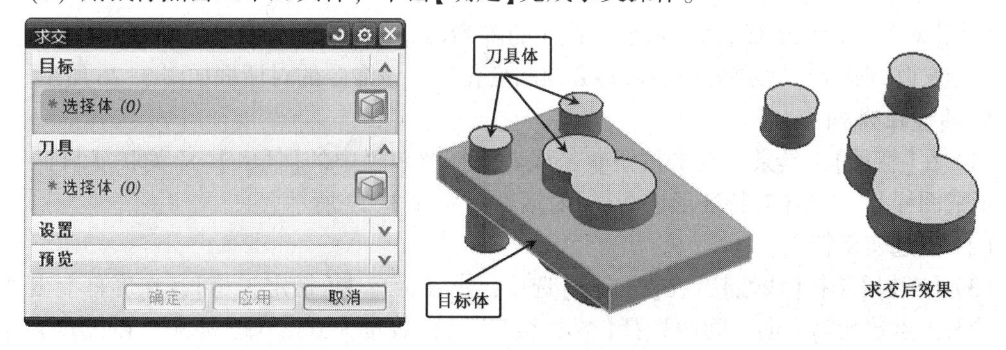

图3-24 【求交】对话框及求交操作效果

四、镜像特征

该方式用于以基准平面来镜像所选的实体中的某些特征。选择该选项，会弹出如图3-25所示的镜像特征对话框。对话框中【选择特征】选项，既可以到模型中直接点选特征，也可在【相关特征】列表框中选择。点击【指定平面】命令，镜像平面可以新建，也可以选择现有平面，这样镜像平面就有两种创建方法。一种是在镜像操作过程中创建平面，另一种是用平面工具预先创建平面。指定好镜像平面后，单击【确定】即完成镜像操作。

下面以镜像拉伸孔特征为例介绍镜像特征的操作步骤。

(1) 在【特征】工具条上点击镜像特征命令，或者选择菜单栏中的【插入】→【关联复制】→【镜像特征】，弹出【镜像特征】对话框。

（2）在【相关特征】列表框中选择拉伸孔特征，或用鼠标在模型上点选拉伸孔特征。

（3）在对话框中点击【指定平面】选项，平面选项选择【新平面】，平面创建方法选择【等分】平面，用鼠标点击长方体的两个端面，创建镜像平面，单击【确定】完成孔的镜像。

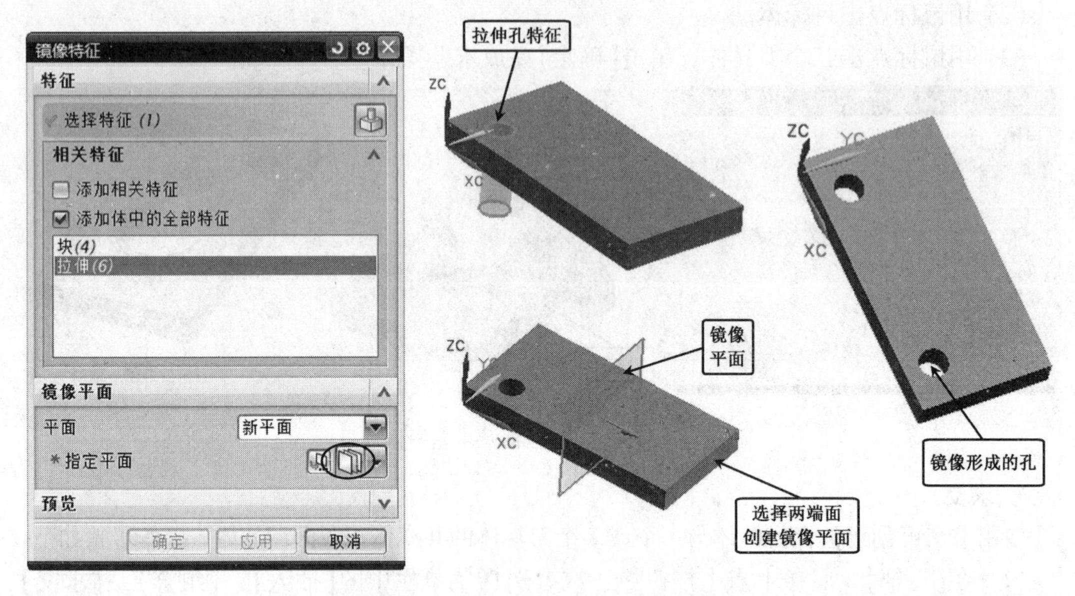

图 3-25 【镜像特征】对话框及镜像操作

五、对特征形成图样

使用【对特征形成图样】命令可创建特征的阵列（线性、圆形、多边形等），并通过各种选项来定义阵列边界、实例方位、旋转方向和变化等。该命令的对话框如图 3-26 所示。

1. 线性阵列

（1）在【特征】工具条上点击按钮，或者选择菜单栏中的【插入】→【关联复制】→【对特征形成图样】，弹出【对特征形成图样】对话框，如图 3-27 所示。

（2）点选实例特征。

（3）【布局】选择【线性】，在【方向 1】选项，用鼠标单击【指定矢量】，在屏幕上出现的矢量箭头上点选所需方向，间距选择【数量和节距】，数量为 6，节距为 30。在【方向 2】选项，首先勾选【方向 2】，然后用鼠标单击【指定矢量】，在屏幕上出现的矢量箭头上点选所需方向，间距选择【数量和节距】，数量为 5，节距为 30。

（4）其他保持初始设置。单击【确定】，完成线性阵列，如图 3-27 所示。

2. 圆形阵列

（1）在【特征】工具条上点击按钮，或者选择菜单栏中的【插入】→【关联复制】→【对特征形成图样】，弹出【对特征形成图样】对话框，如图 3-28 所示。

（2）点选实例特征。

（3）【布局】选择【圆形】，在【旋转轴】定义项，【指定矢量】为 ZC 方向，指定点时点击【点构造器】按钮，将所有坐标值输入为 0，将阵列中心点设置在坐标原点。间距选择【数量和节距】，数量为 8，节距角 45°。

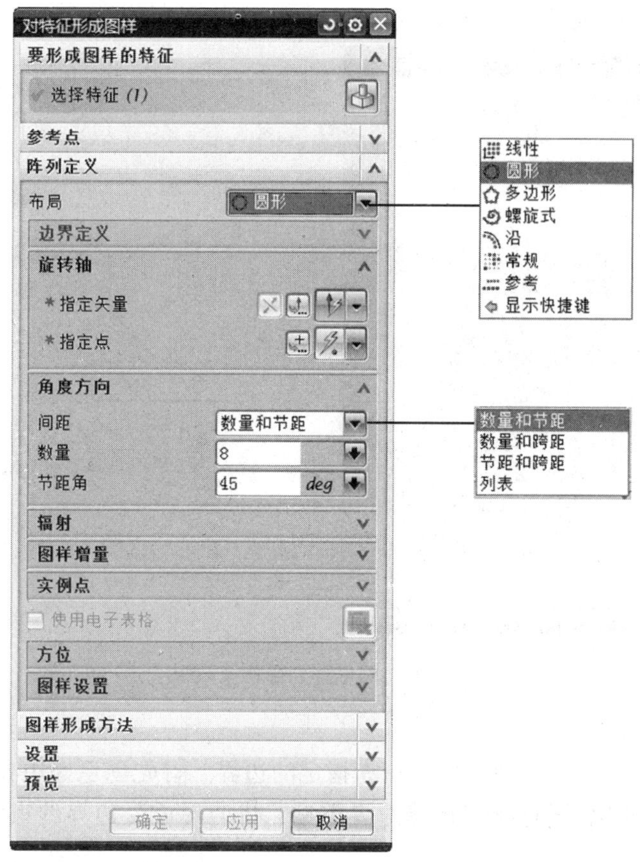

图 3-26 【对特征形成图样】对话框

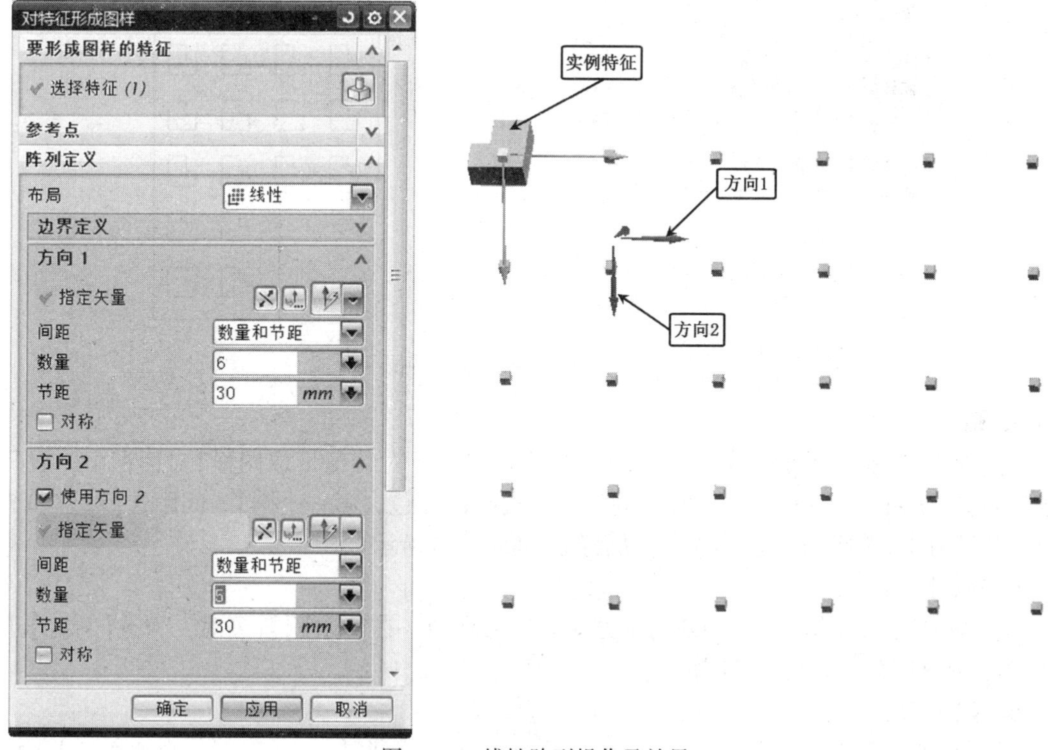

图 3-27 线性阵列操作及效果

（4）其他保持初始设置。单击【确定】，完成圆形阵列，如图 3-28 所示。

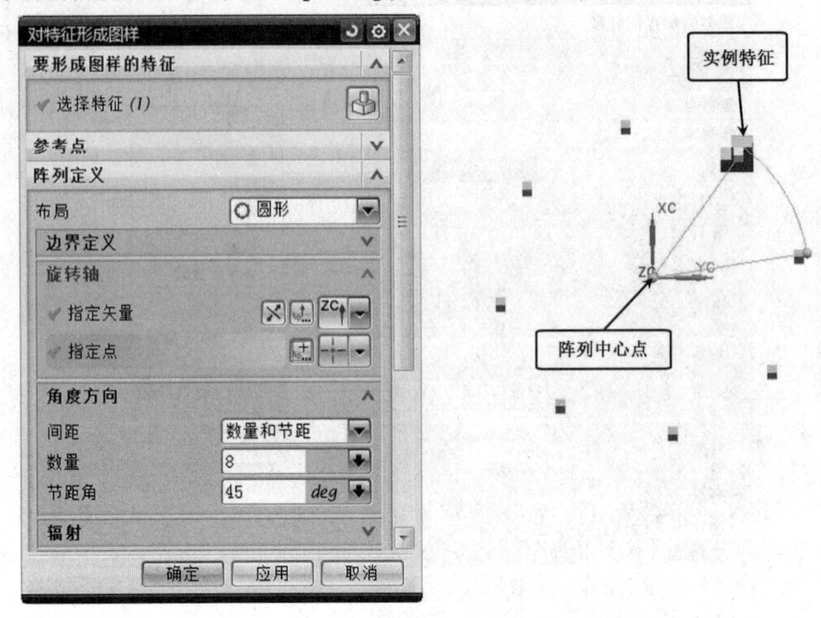

图 3-28　圆形阵列操作及效果

3. 边界定义

在阵列操作时，可以使用阵列特征填充指定的边界。首先创建好边界，在【对特征形成图样】对话框中展开【边界】选项，选择边界类型，将会形成受边界约束的实例特征，如图 3-29所示。

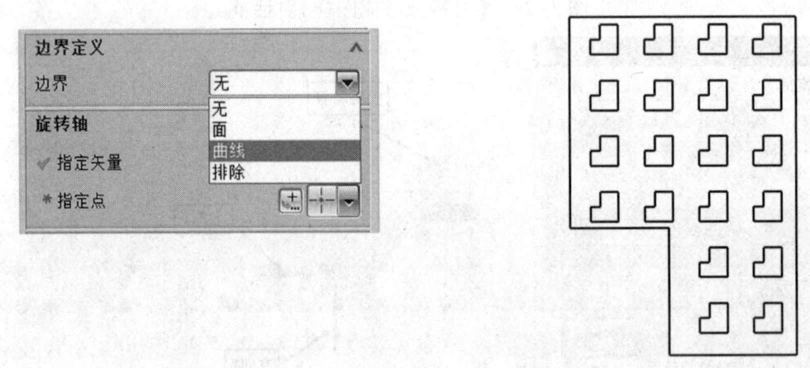

图 3-29　带有边界的实例特征

4. 辐射

对于圆形或多边形布局，可以选择辐射状阵列。在【对特征形成图样】对话框中，展开【辐射】选项，如图 3-30 所示。勾选【创建同心成员】和【包含第一个圆】，间距选【数量和节距】，数量为 4，节距为 10，形成的实例特征如图 3-30 所示。

5. 对称阵列

线性阵列时可以指定在一个或两个方向对称的阵列。在【线性】阵列时，勾选【对称】选项将执行对称阵列，如图 3-31 所示。

6. 交错阵列

线性阵列时可以指定多个列或行交错排列。在线性阵列时，在【对特征形成图样】对话框框中，展开【图样设置】选项，在【交错】选项选择【方向 1】，将形成在方向 1 的交错实例特征，如图 3-32 所示。

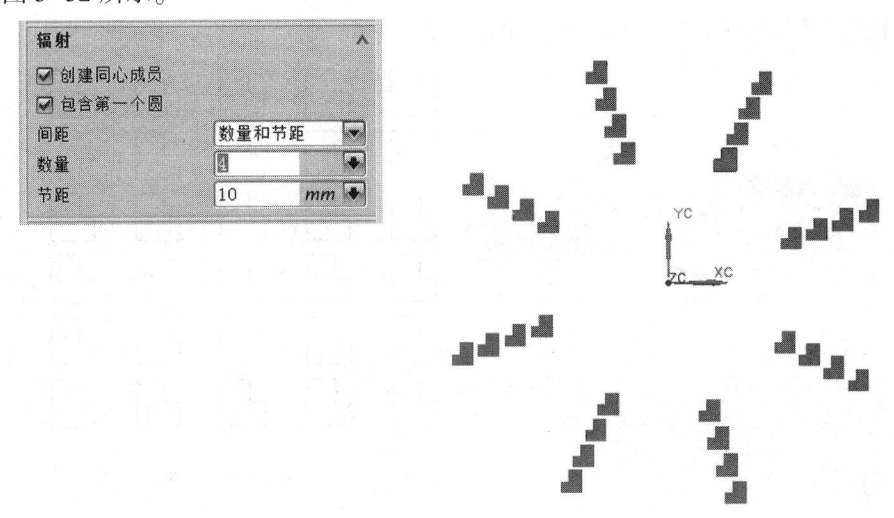

图 3-30　辐射圆形阵列操作及效果

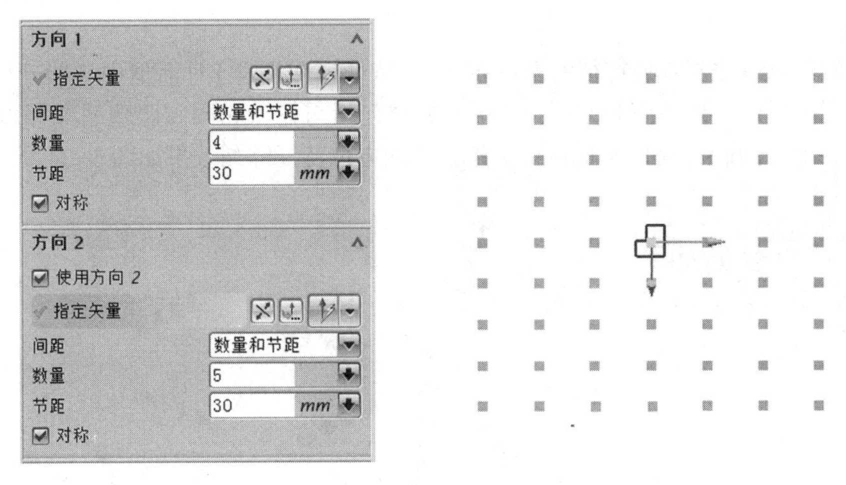

图 3-31　对称阵列操作及效果

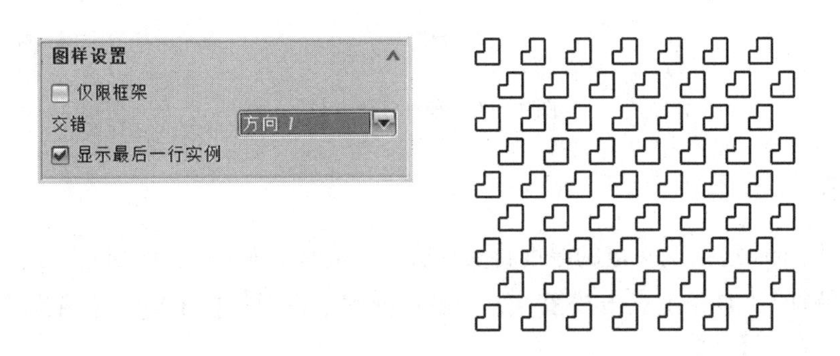

图 3-32　交错阵列

7. 编辑实例点

在阵列时可对实例点进行抑制、删除、旋转和指定变化。阵列操作时，在【对特征形成图样】对话框中，展开【实例点】选项，点击【选择实列点】命令，到模型中选择预进行编辑的实例点，然后单击鼠标右键，弹出快捷菜单，选择操作类型，如本例中选择删除，单击【确定】后，将生成具有删除点的实例特征，如图 3-33 所示。

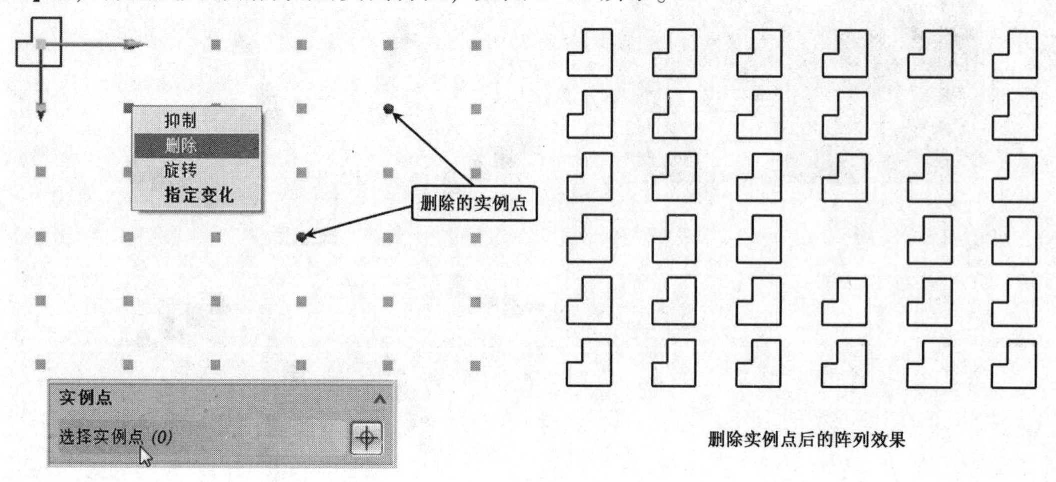

图 3-33　编辑实例点

8. 方位

在阵列时，可以控制阵列特征的方位。在【对特征形成图样】对话框中，展开【方位】选项，到下拉列表框中选择特征的方位，特征的方位包括与输入相同和跟随图样等多种方式，选择方位后，单击【确定】完成实例特征创建，不同方位特征阵列效果如图 3-34 所示。

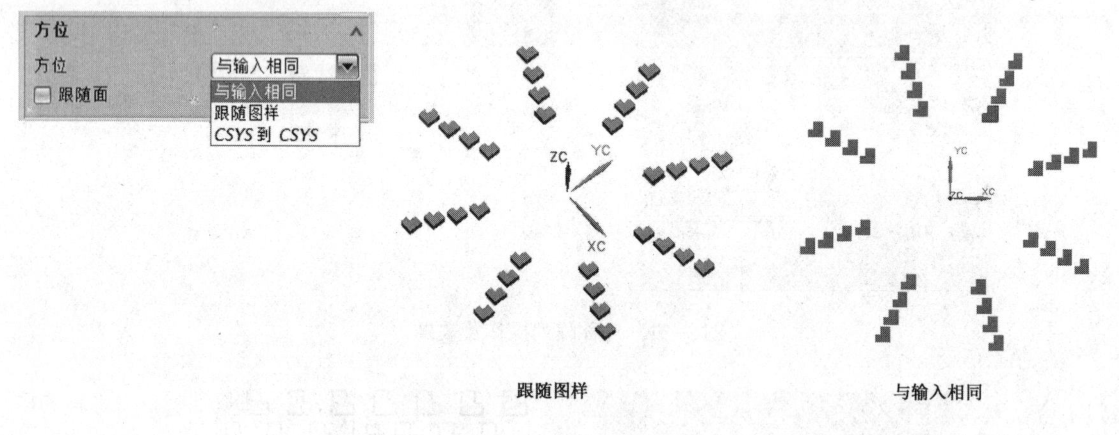

图 3-34　阵列特征方位

六、抽壳

抽壳命令用于通过指定一定的厚度将实体转为薄壳体。如图 3-35 所示。

(1) 在【特征】工具条上点击按钮，或者选择菜单栏中的【插入】→【偏置/缩放】→【抽壳】，弹出【抽壳】对话框。

(2) 将抽壳类型设置为【移除面，然后抽壳】，然后在实体上点击欲抽壳的面，在厚度文本框输入壳体厚度值，单击【确定】完成抽壳操作。

(3) 将抽壳类型设置为【对所有面抽壳】，然后在实体任意位置单击，在厚度文本框输入壳体厚度值，单击【确定】完成抽壳操作。

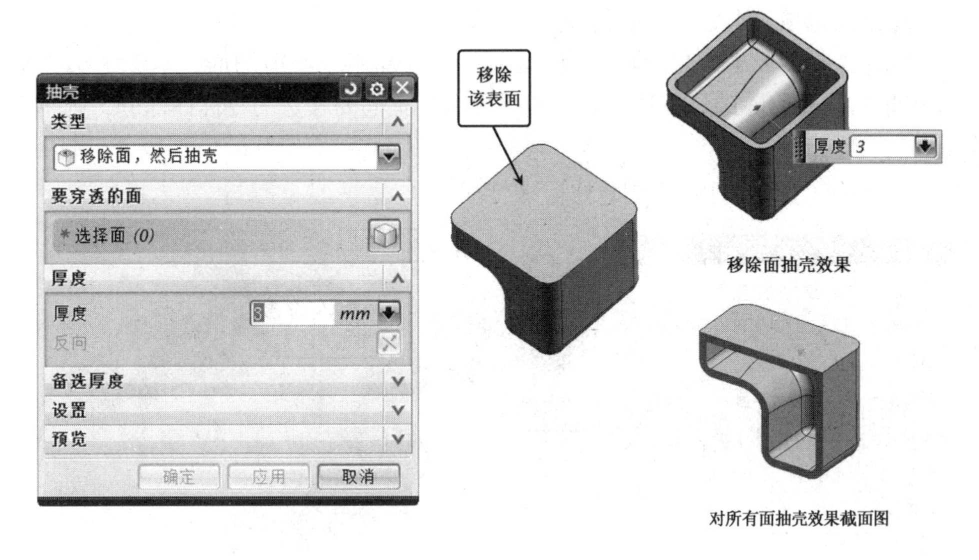

图 3-35 【抽壳】对话框及抽壳效果

七、偏置面

偏置面命令是指沿面的法向偏置一个或多个面，如图 3-36 所示。

(1) 在【特征】工具条上点击偏置面按钮，或者选择菜单栏中的【插入】→【偏置/缩放】→【偏置面】，弹出【偏置面】对话框。

(2) 在模型上点击要偏置的面，系统会自动判断偏置方向，如该方向与所需方向相反，单击反向按钮。在偏置文本框输入偏置距离，单击【确定】完成偏置操作。

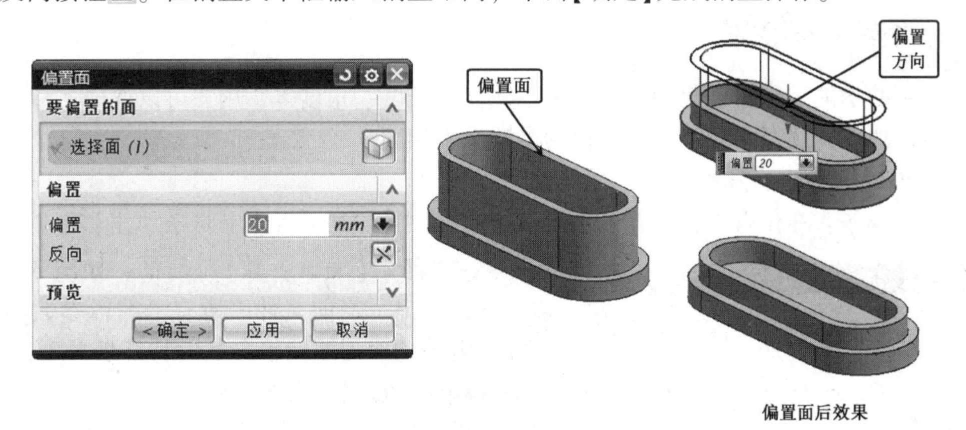

图 3-36 【偏置面】对话框及偏置面效果

八、修剪体

修剪体命令用于通过面或平面来修剪一个或多个目标体，可以指定要保留的部分以及要舍弃的部分，如图 3-37 所示。

(1) 在特征工具条上，单击修剪体命令 ，或选择【插入】→【修剪】→【修剪体】。

（2）选择要修剪的目标体。

（3）在【工具选项】列表中，选择【面或平面】。

（4）点击【选择面或平面】选项，在模型窗口中选择用于修剪的面，本例中选择基准平面。一个矢量指向要移除的目标体部分。如果矢量不指向要移除的目标体部分，则单击反向按钮。

（5）单击【确定】或【应用】以创建修剪体特征。

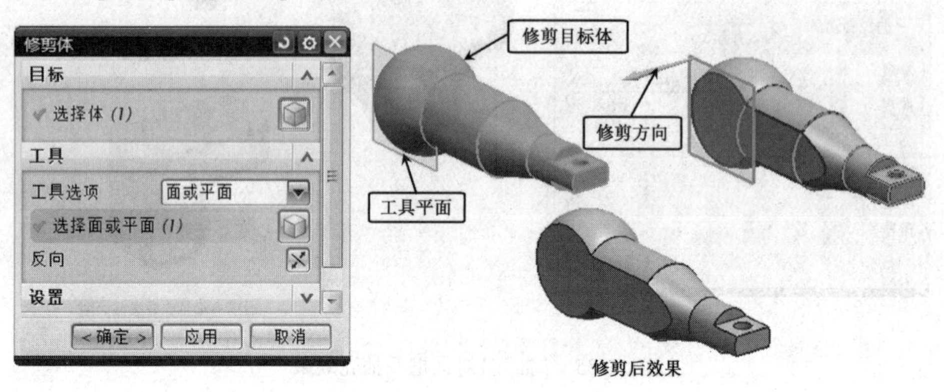

图 3-37 【修剪体】对话框及修剪体效果

第五节 编辑特征

编辑特征是对前面通过实体建模创建的实体特征进行各种编辑操作，主要包括编辑特征参数、编辑特征定位尺寸、移动特征、特征重新排序和删除特征等操作。

一、编辑特征参数

该命令的功能是编辑创建特征的基本参数，如长度、角度等。用户可以选择多种方式进入编辑特征功能。选择不同特征，编辑的参数也不相同。

1. 进入编辑特征的方式

（1）工具条：在没有选择任何特征的情况下，在【编辑特征】工具条单击【编辑特征参数】按钮，将弹出【编辑参数】对话框，如图 3-38 所示。该对话框列出了当前文件中所有可编辑参数的特征列表，在列表中选取需要编辑参数的特征后单击【确定】按钮，进入相应的编辑参数对话框。

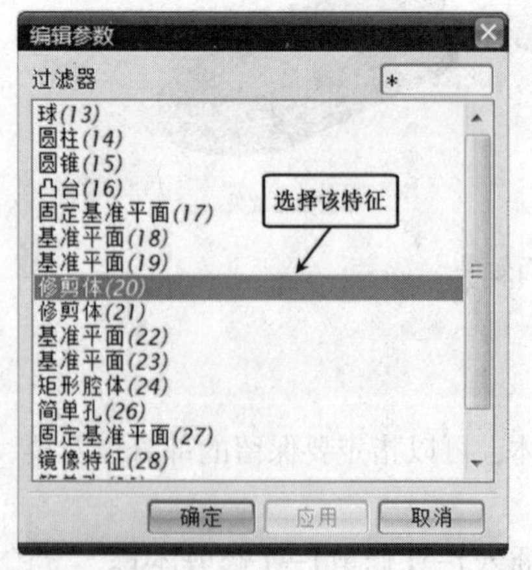

图 3-38 【编辑参数】对话框

（2）菜单：【编辑】→【特征】→【编辑参数】。

（3）部件导航器：在部件导航器中左键单击某个特征，然后单击鼠标右键弹出快捷菜单，选择【编辑参数】，如图 3-39 所示。

（4）在图形窗口中单击特征，单击右键弹出快捷菜单，该快捷菜单与上步的类似，在快捷菜单上选择【编辑参数】。

2. 修改长方体上孔的尺寸和定位参数

(1) 在长方体上选择孔，当孔高亮显示时，单击鼠标右键，弹出快捷菜单，在菜单上选择【编辑参数】，如图 3-40 所示。

(2) 在弹出的【孔】对话框中将孔的尺寸由 10 改为 15，也可在对话框中修改其他参数。双击图中宽边方向的定位尺寸，在弹出的输入框内输入 25；双击图中长边方向的定位尺寸，在弹出的输入框内输入 40。如图 3-41 所示。

(3) 单击【确定】完成孔参数编辑。

图 3-39　导航器特征快捷菜单

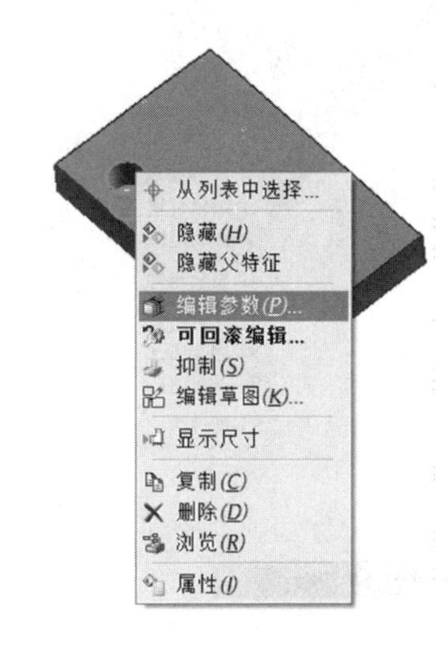

图 3-40　【孔】快捷菜单

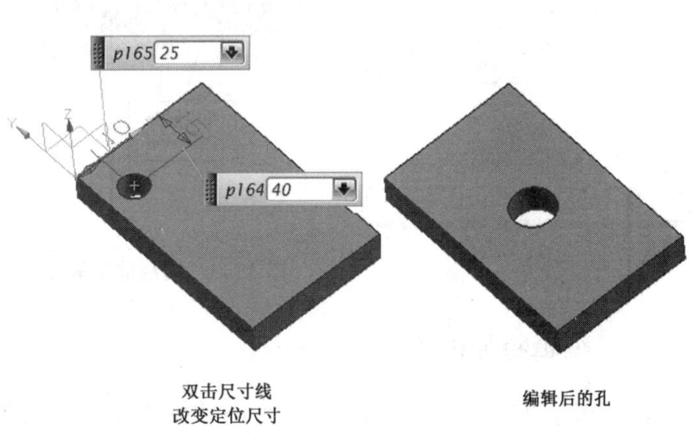

图 3-41　孔参数编辑

3. 圆台参数编辑

(1) 在长方体上选择圆台，当圆台高亮显示时，单击鼠标右键，弹出快捷菜单，在菜单上选择【编辑参数】，如图 3-42 所示。

（2）改变特征参数。在【编辑参数】对话框中，单击【特征对话框】，弹出【编辑参数】对话框，将直径由 15 改为 10，将高度由 10 改为 20。单击【确定】返回上一对话框。

（3）改变附着面。在对话框中选择【重新附着】，如图 3-43 所示，单击长方体的下表面，在弹出的对话框中单击【确定】，返回上一对话框，再单击【确定】完成圆台参数编辑。

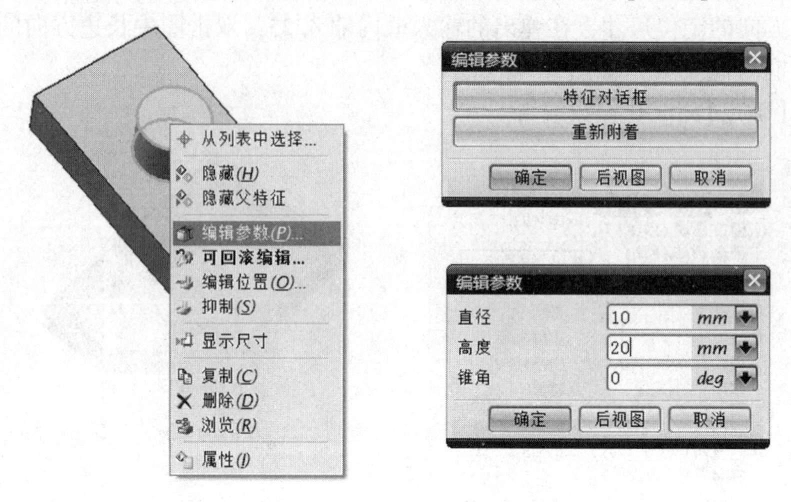

图 3-42　编辑圆台特征参数

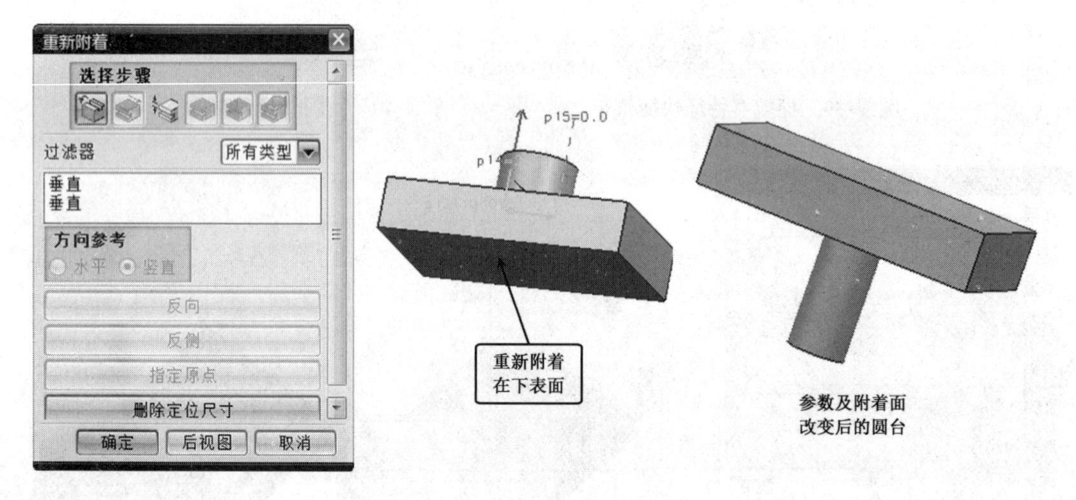

图 3-43　圆台重新附着

二、编辑特征位置

（1）在长方体上选择圆台，当圆台高亮显示时，单击鼠标右键，弹出快捷菜单，在菜单上选择【编辑位置】，如图 3-44 所示，通过该对话框可增加尺寸、编辑尺寸值和删除尺寸。

（2）本例中选择编辑尺寸值。单击【编辑尺寸值】命令，模型中显示出定位尺寸线，用鼠标单击要修改的定位尺寸，弹出【编辑表达式】对话框，如图 3-45 所示将该尺寸值由 25 改为 10，单击【确定】，返回上一对话框。

（3）可继续选择尺寸进行修改，本例不需修改其他尺寸，单击【确定】完成编辑位置。

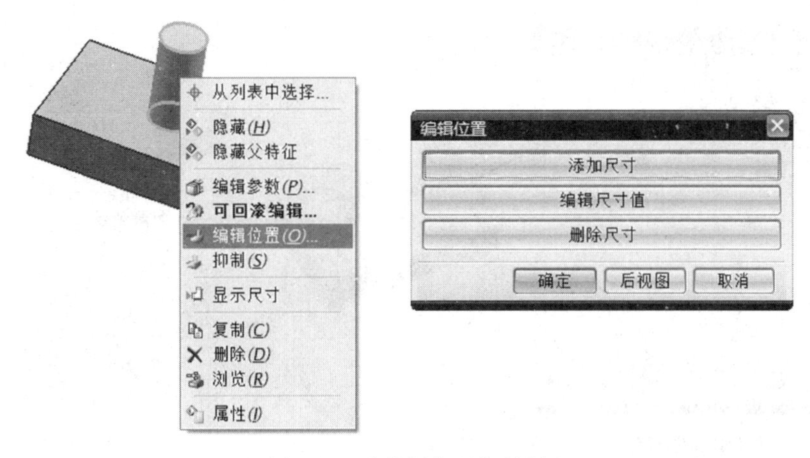

图 3-44 【编辑位置】对话框

图 3-45 编辑尺寸值

三、可回滚编辑

使用【可回滚编辑】命令编辑某个特征，其模型回滚到首次创建该特征时的状态，出现特征的创建对话框，这时可以编辑该特征的全部参数。由于体素特征建模时是以点进行定位的，不能用【编辑位置】命令编辑定位参数，但可以使用【可回滚编辑】来重新指定点进行定位。

在【编辑特征】工具条中单击【可回滚编辑】按钮，将弹出【可回滚编辑】对话框，在其中的特征列表中选取要编辑的特征，单击【确定】按钮进行编辑。用户也可在工作区中直接选取特征后单击鼠标右键，在弹出的快捷菜单中使用该命令。

下面以修改块体的位置为例介绍【可回滚编辑】的操作。

(1) 在工作区中选取块体后单击鼠标右键，在弹出的快捷菜单中选择【可回滚编辑】，如图 3-46 所示。

(2) 弹出【块】创建对话框，可以在该对话框中修改块体的尺寸参数，如图 3-47 所示。本例中修改块体的位置，此时在【指定点】选项，单击【点构造器】按钮，弹出【点】对话框，在 XC 坐标中输入 30，单击【确定】，则将整体模型沿 XC 轴移动了 30mm。

四、特征重排序

特征重新排序命令用于调整特征创建的先后顺序。在【编辑特征】工具条中单击【特征重排序】按钮，或选择菜单命令【编辑】→【特征】→【重排序】，系统弹出如图 3-48 所示的【特征重排序】对话框。此时简单孔特征在凸台之前创建，右侧图中显示圆台上并没有孔。为了在圆台上也创建孔特征，可先创建圆台，然后再在圆台上创建贯通体的通孔，这时可用【特征重排序】命令重排特征顺序。

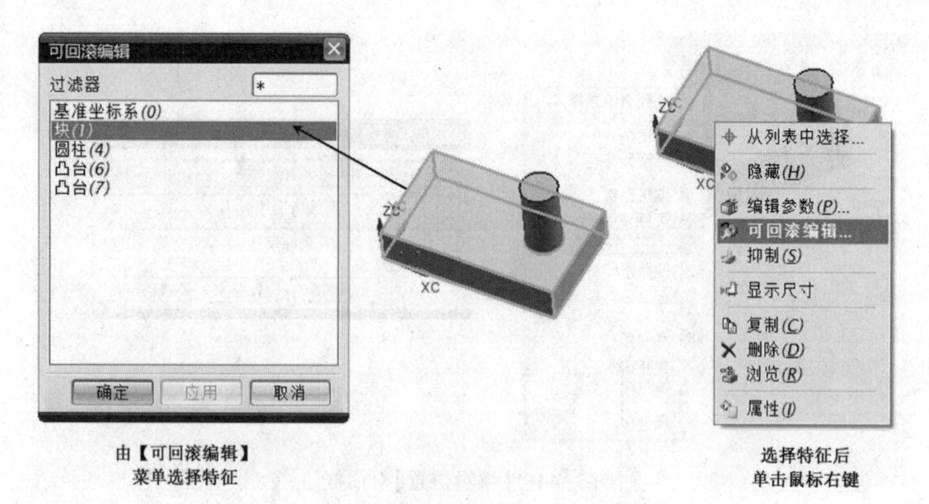

图 3-46 【可回滚编辑】命令的进入方式

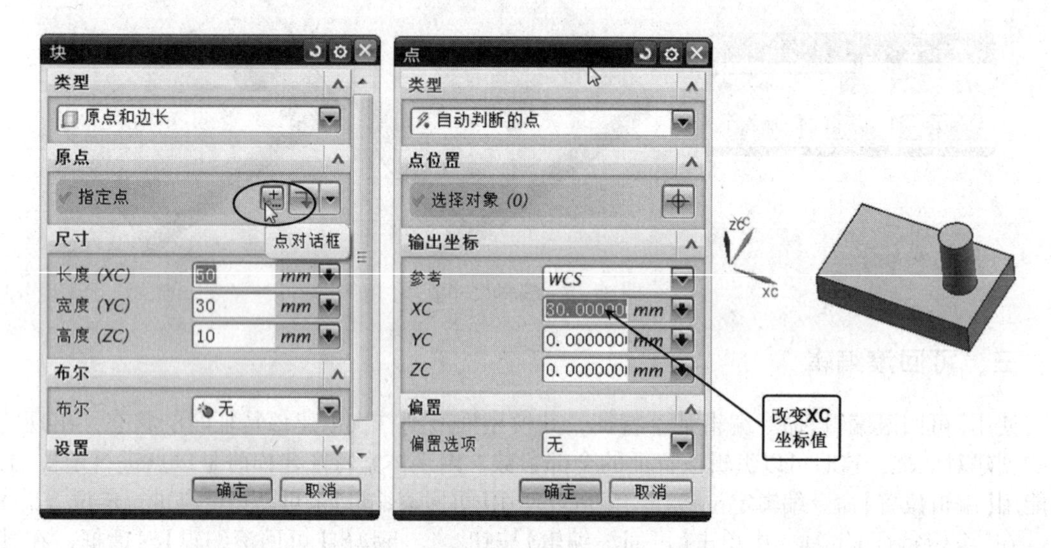

图 3-47 【可回滚编辑】操作示例

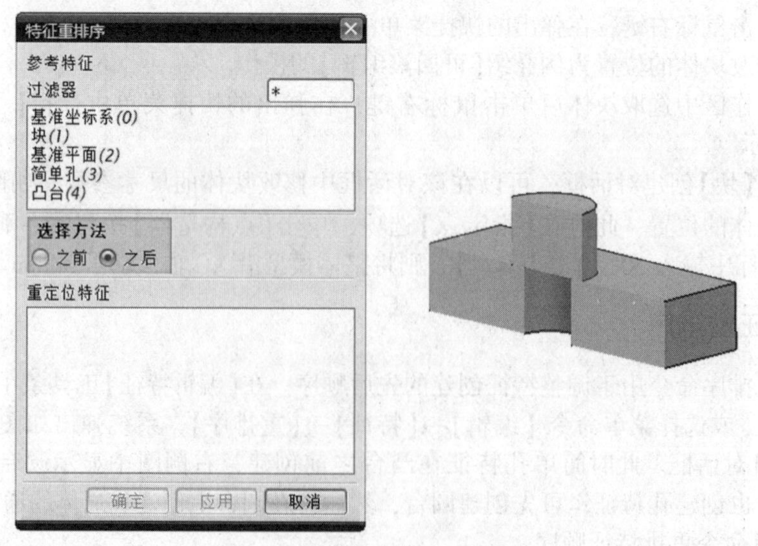

图 3-48 【特征重排序】对话框

编排特征顺序时，先在对话框上部的特征列表框中选择一个特征，作为特征重新排序的基准特征，本例中选择【凸台】特征作为基准特征，如图 3-49 所示。此时在下部【重定位特征】列表框中，列出可按当前的排序方式调整顺序的特征。再选择【在前面】或【在后面】设置排序方式，此处选择【在后面】，然后从【重定位特征】列表框中，选择【简单孔】作为要重新排序特征即可，则系统会将【简单孔】特征重新排到【凸台】特征之后。

特征重排序也可在【部件导航器中进行】，如图 3-50 所示。在部件导航器中单击要重新排序的特征【简单孔】，按住鼠标拖动，将其拖动到重新排序的基准特征【凸台】之后，也可实现上述功能。

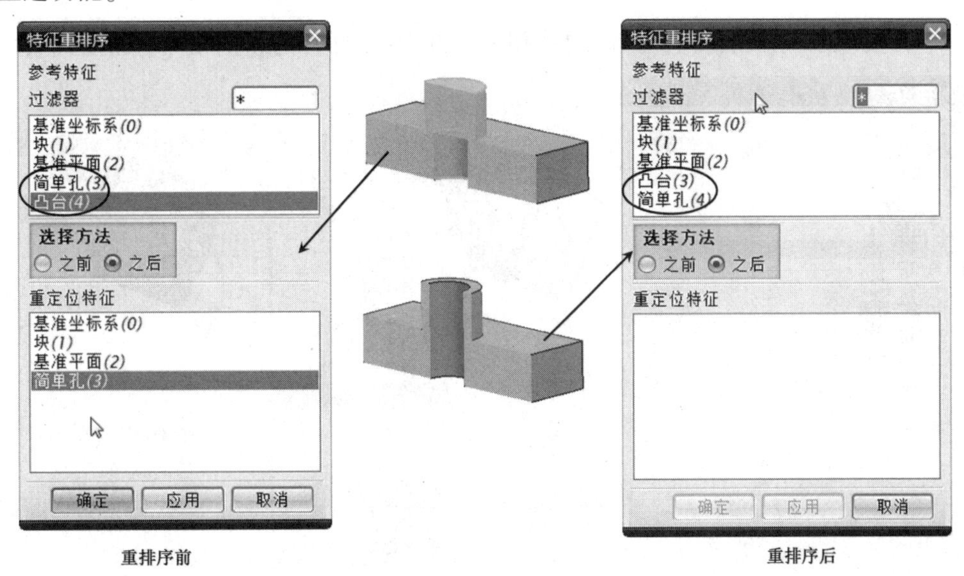

图 3-49 【特征重排序】操作示例

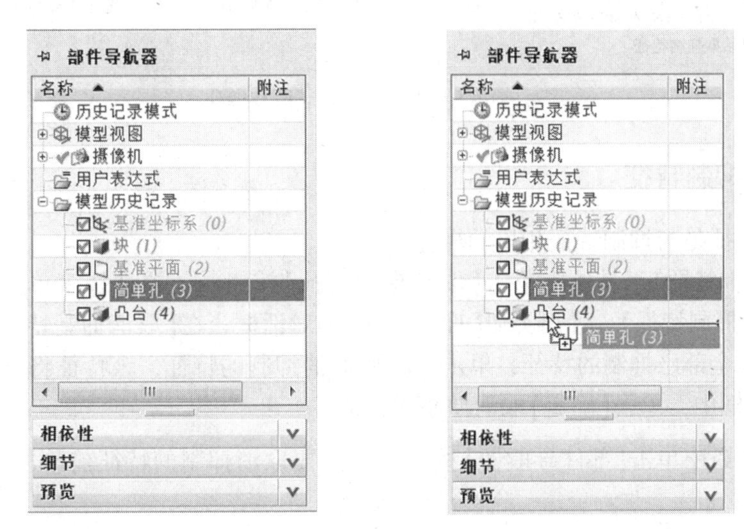

图 3-50 通过【部件导航器】特征重排序

五、抑制特征

抑制特征是将选择的特征暂时隐去不显示出来，在很多复杂的实体建模中十分重要。抑制特征的操作与删除特征相类似。不同之处在于已抑制的特征，不在实体中显示，也不在工程图中显示，但其数据仍然存在，可通过解除抑制恢复。下面介绍抑制特征的方法。

（1）在【编辑特征】工具条中单击【抑制特征】按钮，或选择菜单命令【编辑】→【特征】→【抑制特征】，系统弹出如图 3-51 所示的【抑制特征】对话框。在【抑制特征】对话框上部的文本框中选择要抑制的特征，本例选择【矩形键槽】，该特征将显示在下部【选定的特征】文本框中，单击【确定】抑制该特征。

（2）在绘图区单击要抑制的特征，单击鼠标右键弹出快捷菜单，在快捷菜单中选择【抑制特征】。

（3）在资源条中单击【部件导航器】按钮，在要抑制的特征前单击，取消☑中的对钩。

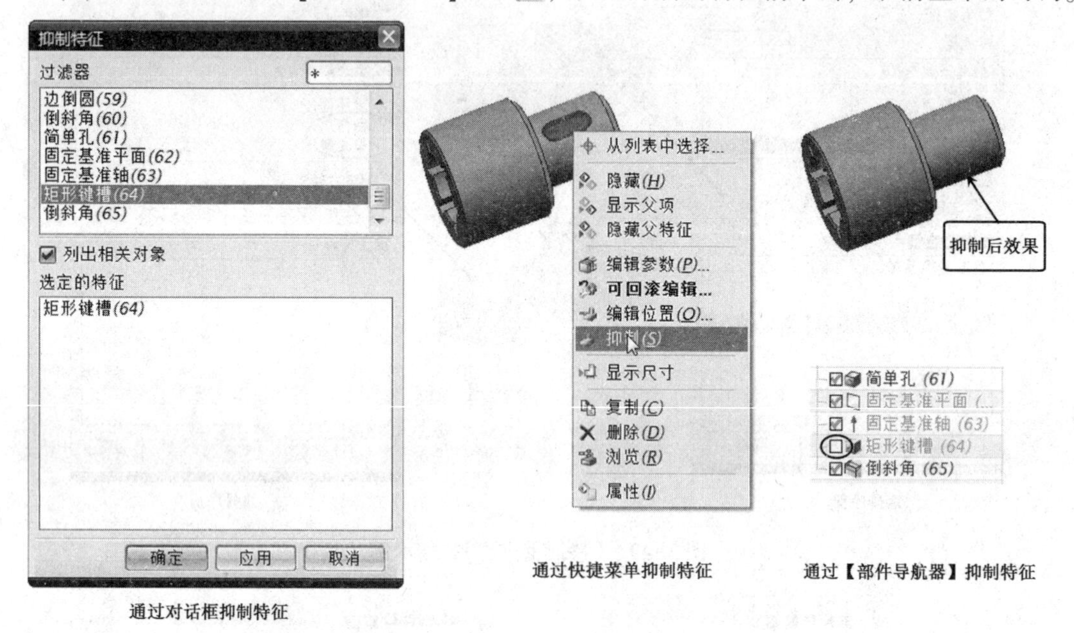

通过对话框抑制特征　　通过快捷菜单抑制特征　　通过【部件导航器】抑制特征

图 3-51　【抑制特征】对话框及操作

六、解除抑制特征

解除抑制特征是与抑制特征相反的操作。

（1）在【编辑特征】工具条中单击【取消抑制特征】按钮，或选择菜单命令【编辑】→【特征】→【取消抑制特征】，弹出类似【抑制特征】的对话框。在【取消抑制特征】对话框上部的文本框中显示全部已抑制的特征，单击选择要取消抑制的特征，该特征将显示在下部【选定的特征】文本框中，单击【确定】取消抑制该特征。

（2）在资源条中单击【部件导航器】按钮，在要取消抑制的特征前单击，确保☑中的对钩已勾选。

七、删除特征

删除特征是将所选的特征从模型中删除。在模型中选取特征后再单击鼠标右键，在弹出的快捷菜单中选择【删除】命令，即可完成操作。如果删除的特征是其他对象的参考定位基准，在进行删除操作中将弹出【提示】对话框，单击【确定】按钮即可继续进行操作。如图 3-52 所示。

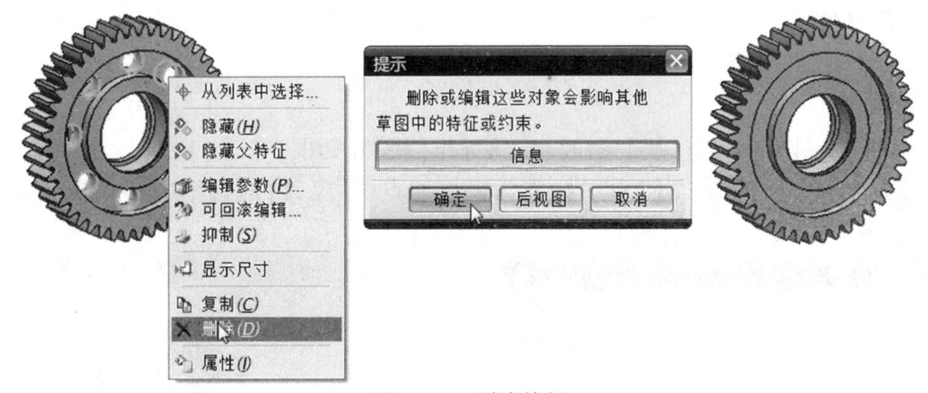

图 3-52　删除特征

第六节　实体建模实例

前面几章从 UG NX 8.0 界面、基本操作、草图和实体建模等方面较为详细地讲解了各种实体的创建方法和编辑操作，本节将通过三个具体的实例综合运用所学的知识，训练利用 UG NX 8.0 进行建模的基本思路和操作技巧，使读者能够快速掌握 UG NX 8.0 的相关内容，并应用于产品的设计开发中。

一、创建 U 形支架

U 形支架结构如图 3-53 所示。

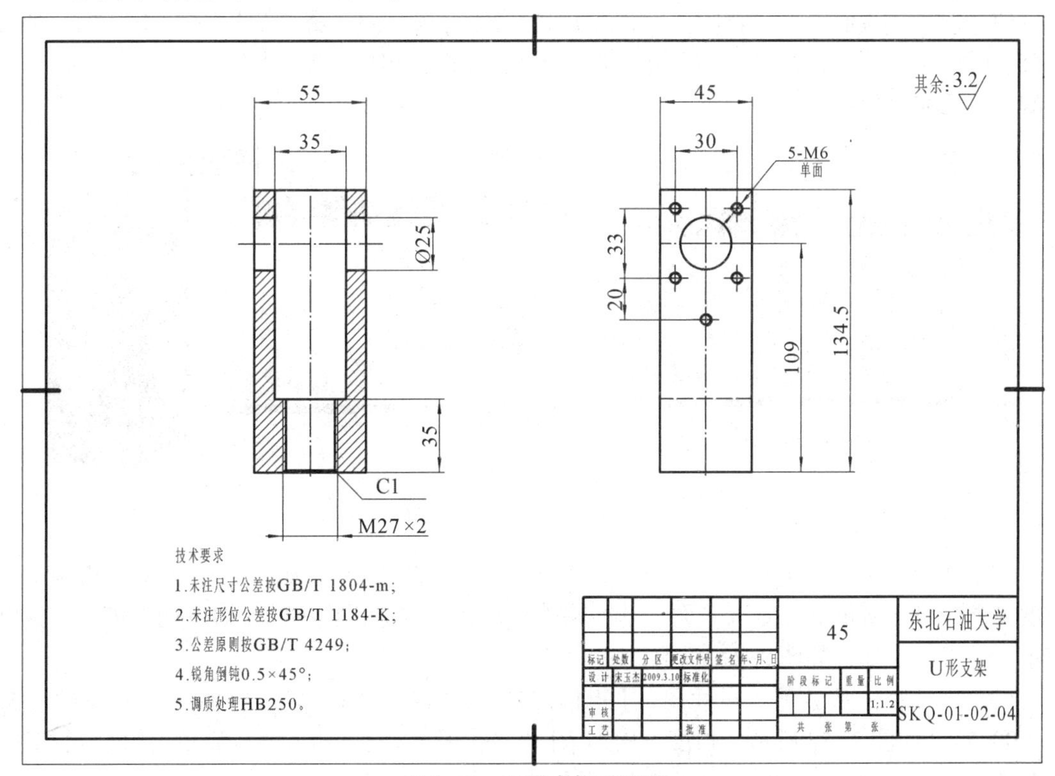

图 3-53　U 形支架平面图

1. 新建文件

新建一个名为“SKQ-01-02-04”的文件，进入建模模块。

2. 创建块

在【特征】工具条中单击【块】按钮，将弹出【块】对话框，如图 3-54 所示。块构造【类型】选择【原点和边长】方式，【原点】缺省为坐标原点，【尺寸】对话框中输入长、宽、高分别为(55、45、134.5)，单击【确定】按钮，完成块体创建。

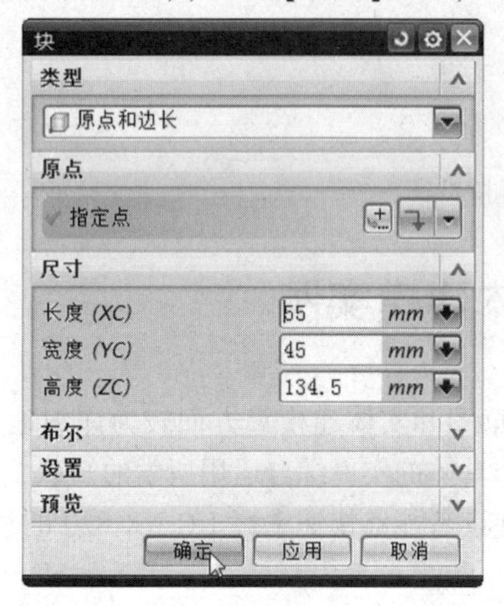

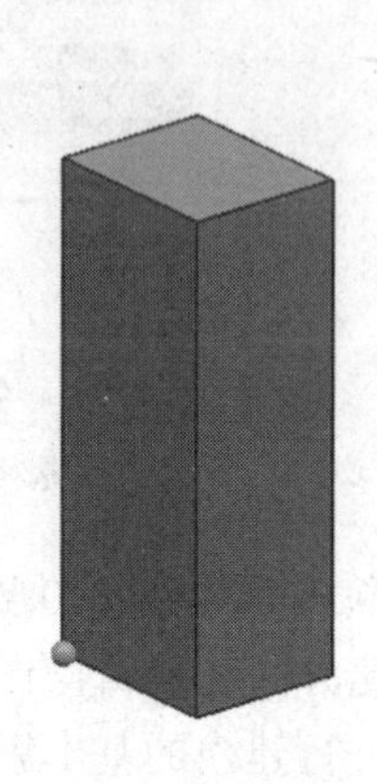

图 3-54　创建块体

3. 创建腔体

(1) 选择放置面。在【特征】工具条中单击【腔体】按钮，将弹出【腔体】对话框，如图 3-55 所示。在【腔体】对话框中选择【矩形】按钮，随即弹出【矩形腔体】对话框，然后选取块体的上表面作为放置面。

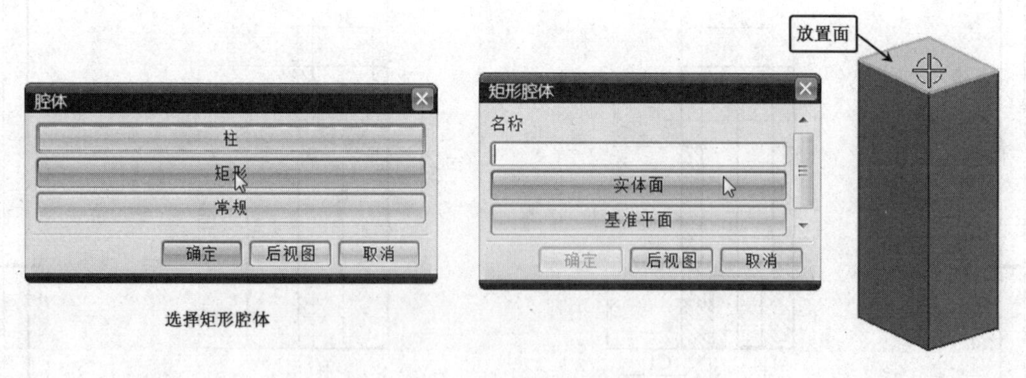

图 3-55　选择腔体放置面

(2) 选择水平参考。选择放置面后，将弹出【水平参考】对话框。水平方向是指矩形的长度方向，可由实体面、基准平面、基准轴等确定，本例选择块体的长边方向的侧面作为确定水平参考的平面，如图 3-56 所示。

(3) 输入腔体参数值。在弹出的【矩形腔体】对话框中输入矩形腔体的尺寸参数(35, 45, 99.5)，如图 3-57 所示。长度方向即为【水平参考】方向。输入完成后单击【确定】按钮，此时放置面上显示出矩形腔体的预览图，同时弹出【定位方式】对话框。

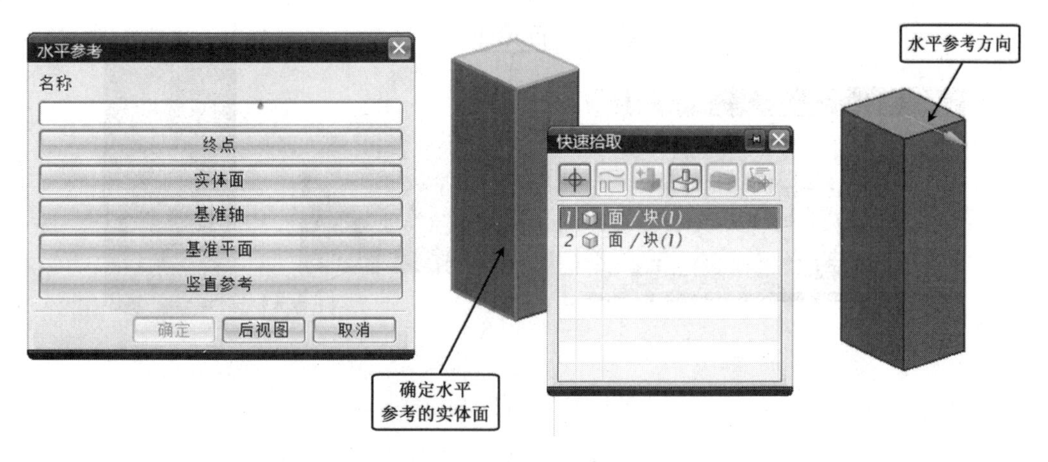

图 3-56　选择腔体水平参考

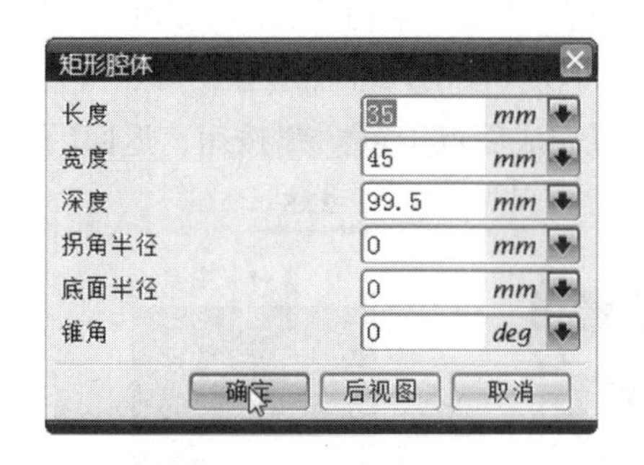

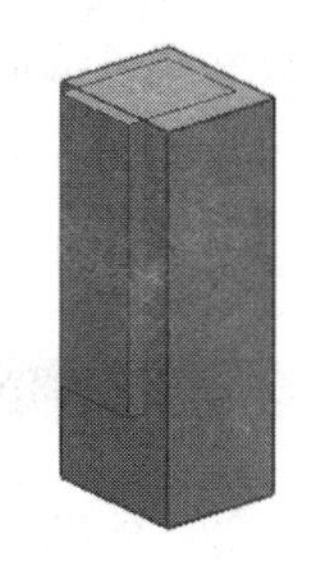

图 3-57　腔体参数

（4）定位。水平方向定位方式选择【垂直】定位，目标边选块体的宽边，工具边选腔体竖直中心线，输入距离为 25.7，如图 3-58 所示。竖直方向定位选择【线到线】的定位方式，目标边选块体的长边，工具边选腔体的长边，定义目标边和工具边重合，如图 3-59 所示。上述定位也可以使用【垂直】定位方式。在两个方向定位完成后，生成矩形腔体。

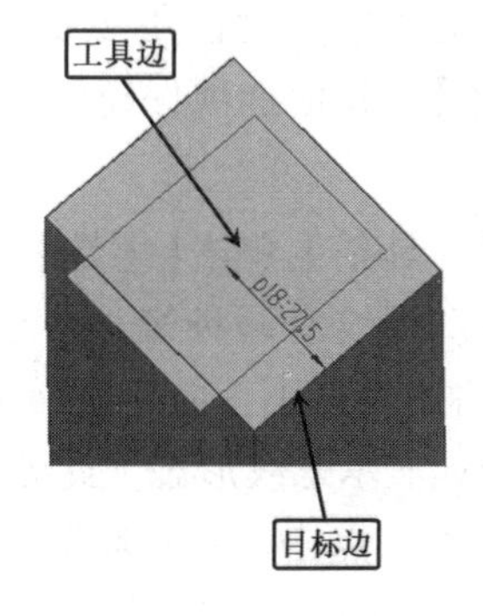

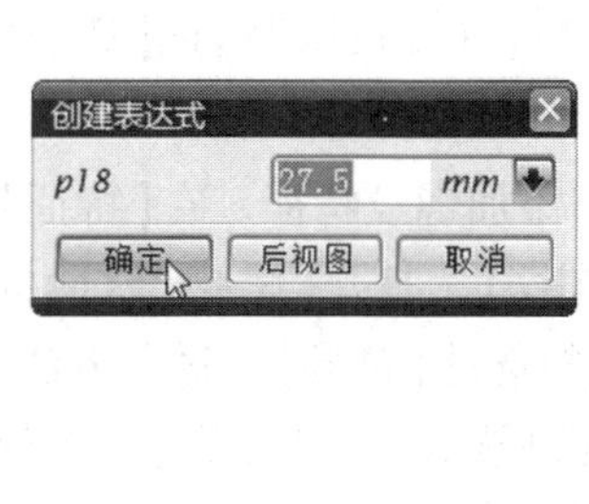

图 3-58　水平方向定位

4. 创建底面螺纹孔

创建螺纹孔有两种方式，一种是先创建普通孔，然后再添加螺纹特征，另一种是直接创建螺纹孔。此处先介绍用第一种方法创建螺纹孔。

（1）在【特征】工具条上单击【孔】按钮，或选择【插入】→【设计特征】→【孔】，打开【孔】对话框。

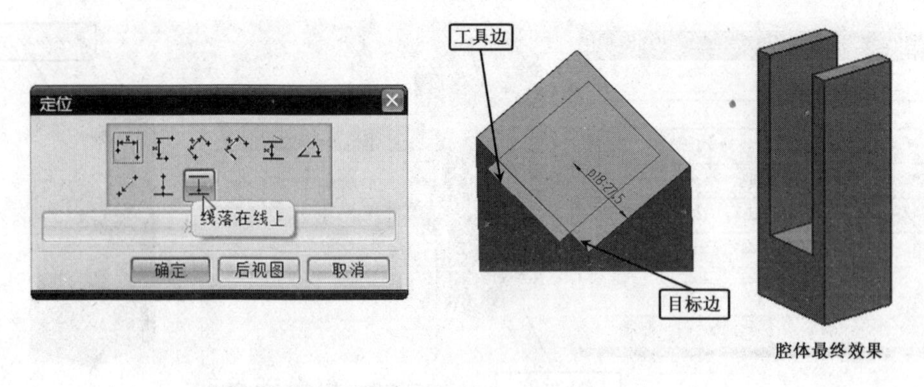

图 3-59　竖直方向定位

（2）确定孔中心点。选择块体下表面为放置孔的草绘平面，点击进入【草图】工作平面。【草图点】对话框可用于添加多个点，此处只有一个点，点击【关闭】即可。NX 8.0 中会自动标注点的尺寸，双击尺寸线可编辑尺寸值，如自动标注的尺寸不适宜，可点击按钮重新创建定位尺寸。编辑后的尺寸如图 3-60 所示。设置完成后点击完成草图按钮，返回【孔】设置对话框。

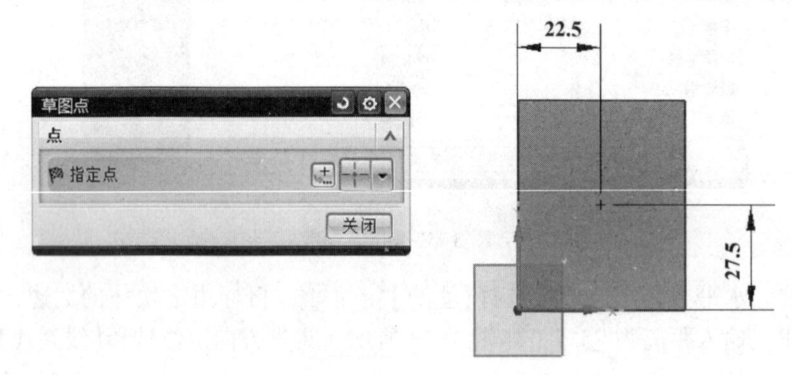

图 3-60　孔中心点草图

（3）设置孔参数。在【孔】设置对话框，设置孔参数，其中孔直径为 25（M27×2 的螺纹底孔为 25），【深度限制】选【贯通体】，其他选项保持默认设置，然后点击【确定】，完成孔的创建，如图 3-61 所示。

（4）添加螺纹特征。在【特征】工具条上单击【螺纹】按钮，或选择【插入】→【设计特征】→【螺纹】，打开【螺纹】对话框。螺纹有两种表达方法，一种是【符号】，另一种是【详细】。一般选择【符号】，这种方法占用内存小，易于显示更新，同时出工程图时，可用标准螺纹简化画法表达。【详细】将直观地显示螺纹形态。此处先选择【详细】创建螺纹。

选择上步创建的螺纹底孔的表面，点击出现【螺纹参数】设置对话框，保持默认参数，点击【确定】按钮，完成螺纹的创建，如图 3-62 所示。

5. 创建侧面通孔

（1）在【特征】工具条上单击【孔】按钮，或选择【插入】→【设计特征】→【孔】，打开【孔】对话框，孔【类型】选择【常规孔】。

（2）确定孔中心点。选择块体侧面为放置孔的草绘平面，点击进入【草图】工作平面。点击按钮，确定点到两个边的距离。编辑后的尺寸如图 3-63 所示。设置完成后点击完成草图按钮，返回【孔】对话框。

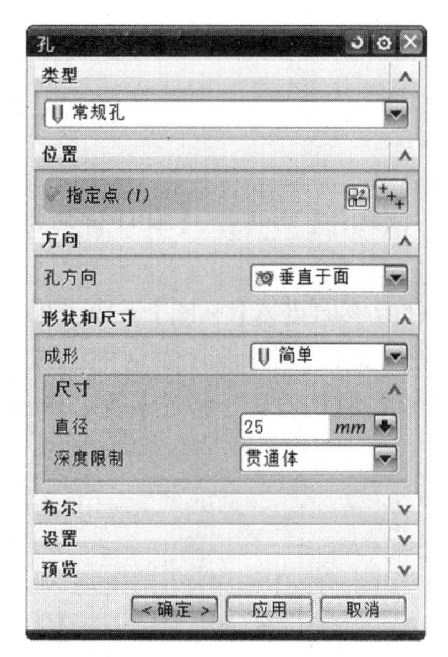

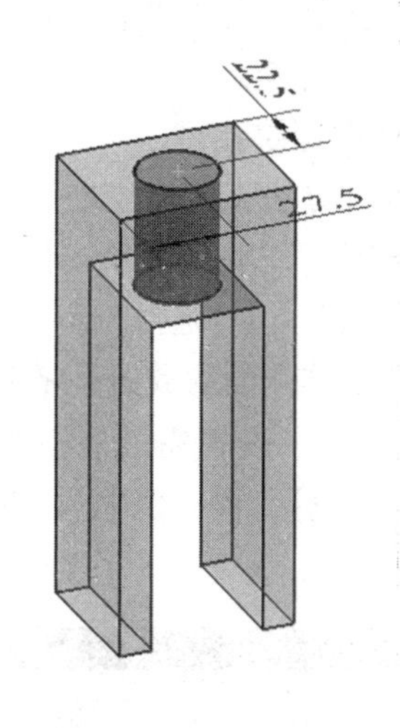

图 3-61　设置孔参数

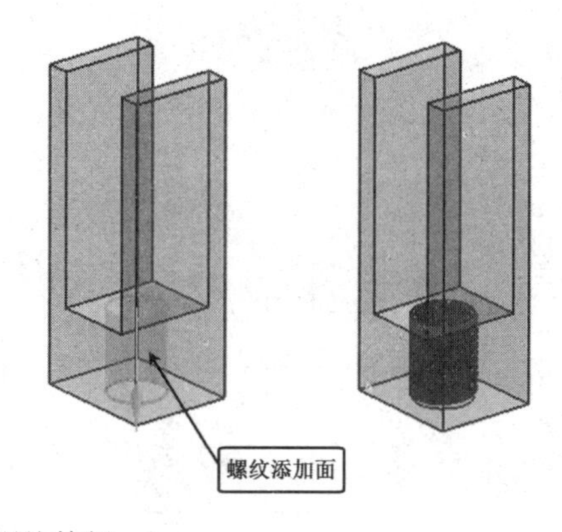

图 3-62　添加螺纹特征

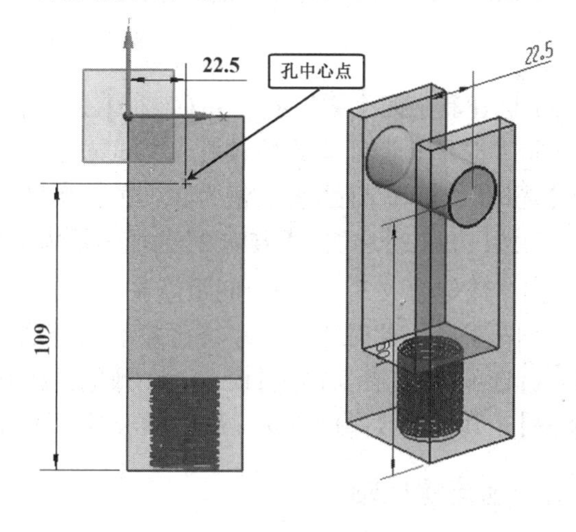

图 3-63　创建侧面通孔

(3) 设置孔参数。按图中参数设置孔对话框参数，其中孔直径为25，【深度限制】选【贯通体】，然后点击【确定】。

6. 创建侧面螺纹孔

采用第二种方法直接创建最下方的螺纹孔。

(1) 在【特征】工具条上单击【孔】按钮，或选择【插入】→【设计特征】→【孔】，打开【孔】对话框，孔【类型】选择【螺纹孔】。

(2) 选择块体侧面为放置孔的草绘平面，点击该面进入【草图】工作平面。编辑定位尺寸如图3-64所示。设置完成后点击完成草图按钮，返回【孔】设置对话框。螺纹尺寸选M6，【深度限制】选【值】，深度值输入10，其他参数保持默认设置，点击【确定】按钮，完成螺纹孔的创建。

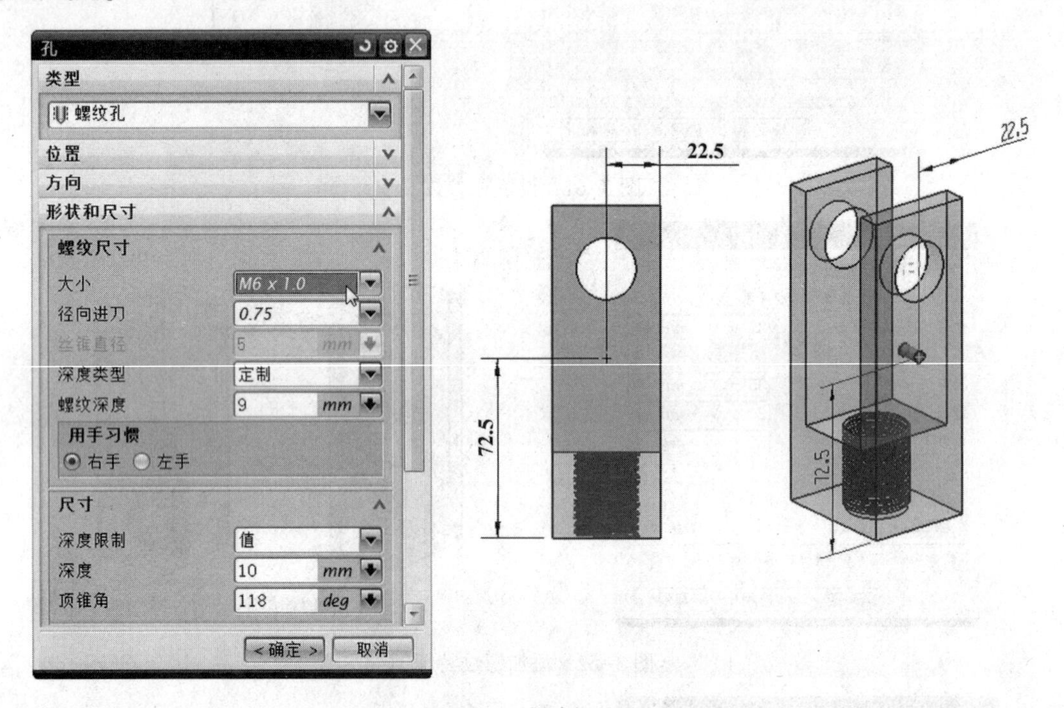

图3-64 创建螺纹孔

(3) 创建其余四个螺纹孔。在【特征】工具条上单击【对特征形成图样】按钮，如图3-65所示。选择上步创建的螺纹孔，【布局】选择【线性】，【方向1】指定矢量为YC方向，【间距】选择【数量和节距】，数量为2，节距为15，勾选【对称】选项，即以Y轴为中心对称分布。勾选【方向2】选项，【方向2】选择矢量为ZC正向，【间距】选择【列表】，因为两列的间距不同，数量输入3，第一个间距值输入20，回车。点击添加按钮，添加下一间距，输入33，回车确认。此时得到的螺纹孔并不完全是所需的，应将多余的点删除。用鼠标点击【实例点】选项的【选择实例点】命令，在预览的图样中，点选多余的螺纹孔，单击右键，选择【删除】，其余参数保持不变，最后单击对话框的【确定】按钮，完成多个螺纹孔的创建。

二、创建螺栓轴

螺栓轴结构如图3-66所示。

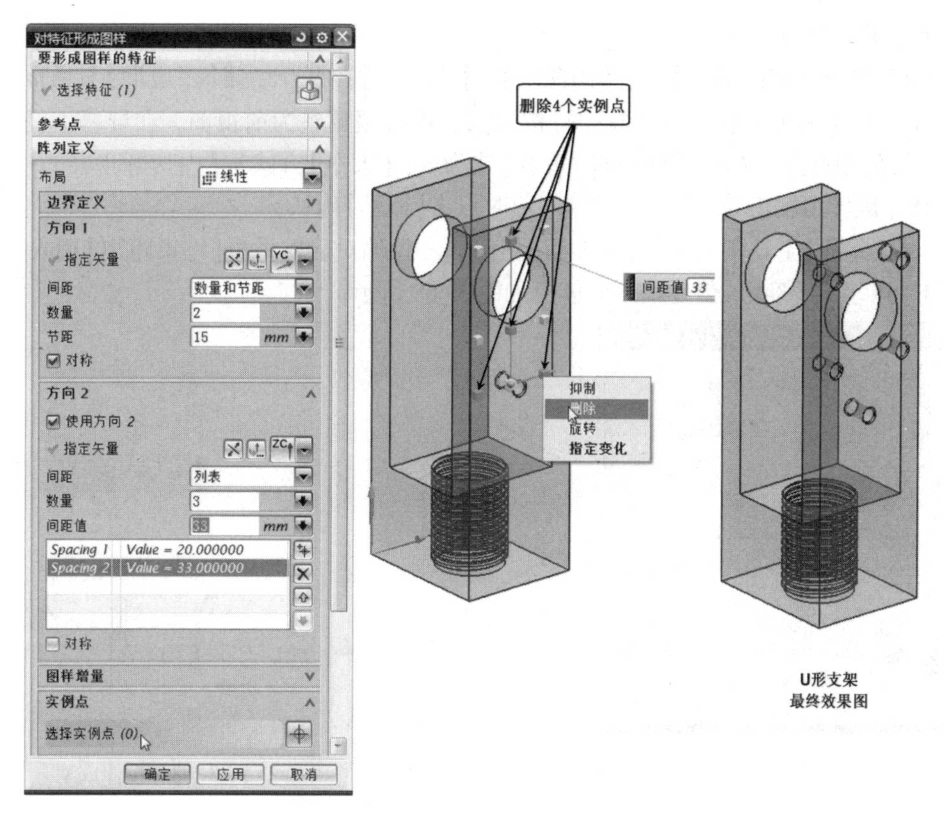

图 3-65　对螺纹孔特征形成图样

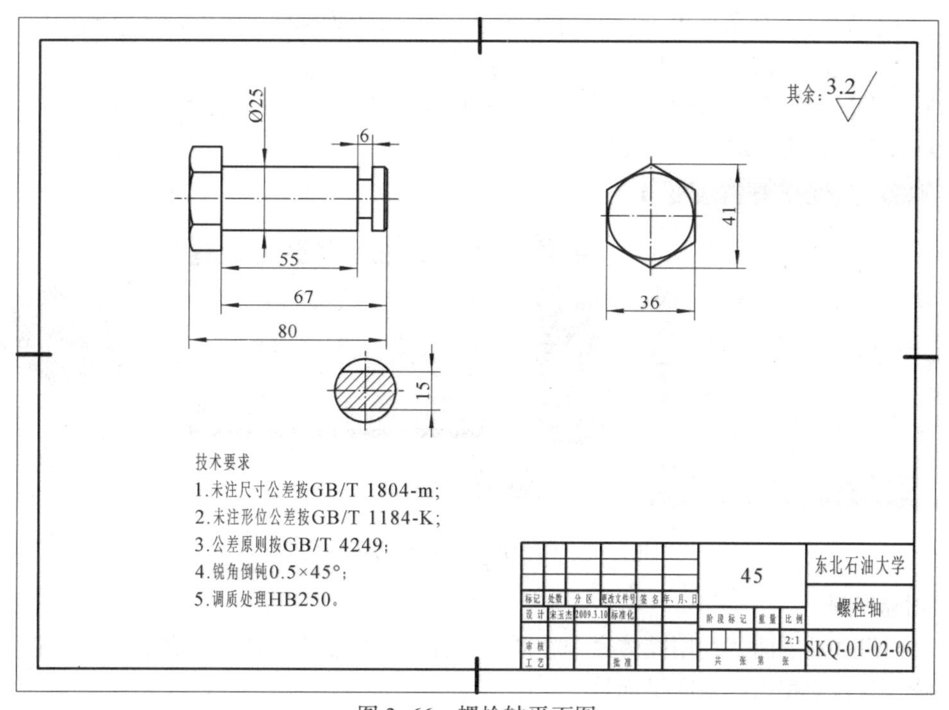

图 3-66　螺栓轴平面图

1. 新建文件

新建一个名为“SKQ-01-02-06”的文件，进入建模模块。

2. 创建正六面体

（1）在菜单栏选择【插入】→【草图曲线】→【多边形】，打开创建【多边形】对话框，如图3-67所示。在工具栏上点击【定向视图】按钮，将视图调整为前视图。在屏幕上任选一点作为多边形的中心点，在对话框中将【边数】选为6，【大小】方式选【内切圆半径】，输入半径值为18，旋转角度为0。注意每次输入值时点击【回车】确认。

（2）在【特征】工具条上单击【拉伸】按钮，在拉伸对话框中将【结束距离】输入13，其他参数不变，点击【确定】创建正六面体，如图3-68所示。

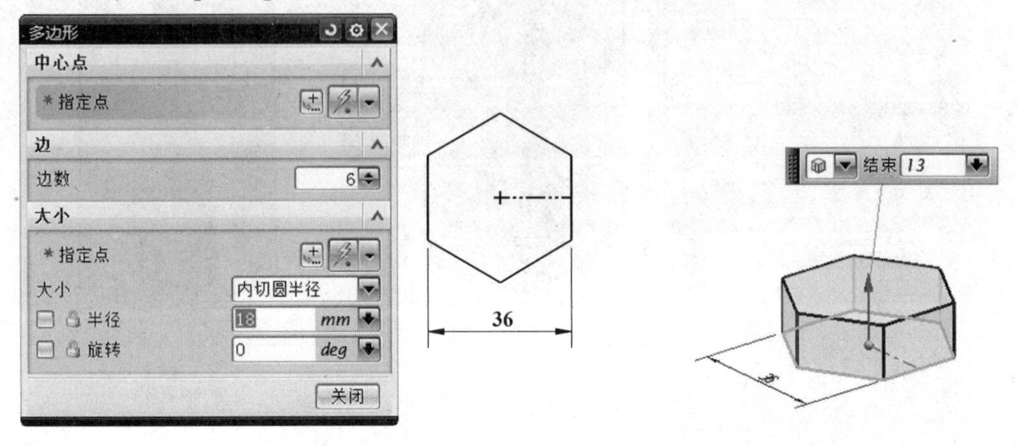

图3-67 【多边形】对话框　　图3-68 拉伸成型

3. 创建凸台

（1）在【特征】工具条上单击【凸台】按钮，点击六面体的上表面创建凸台，输入凸台直径25，高度67，点击【确定】进入【定位】对话框，如图3-69所示。

（2）选择【点落在点上】定位方式，点击六面体下表面的中心点，使凸台中心点与六面体中心点对齐，将凸台定位于六面体的中心。

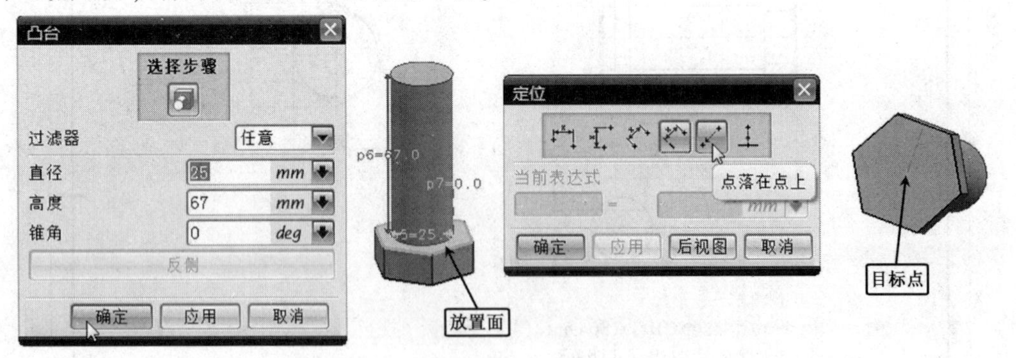

图3-69 凸台创建对话框与定位点

4. 创建凹槽

（1）创建基准平面。利用腔体命令在圆柱表面做凹槽，由于腔体必须在平面上创建，因此首先做与圆柱面相切的基准平面。

在【特征】工具条上单击【基准平面】按钮，【类型】选择【点和方向】，注意凹槽与六面体的位置关系。在【捕捉点】工具条上点击按钮，确保捕捉点功能打开。将鼠标放在圆柱面象限点附近，当出现象限点图标时捕捉该点，在系统给出的矢量方向上点击所需方向。创建的基准平面如图 3-70 所示。

当基准平面处于活动状态时，拖动基准平面上的选择球可调节基准面的大小。双击基准平面，可使基准平面进入活动状态。基准平面的创建方法有多种，也可以选择其他方法。

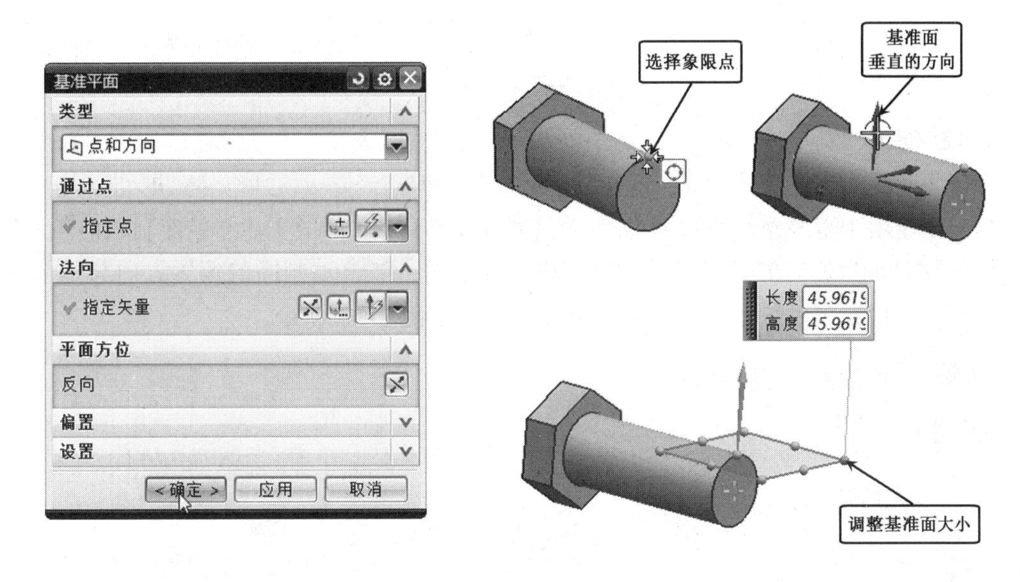

图 3-70　创建基准平面

（2）创建腔体。在【特征】工具条中单击【腔体】按钮，在【腔体】对话框中单击【矩形】按钮，弹出【矩形腔体】对话框，选取基准平面为腔体的放置面。如自动判断生成的方向与所需方向相同，点击【接受默认边】，否则点击【反向默认边】。选六面体的一条棱边作水平参考，如图 3-71 所示。输入腔体长度为 6，宽度为 30，深度为 5。点击【确定】，进入定位对话框。点选基准平面，然后单击右键，隐藏基准平面。

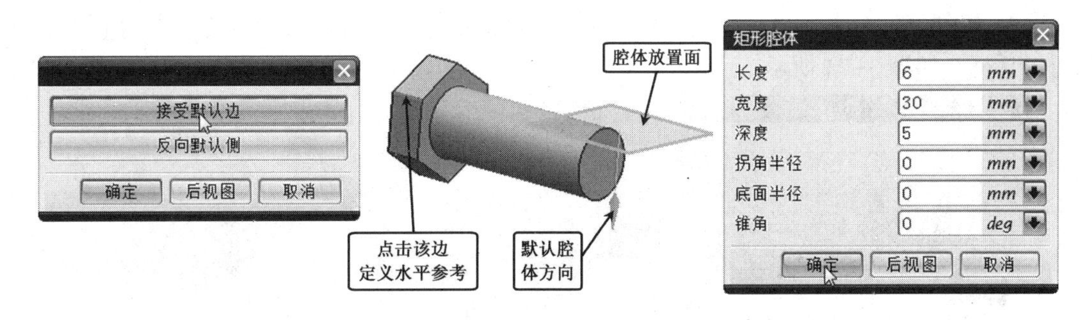

图 3-71　腔体放置面、水平参考及腔体参数

使用【垂直】方式来定位腔体。腔体水平方向定位：在【定位】对话框中单击，选择六面体上的棱边 1 作目标边，选择腔体竖直中心线作为工具边，输入数值 58，单击【确定】。腔体竖直方向定位：在【定位】对话框中单击，选择棱边 2 作目标边，选择腔体水平中心线作为工具边，输入数值 0，连续两次单击【确定】，完成腔体创建，如图 3-72 所示。

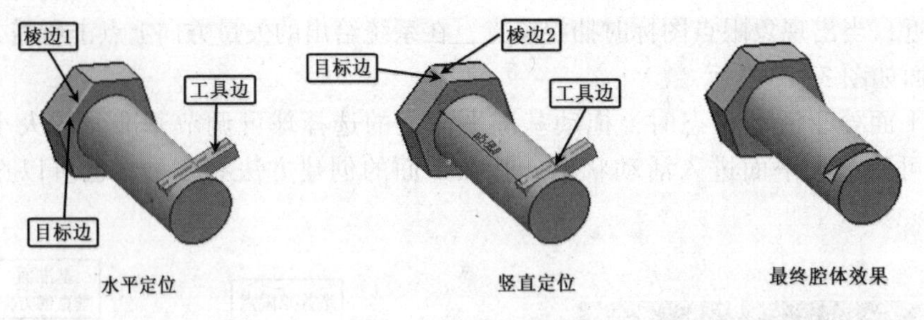

图 3-72　腔体的定位

5. 镜像腔体

对称侧腔体用镜像特征创建。显示隐藏的基准平面。

(1) 创建用于镜像操作的基准平面。在【特征】工具条上单击【基准平面】按钮，选择【按某一距离】偏置原有的基准平面，单击原基准平面，如自动判断的偏置方向与预偏置的方向相反，单击反向按钮，偏置距离输入 12.5，如图 3-73 所示。

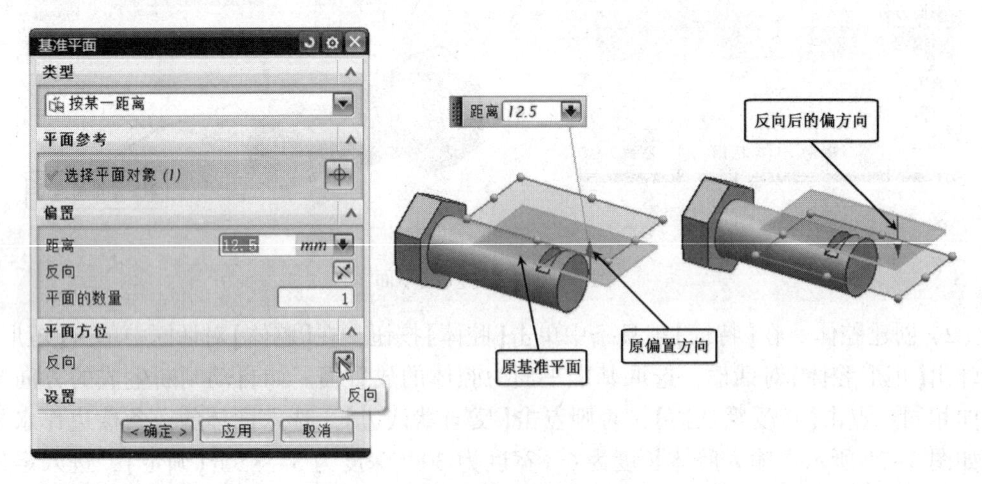

图 3-73　创建偏置基准平面

(2) 镜像特征。在菜单栏点击【插入】→【关联复制】→【镜像特征】命令，打开【镜像特征】对话框，如图 3-74 所示。

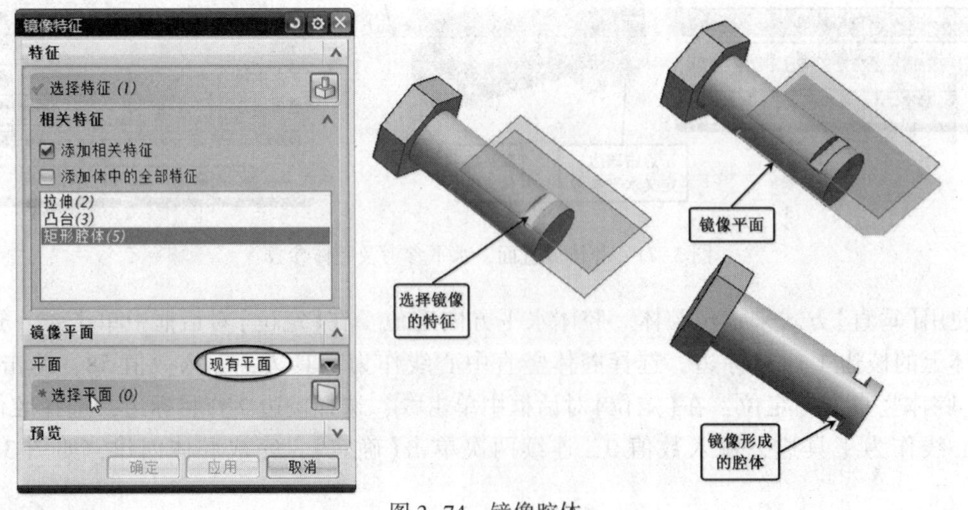

图 3-74　镜像腔体

在【相关特征】选项勾选【添加相关特征】，在对话框或模型中选择【矩形腔体】，将【平面】选项设置为【现有平面】，按鼠标中键确认或点击对话框中的【选择平面】命令，点选上步创建的基准平面，点击【确定】完成镜像。

6. 倒角

1）六角螺栓头倒角

在【快速草图】工具条上单击圆命令，以端面正六边形的中心为圆点，画直径为 34.2 的圆。在【特征】工具条上单击拉伸命令，以上步创建的圆为拉伸曲线，结束距离输入 80，布尔运算选择求交，拔模选从起始限制，角度输入-60°，单击【确定】完成六角螺栓头倒角，如图 3-75 所示。

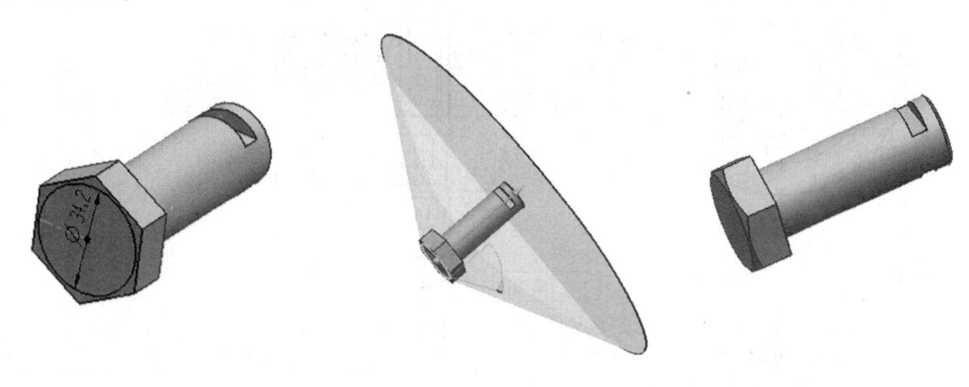

图 3-75　倒斜角

2）端面倒角

在【特征】工具条上单击【倒斜角】按钮，或在菜单栏点击【插入】→【细节特征】→【倒斜角】命令。点击螺栓轴另一端面的边线，【横截面】选对称方式，距离输入 1，单击【确定】完成倒斜角。

三、创建齿轮

通过上两例的学习，我们了解了特征建模与草图建模的特点，当所建实体结构较为简单、规则时，适宜选择特征建模方式；当实体结构较为复杂但具有规则截面时，适宜选择通过草图功能建模。但在实际应用中，很少有完全符合上述条件的零件，因此在建模过程中应根据需要合理选择建模方式。下面将通过一个齿轮的创建实例具体讲解。齿轮结构如图 3-76所示。

1. 新建文件

新建一个名为“SKQ-01-02-03”的文件，进入建模模块。

2. 创建齿轮

NX 8.0 新增了齿轮建模工具，在菜单【GC 工具箱】→【齿轮建模】→【圆柱齿轮】或在齿轮工具条上单击【圆柱齿轮】按钮，选择【创建齿轮】→【直齿轮】，其他保持默认设置，单击【确定】，打开【渐开线圆柱齿轮参数】设置对话框，设置齿轮参数如图 3-77 所示。齿轮轴线【矢量】方向选择 YC 轴，单击【确定】进入齿轮中心点设置对话框。将中心设在坐标原点，在【点构造器】对话框中将坐标值全部设为 0，点击【确定】生成齿轮。

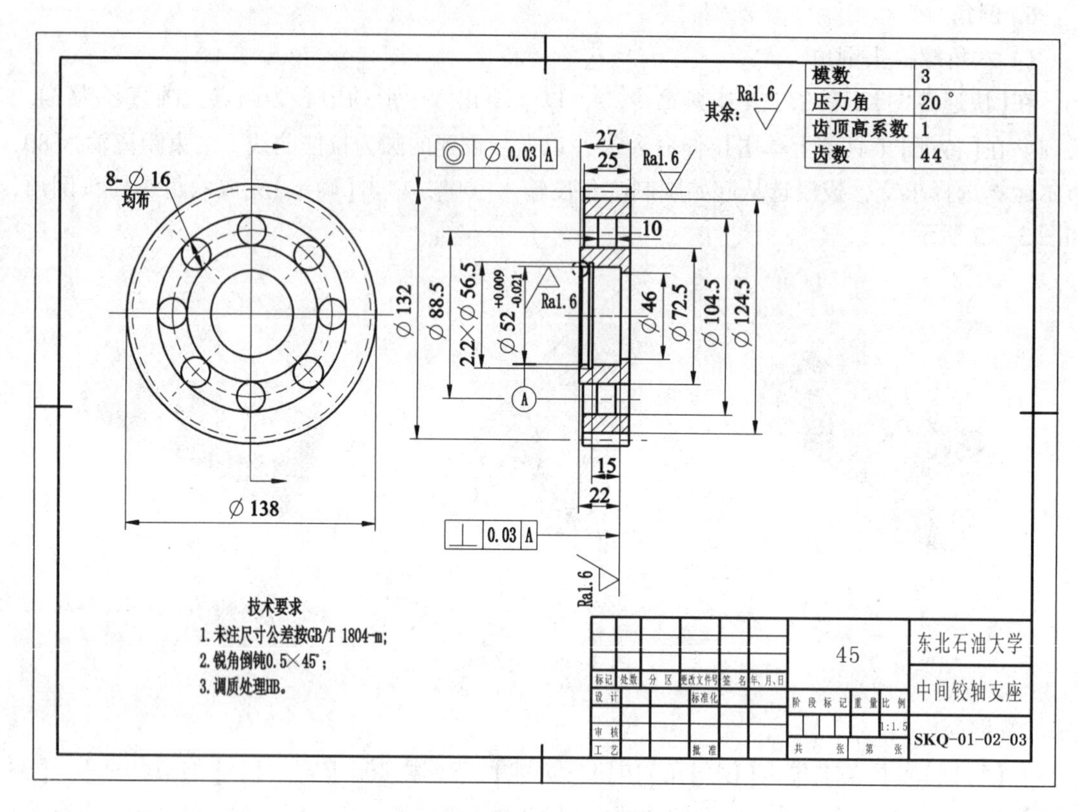

图 3-76　齿轮平面图

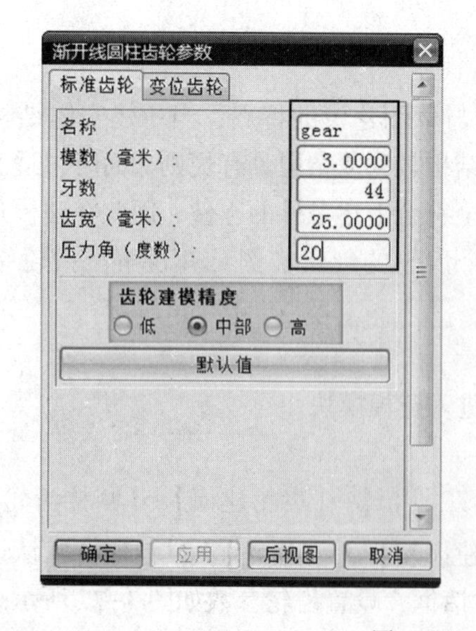

图 3-77　创建齿轮

3. 创建凸台

(1) 在菜单栏中点击【插入】→【基准/点】→【点】命令，打开【点】对话框，输入坐标值，在坐标原点创建点，如图 3-78 所示。

图 3-78　创建点

(2) 在【特征】工具条上单击凸台按钮，选齿轮右侧表面放置凸台，参数设置如图 3-79所示。

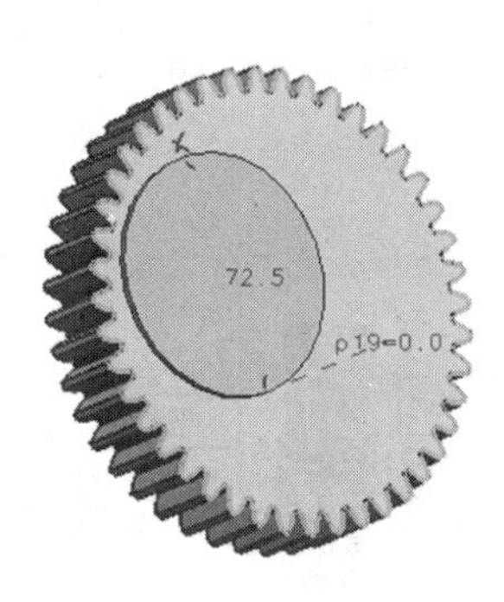

图 3-79　设置凸台参数

(3) 单击【确定】进入【定位】对话框，选择【点到点】的定位方式，选择已创建的点作为目标点，点击【确定】完成凸台的创建，如图 3-80 所示。

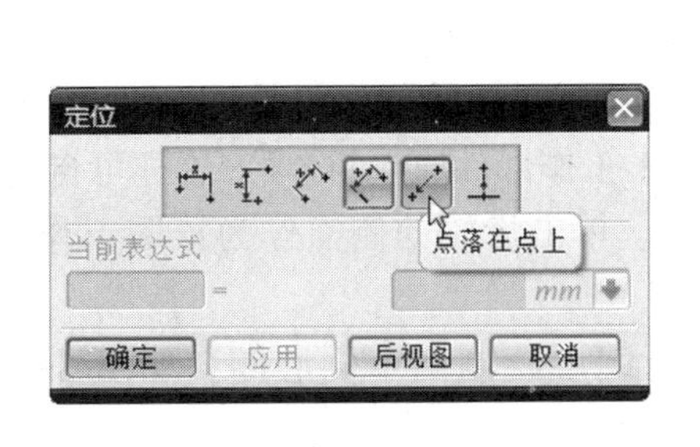

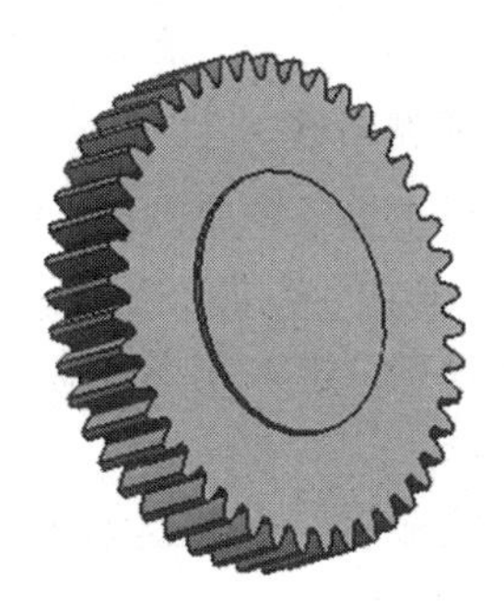

图 3-80　凸台的定位

4. 创建齿轮中心孔

（1）创建中心孔截面草图。在【特征】工具条上单击【基准面】按钮，进入基准面创建对话框。选择【YC-ZC】命令创建基准平面，如图3-81所示。单击按钮，选择新建的基准平面，草图方向【参考】选【水平】，选择齿轮上的直线1作为水平方向。点击按钮，绘制截面草图如图3-82所示，点击完成草图按钮返回建模模块。

（2）回转形成内腔。在【特征】工具条上单击回转按钮，进入【回转】对话框，选择上步生成的草图作为截面曲线，回转轴指定矢量为YC方向，指定点为齿轮中心点，布尔运算选择【求差】，点击【确定】，形成回转体，如图3-83所示。

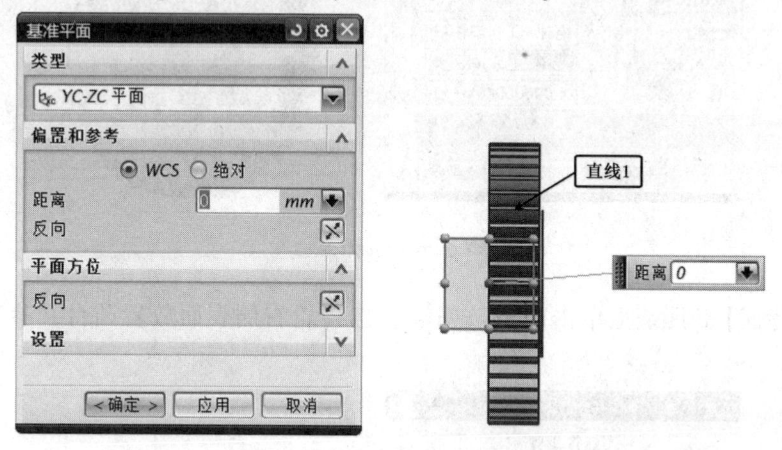

图3-81　创建草图平面

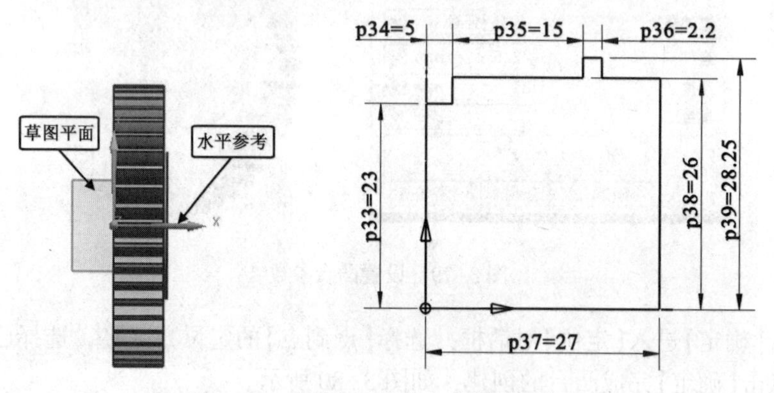

图3-82　选择水平参考和绘制草图截面

5. 创建齿轮两侧凹槽

（1）在【特征】工具条中单击【草图】按钮，打开【创建草图】对话框，如图3-84所示。在设置处勾选【创建中间基准CSYS】和【投影工作部件原点】选项，这样可自动判断草图水平方向和工作部件原点，进入草图绘制环境。单击齿轮的侧面作为草图工作平面，点击【确定】进入草图环境。

（2）单击绘圆命令，以齿轮中心为圆心绘制两个同心圆，如图3-85所示。单击完成草图按钮返回建模模块。

（3）单击拉伸按钮，选择已建草图，结束距离输入7.5，如默认拉伸方向与所需相反，点击反向按钮，布尔运算选择【求差】，点击【确定】，完成拉伸操作。如图3-86所示。

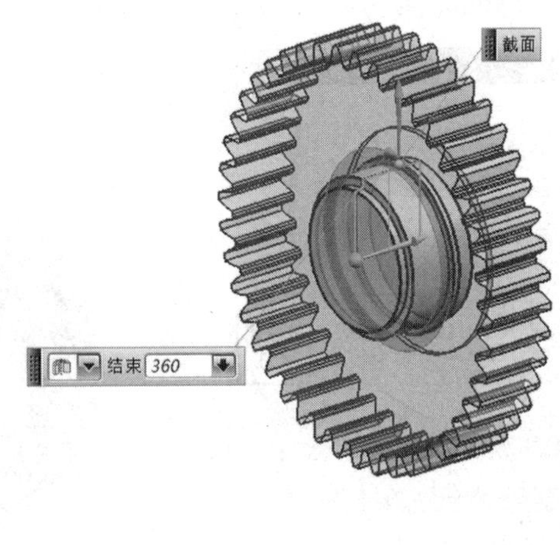

图 3-83　【回转】对话框设置

图 3-84　【创建草图】对话框

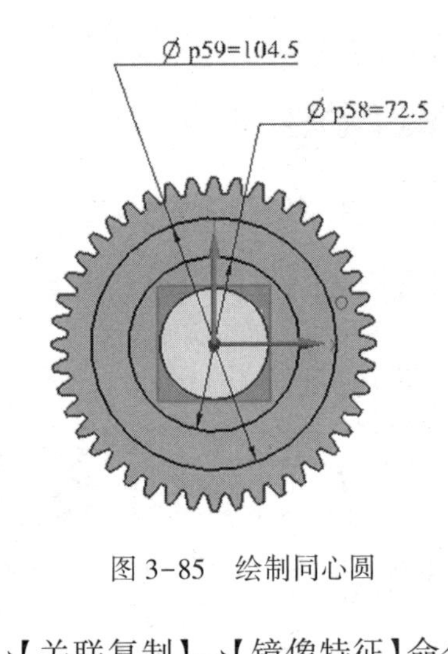

图 3-85　绘制同心圆

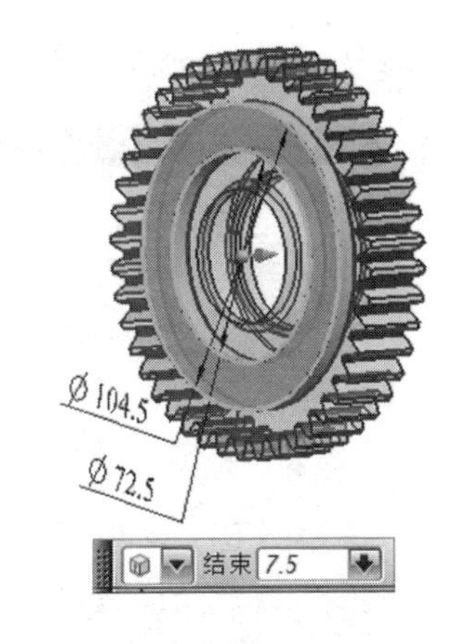

图 3-86　拉伸创建凹槽

（4）在菜单栏选择【插入】→【关联复制】→【镜像特征】命令，打开【镜像特征】对话框，如图 3-87 所示。在模型上点击上步创建的拉伸特征或在【镜像特征】对话框中选择最后一个拉伸特征，【镜像平面】的创建方式选择【新平面】，新平面的创建方式选择等分平面，分别选择齿轮的两个侧面创建等分平面。单击【确定】完成镜像特征操作。

6. 创建孔

（1）在【特征】工具条上单击【孔】按钮，在齿轮坯凹槽上指定一点，进入草图环境，关闭【草图点】对话框，对该点进行约束，如图 3-88 所示。点击完成草图按钮，进入【孔】对话框，按图设置对话框。

（2）对孔形成图样。在【特征】工具条上单击【对特征形成图样】按钮，打开对话框。

选择新创建的孔为图样特征，【布局】选【圆形】，其他参数设置如图 3-89 所示，点击【确定】，完成特征图样。

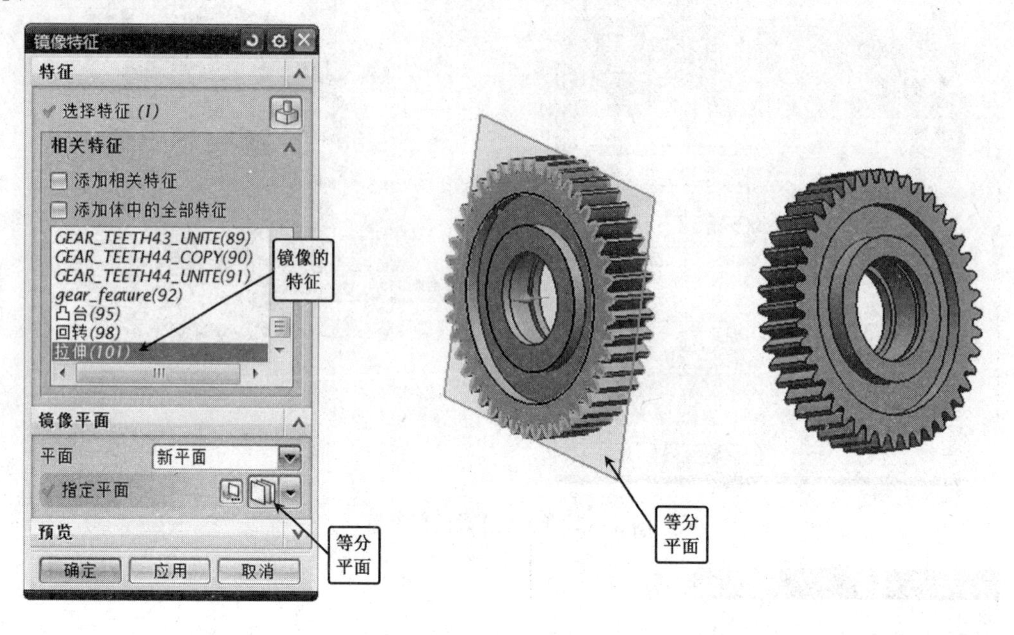

图 3-87　镜像特征

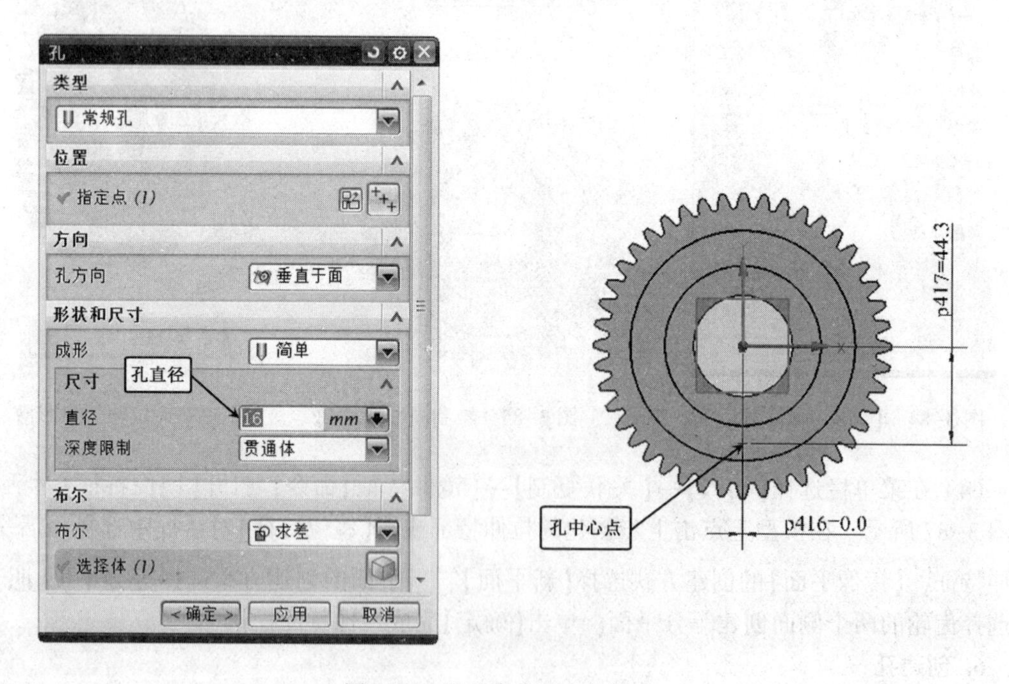

图 3-88　孔的定位及参数设置

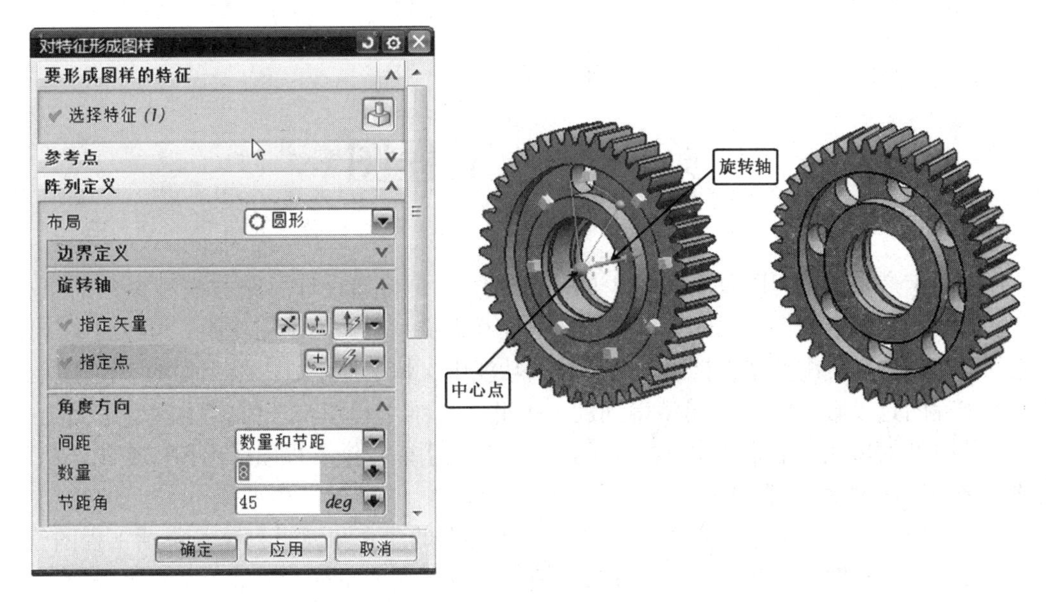

图 3-89 【对特征形成图样】对话框设置及最终齿轮模型

第四章　工程图

在实际生产中，工程图是不可缺少的一部分，它是传递设计思路和模型参数的重要载体，并直接指导着生产第一线的工作。UG NX 8.0 提供了强大的制图功能，可以将实体建模功能创建的零件和装配模型直接引用到工程图功能中，快速地生成二维工程图。由于所建立的二维工程图是投影三维实体模型得到的，因此，二维工程图与三维实体模型是完全关联的，实体模型的尺寸、形状和位置的任何改变，都会引起二维工程图作出相应变化，从而极大地提高了工作效率。

本章按传统绘图的顺序，介绍 UG NX 8.0 工程图的建立和编辑方法，包括工程图管理、添加视图、编辑视图、标注尺寸、标注形位公差、标注表面粗糙度及输入文本等内容。

第一节　概　述

一、工作界面

在标准工具条中单击【开始】按钮，在弹出的菜单中单击【制图】命令，程序即进入工程图模块，该模块的工作界面如图 4-1 所示。

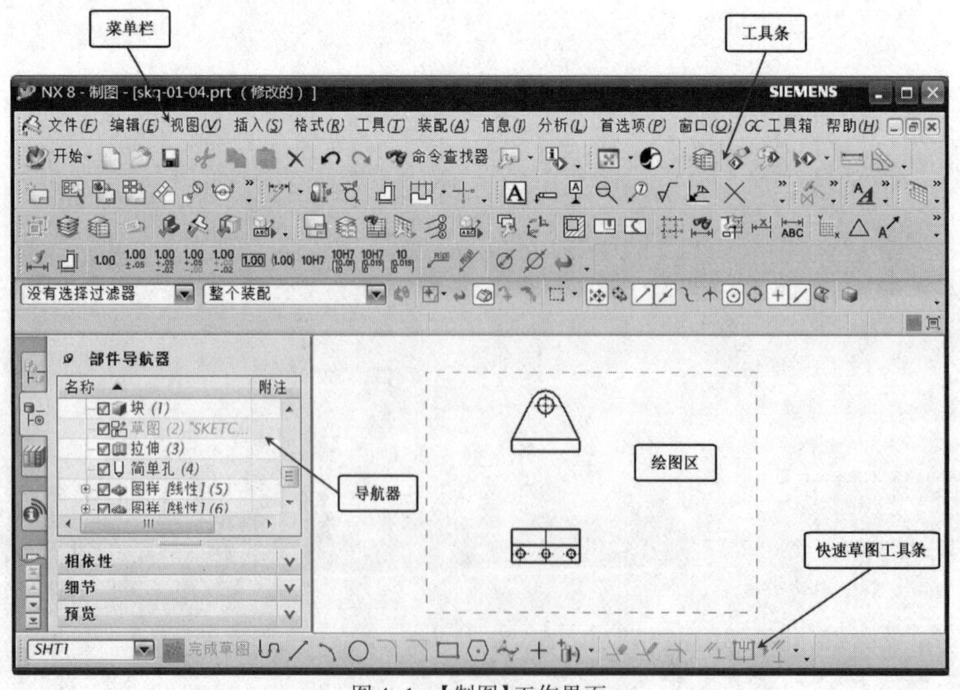

图 4-1　【制图】工作界面

二、制图工具条

绘制工程图可通过菜单栏【插入】菜单的相应子菜单进行操作，如图 4-2 所示，也可通过工具条上的相应命令按钮来完成，本章主要通过使用命令按钮绘制工程图。制图模块中常用的工具条如图 4-3 所示。

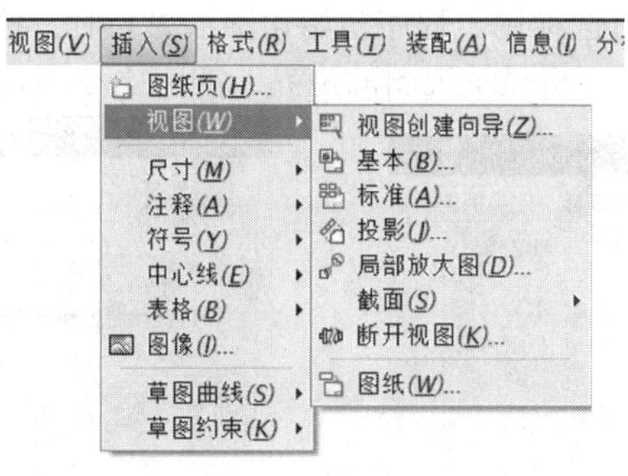

图 4-2　制图菜单

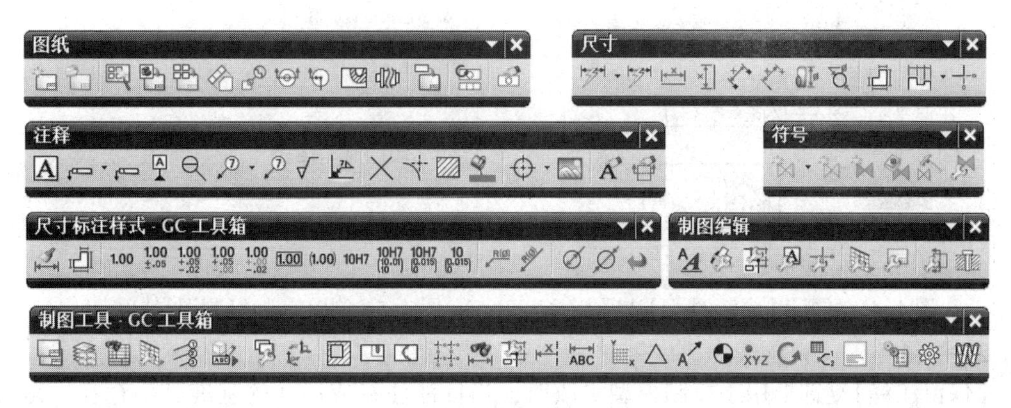

图 4-3　常用制图工具条

(1)【图纸】工具条，该工具条主要用于创建编辑各种类型的视图，如三视图，各种剖视图等。

(2)【尺寸】工具条，该工具条用于在图纸中标注尺寸。

(3)【注释】工具条，该工具条主要用于图纸中注释符号的标注。

(4)【符号】工具条，该工具条包含可用的所有定制符号命令。

(5)【尺寸标注样式-GC 工具箱】工具条，该工具条为 UG NX 8.0 新增的 GC 工具箱中的工具条，可快速改变尺寸注释的样式。

(6)【制图编辑】工具条，该工具条主要用于编辑和控制图纸。

三、【首选项】设置

1.【可视化】首选项

为了使黑白色打印机输出的图纸清晰，可将图纸设成单色显示，将前景设为黑色，背景设为白色。

在菜单栏中单击【首选项】→【可视化】→【颜色/线型】选项卡，将弹出【颜色/线型】设置对话框。在图纸部件设置区，勾选【单色显示】选项，将【背景】改为白色，如图 4-4 所示。

2.【制图】首选项

进入制图模块后，为了提高制图的效率和效果，还需对制图参数进行设置，UG NX 8.0 提供了首选项设置。在菜单栏中单击【首选项】→【制图】，将弹出【制图首选项】对话框。其中共有 6 个选项，常用的选项如下。

1）视图

【视图】选项卡中【更新】选项用于程序初始化图纸更新时，控制视图是否同时更新显示。当勾选【显示边界】复选框时，将显示视图的边界，如图 4-5 所示。

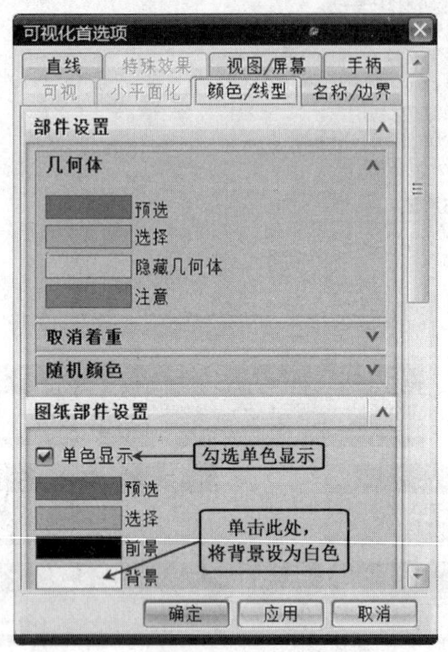

图 4-4　可视化【颜色/线型】选项卡

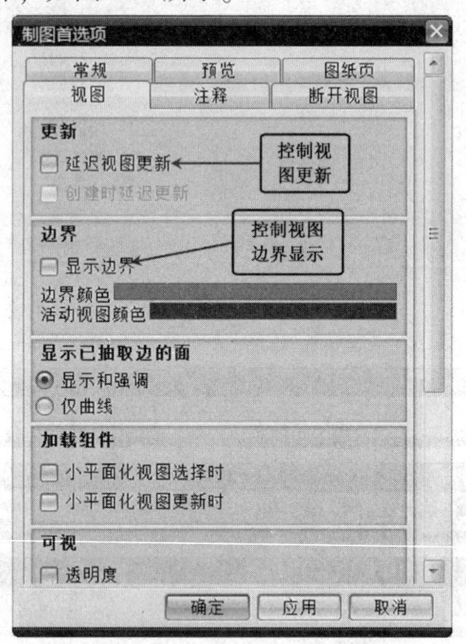

图 4-5　制图首选项【视图】选项卡

2）注释

【保留注释】复选框用于控制模型更改时，当标注注释或尺寸的基准已不存在，是否保留尺寸或注释作为参考。此外还能改变注释的颜色、线型和线宽，如图 4-6 所示。

3）断开视图

当视图结构简单、尺寸较大时，可对视图进行断开处理。在该选项卡中可设置断开视图的断开缝隙、断开线的形状以及断开线的尺寸及线宽等，如图 4-7 所示。

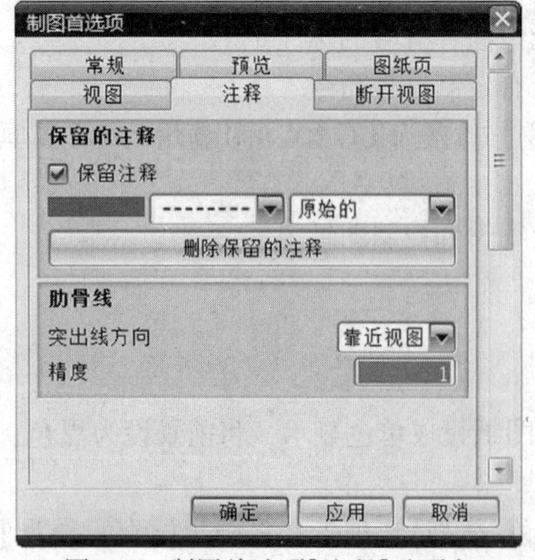

图 4-6　制图首选项【注释】选项卡

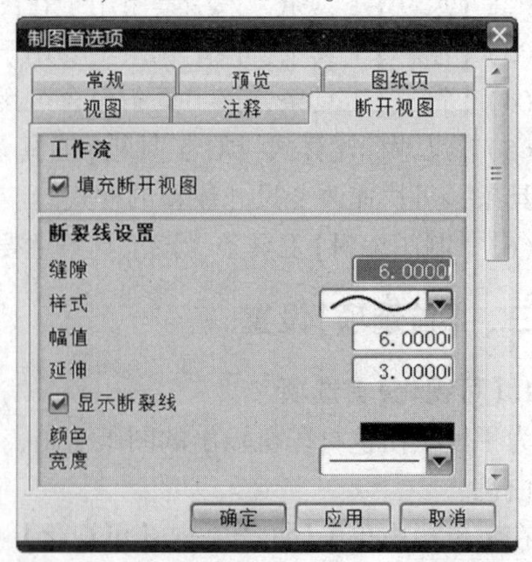

图 4-7　制图首选项【断开视图】选项卡

3.【注释】首选项

【注释】首选项用于绘制工程图前预设置尺寸、尺寸线、箭头、字符、符号、单位、半径、剖面线等参数。预设置的参数只对以后产生的注释起作用。如果要修改已存在的注释参数，可在视图中选择一个或多个对象，对其进行参数修改即可。

选择菜单命令【首选项】，单击【注释】按钮，系统将弹出【注释首选项】对话框。

1）尺寸

该选项卡主要用于设置尺寸文字和标注的显示方式，如图 4-8 所示。

2）直线/箭头

该选项卡主要用于设置标注尺寸时直线和箭头的显示方式，如图 4-9 所示。

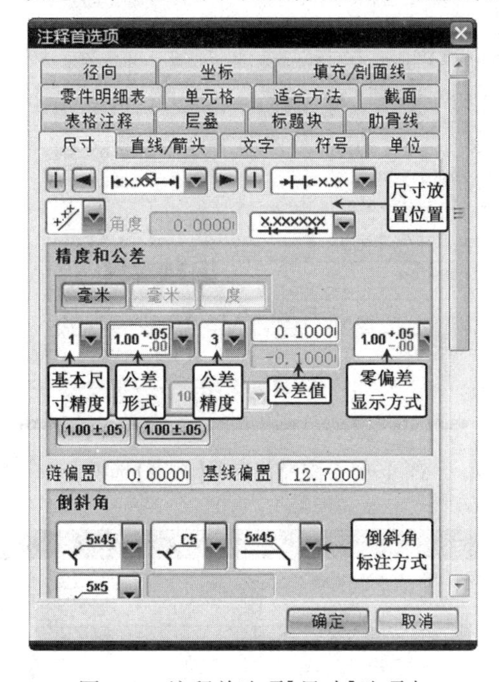

图 4-8　注释首选项【尺寸】选项卡

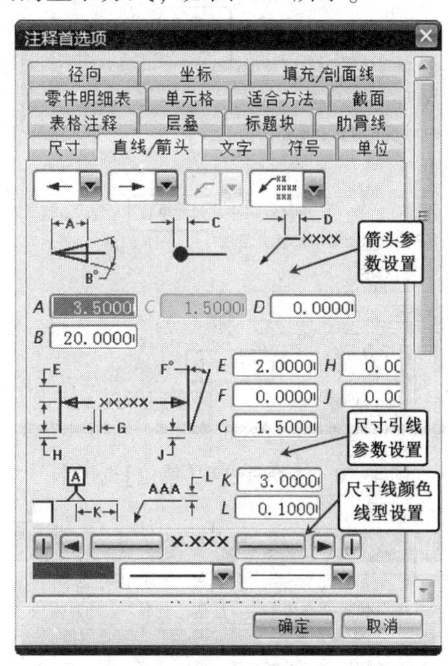

图 4-9　注释首选项【直线/箭头】选项卡

3) 单位

该选项卡主要用于设置标注尺寸时公差和精度的显示方式，如图 4-10 所示。

4) 文字

该选项卡主要用于设置注释文本、尺寸、附加文本、公差等的字符大小、间距等，如图 4-11 所示。

5）填充/剖面线

该选项卡主要用于区域填充和剖切线的填充图案选择以及参数设置，如图 4-12 所示。

4.【视图】首选项

【视图】首选项主要用于更改与视图有关的特征显示，选择菜单命令【首选项】，单击【视图】按钮，系统将弹出【视图首选项】对话框，其中包括许多选项卡，下面简要介绍一些常用选项卡。

1）常规

勾选【自动更新】，表示模型经过修改后，视图自动更新。勾选【中心线】表示添加视图时，自动添加中心线，如图 4-13 所示。

2）隐藏线

该选项卡的作用是控制隐藏线的显示。可设置是否显示隐藏线，以及隐藏线的颜色、线型和线宽，如图 4-14 所示。

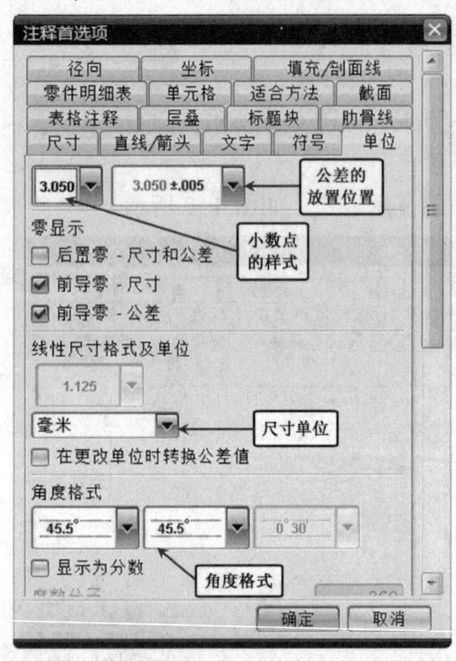

图 4-10　注释首选项【单位】选项卡

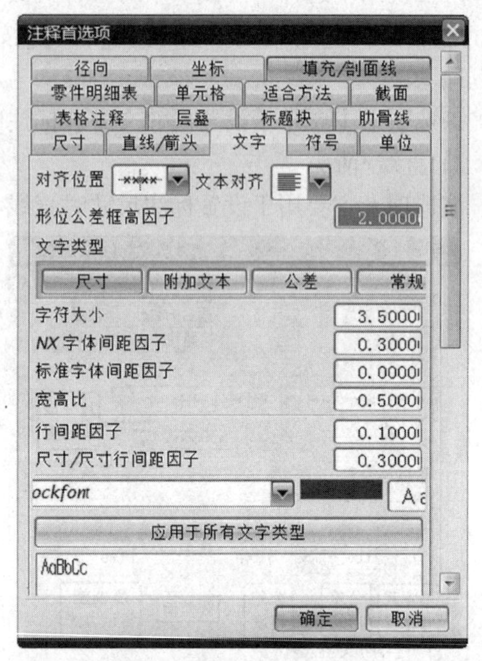

图 4-11　注释首选项【文字】选项卡

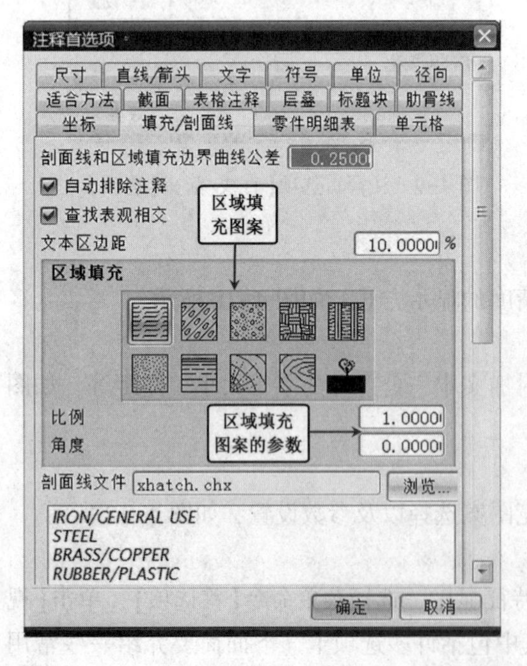

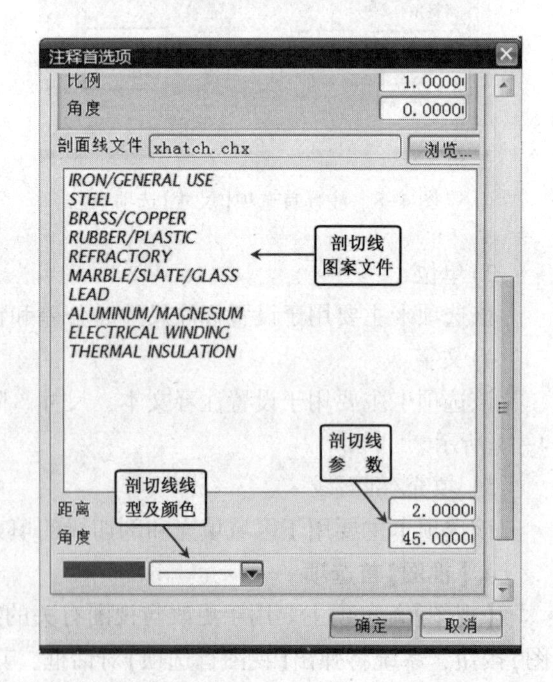

图 4-12　注释首选项【填充/剖面线】选项卡

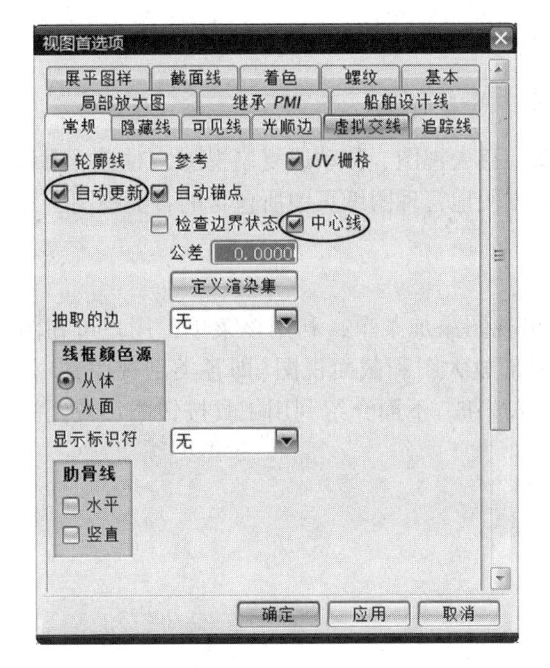

图 4-13　视图首选项【常规】选项卡

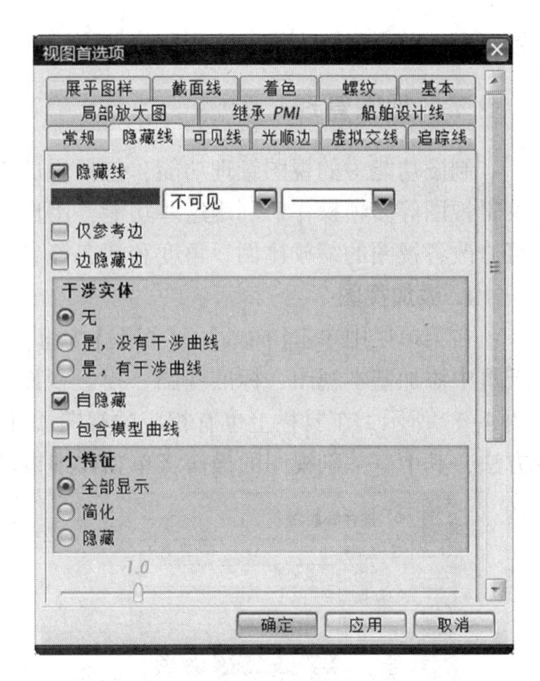

图 4-14　视图首选项【隐藏线】选项卡

第二节　图纸页和视图管理

一、图纸页管理

在 UG NX 8.0 环境中，任何一个三维模型，都可以用不同的投影方法、不同的图样尺寸和不同的比例建立多张二维工程图。图纸页管理功能包括了新建图纸页、打开图纸页、删除图纸页和编辑图纸页等基本功能。

1. 新建图纸页

在工具条中单击新建图纸页按钮，会弹出如图 4-15所示的【图纸页】对话框。在该对话框中，输入图纸页名称，指定图纸页大小、比例、投影角度和单位等参数后，单击【确定】即可完成新建图纸页的工作。

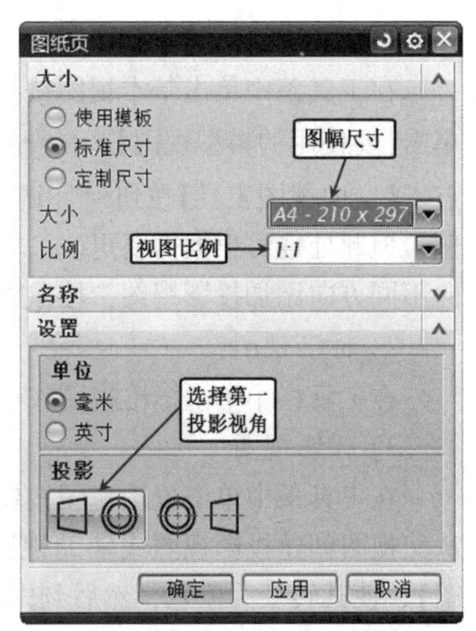

图 4-15　【图纸页】对话框

2. 删除已有的图纸页

在制图模式下，单击【部件导航器】，选择要删除的图纸页，单击鼠标右键，选择【删除】选项，删除已建的图纸页，如图 4-16 所示。

3. 编辑图纸页

在向图纸页添加视图的过程中，如果发现原来设置的图纸页参数不合要求，如图幅、比例不适当，可以对已有的图纸页有关参数进行修改。

在制图模式下，单击【部件导航器】，选择要编辑的图纸页，单击鼠标右键，选择【编辑图纸页】选项，修改图纸页的参数，如图 4-16 所示。

二、视图管理

制图功能中的视图管理功能，包括添加视图、移去视图、移动或复制视图、对齐视图和编辑视图等多项操作。利用这些功能，用户可以方便地管理图纸页中所包含的各类视图，并可修改各视图的缩放比例、角度和状态等参数。

1. 添加视图

在菜单栏中单击【插入】→【视图】按钮，弹出视图添加菜单，利用该菜单，用户可在图纸页中添加基本视图、标准视图、投影视图、局部放大图和截面视图(即各类剖视图)，如图 4-17 所示。工具栏上也有相应的视图添加命令按钮。下面介绍利用工具按钮添加视图的方法，其中有关剖视图的操作将单独详细讲解。

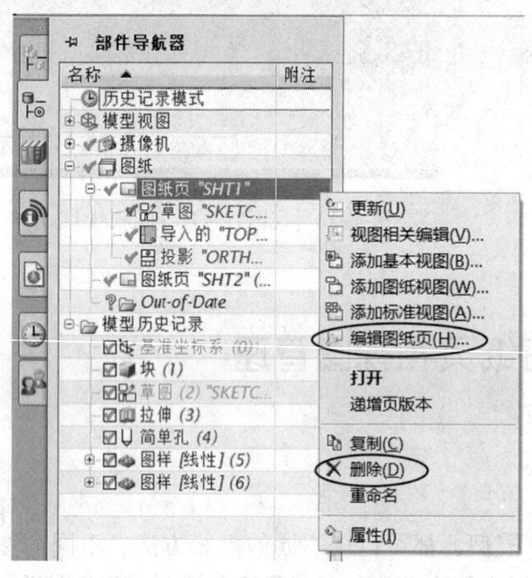

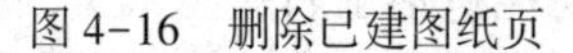

图 4-16　删除已建图纸页

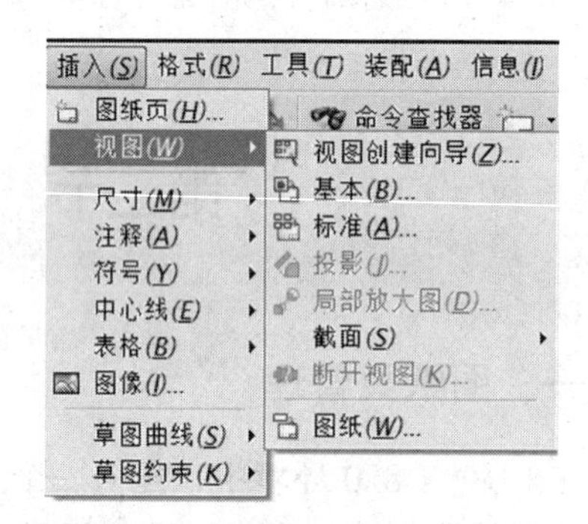

图 4-17　【视图】菜单

1）基本视图

在工具条中单击基本视图按钮，弹出如图 4-18 所示的对话框。在【模型视图】选项，单击【要使用的模型视图】旁的按钮，选择所需视图，如基本视图的方位不符合要求，可点击【定向视图工具】按钮，调整基本视图的方向。【缩放】处初设比例为图纸页所设的比例，但此处也可根据需要更改。在图纸页相应位置单击放置视图，按住鼠标左键，根据需要向不同方向添加投影视图，按鼠标中键停止视图添加。基本视图添加如图 4-19 所示。

2）标准视图

在工具栏中单击标准视图按钮，在图纸页上可快速创建具有标准方位的多个视图。

3）投影视图

在工具条中单击投影视图按钮，弹出【投影视图】对话框，如图 4-20 所示。该命令可从父视图创建投影视图或辅助视图。在投影视图对话框中单击【父视图】选项中的【选择视图】，使其转变为橙色，然后到图纸页中单击要进行投影的父视图，同时按住鼠标左键向投影方向拖动，形成投影视图。

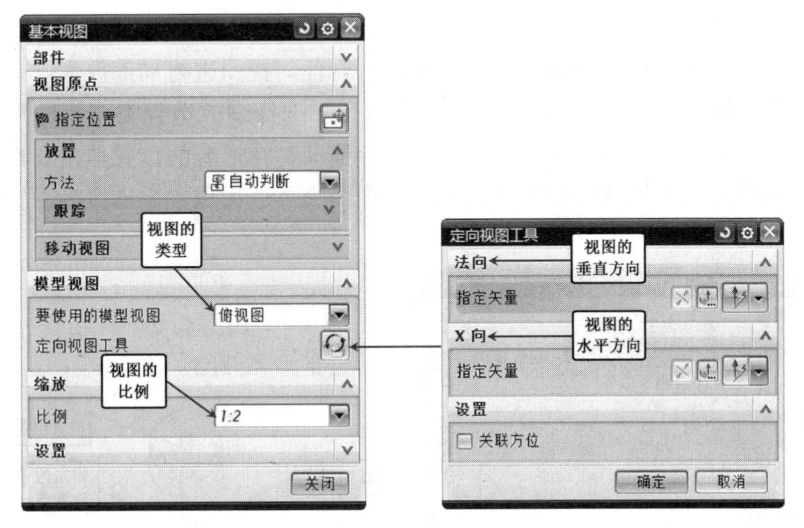

图 4-18 【基本视图】对话框

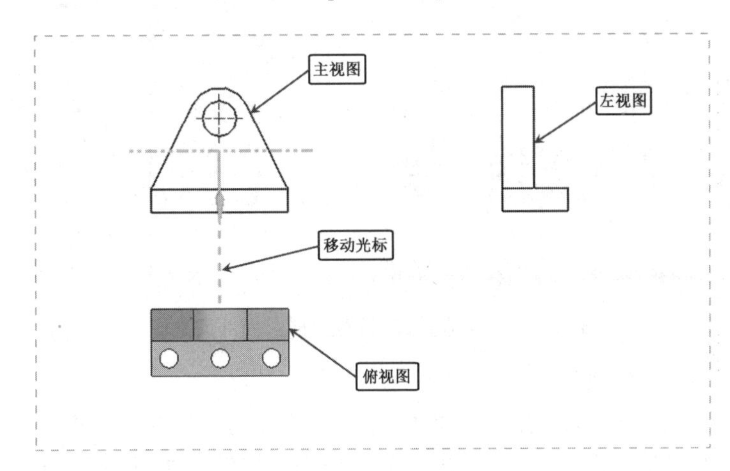

图 4-19 基本视图

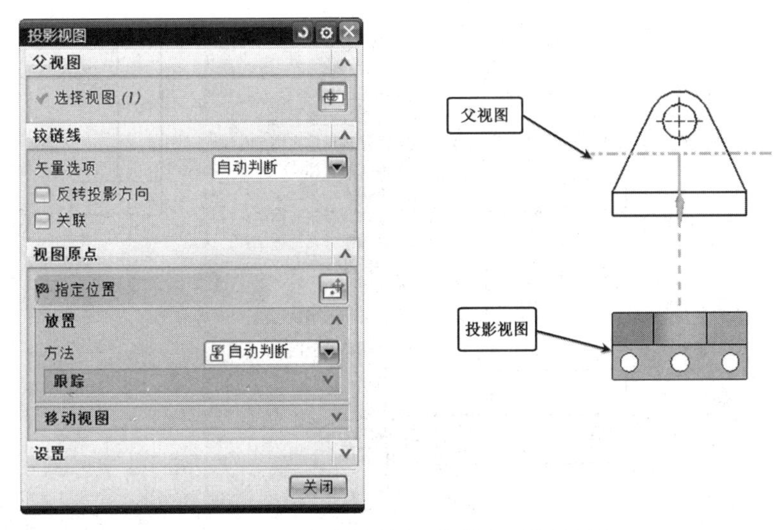

图 4-20 【投影视图】对话框及投影视图

4）局部放大图

局部放大图用于表达视图的细小结构，用户可对任何视图进行局部放大。在工具条中单击局部放大视图按钮，弹出对话框如图 4-21 所示。选择缩放边界类型为圆形，在视图中要放大的图形处单击，指定缩放中心点，按住鼠标拖动，在适合的位置单击，确定缩放的边界线，然后修改缩放的比例及注释的样式，最后在图纸页适当位置单击鼠标左键，放置局部放大图。

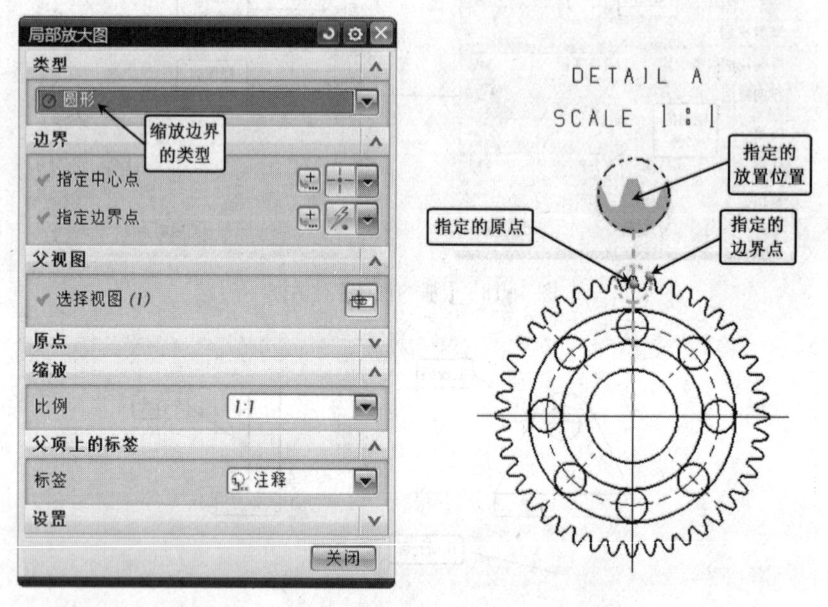

图 4-21 【局部放大图】对话框及局部放大图

5）删除、复制、粘贴视图

将鼠标放在预进行操作的视图上，当出现红色的视图边界时，单击鼠标右键，出现删除、复制、粘贴等选项，用鼠标左键单击相应命令进行操作，如图 4-22 所示。

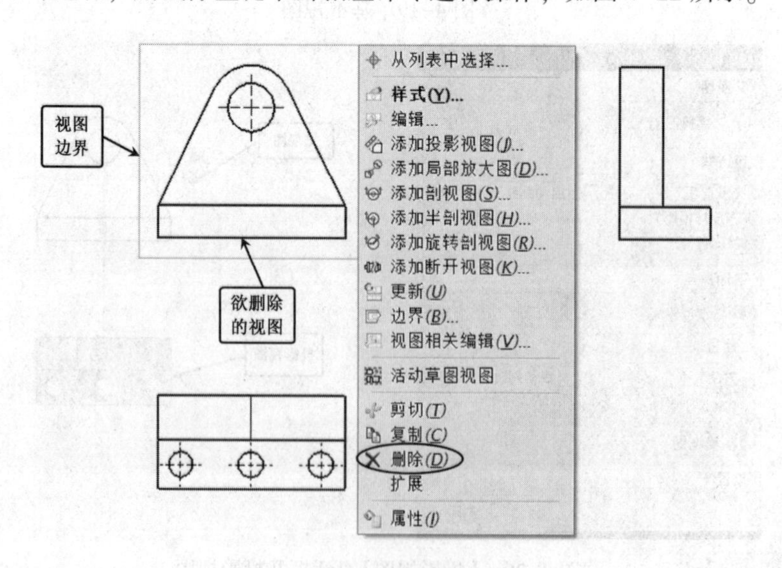

图 4-22 删除视图

6）移动、对齐视图

将鼠标放在预移动的视图上，当出现红色的视图边框时，按住鼠标左键拖动该视图，视图自动捕捉进行水平或竖直对齐。如图 4-23 所示。

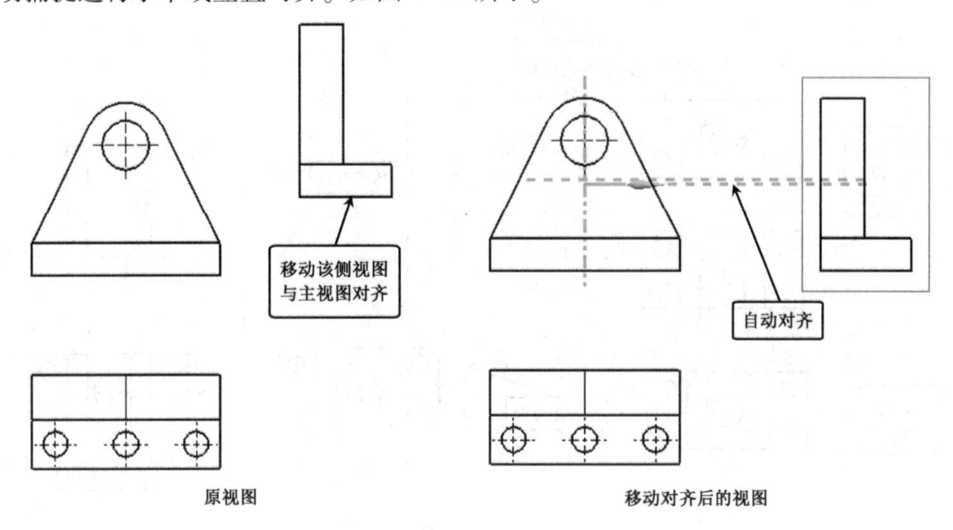

图 4-23　移动、对齐视图

三、剖视图

基本视图建立后，对于零件某些复杂的部分需要建立剖视图。下面介绍各类剖视图的创建方法。

1. 简单剖视图

简单剖视图由穿过部件的单一剖切段组成。在图纸工具条上，单击剖视图按钮，首先选择父视图，将动态截面线移至所希望的剖切位置点，选择一个点以放置截面线符号，然后向投影方向移动鼠标，在所需位置单击以放置剖视图。简单剖视图的创建过程如图 4-24 所示。

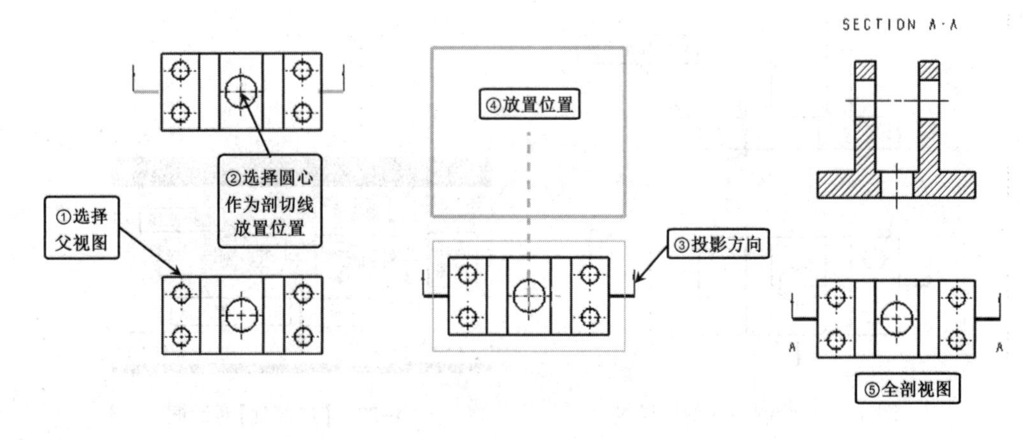

图 4-24　简单剖视图创建步骤

2. 半剖视图

半剖视图可以创建一个剖视图，使其中的部件一半剖切而另一半不剖切。在图纸工具条上，单击半剖视图按钮，首先选择父视图，将动态截面线移至所希望的剖切位置点，选择一个点以放置截面线符号，选择放置折弯的另一个点，然后将光标移出视图并放在所需位置，单击以放置半剖视图。半剖视图的创建过程如图 4-25 所示。

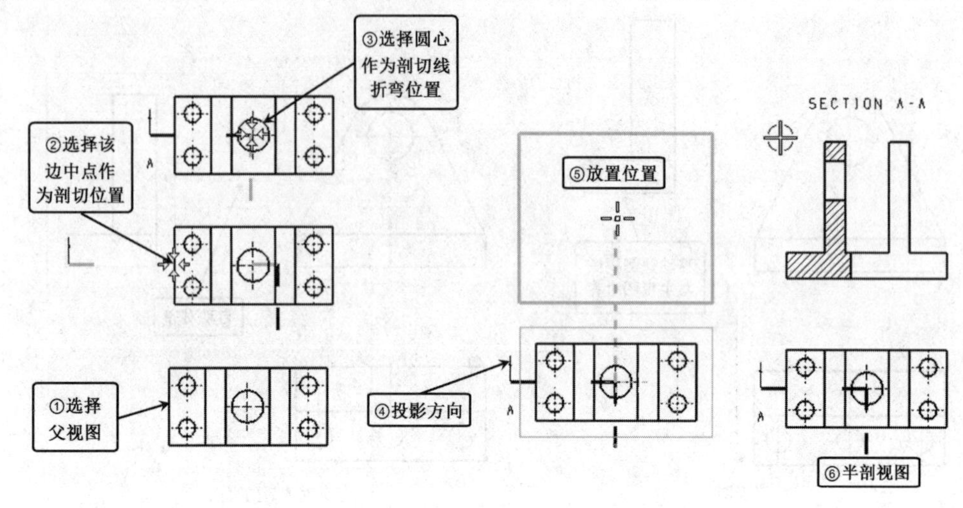

图 4-25　半剖视图创建步骤

3. 局部剖视图

在创建局部剖视图之前，用户先要定义和视图关联的局部剖视图边界。定义局部剖视边界的方法是：在图纸页中选择要进行局部剖切的视图，单击鼠标右键，从快捷菜单中选择【活动草图视图】，进入草图绘制状态。用【草图】工具条中的艺术样条曲线按钮，在要产生局部剖切的部位，创建局部剖切的边界线，如图 4-26 所示。

在图纸工具条上，单击局部剖视图按钮，弹出【局部剖】对话框如图 4-27 所示。局部剖创建共分四个步骤，一是选择预生成局部剖的视图，二是在另一个视图中指出基点，三是指出拉伸矢量，四是选择局部剖切曲线。局部剖创建步骤如图 4-28 所示。

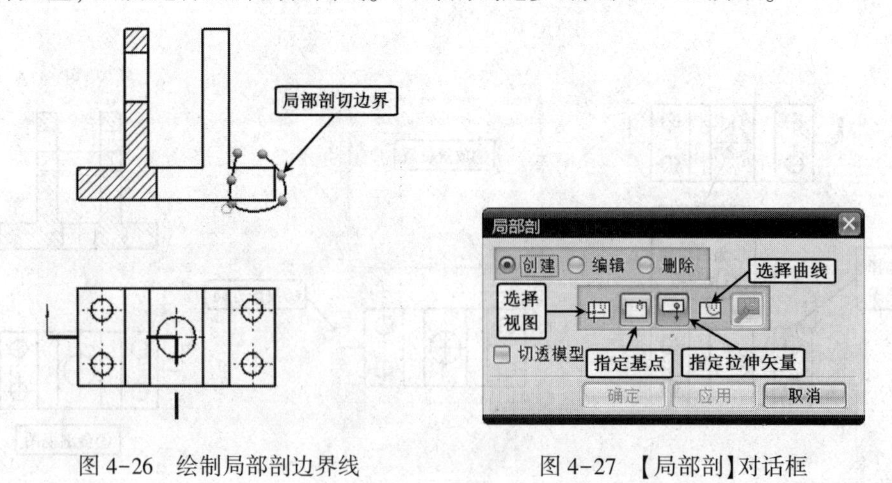

图 4-26　绘制局部剖边界线　　　　图 4-27　【局部剖】对话框

四、添加中心线

【视图首选项】的【常规】选项卡中包含【中心线】选项，勾选上该选项，在添加视图时，将自动添加上中心线。否则投影视图中将不包含中心线。同时，自动添加的中心线有时也是不完整的，还需后续进行调整，因此下面介绍中心线的添加方法。

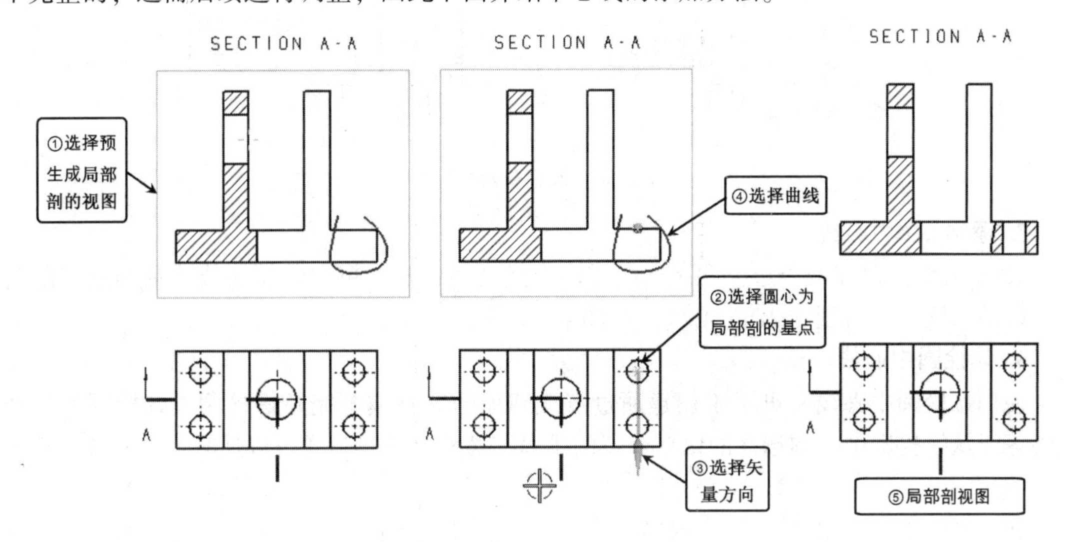

图 4-28　局部剖视图创建步骤

1. 自动中心线

该命令可自动在任何现有的视图中创建中心线。如果螺栓圆孔不是圆形实例集，则将为每个孔创建一条线性中心线。自动中心线将在共轴孔之间绘制一条中心线。

在菜单栏中单击【插入】→【中心线】→【自动中心线】命令或在工具栏【中心线】下拉菜单中，选择自动中心线按钮。在绘图区选择预添加中心线的视图，单击【确定】按钮，自动添加中心线，如图 4-29 中第一次添加的中心线。由图中可看出，未剖开孔的中心线并没有添加上。因此，接下来选中视图，单击鼠标右键，选择【样式】命令，点选【隐藏线】选项卡，将隐藏线设置为虚线，此时再单击自动添加中心线按钮，此时未剖开孔的中心线也添加上。

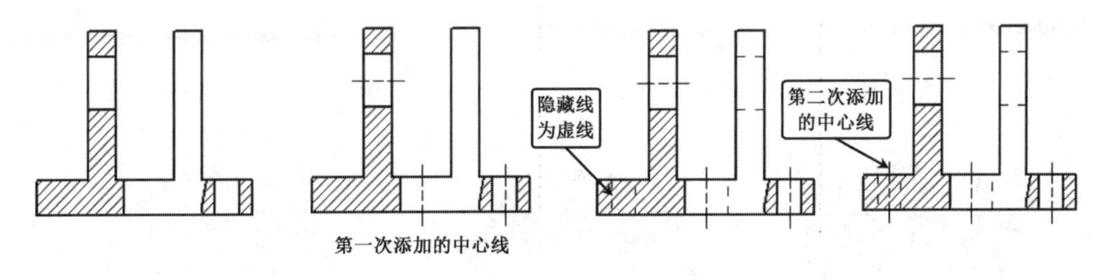

图 4-29　自动添加中心线

2. 添加 3D 中心线

3D 中心线命令可根据圆柱面或圆锥面的轮廓创建中心线符号。例如，圆柱、圆锥、扫掠面、圆环曲面等。

上例中第二次自动添加中心线后，右侧孔的中心线仍没加上，可用 3D 中心线的命令进行添加。单击 3D 中心线按钮，选择预添加中心线的圆柱表面，单击【确定】按钮，添加中心线，如图 4-30 所示。如果首先将隐藏线转为虚线显示，则第一次自动添加中心线时，即可将上述中心线全部添加上。

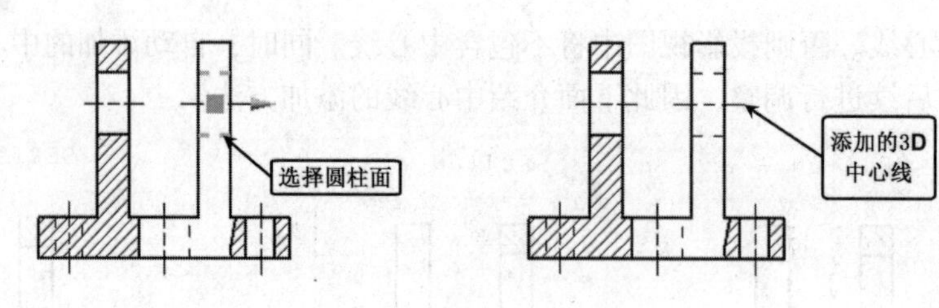

图 4-30　添加 3D 中心线

3. 添加 2D 中心线

2D 中心线可以在两条边、两条曲线或两个点之间创建。可以使用曲线或控制点来限制中心线的长度，从而创建 2D 中心线。如图 4-31 所示。

4. 螺栓圆中心线

使用螺栓圆中心线可用于创建通过点或圆弧的完整或不完整螺栓圆。螺栓圆的半径始终等于从螺栓圆中心到选择的第一个点的距离。螺栓圆符号是通过以逆时针方向选择点来定义的。

在工具栏中单击螺栓圆中心线按钮，弹出对话框如图 4-32 所示。在螺栓圆中心线对话框的【类型】组中，从列表中选择【通过 3 个或更多点】方式创建螺栓圆中心线，勾选【整圆】选项，否则将绘出一段圆弧。逆时针选择多个圆孔的中心作为放置点，点击【确定】添加中心线，如图 4-33 所示。

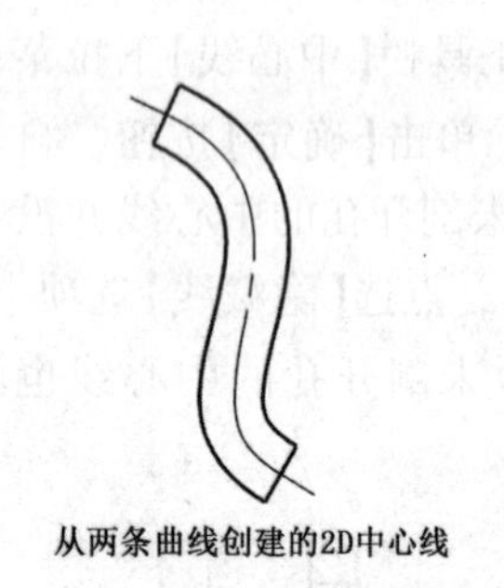

图 4-31　添加 3D 中心线

图 4-32　【螺栓圆中心线】对话框

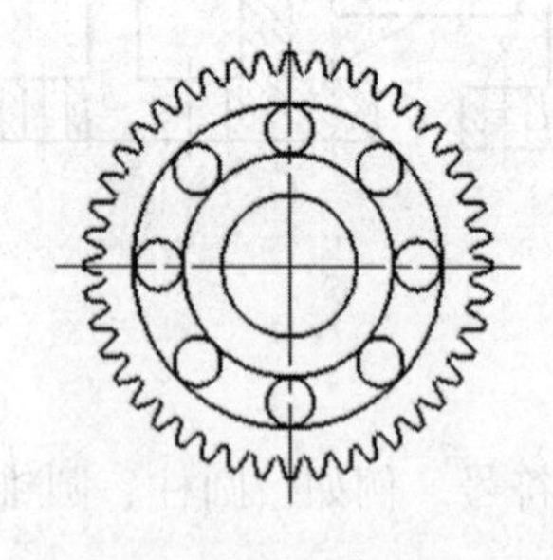

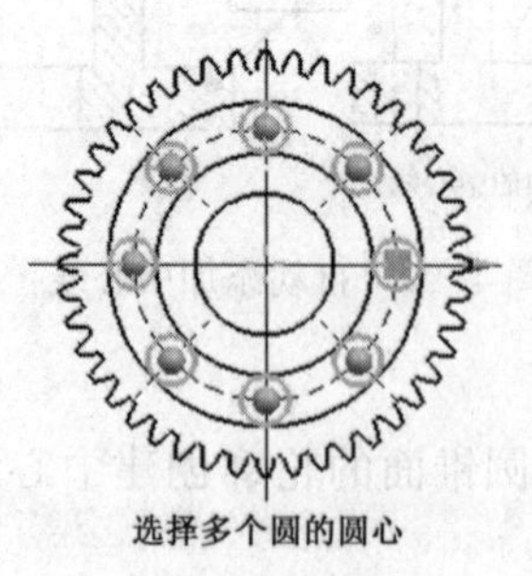

图 4-33　添加螺栓中心线

5. 圆形中心线

使用圆形中心线命令可创建通过点或圆弧的完整或不完整圆形中心线。其操作与添加螺栓圆中心线相似。注意圆形中心线符号是通过以逆时针方向选择点来定义的。如图 4-34 所示。

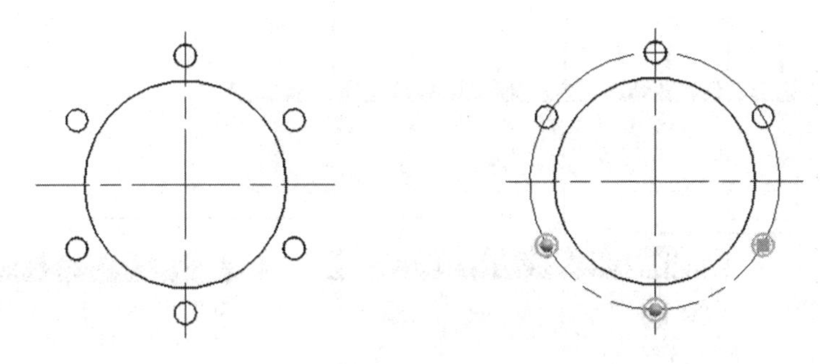

图 4-34　添加圆形中心线

第三节　工程图的标注

工程图的标注是反映零件尺寸和公差信息最重要的方式，在本节中将介绍如何在工程图中使用标注功能。利用标注功能，用户可以向工程图中添加尺寸、形位公差、制图符号和文本注释等内容。

一、尺寸标注

尺寸标注用于标识对象的尺寸大小。由于 UG NX 8.0 制图模块和三维建模模块是完全关联的，因此，在工程图中进行标注尺寸就是直接引用三维模型真实的尺寸，具有实际的含义，因此无法像二维软件一样进行尺寸改动，如果要改动零件中的某个尺寸参数，需要在三维实体中修改。如果三维模型被修改，工程图中的相应尺寸会自动更新，从而保证了工程图与模型的一致性。

在进行尺寸标注前，选择【首选项】→【注释】，将尺寸标注参数预先设置好，标注时将按此参数进行。

在制图应用模块中，选择【插入】→【尺寸】，选择要创建的尺寸类型，或在尺寸工具条上单击任何【尺寸】标注按钮，然后选择标注对象，单击以放置尺寸，完成尺寸的标注。【尺寸】标注工具栏如图 4-35 所示。

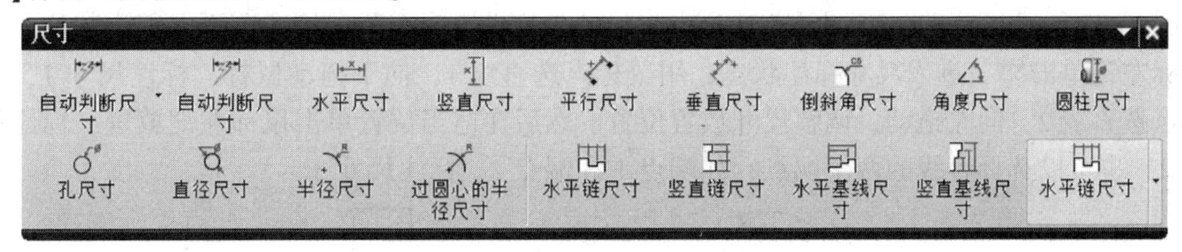

图 4-35　【尺寸】标注工具栏

单击尺寸标注命令后，在绘图工作区的左上角将弹出一个浮动的工具条，通过其中的命令键可对当下标注的尺寸进行设置和编辑，如图 4-36 所示。

图中：

(1) 公差样式，用于选择尺寸公差的形式。

(2) 尺寸精度，用于控制基本尺寸的精度，即基本尺寸小数点后的位数。

(3) 公差，当尺寸有公差时，在此输入公差值。

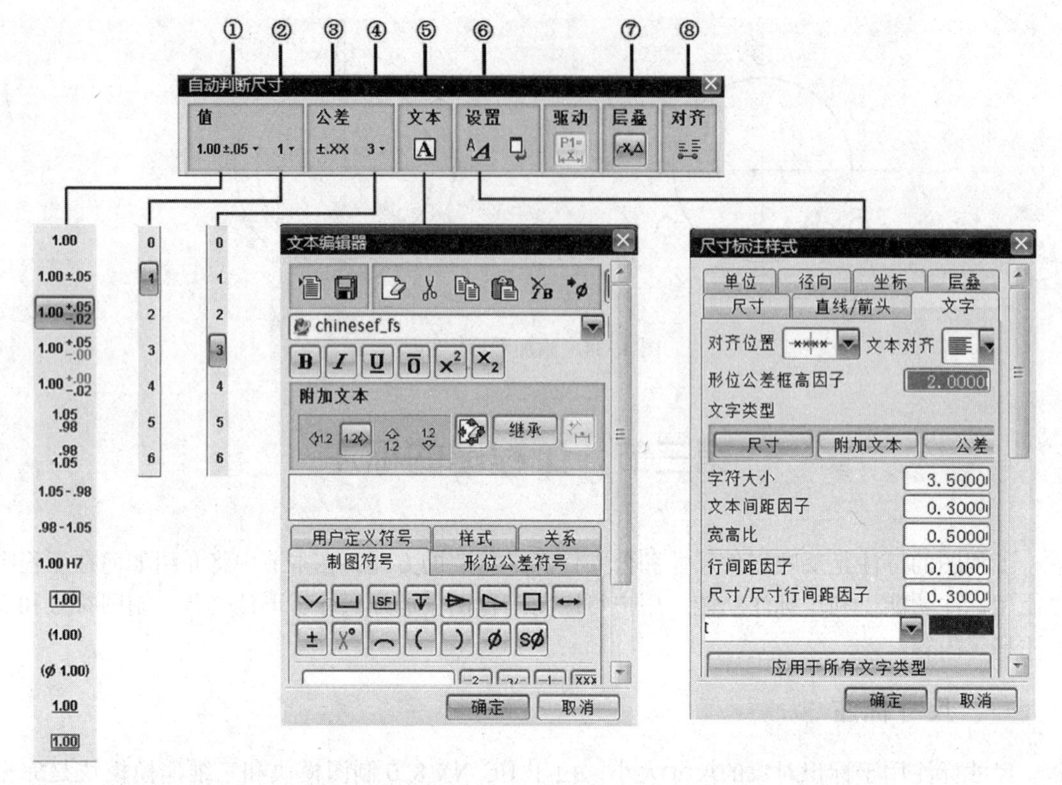

图 4-36 【尺寸】设置工具条

（4）公差精度，用于控制尺寸公差的精度，即公差小数点后的位数。

（5）文本编辑器，用于编辑所标注尺寸的注释。

（6）尺寸标注样式，用于设置标注尺寸的文字形式、直线和箭头的形状等。

（7）层叠注释，用于控制与其他注释叠放的尺寸。

（8）对齐方式，如果要与其他注释竖直或水平对齐尺寸，则在对话框条上选择水平或竖直对齐。

1. 常用尺寸标注方式

（1）自动判断尺寸，该选项由系统自动推断出选用哪种尺寸标注类型进行尺寸标注。如图 4-37 所示，首先在【注释】首选项中将尺寸类型设置为无公差格式，不保留小数位。用鼠标左键单击，进入尺寸标注状态，用鼠标点选直线 1，向下拖动鼠标，标注尺寸 1，同样点选直线 2，向左拖动，调整尺寸放置位置，然后在适当位置单击鼠标左键放置，标注尺寸 2。也可以选择直线的两个端点，如端点 1 和端点 2，标注尺寸 3。

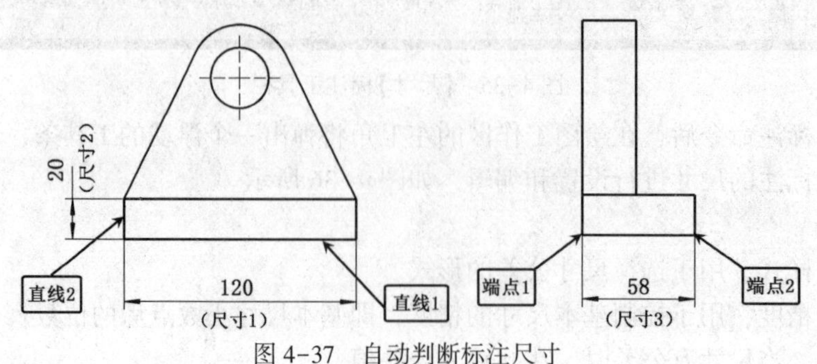

图 4-37 自动判断标注尺寸

(2) 角度尺寸，该选项用于标注工程图中所选两直线之间的角度。单击，分别选择直线 1 和直线 2 标注角度尺寸，如图 4-38 所示的角度标注。

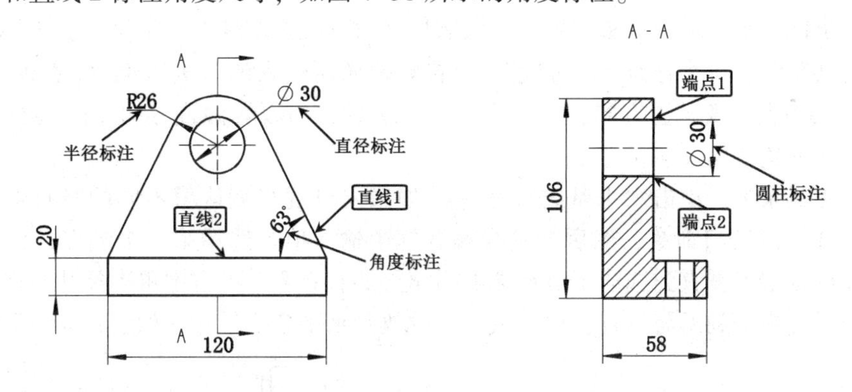

图 4-38　角度、圆柱、直径及半径的尺寸标注

(3) 圆柱尺寸，该选项用于标注工程图中所选圆柱对象的直径尺寸。单击，选择端点 1 和端点 2，标注圆柱尺寸，如图 4-38 所示的圆柱标注。

(4) 直径，该选项用于标注工程图中所选圆或圆弧的直径尺寸。单击，选择标注的圆孔，在尺寸标注浮动工具条中单击，弹出【尺寸标注样式】对话框，选择【尺寸】选项卡，将文本角度设置为水平，如图 4-39 所示。在适当的位置单击鼠标左键，完成圆孔直径标注，如图 4-38 所示的直径标注。

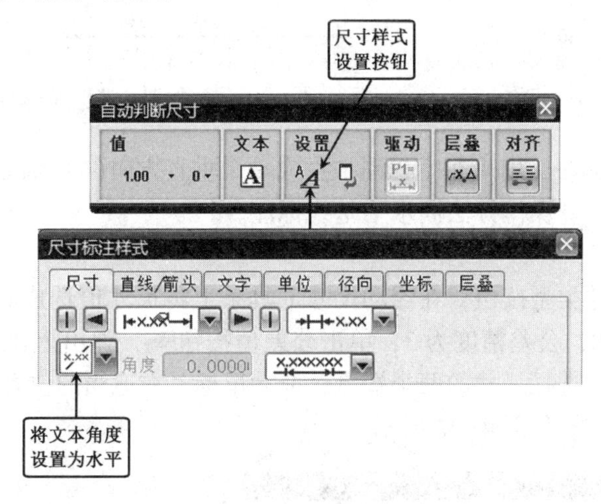

图 4-39　改变文本尺寸角度设置

(5) 至圆心半径，该选项用于标注工程图中所选圆或圆弧的半径尺寸，此标注尺寸线过圆心。单击，选择预标注的圆弧，按上述步骤将文本角度设置为水平，在适当的位置单击鼠标左键，完成圆弧半径标注，如图 4-38 所示的半径标注。

(6) 水平方向尺寸链，用来在工程图中生成一个水平方向(XC 轴方向)上的尺寸链，即生成一系列首尾相连的水平尺寸。单击，连续选择多个端点，直到选取了所有端点为止。将链尺寸拖动到所需位置，单击以放置尺寸。如果要移除添加的上一个尺寸，右键单击该尺寸，然后选择移除上一个。如图 4-40 所示。

(7) 垂直方向尺寸链，用来在工程图中生成一个垂直方向上(YC 轴方向)的尺寸链。

即生成一系列首尾相连的垂直尺寸。操作方式同水平方向尺寸链。

（8）水平基线标注，用来在工程图中生成一个水平方向（XC 轴方向）的尺寸系列，该尺寸系列分享同一条基线。竖直偏置每个连续尺寸，以防止重叠上一个尺寸。所选的第一个对象定义公共基线。每个连续尺寸的竖直位置将按照所输入的值进行偏置，偏置 12.70000 正值将按正 Y 轴方向设置偏置方向，而负值将按负 Y 轴方向设置偏置方向。【反向偏置】可使偏置的正方向或负方向反向。

在尺寸工具条上，单击水平基线按钮。如果要设置与默认值不同的竖直偏置，单击鼠标右键，选择【偏置】命令，然后在基线偏置框中输入值。选择第一个端点，该点为公共基线。选择后续端点，直到选取了所有端点为止。如有必要，可右键单击尺寸并选择反向偏置。将基线尺寸拖动到所需位置，单击鼠标左键放置水平基线尺寸。如图 4-41 所示。

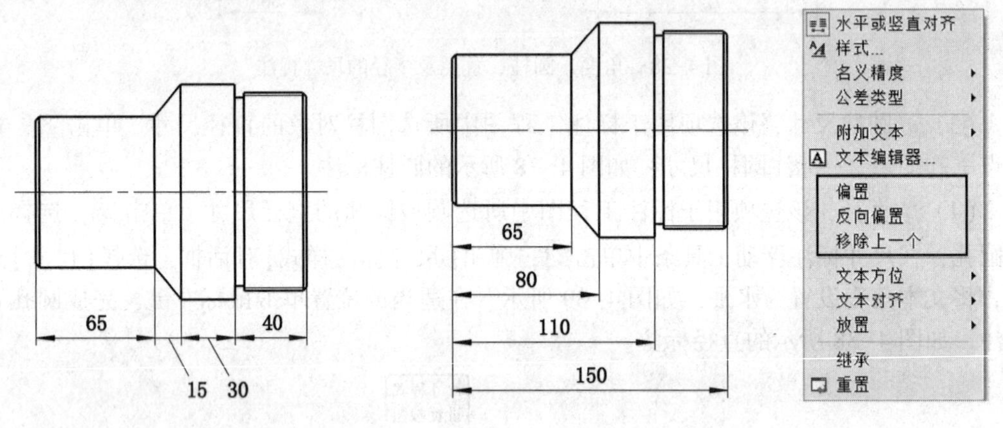

图 4-40　水平方向尺寸链　　　　图 4-41　水平基线尺寸链

（9）垂直基线标注，用来在工程图中生成一个垂直方向（YC 轴方向）尺寸系列，该尺寸系列分享同一条基线。操作方法同水平基线标注。

2. 尺寸公差标注

单击要标注的尺寸类型按钮，在浮动尺寸工具条上将尺寸值选成具有上下偏差的形式，设置基本尺寸精度为 0，公差精度为 3，单击公差值按钮，弹出上、下偏差输入框，在框内输入相应的偏差值。选择尺寸的两个端点，拖动鼠标，在适当的位置单击放置尺寸线，完成带有公差的尺寸标注。如图 4-42 所示。

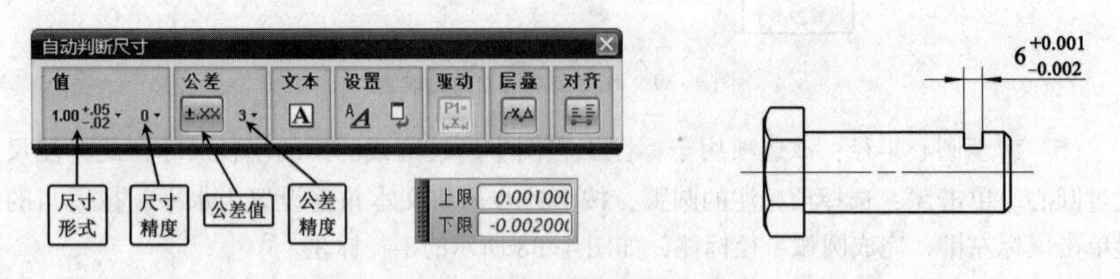

图 4-42　尺寸公差的标注

在已有的尺寸上，单击鼠标右键，选择【编辑】，将弹出尺寸编辑工具条，该工具条与【尺寸标注】浮动工具条类似，按上述方法调整尺寸类型和精度，即可完成带有公差的尺寸标注。

3. 添加尺寸附加文本

尺寸附加文本用于在选定的尺寸上添加上、下、左、右附加文本。在图 4-43 中，标注螺纹尺寸时，点击，选择圆柱的两个端点，在尺寸浮动工具条上单击【文本编辑器】命令按钮，如图 4-44 所示，在弹出的【文本编辑器】对话框中，在【附加文本】栏，选择文本放在尺寸前按钮，在文本输入处输入字母 M，选择文本放在尺寸后按钮，在文本输入处输入<#A>1（<#A>为×的代码），然后在尺寸浮动工具条上点击【尺寸标注样式】按钮，在弹出的【尺寸标注样式】对话框中，调整附加文本的参数，此处注意将间距因子输入为 0.1，使尺寸与附加文本接近。在适当的位置单击放置尺寸标注。退刀槽与公差代码的标注与此类似。

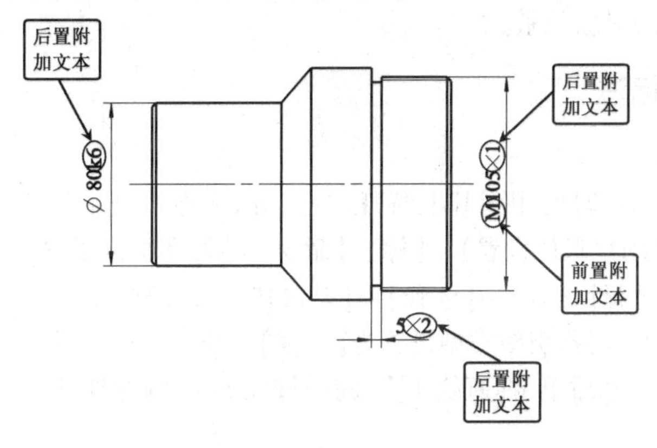

图 4-43　附加文本的标注

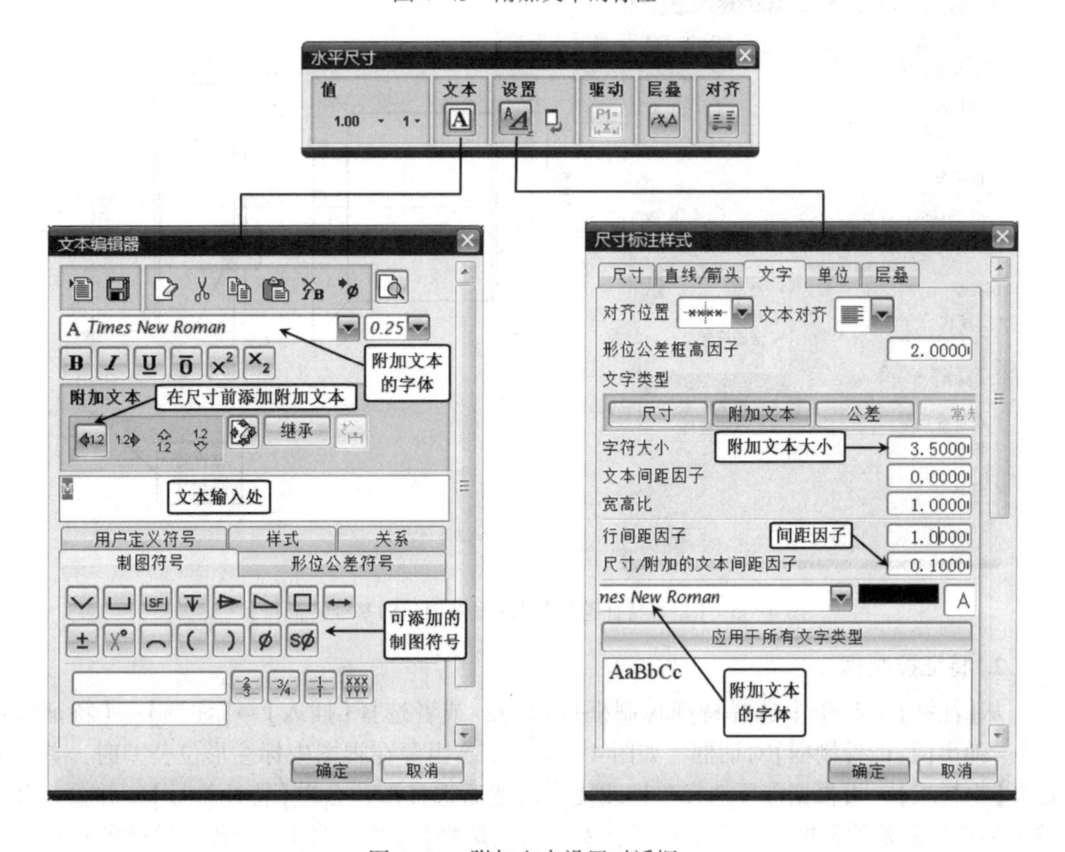

图 4-44　附加文本设置对话框

已标注的尺寸添加附加文本时，选择该尺寸，单击鼠标右键，选择【编辑附加文本】命令，即可对该尺寸添加或编辑已有附加文本。

4. 尺寸标注的修改方法

如果要修改已存在的标注尺寸时，先要在视图中选择要修改的尺寸，所选择的尺寸会在视图中高亮显示，单击鼠标右键，在弹出的快捷菜单中选择相应的命令进行编辑操作。如果仅要移动尺寸标注的位置，则可单击该尺寸，并拖动其到理想的位置。

至于尺寸的数值，由于它直接关联到对象三维模型，一般不应在工程图中进行修改。但如果确实需要修改某些尺寸数值，则要到【注释编辑器】中选择尺寸文本再进行修改，这样将破坏尺寸与模型间的对应关系。

二、形位公差标注

1. 基准特征符号

标注形位公差时，有时要用到基准特征符号，以便在图纸上指明基准特征。单击【文件】→【实用工具】→【用户默认设置】→【标准】命令，将制图标准设置为 ISO。在注释工具条上单击按钮，或者选择【插入】→【注释】→【基准特征符号】命令，弹出【基准特征符号】对话框，如图 4-45 所示。将指引线类型设置为【基准】，将箭头样式设置为【填充基准】。单击【选择终止对象】命令，然后单击【直线 1】，同时按住 Shift 键并拖动，定位基准指引线和基准延伸线。

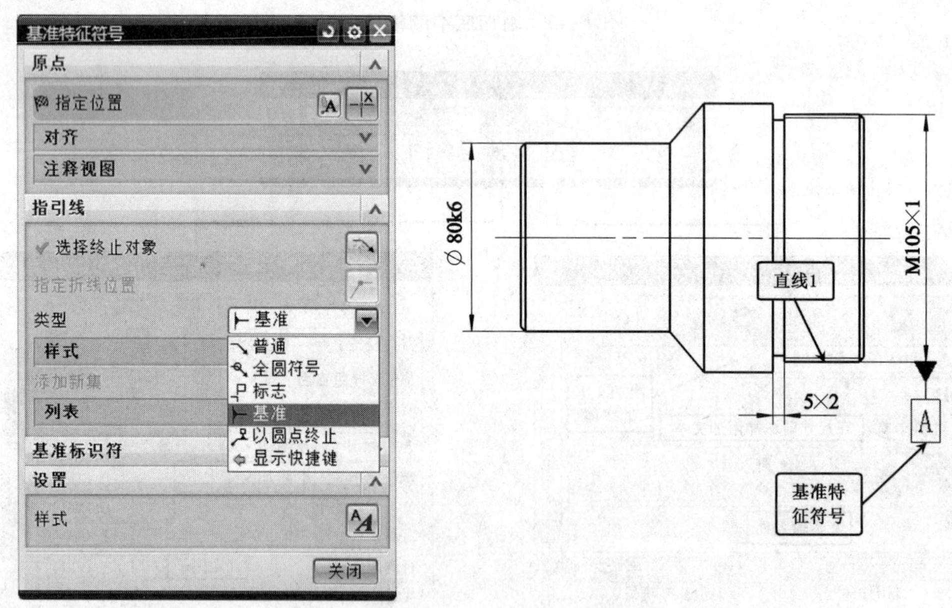

图 4-45 【基准特征符号】对话框及创建的基准特征符号

2. 特征控制框

从【注释】工具条中选择特征控制框按钮，或者选择【插入】→【注释】→【特征控制框】。弹出【特征控制框】对话框，如图 4-46 所示。当要在视图中标注形位公差时，首先要选择【框样式】，可根据需要选择单框或复合。然后选择形位公差【特性符号】，并输入公差数值和选择公差的标准。如果是位置公差，还应选择【基准参考】。设置后的公差框会在窗口中显示，然后选择【指引线终止对象】，确定特征控制框的放置位置。

如果要编辑已存在的形位公差，可在视图中直接选取要编辑的形位公差。所选形位公差在视图中会高亮显示，单击鼠标右键，选择【编辑】命令进行编辑修改。

下面以圆度和同轴度为例讲解形位公差的标注方法，如图 4-46 所示。

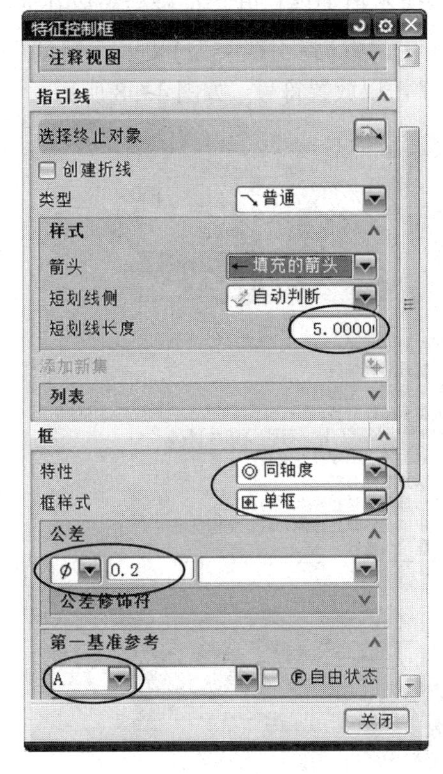

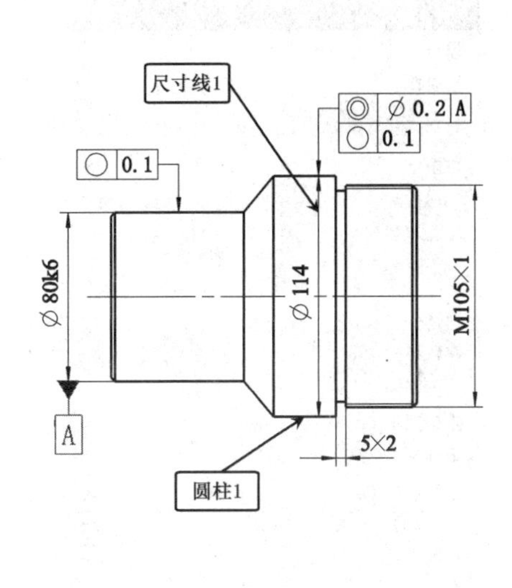

图 4-46 【特征控制框】对话框及形位公差标注

（1）同轴度。点击，选择形位公差【特性】为同轴度，【框样式】选择单框，将【短划线长度】设为 5，将【公差】形状设置为直径 ϕ，输入公差值为 0.2。将【第一基准参考】设置为 A，点击，选择尺寸线 1 作为终止对象，拖按鼠标到适当位置单击，完成同轴度公差创建。

（2）圆度。点击，选择形位公差【特性】为圆度，【框样式】选择单框，将【短划线长度】设为 5，将【公差】形状设置为无，输入公差值为 0.1。点击，选择圆柱 1 作为终止对象，拖按鼠标到适当位置单击，完成圆度公差创建。

也可将圆度特征控制框与同轴度控制框组合到一起。在创建圆度特征控制框时，不选择终止对象，将鼠标移动到同轴度下方，当出现虚线组合框时，点击鼠标即可。

三、粗糙度的标注

在菜单栏中单击【插入】→【注释】→【表面粗糙度符号】命令，打开【表面粗糙度符号】对话框，如图 4-47 所示，该命令可创建符合不同标准的表面粗糙度符号。表面粗糙度符号可以与模型几何体关联或不关联，可以与线性几何体相关联，如边、轮廓线和截面边等，也可以与尺寸和中心线关联。表面粗糙度符号可以带有或不带有指引线。

1. 创建与表面关联的表面粗糙度符号

在【制图】应用模块的【注释】工具条上单击，或单击【插入】→【注释】→【表面粗糙度符号】命令。在【指引线】组中，将【类型】设置为标志。在【属性】中，将【材料移除】设为需要移除材料，下部文本（a2）设为Ra1.6。单击表面1并拖动，再次单击以放置符号。放置符号之前，要单击并拖动符号，这一点很重要。如果单击但不拖动就松开，符号会被放在光标处。重复前面的步骤将表面粗糙度符号放在倒斜角边2上。将【指引线类型】更改为普通，并将箭头样式更改为填充的箭头。单击表面3并拖动，单击以放置符号。如图4-48所示。

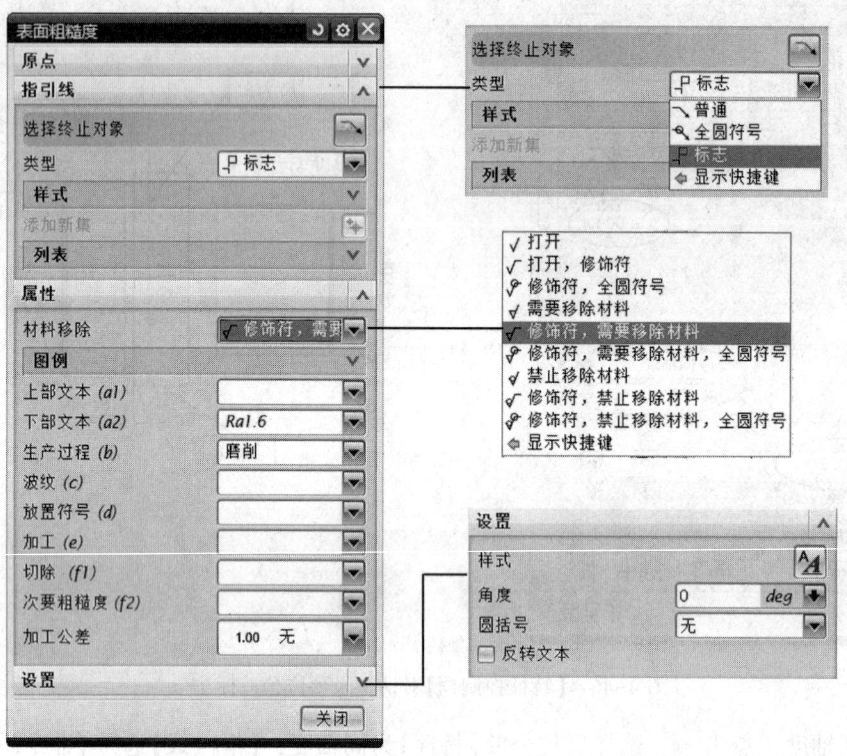

图4-47 【表面粗糙度】对话框

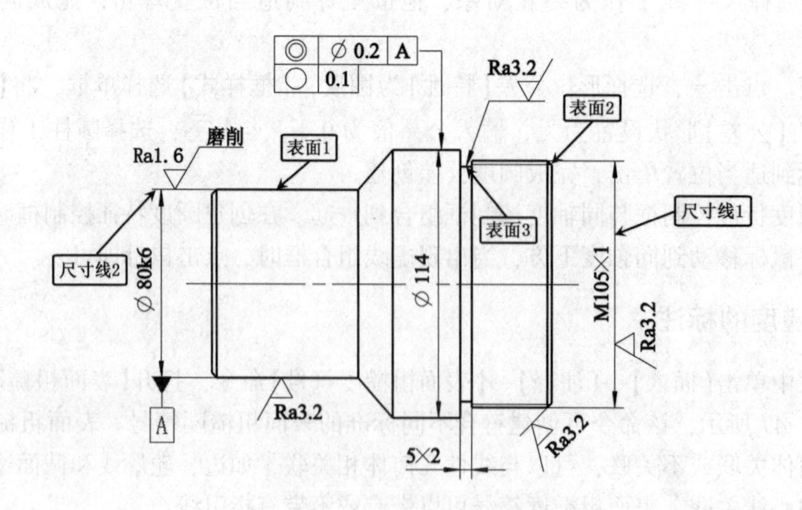

图4-48 标注的表面粗糙度

2. 创建与尺寸线和中心线关联的表面粗糙度符号

在【制图】应用模块的注释工具条上单击√，或单击【插入】→【注释】→【表面粗糙度符号】命令。在【指引线】组中，将【类型】设置为标志。在【属性】中，下部文本（a2）设为Ra3.2。单击尺寸线1并拖动，将自动调整符号和文字的方向，单击以放置符号。在【属性】组中进行以下设置：材料移除设为修饰符，需要移除材料。下部文本（a2）设为Ra1.6，生产过程（b）设为磨削。单击尺寸线2的延长线并拖动，单击以放置符号。如图4-48所示。

四、创建注释和标签

使用【注释】命令A对话框可创建和编辑注释及标签。注释由文本组成，标签由文本以及一条或多条指引线组成。

1. 创建注释

单击A按钮，弹出【注释】对话框，如图4-49所示。在【文本输入】框中键入所需的文本。在【符号】栏中选择所需的符号。文本将显示在文本框中以及图形窗口中的光标处。将光标移动至所需位置并单击以放置注释，如图4-50所示。

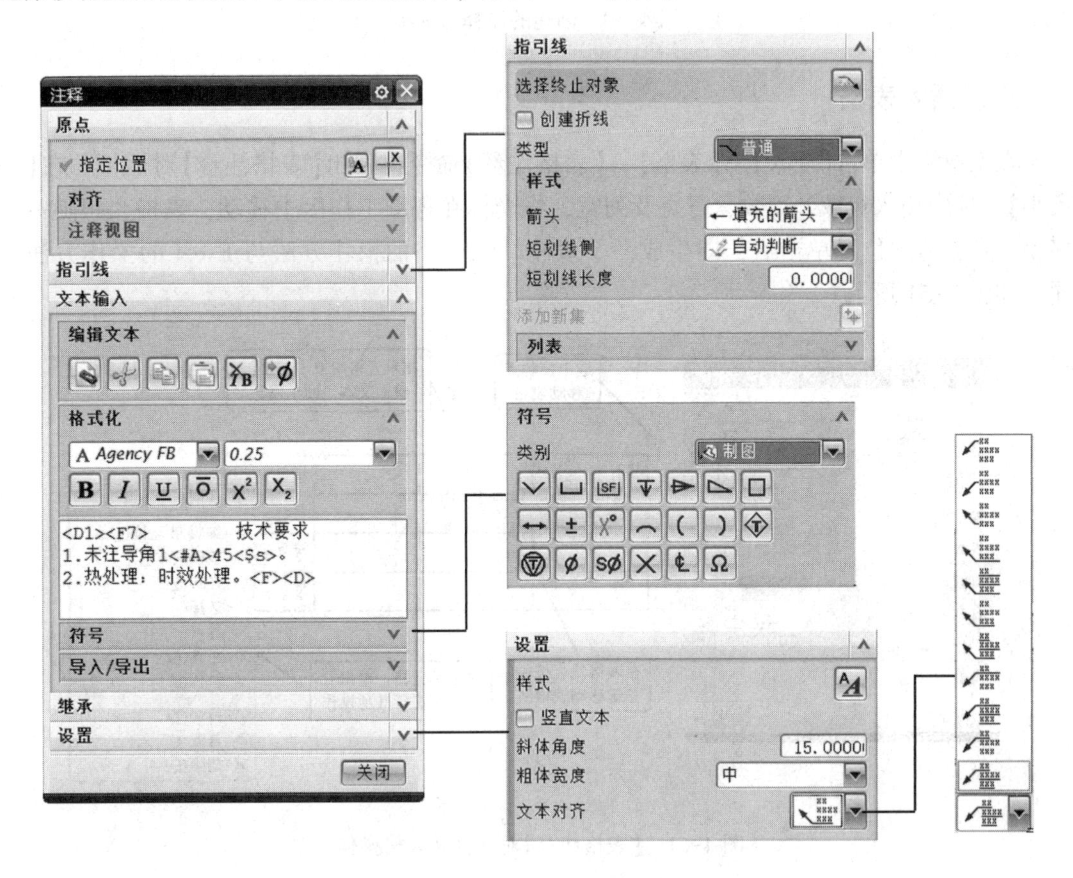

图4-49 【注释】对话框

2. 创建标签

单击A按钮，弹出【注释】对话框。在【文本输入】框中键入 4×ϕ6。在【指引线】选项单击按钮，将光标置于几何体上，单击圆弧并拖动以创建指引线，在【设置】栏中将文本对齐方式设置为。再次单击，将标签置于图纸上。如图 4-50 所示。

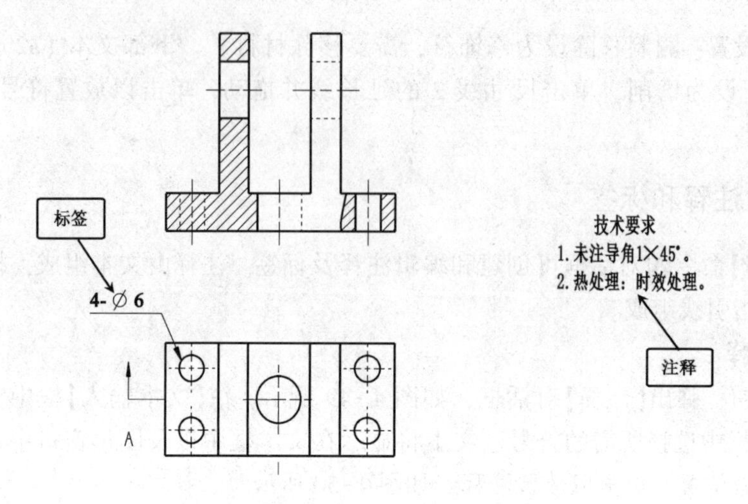

图 4-50　创建的注释与标签

五、插入表格

在菜单栏中单击【插入】→【表格】→【表格注释】命令，弹出【表格注释】对话框，在【表大小】选项中输入行数、列数、行宽及列宽，将光标在视图工作区中移动，表格会跟随一起移动，在合适的位置单击后，即生成一个表格。该表格的操作方法与 Excel 的操作方法相同，如图 4-51 所示。

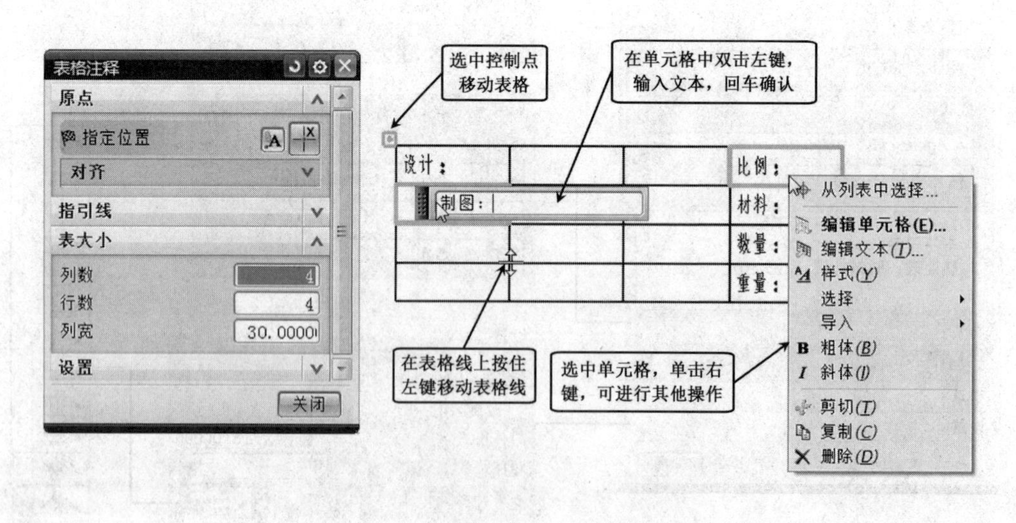

图 4-51　【表格注释】对话框及表格操作

第四节 绘制工程图实例

齿轮工程图如图 4-52 所示。

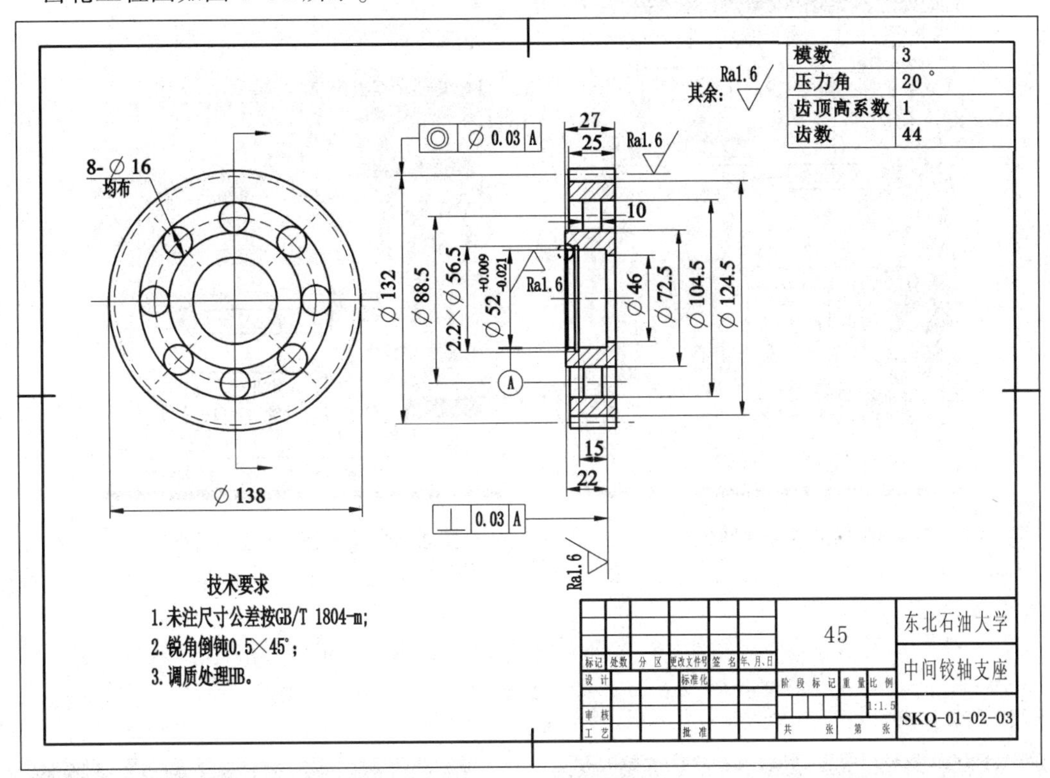

图 4-52 齿轮工程图

一、创建工程图

打开第三章创建的齿轮文件 SKQ-01-02-03，单击【开始】→【制图】命令进入制图模块，取消【视图创建向导】。单击新建图纸页按钮，新建一张大小为 A4，比例为 1∶2，投影方式为第一象限角投影的图纸页。如图 4-53 所示。

二、设置制图【首选项】

(1) 单击【首选项】→【可视化】→【颜色/线型】，将【图纸部件设置】选项的【背景】设置为白色。如图 4-54 所示。

(2) 选择菜单命令【首选项】，单击【注释】按钮，设置【注释首选项】对话框。按图 4-55、图 4-56 所示设置注释字体及大小，设置箭头长短及角度。尺寸、附加文本及公差的字体均设为 *Time New Roman*，常规的字体设为宋体。后续的标注将按此设置参数进行。

三、添加视图

(1) 添加基本视图。单击添加基本视图按钮，将【模型视图】选为前视图，然后在图纸的合适位置单击放置该前视图为基本视图，如图 4-57 所示。

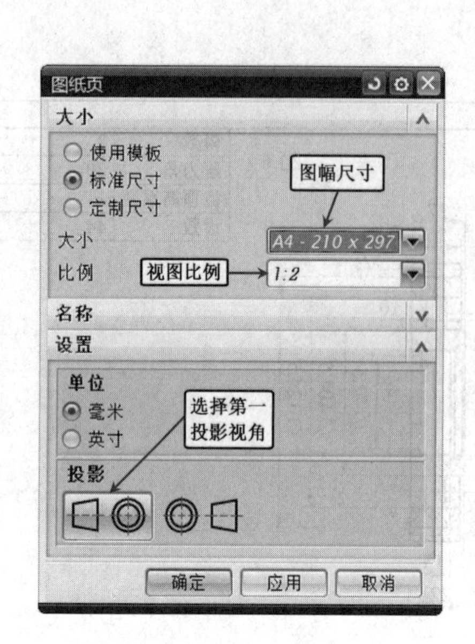

图 4-53 新建图纸页

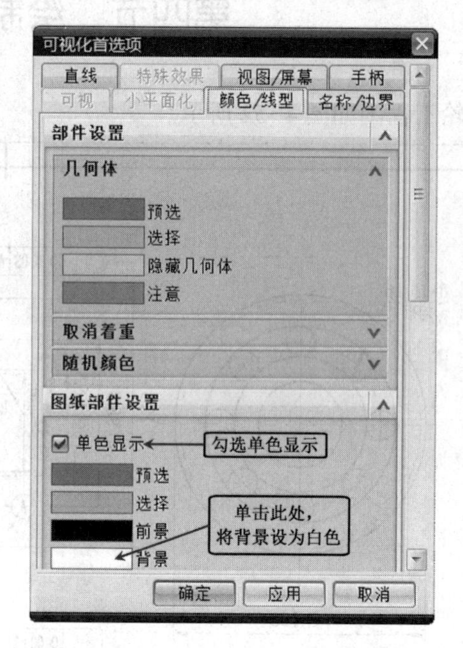

图 4-54 【可视化首选项】设置

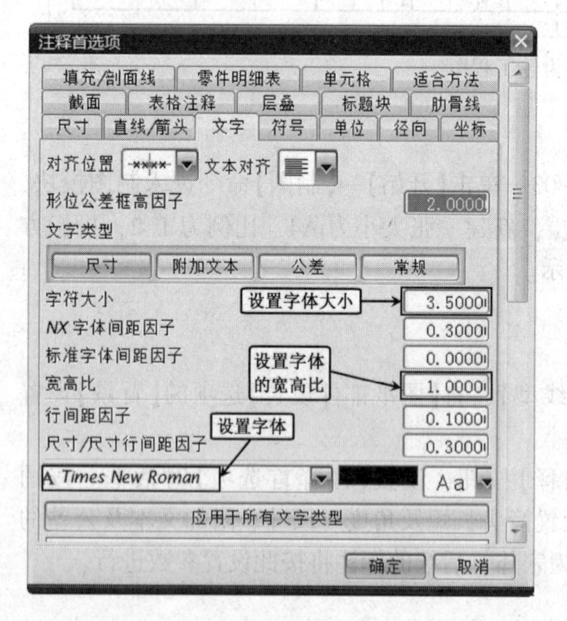

图 4-55 设置注释字体及大小

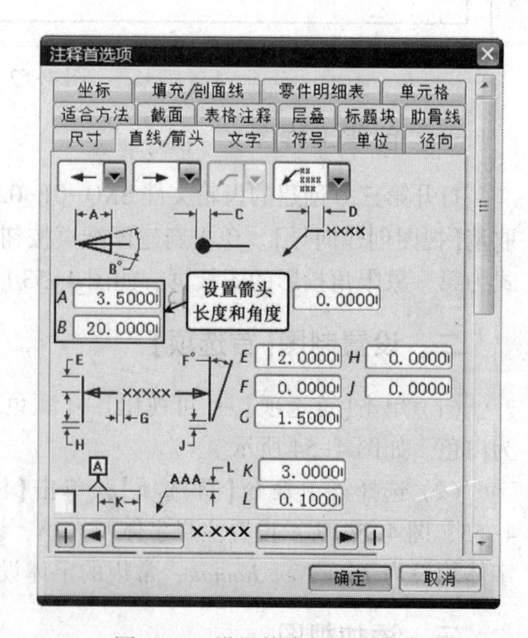

图 4-56 设置箭头长度和角度

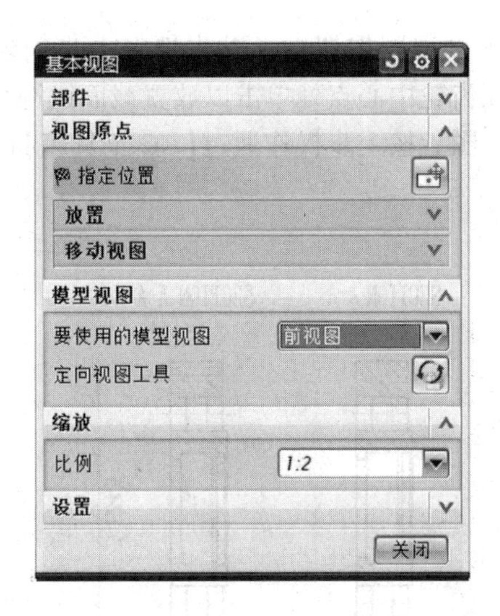

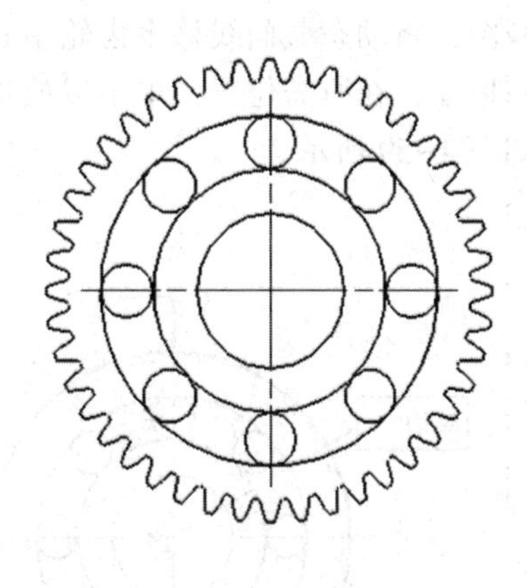

图 4-57　添加齿轮基本视图

（2）上图添加的齿轮视图不符合我国制图简化画法的要求，在 UG NX 8.0 中新增了【GC 工具箱】功能，其中包括了创建齿轮模型及齿轮的简化画法。在菜单栏中单击【GC 工具箱】→【齿轮】→【齿轮简化】，打开【齿轮简化】对话框，如图 4-58 所示。按照提示栏的提示选择建模时已命名的齿轮 gear，然后单击已添加的齿轮前视图，单击【确定】，生成齿轮的简化图。

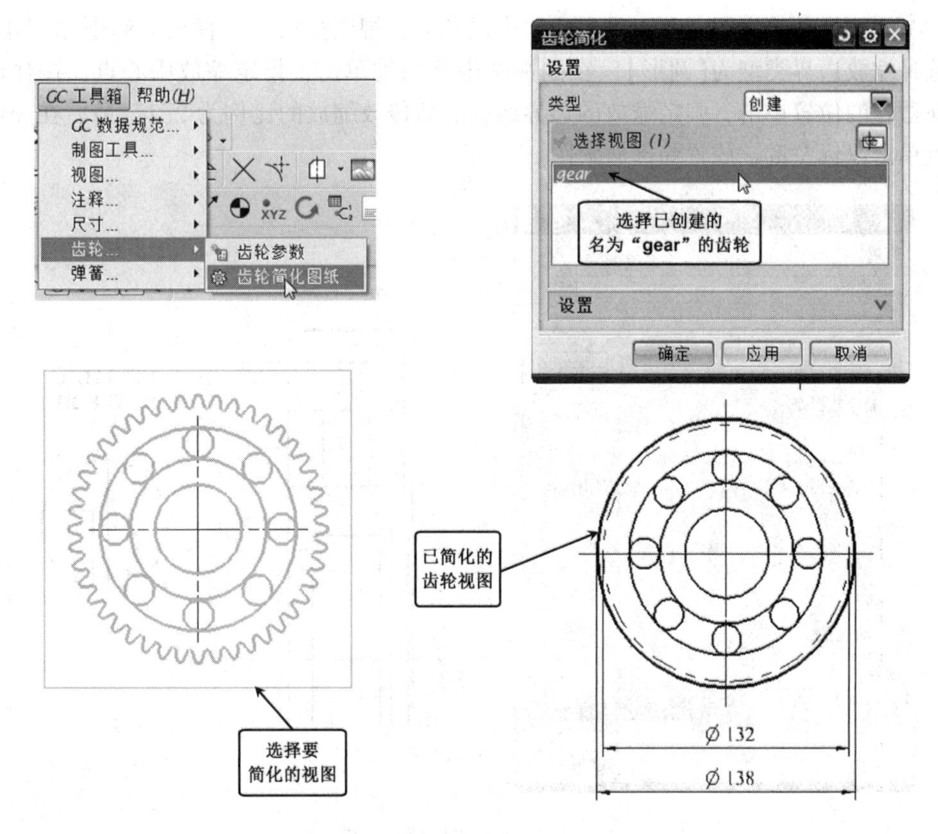

图 4-58　齿轮简化画法

（3）添加全剖视图。在图纸工具条上，单击剖视图按钮，首先选择上步创建的前视图作为父视图，将动态截面线移至齿轮中心，在齿轮中心点处单击以放置截面线符号，然后将光标向右拖动，在所需位置，单击以放置剖视图。按上步操作通过【GC 工具箱】简化齿轮剖视图。如图 4-59 所示。

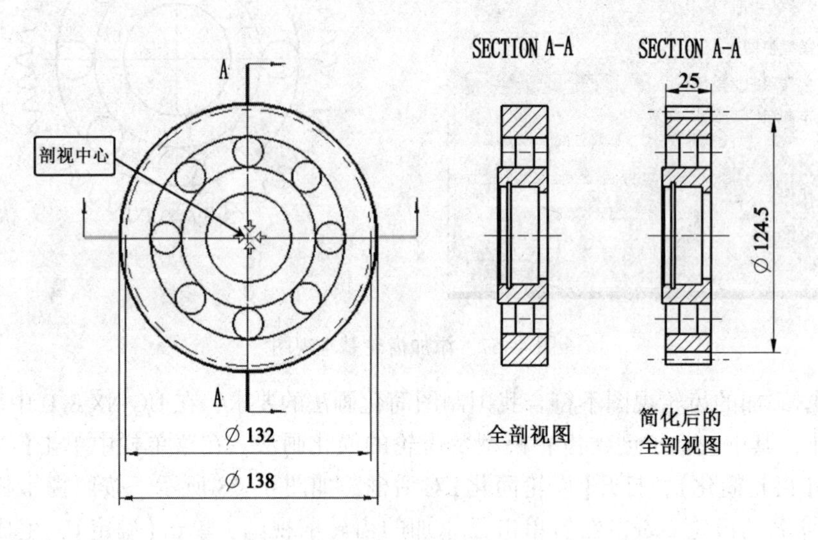

图 4-59　添加齿轮全剖视图、简化齿轮全部视图

（4）添加局部放大图。在工具栏中单击局部放大视图按钮，弹出对话框如图 4-60 所示。选择缩放边界类型为【圆形】，在剖视图中倒角处单击，指定缩放中心点，按住鼠标拖动，在适合的位置单击，确定缩放的边界线，然后修改缩放的比例为 2 :1，最后在图纸页适当位置单击鼠标左键，放置局部放大图。

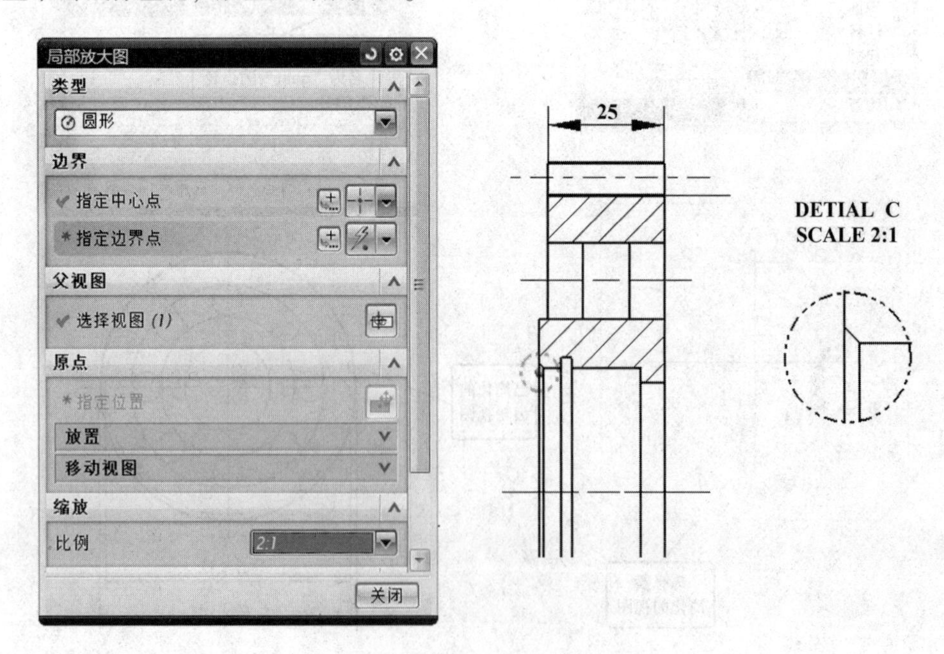

图 4-60　添加局部放大图

(5) 编辑视图标签。在视图标签处单击鼠标右键，选择【编辑视图标签】命令，单击将对话框中【视图标签】选项前的对勾去除，在图纸页中将不显示视图标签，也可在该对话框中设置视图标签的其他内容，如图 4-61 所示。按上述步骤去除剖视图的标签。

(6) 添加中心线。在工具栏上单击【中心线】标注下拉列表框中的【螺栓圆】命令按钮，依次选择圆孔的中心点，添加螺栓圆中心线，如图 4-62 所示。

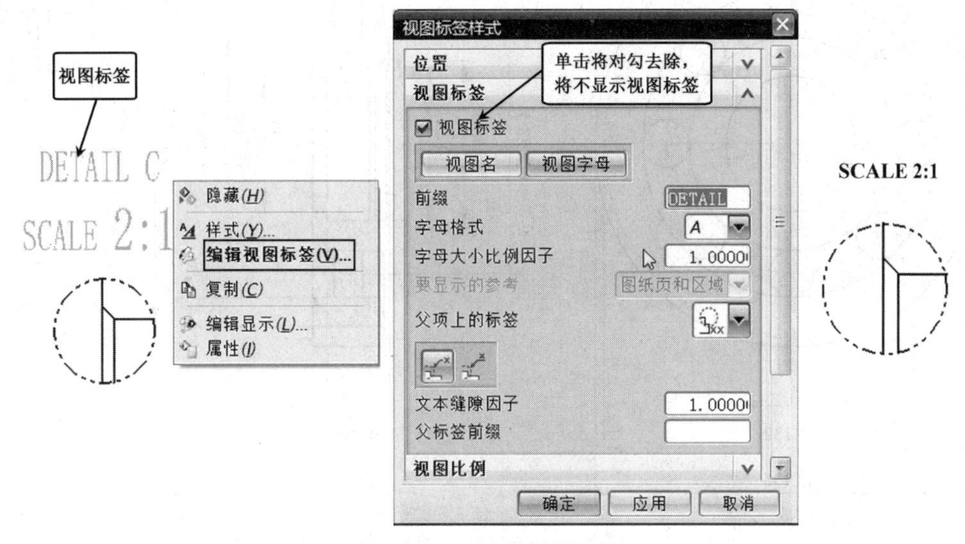

图 4-61　编辑视图标签

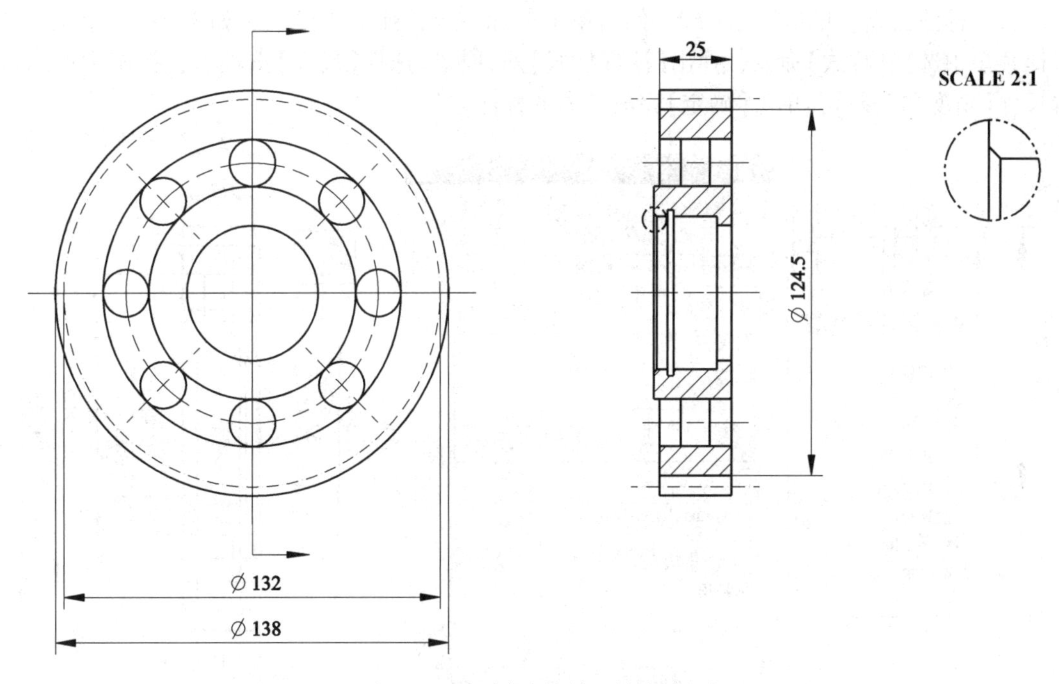

图 4-62　完成视图添加后的图纸页

四、添加注释

1. 添加尺寸注释

(1) 单击自动判断的按钮，添加水平尺寸。

（2）单击按钮，标注圆柱尺寸。如图 4-63 所示。

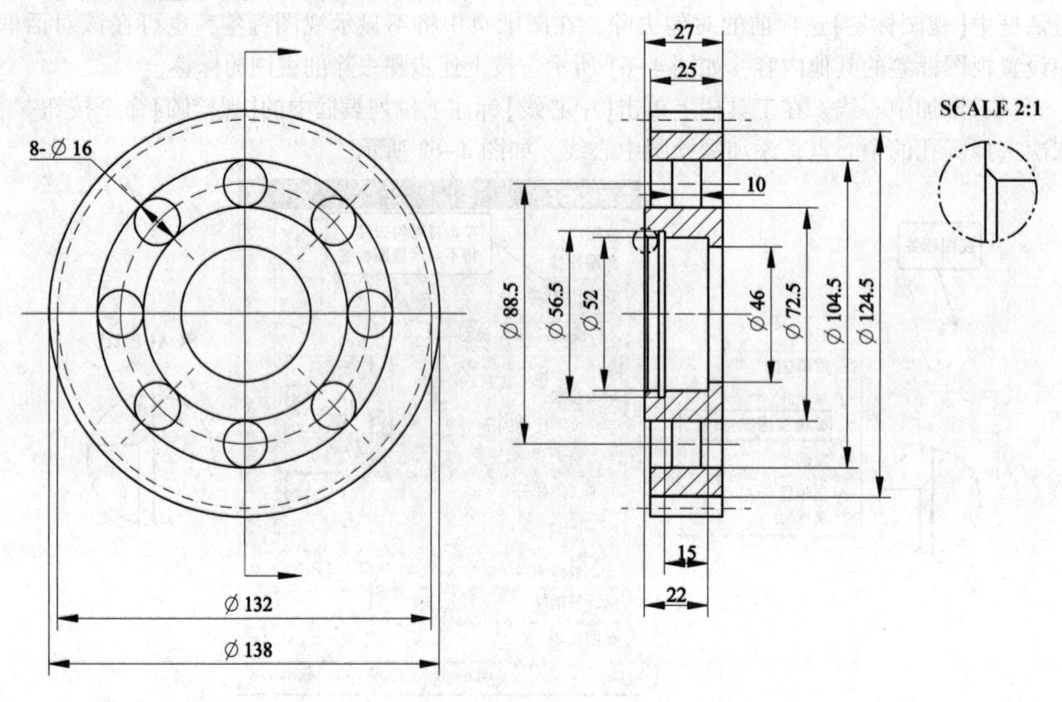

图 4-63　添加水平尺寸和圆柱尺寸注释

（3）标注公差。单击尺寸 $\phi52$，然后单击鼠标右键，弹出快捷菜单如图 4-64 所示。在快捷菜单中选择【样式】命令，弹出【注释样式】对话框，选择【尺寸】选项卡，按图中所示设置尺寸【精度和公差】，单击【确定】完成公差的标注。

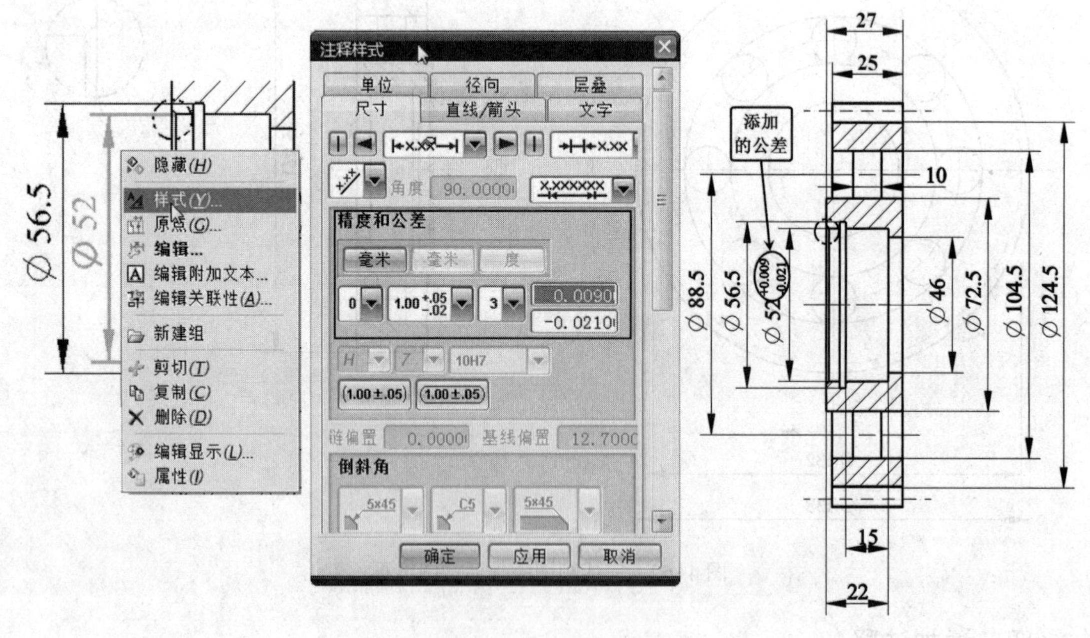

图 4-64　添加尺寸公差

（4）添加附加文本。单击尺寸 $\phi56.5$，然后单击鼠标右键，弹出快捷菜单如图 4-64 所示。在快捷菜单中选择【编辑附加文本】命令，弹出【文本编辑器】对话框，选择在尺寸前添加附加文本按钮，在文本输入框内输入 2. 2<#A>，单击【确定】完成附加文本的添加，如图 4-65 所示。

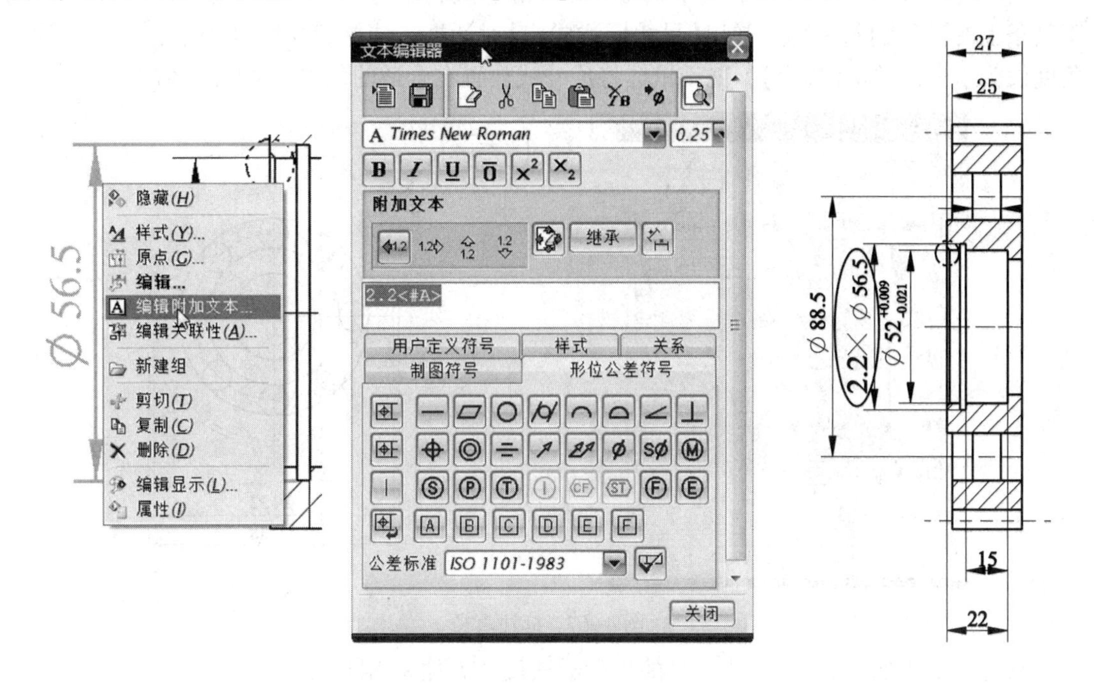

图 4-65　添加附加文本

图中添加的附加文本的尺寸偏大，距主尺寸的距离较远，此时单击该尺寸，单击鼠标右键，弹出快捷菜单，在快捷菜单中选择【样式】命令，打开【注释样式】设置对话框，如图 4-66所示，选择【附加文本】选项卡，按图设置附加文本的大小和与主尺寸的距离。

（5）标注导角。在【尺寸标注】下拉列表中选择导斜角命令，单击该按钮，然后用鼠标单击预标注的斜角进行标注。

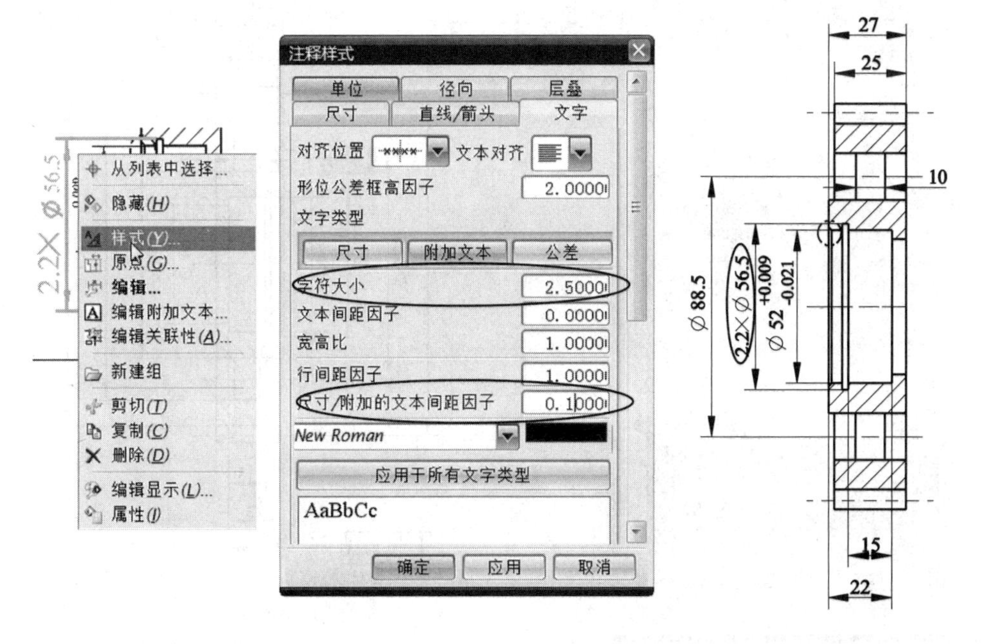

图 4-66　修改附加文本的样式

(6) 标注直径。在【尺寸标注】工具条上单击按钮，选择预标注直径的圆，单击浮动工具条上的【样式】按钮，弹出【尺寸标注样式】对话框，选择【尺寸】选项卡，将文本放置角度设为水平，单击【确定】，拖动鼠标将尺寸线放置在合适的位置，如图 4-67 所示。

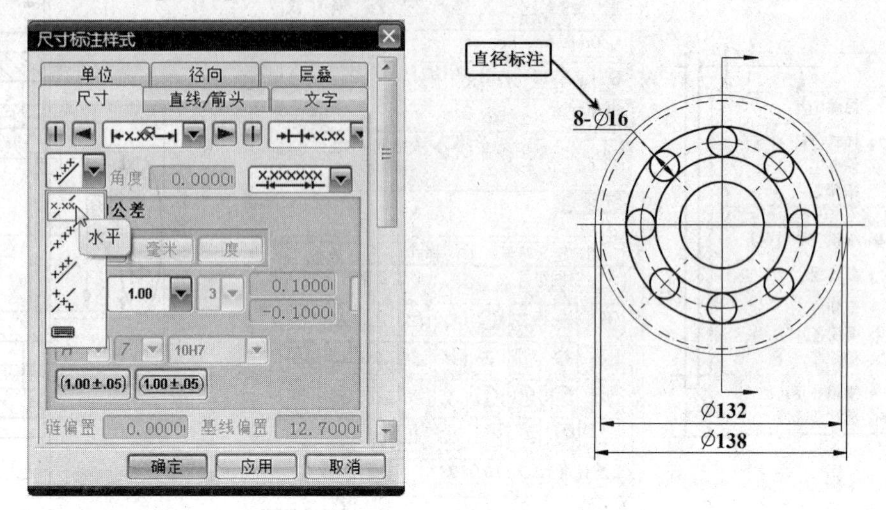

图 4-67　标注直径

给该尺寸添加附加文本。按(4)的步骤给该尺寸添加 8-附加文本。

2. 添加形位公差

(1) 添加基准。在注释工具条上，单击按钮，弹出【基准特征符号】对话框，将指引线类型设置为【基准】，将箭头样式设置为【填充基准】。单击【选择终止对象】命令，然后单击 ϕ52 孔的尺寸线，向下拖动，单击鼠标左键放置基准。如图 4-68 所示。

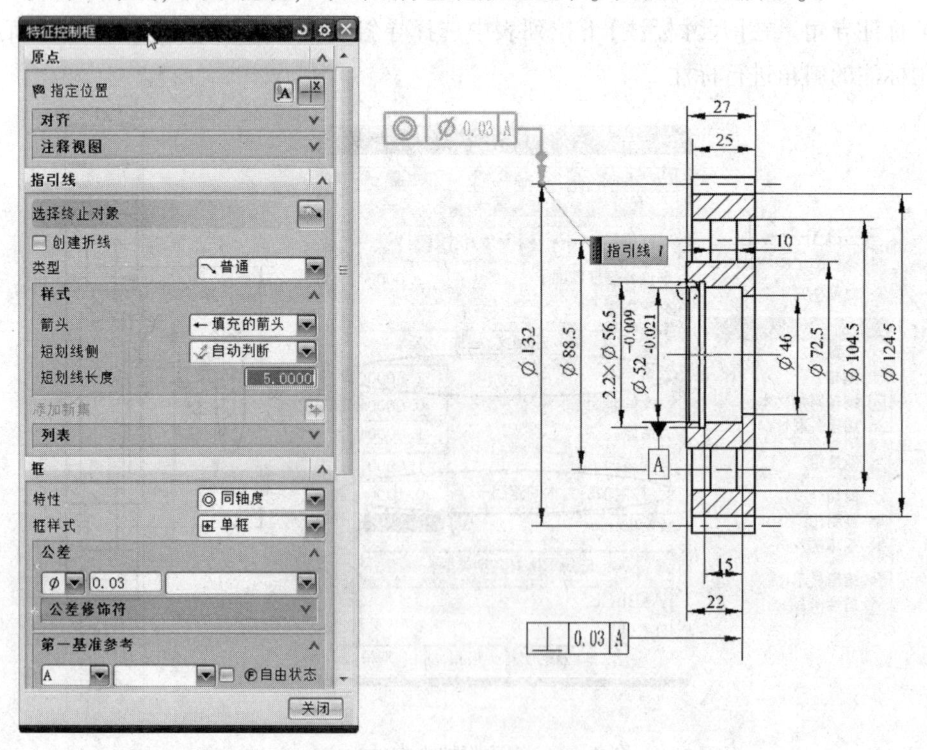

图 4-68　添加形位公差

(2) 添加形位公差。从【注释】工具条中选择特征控制框按钮，或者选择【插入】→【注释】→【特征控制框】。弹出【特征控制框】对话框，如图 4-68 所示。选择形位公差【特性符号】为【同轴度】，【框样式】选择单框，将短划线长度设为 5，将公差形状设置为【直径 ϕ】，输入公差值为 0.03。将【第一基准参考】设置为 A，点击，选择 ϕ132 尺寸线端点作为终止对象，拖按鼠标到适当位置单击，完成同轴度公差创建。按上述步骤添加垂直度公差。形位公差符号的大小可通过【样式】中的【常规文字】进行设置。

3. 添加表面粗糙度

在【制图】应用模块的【注释】工具条上单击，在【指引线】组中，将类型设置为标志。在【属性】中，将【材料移除】设为需要移除材料，下部文本（a2）设为 Ra1.6。单击【选择终止对象按钮】，选择预标注的表面或尺寸线，拖动鼠标，在合适的位置再次单击以放置符号，如图 4-69 所示。粗糙度符号的大小可通过【样式】中的【常规文字】进行设置。

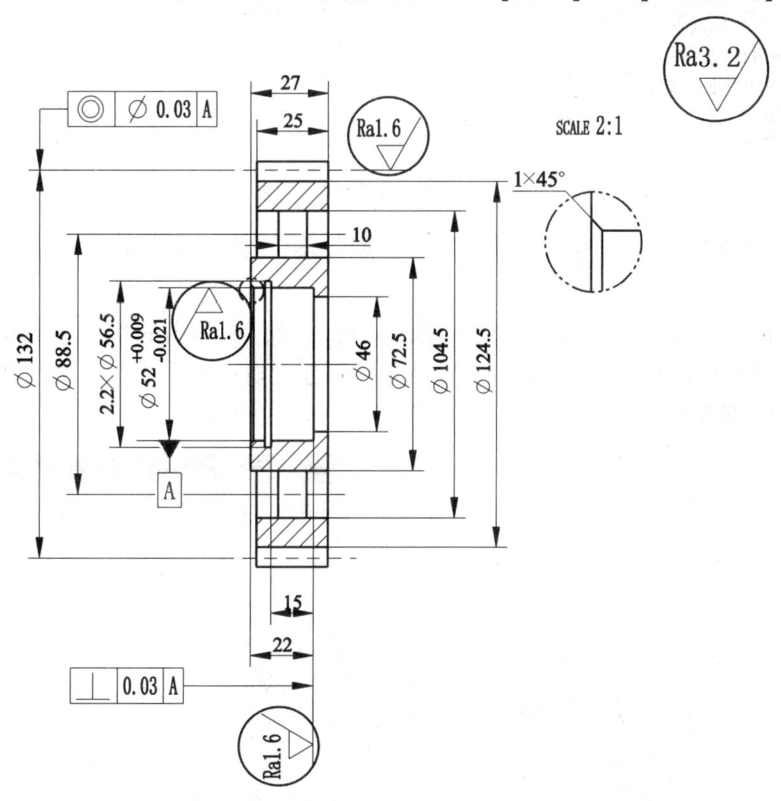

图 4-69 添加表面粗糙度符号

4. 添加文本注释

单击按钮，弹出【注释】对话框。在【文本输入】框中键入所需的文本。在【符号】栏中选择所需的符号。文本将显示在文本框中以及图形窗口中的光标处。将光标移动至所需位置并单击以放置注释，如图 4-70 所示。

5. 添加表格注释

齿轮参数表可以通过表格的方式生成，在菜单栏中单击【插入】→【表格】→【表格注释】命令，弹出【表格注释】对话框，在【表大小】选项中输入行数、列数、行宽及列宽，在表格内双击输入文字。该表格的操作方法与 Excel 的操作方法相同。齿轮参数表也可以通过【GC

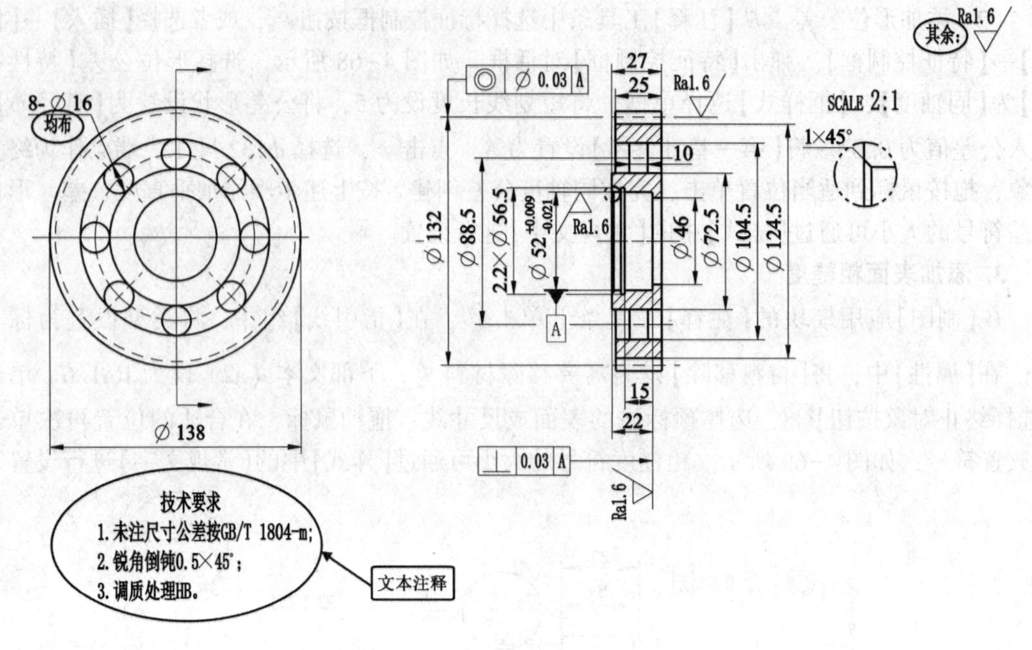

图 4-70　添加文本注释

工具箱】→【齿轮】→【齿轮参数】命令生成，删除不需要的行与列即可得到图示的齿轮参数表。

插入表格绘制标题栏，选择表格，单击鼠标右键，在弹出的快捷菜单中选择【样式】，打开表格【注释样式对话框】，如图 4-71 所示，可在此对话框中修改表格内文字的字体、大小、表格边框等参数，最后形成的齿轮工程图如图 4-52 所示。

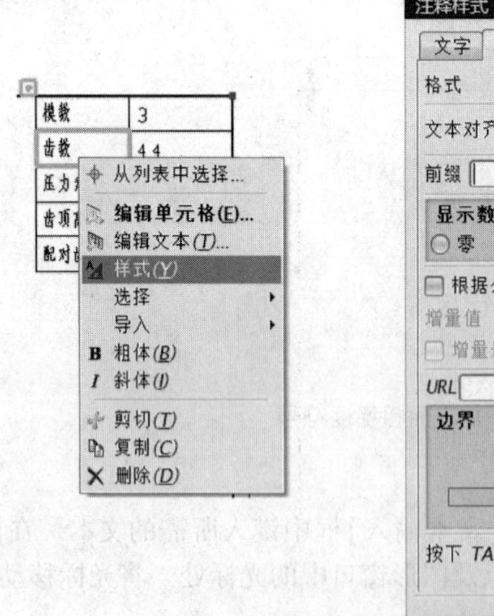

图 4-71　表格【注释样式】对话框

第五章　装配设计

第一节　装配概述

UG NX 8.0 装配过程是在装配中建立部件之间的链接关系，它通过关联条件在部件间建立约束关系来确定部件在产品中的位置。在装配过程中，部件的几何体被装配体所引用，而不是复制到装配体中。无论在何处编辑部件或是如何编辑部件，整个装配部件都要保持关联性，如果修改某部件，引用它的装配部件则会自动更新，反应部件的最新变化。

一、装配的概念

UG NX 8.0 装配模块不仅能快速组合零部件成为产品，而且在装配中，可参照其他部件进行部件关联设计，并可对装配模型进行间隙分析、质量管理等操作。装配模型生成后，可建立爆炸视图，并可将其引入到装配工程图中；同时，在装配工程图中可自动产生装配明细表，并能对轴测图进行局部挖切。

在 UG NX 8.0 中进行装配操作，首先要进入装配界面。在打开软件之后，可通过新建装配文件，或者打开装配文件，还可以在当前建模环境中调出【装配】工具栏，进入装配环境进行关联设计，装配环境如图 5-1 所示。

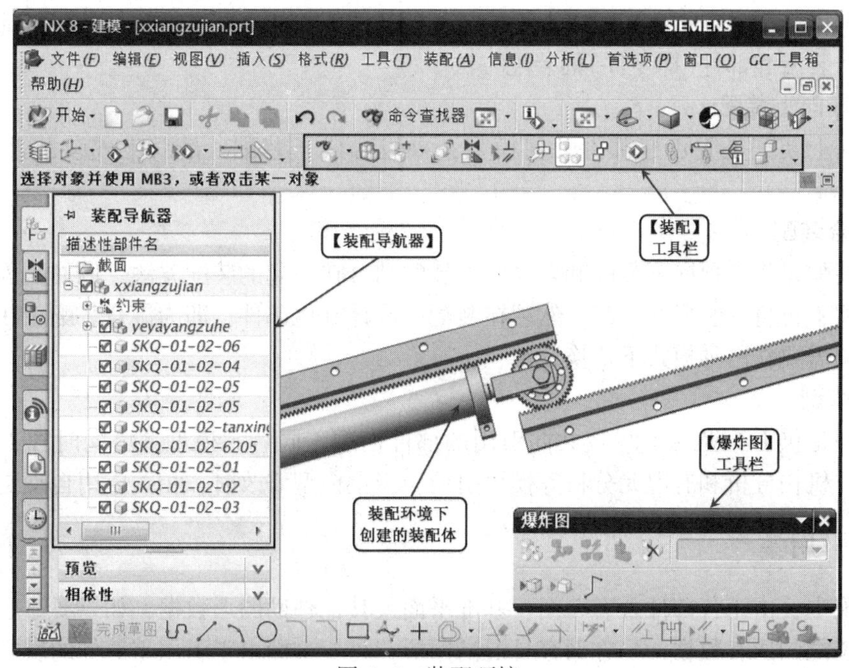

图 5-1　装配环境

利用该界面中的【装配】工具栏中的各个工具即可进行相关的装配操作，也可以通过【装配】下拉菜单中的相应选项来实现同样的操作。该工具栏中最常用的按钮的功能和使用方法将在下面的章节中详细讲解。

二、装配术语

1. 装配部件

装配部件是由零件和子装配构成的部件。在 UG NX 8.0 中允许向任何一个 Part 文件中添加部件构成装配，因此任何一个 Part 文件都可以作为装配部件。在 UG NX 8.0 中，零件和部件不必严格区分。需要注意的是，当存储一个装配体时，各部件的实际几何数据并不是存储在装配部件文件中，而存储在相应的部件(即零件文件)中。

2. 子装配

子装配是在高一级装配中被用作组件的装配，子装配也拥有自己的组件。子装配是一个相对的概念，任何一个装配部件可在更高级装配中用作子装配。

3. 组件对象

组件对象是一个从装配部件链接到部件主模型的指针实体。一个组件对象记录的信息有：部件名称、层、颜色、线型、线宽、引用集和配对条件等。

4. 组件

组件是装配中由组件对象所指的部件文件。组件可以是单个部件(即零件)也可以是一个子装配。组件由装配部件引用而不是复制到装配部件中。

5. 单个零件

单个零件是指在装配外存在的零件几何模型，它可以添加到一个装配中去，但它自身不含有下级组件。

6. 自顶向下装配

自顶向下装配，是指在装配级中创建与其他部件相关的部件模型，是在装配部件的顶级向下产生子装配和部件(即零件)的装配方法。

7. 自底向上装配

自底向上装配是先创建部件几何模型，再组合成子装配，最后生成装配部件的装配方法。

8. 混合装配

混合装配是将自顶向下装配和自底向上装配结合在一起的装配方法。例如先创建几个主要部件模型，再将其装配在一起，然后在装配中设计其他部件，即为混合装配。在实际设计中，可根据需要在两种模式下切换。

9. 主模型

主模型是供 UG NX 8.0 模块共同引用的部件模型。同一主模型，可同时被工程图、装配、加工、机构分析和有限元分析等模块引用，当主模型修改时，相关应用自动更新。

三、引用集

在装配中，由于各部件含有草图、基准平面及其他辅助图形数据，如果要显示装配中各部件和子装配的所有数据，一方面容易混淆图形，另一方面由于引用零部件的所有数据，需要占用大量内存，因此不利于装配工作的进行。通过引用集可以减少这类混淆，提高机器的运行速度。引用集有两种类型：由 UG NX 8.0 管理的自动引用集和用户定义的引用集。使用引用集的原因主要有两个：过滤组件部件中不需要的对象，以便它们不出现在装配中；用备选几何体或比完整实体简单的几何体来表示装配中的组件部件。出色的引用集管理策略可以缩短加载时间、减少内存的使用，可以使图形显示更加整齐。

1. 引用集的概念

引用集是用户在零部件中定义的部分几何对象，它代表相应的零部件参与装配。引用集可包含下列数据：零部件名称、原点、方向、几何体、坐标系、基准轴、基准平面和属性等。引用集一旦产生，就可以单独装配到部件中。一个零部件可以有多个引用集。

2. 缺省引用集

每个零部件有两个默认的引用集：

（1）整个部件，该缺省引用集表示整个部件，即引用部件的全部几何数据。在添加部件到装配体中时，如果不选择其他引用集，缺省是使用该引用集。

（2）空，该缺省引用集为空的引用集。空的引用集是不含任何几何对象的引用集，当部件以空的引用集形式添加到装配中时，在装配中看不到该部件。

如果部件几何对象不需要在装配模型中显示，可使用空的引用集，以提高显示速度。

3. 打开引用集对话框

要使用引用集管理装配数据，就必须首先创建引用集，并且指定引用集是部件或子装配，这是因为部件的引用集既可在部件中建立，也可在装配中建立。如果要在装配中为某部件建立引用集，应先使其成为工作部件，【引用集】对话框的列表框中将增加一个引用集名称。

操作步骤：在主菜单上选择【格式】→【引用集】菜单项，系统将打开引用集对话框，如图 5-2 所示。要创建引用集，可单击【添加新的引用集】按钮 ，然后在【引用集】文本框中输入名称并按回车键，其中引用集的名称不能超过 30 个字符且不允许有空格。

然后单击【选择对象】按钮 ，选择添加到引用集中的几何对象，在绘图区选取一个或多个几何对象，即可建立一个用所选对象表达该部件的引用集，如图 5-3 所示。

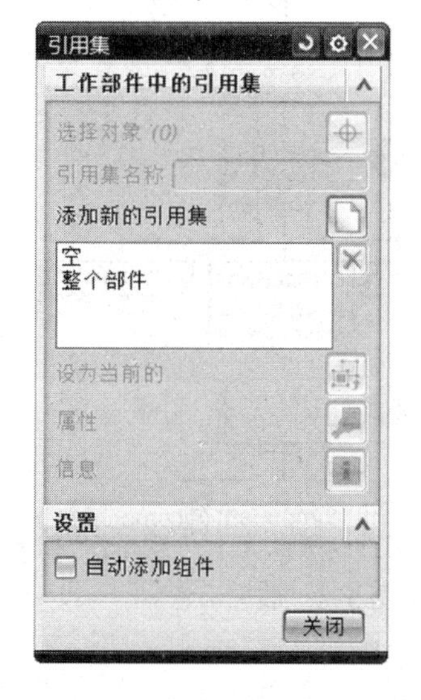

图 5-2 【引用集】对话框

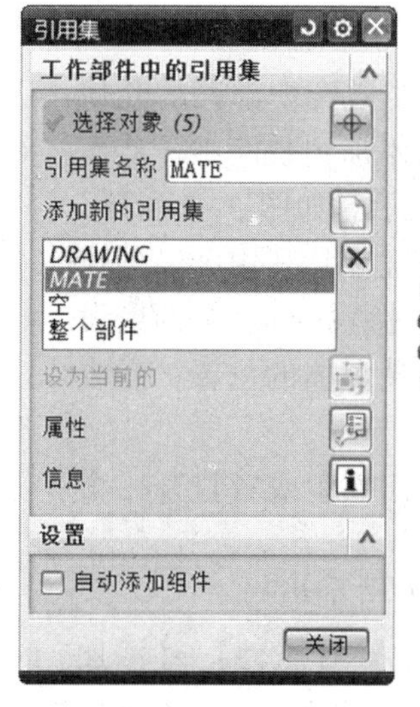

图 5-3 被选对象创建引用集

4. 删除引用集

用于删除组件或子装配中已建立的引用集。如图 5-4 所示，在【引用集】对话框的列表框中选中需删除的引用集，单击删除按钮选项即可将该引用集删去。

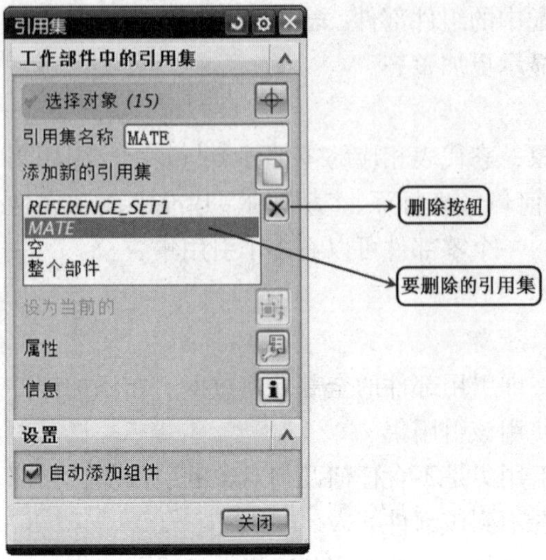

图 5-4 删除引用集

5. 设为当前

将引用集设置为当前的操作，也可称为替换引用集，用于将高亮显示的引用集设置为当前的引用集。执行替换引用集的方法有多种，可在【引用集】对话框的列表框中选择引用集名称，然后再单击【设为当前】按钮，即可将该引用集设置为当前。

6. 编辑属性

用于对引用集属性进行编辑操作。选中某一引用集并单击按钮，打开【引用集属性】对话框，在该对话框中输入属性的名称和属性值，单击【确定】按钮，即可执行属性编辑操作。

第二节 装配建模方法介绍

在装配模块中，针对不同的装配体对应的装配方法各不相同，用户不应局限于任意一种装配建模方法，一方面用户可以分别单独建立模型，然后将其加到装配体中(称为自底向上装配建模)，另一方面也可以直接在装配体上创建模型(称为自顶向下装配建模)。例如用户可以在初始设计阶段采用自顶向下装配建模方式，然后可以在自底向上和自顶向下方式之间进行切换。

一、自底向上装配

自底向上装配是先设计好了装配中部件的几何模型，再将该部件的几何模型添加到装配中，从而使该部件成为一个组件，装配示意如图 5-5 所示。在实际的装配过程中，多数情况都是利用已经创建好的零部件直接调入装配环境中，执行多个约束设置，从而准确定位各个组件在装配体的位置，完成整个装配的工作。具体步骤为：

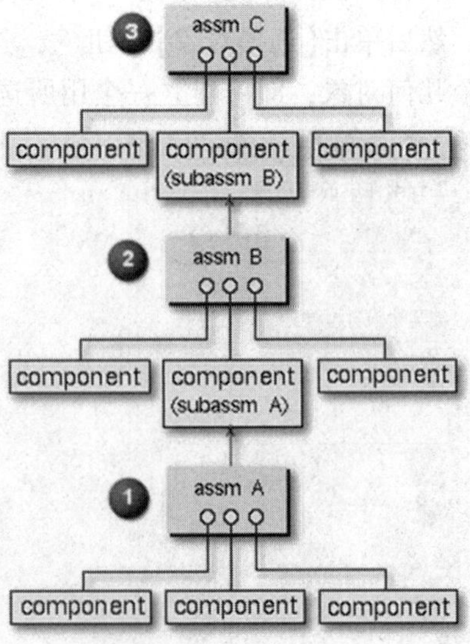

(1) 新建一个装配部件几何模型或者打开一个存在的装配部件几何模型。

(2) 选择要进行装配的部件几何模型。

图 5-5 装配示意

在主菜单上选择命令【装配】→【组件】→【添加组件】，如图 5-6 所示，或者是在装配工具栏(图 5-7)点击图标，系统将会打开【添加组件】对话框，如图 5-8 所示。

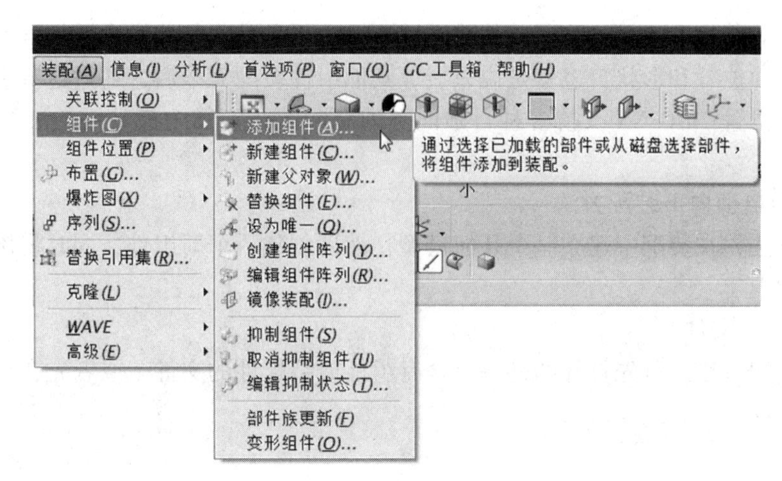

图 5-6　主菜单栏添加组件

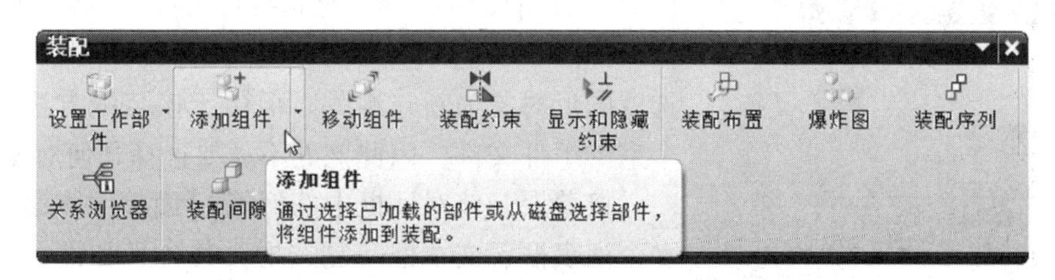

图 5-7　装配工具栏中添加组件

图 5-8　【添加组件】对话框

二、自顶向下装配

自顶向下的装配方法是一种全新的装配方法，主要是基于某些模型需根据实际情况来判断要装配零件的位置和形状，也就是说只能等其他组件装配完毕后，通过这些组件来定位他本身的形状和位置。UG NX 支持多种自顶向下的装配方式，其中最常用的装配方法有以下两种。

1. 第一种自顶向下装配方法

该装配方法先在装配中建立一个几何模型，然后创建一个新组件，同时将该几何模型链接到新建组件中。

1）打开一个文件

执行该装配方法，首先打开的是一个含有组件或装配件的文件，或者先在该文件中建立一个或多个组件。

2）新建组件

在主菜单上选择命令【装配】→【组件】→【新建组件】，或者是在【装配】工具栏中点击【新建组件】图标，系统同时将会打开【新建组件】对话框，如图 5-9 所示。此时如果单击【选择对象】按钮，可选取图形对象为新建组件。但由于该装配方法只创建一个空的组件文件，因此该处不需要选择几何对象。

图 5-9 【新建组件】对话框

接着展开该对话框中的【设置】面板，该面板中包含多个列表框、文本框和复选框，其含义和设置方法如下所述。

（1）组件名。用于指定组件名称，默认为组件的存盘文件名。如果新建多个组件，可修改该组件名便于与其他组件区分。

（2）引用集。在该列表框中可指定当前引用集的类型，如果在此之前已经创建了多个引用集，则该列表框中将包括模型、仅整个部件和其他选项。如果选择【其他】列表项，可指定引用集的名称。

（3）图层选项。用于设置产生的组件加到装配部件中的哪一层。选择【工作】项表示新组件加到装配组件的工作层；选择【原始的】项表示新组件保持原来的层位置；选择【按指定的】项表示将新组件加到装配组件的指定层。

（4）组件原点。用于指定组件原点采用的坐标系。如果选择 WCS 项，设置零件原点为工作坐标；如果选择【绝对】项，将设置零件原点为绝对坐标。

（5）删除原对象。启用该复选框，则在装配中删除所选的对象。

设置新组件的相关信息后，单击该对话框中的【确定】按钮，即可在装配中产生一个含有所选部件的新组件，并把几何模型加入到新建组件中。然后将该组件设置为工作部件，并在组件环境中添加并定位已有部件，这样在修改该组件时，可任意修改组件中添加部件的数量和分布方式。

注意：自底向上方法添加组件时可以在列表中选择在当前工作环境中现存的组件，但因为处于该环境中现存的三维实体不会在列表框中显示，因此不能被当作组件添加，它只是一个几何体，不含有其他的组件信息，若要使其他组件也加入到当前的装配中，就必须用自顶向下的装配方法进行创建。

2. 第二种自顶向下装配方法

这种装配方法是指先建立一个空的新组件，它不含任何几何对象，然后使其成为工作部件，再在其中建立几何模型。与上一种装配方法不同之处在于：该装配方法既可以建立在一个不包含任何部件和组件的新文件上，也可以建立在一个含有部件或装配部件的文件上，并且使用链接器将对象链接到当前装配环境中，其设置方法如下所述。

1）打开一个文件并创建新组件

打开一个文件，该文件可以是一个不含任何几何体和组件的新文件，也可以是一个含有几何体或装配部件的文件。然后按照上述创建新组件的方法创建一个新的组件，新组件产生后，由于其不含任何几何对象，因此装配图形没有什么变化。完成上述步骤以后，类选择器对话框重新出现，再次提示选择对象到新组件中，此时可选择取消对话框。

2）新组件几何对象的建立和编辑

新组件产生后，可在其中建立几何对象，首先把新组件设为工作部件，然后执行建模操作，最常用的有以下两种建立几何对象的方法。

（1）建立几何对象。新组件产生后，可在其中建立几何对象，如果不要求组件间的尺寸相互关联，把新组件直接设为工作部件，直接在新组件中用建模方法建立和编辑几何对象。操作过程为，指定组件后，在【装配】导航器中选中该文件，单击右键，在弹出菜单中单击【设为工作部件】按钮，并将其定位到指定位置。

（2）配对几何对象。要建立配对几何对象时，如果要求新组件与装配中其他组件有几何配对性，则应在组件间建立链接关系。

如果要创建链接关系，可单击【WAVE 几何链接器】按钮，打开如图 5-10 所示的对话框。

图 5-10 【WAVE 几何链接器】对话框

该对话框用于链接其他组件中的点、线、面和体等到当前的工作组中。在【类型】列表框中包含链接几何对象的多个类型，选择不同的类型其对应的面板各不相同，表 5-1 分别对这些类型的含义和操作方法进行简要介绍。

表 5-1 WAVE 几何链接器类型

选　　项	含义和操作方法
复合曲线	用于建立链接曲线。选择该选项，在其他组件上选择线或边缘后，单击【应用】按钮，则所选线或边缘链接到工作部件中
点	用于建立链接点。选择该选项，在其他组件上选取一点后，单击【应用】按钮，则所选点或由所选点连成的线链接到工作部件中
基准面	用于建立链接基准平面或基准轴。选择该选项，在其他组件上选取基准面或轴，单击【应用】按钮，则所选择的基准平面或基准轴链接到工作部件中
草图	用于建立链接草图。选择该图标，再从其他组件上选择草图，单击【应用】按钮，则所选草图链接到工作部件中

续表

选　　项	含义和操作方法
面	用于建立链接面。选择该选项，选取一个或多个实体表面后，单击【应用】按钮，则所选表面链接到工作部件中
面区域	用于建立链接区域。选择该选项，并单击【选择种子面】按钮，从其他组件上选取种子面，然后单击【选择边界面】按钮，指定各边边界后，单击【应用】按钮，则由指定边界包围的区域链接到工作部件中
体	用于建立链接实体。选择该选项，从其他组件上选取实体后，单击【应用】按钮，则所选实体链接到工作部件中
镜像体	用于建立链接镜像实体。选择该选项，并单击【选择体】按钮，从其他组件上选取实体，单击【选择镜像平面】按钮，指定镜像平面，单击【应用】按钮，则所选实体以所选平面镜像到工作部件中
管线布置对象	用于对布线对象建立链接。选择该选项，单击【选择管线布置对象】按钮，从其他组件上选取布线对象，单击【应用】按钮确认操作

自顶向下装配方法主要用于上下文设计，即在装配中参照其他零部件对当前工作部件进行设计的方法。其显示部件为装配部件，而当工作部件是装配中的组件，所做的任何工作发生在工作部件上，而不是装配部件上。当工作在装配上下文中时，可以利用链接关系建立从其他部件到工作部件的几何关联。

利用这种关联，可引用其他部件中的几何对象到当前工作部件中，再用这些几何对象生成几何体，这样一方面提高了设计效率，另一方面保证了部件之间的关联性，便于参数化设计。

第三节　使用配对条件

在装配设计过程中，使用配对条件(装配约束)来定义组件之间的定位关系。那么如何来理解配对条件呢？配对条件，由一个或一组配对约束组成，是指定组件之间通过一定的约束关系装配在一起。配对约束用来限制装配组件的自由度。根据配对约束限制自由度的多少，可以将装配组件分为完全约束和欠约束两种典型的装配状态。

下面以在装配体中添加已存在的部件为例，结合相关图例介绍各种配对类型(约束类型)的应用方法。

在菜单栏中选择【装配】→【组件】→【添加组件】命令，或者在【装配】工具栏中单击【添加组件】按钮，系统弹出【添加组件】对话框，选择要添加的部件文件，在【放置】选项组的【定位】下拉列表框中选择【通过约束】选项，其他采用默认设置，单击【应用】按钮，此时系统弹出如图 5-11 所示的【装配约束】对话框。利用【装配约束】对话框选择约束类型，并根据该约束类型指定要约束的几何体等。

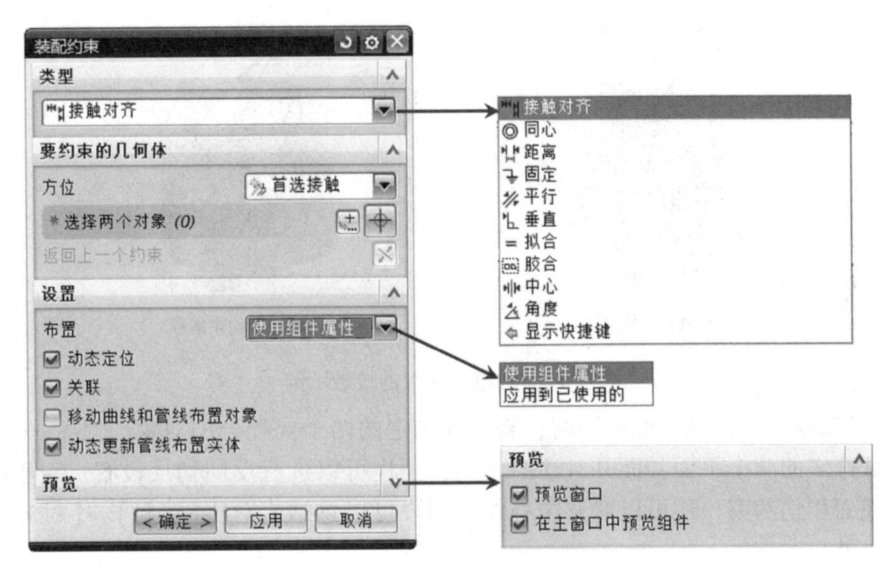

图 5-11 【装配约束】对话框

一、接触对齐约束

展开【装配约束】对话框的【类型】选项组，从其下拉列表框中选择【接触对齐】约束选项，此时【要约束的几何体】选项组的【方位】下拉列表框提供了【首选接触】、【接触】、【对齐】和【自动判断中心/轴】选项，如图 5-12 所示。

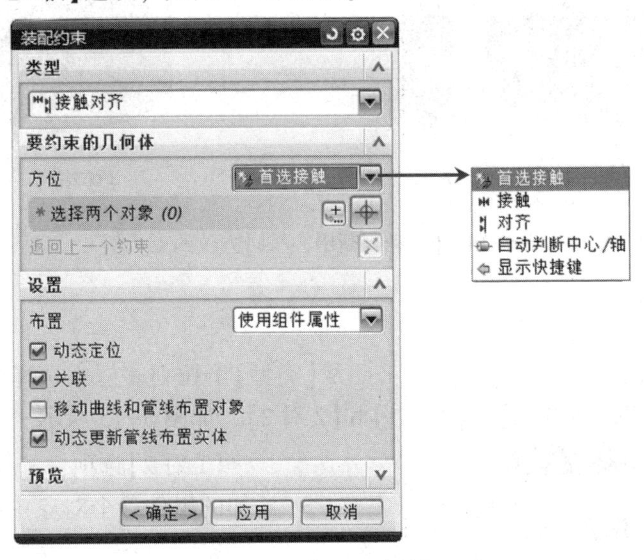

图 5-12 设置【首选接触】选项

【首选接触】选项：选择对象时，系统提供的方位方式首选为接触。此为默认选项。

【接触】选项：选择该方位方式时，指定的两个相配合对象接触(贴合)在一起。如果要配合的两对象是平面，则两平面贴合且默认法向相反，此时用户可以单击【返回上一个约束】按钮进行切换设置，约束效果如图 5-13(a)所示；如果要配合的两个对象是圆柱面，则两圆柱面以相切形式接触，用户可以根据实际情况设置是外相切还是内相切，此情形的接触约束效果如图 5-13(b)所示。

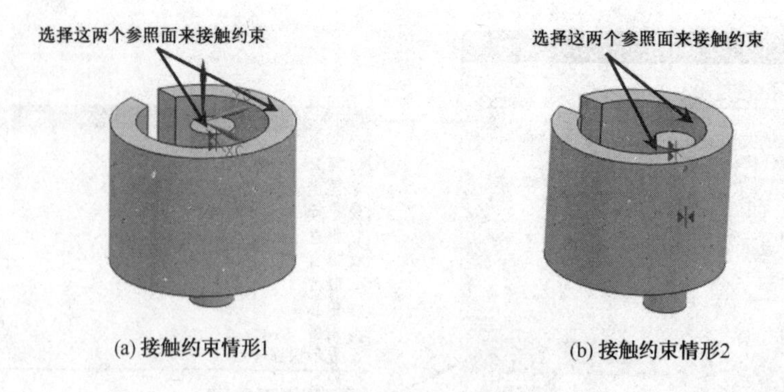

图 5-13 【接触】约束的接触示例

【对齐】选项：选择该方位方向时，将对齐选定的两个要配合的对象。对于平面对象而言，将默认选定的两个平面共面并且法向相同，同样可以进行反向切换设置。对于圆柱面，也可以实现面相切约束，还可以对齐中心线。用户可以总结或对比【接触】与【对齐】方位约束的异同之处。

【自动判断中心/轴】选项：选择该方位方向时，可根据所选参照面曲面来自动判断中心/轴，实现中心/轴的接触对齐，如图 5-14 所示。

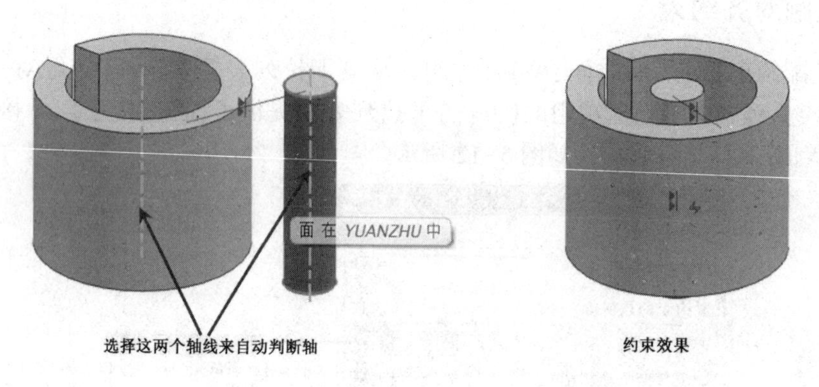

图 5-14 【自动判断中心/轴】方位约束示例

二、中心约束

【中心】约束使配对约束组件中心对齐。从【类型】下拉列表框中选择【中心】选项时，该约束类型的子类型包括【1 对 2】、【2 对 1】和【2 对 2】，如图 5-15 所示。

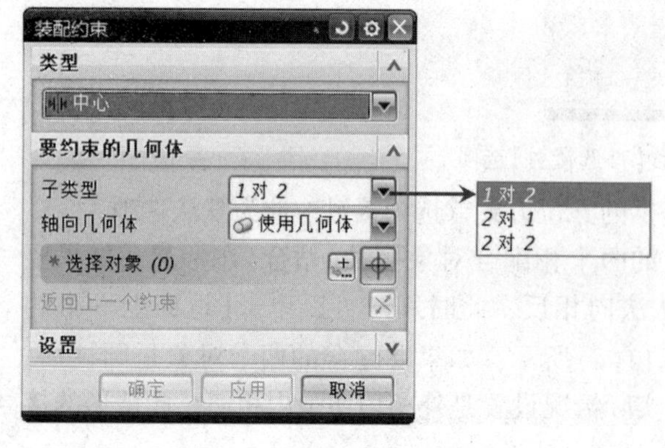

图 5-15 选择【中心】约束类型

【1 对 2】选项：选择该子类型选项时，添加的组件一个对象中心与原有组件的两个对象中心对齐。需要在添加的组件中选择一个对象中心，在原有组件中选择两个对象中心。

【2 对 1】选项：选择该子类型选项时，添加的组件两个对象中心与原有组件的一个对象中心对齐。需要在添加的组件中选择两个对象中心，在原有组件中选择一个对象中心。

【2 对 2】选项：选择此子类型时，添加的组件两个对象中心与原有组件的两个对象中心对齐。需要在添加的组件和原有组件上各选择两个参照对象定义中心。

三、胶合约束

在【装配约束】对话框的【类型】下拉列表框中选择【胶合】约束选项，此时可以为【胶合】约束选择要约束的几何体或拖动几何体。使用【胶合】约束可以将添加进来的组件随意拖放到指定的位置，例如可以往任意方向平移，但不能旋转。

四、角度约束

【角度】约束定义配对约束组件之间的角度尺寸。该约束的子类型有【3D 角】和【方向角度】。

当设置【角度】约束子类型为【3D 角】时，需要选择两个有效对象（在组件和装配体中各选择一个对象，如实体面），并设置这两个对象之间的角度尺寸，如图 5-16 所示。

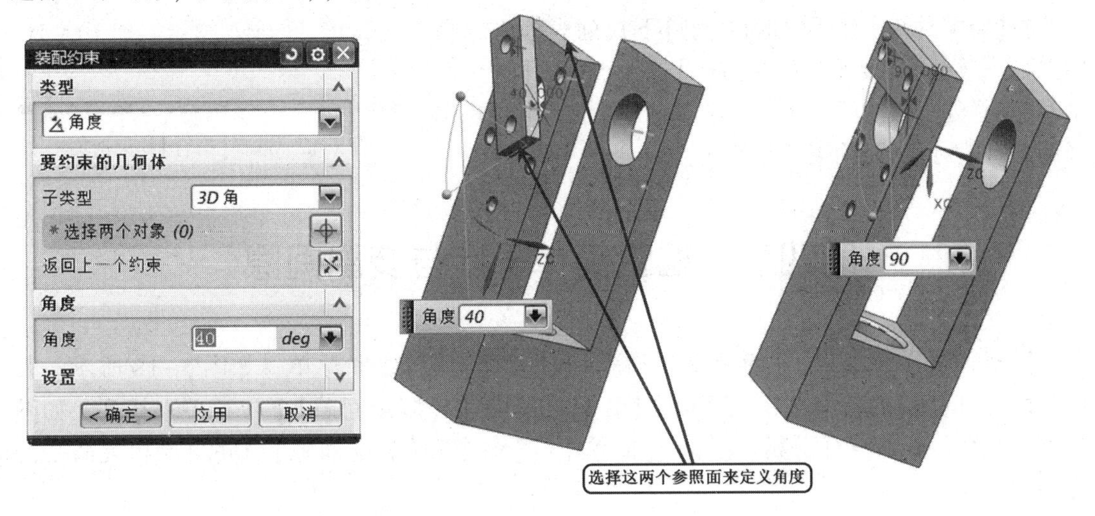

图 5-16 【角度】约束示例

当设置【角度】约束子类型为【方向角度】时，需要选择 3 个对象，其中一个对象为轴或边。

五、同心约束

【同心】约束使选定的两个对象同心。选择【同心】类型选项后，分别在装配体原有组件和添加的组件中选择一个端面圆（圆对象）。

六、距离约束

【距离】约束用于约束组件对象之间的最小距离。选择该约束类型选项时，在选择要约束的两个对象参照（如实体平面、基准平面等）后，需要输入这两个对象之间的最小距离，距离可以是正数，也可以是负数。

七、平行约束

【平行】约束使配对约束组件的方向矢量平行。选择两个实体面来定义方向矢量平行。

八、垂直约束

【垂直】约束使配对约束组件的方向矢量垂直。该约束类型和【平行】约束类型类似，只是方向矢量的位置关系不同而已。

九、固定约束

【固定】约束用于将组件在装配体中的当前指定位置处固定。在【装配约束】对话框的【类型】下拉列表框选择【固定】选项时，系统提示为【固定】选择对象或拖动几何体。用户可以使用鼠标将添加的组件选中并拖到装配体中合适的位置处，然后分别选择对象在当前位置处固定它们，固定的几何体会显示固定符号。

十、拟合约束

在【装配约束】对话框的【类型】下拉列表框中选择【拟合】选项时，【要约束的几何体】选项组中的【选择两个对象】栏处于被激活状态，如图 5-17 所示，由用户选择两个有效对象(要约束的几何体)。

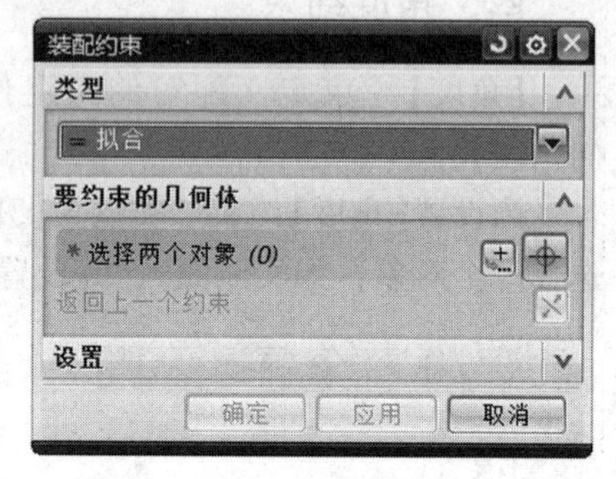

图 5-17　选择【拟合】约束选项

第四节　检查简单干涉与装配间隙

【分析】菜单中提供了【简单干涉】命令和【装配间隙】级联菜单，如图 5-18 所示。其中，【装配间隙】的相应按钮也可以在【装配】工具栏的【装配间隙】下拉菜单中找到，如图 5-19 所示。本节介绍【分析】菜单中【简单干涉】命令和【装配间隙】级联菜单相关命令的应用。

一、简单干涉

使用菜单栏中的【分析】→【简单干涉】命令，可以确定两个体是否相交，其操作方法和步骤如下：

(1) 在菜单栏中选择【分析】→【简单干涉】命令，系统弹出如图 5-20 所示的【简单干涉】对话框。

(2) 选择第一个体。

(3) 选择第二个体。

(4) 在【干涉检查结果】选项组的【结果对象】下拉列表框中选择【干涉体】选项或【高亮显示的面对】选项。如果从【结果对象】下拉列表框中选择【高亮显示的面对】选项，用户还需要在【要高亮显示的面】下拉列表框中选择【仅第一对】选项或【在所有对之间循环】选项，如图 5-21 所示。当选择【在所有对之间循环】选项时，可单击【显示下一对】按钮来循环显示要高亮显示的面对。

(5) 完成简单干涉检查后，关闭【简单干涉】对话框。

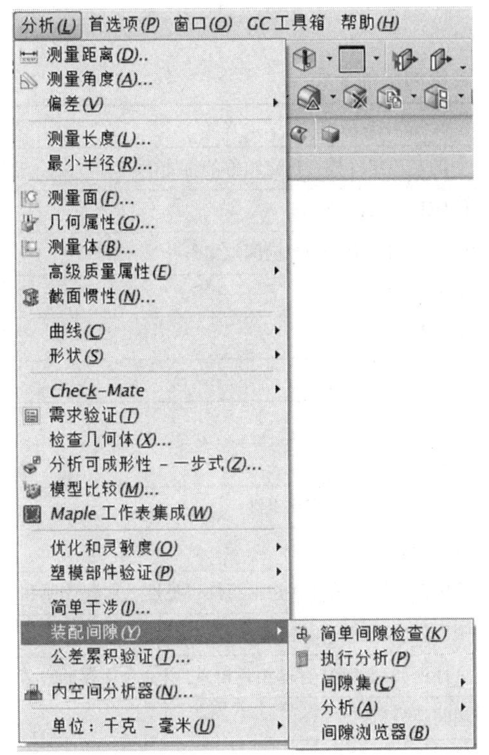

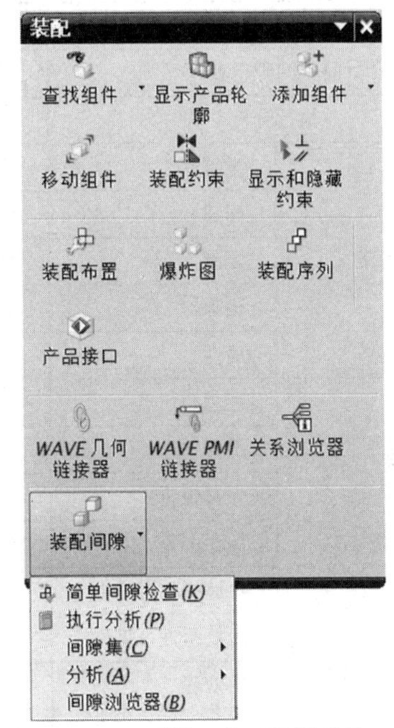

图 5-18 【分析】菜单中的【装配间隙】下拉菜单

图 5-19 【装配】工具栏中的【装配间隙】下拉菜单

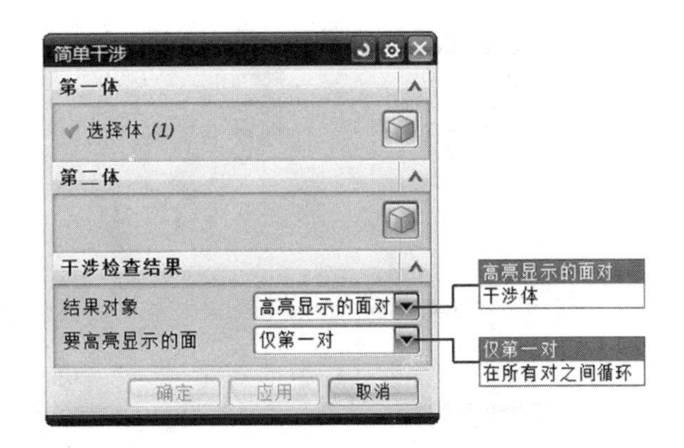

图 5-20 【简单干涉】对话框

图 5-21 设置干涉检查结果

二、分析装配间隙

由于用于分析装配间隙的子命令较多，下面以表的形式列出分析装配间隙子命令的功能含义，如表 5-2 所示。

表 5-2　分析装配间隙的子命令

子命令		功能含义
简单间隙检查		对照装配中的其他组件检查选定组件的可能干涉
执行分析		对当前的间隙集运行间隙分析
间隙集	设置	使现有间隙集中的一个变为当前间隙集
	新建	创建一个新的间隙集
	复制	复制当前间隙集
	删除	删除当前间隙集
	属性	修改当前间隙集的属性
分析	汇总	生成当前间隙集的汇总
	报告	生成汇总并列出间隙分析找到干涉
	保存报告	保存间隙分析报告到文件
	保存书签	在书签文件中保存装配关联，包括组件可见性、加载选项和组件组
	存储组件可见性	存储会话中组件的当前可见性
	恢复组件可见性	将组件可见性返回到使用【存储组件可见性】命令保存的设置
	批处理	执行批处理间隙分析
间隙浏览器		以表格形式显示间隙分析结果

例如，要对选定的组件进行简单间隙检查，则可按照以下方法步骤来执行：

（1）选择要进行简单间隙检查的组件。

（2）在菜单栏中选择【分析】→【简单间隙检查】命令，或者在【装配】工具栏中【装配间隙】下拉菜单中单击【简单间隙检查】按钮，系统弹出如图 5-22 所示的【干涉检查】对话框。

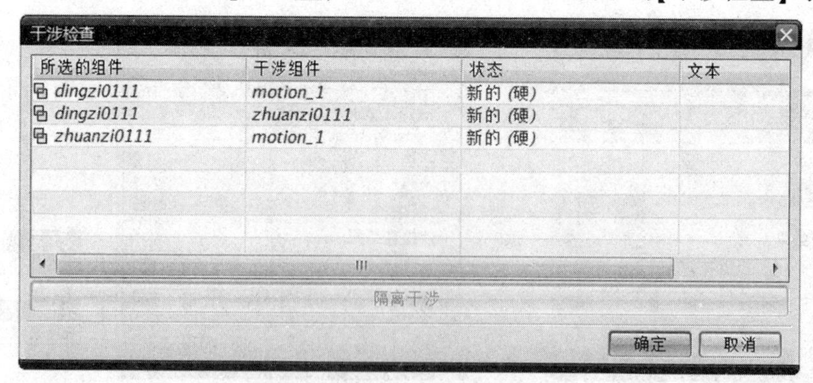

图 5-22　【干涉检查】对话框

（3）【干涉检查】对话框列出了可能的干涉情况，此时系统提示选择要检查的间隙分析干涉。在对话框的干涉列表中选择所需的干涉组，接着可单击【隔离干涉】按钮。

（4）单击【干涉检查】对话框中的【确定】按钮。

第五节　爆炸视图

爆炸图是在装配模型中的组件按装配关系偏离原来位置的拆分图形，爆炸图的创建可以方便用户查看装配中的零件及其相互之间的装配关系。

爆炸图在本质上也是一个视图，与其他用户定义的视图一样，一旦定义和命名就可以被添加到其他图形中。爆炸图与显示部件关联，并存储在显示部件中。用户可以在任何视图中显示爆炸图形，并对该图形进行任何 UG NX 8.0 的操作，该操作也将同时影响到非爆炸图中的组件。

在 UG NX 8.0 装配环境中，打开一个现有装配体时，或者在执行当前组件的装配操作后，为查看装配体下属所有组件和各组件在子装配体以及总装配体中的装配关系，可使用爆炸视图功能查看装配关系和约束关系。要执行该操作，可单击【装配】工具栏的【爆炸图】按钮，将弹出一个爆炸图编辑工具栏，如图 5-23 所示，其中某些选项处于不可选状态，该工具栏包含所有的爆炸图创建和设置的选项。

图 5-23　【爆炸图】工具栏

在介绍爆炸图具体的常用操作命令之前，先简单地介绍爆炸图工具栏中主要按钮的功能含义，如表 5-3 所示。

表 5-3　爆炸图工具栏中主要按钮的功能含义

按钮图标	按钮名称	功能含义
	新建爆炸图	在工作视图中新建爆炸图，可以在其中重定义组件以生成爆炸图
	编辑爆炸图	重新编辑、定位当前爆炸图中选定的组件
	自动爆炸组件	基于组件的装配约束重定位当前爆炸图中的组件
	取消爆炸组件	将组件恢复到原先的未爆炸位置
	删除爆炸图	删除未显示在任何视图中的装配爆炸图
	隐藏视图中的组件	隐藏视图中选择的组件
	显示视图中的组件	显示视图中选定隐藏的组件
	追踪线	在爆炸图中创建组件的追踪线以指示组件的装配位置

一、建立爆炸图

新建爆炸图的方法简述如下：

在爆炸图工具栏中单击新建爆炸图按钮，或者在菜单栏中选择【装配】→【爆炸图】→【新建爆炸图】命令，如图 5-24 所示，系统弹出如图 5-25 所示的【新建爆炸图】对话框。

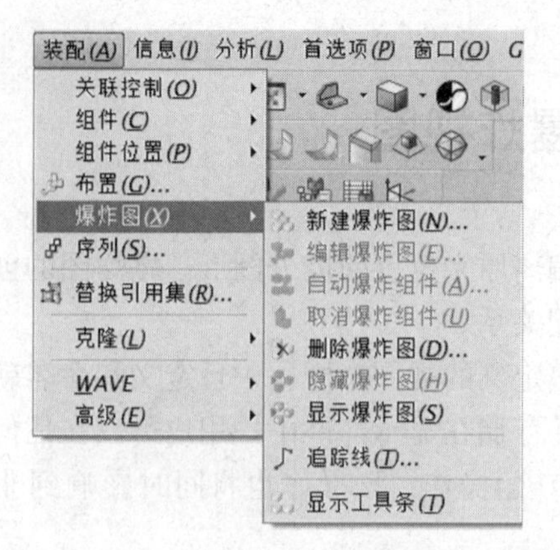

图 5-24 【装配】菜单中的【爆炸图】工具栏

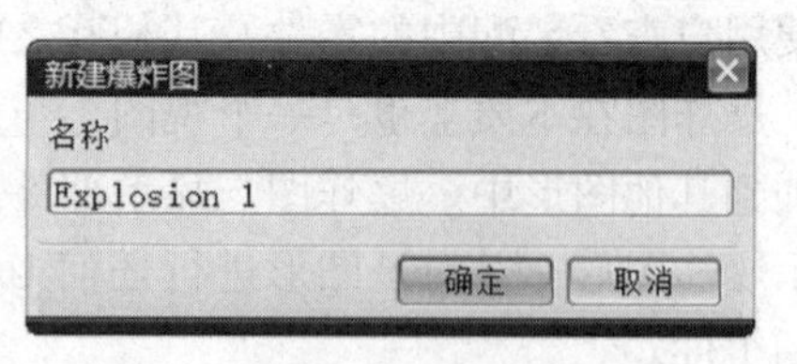

图 5-25 【新建爆炸图】对话框

在【新建爆炸图】对话框的名称文本框中输入新的名称，或者接受默认名称。系统默认的名称是以 Explosion #形式表示的，#为从 1 开始的序号。

在新建爆炸图对话框中单击【确定】按钮。

二、编辑爆炸图

编辑爆炸图是指重新编辑、定位当前爆炸图中选定的组件。对爆炸图中的组件位置进行编辑的操作方法如下。

在【爆炸图】工具栏中单击【编辑爆炸图】按钮，或者在菜单栏中选择【装配】→【爆炸图】→【编辑爆炸图】命令，系统弹出如图 5-26 所示的【编辑爆炸图】对话框。

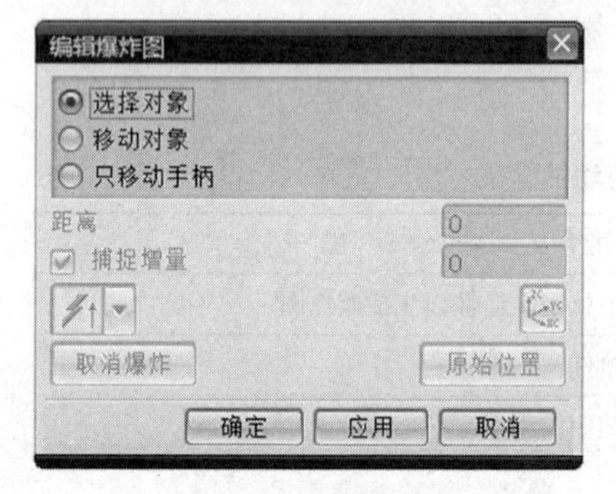

图 5-26 【编辑爆炸图】对话框

在【编辑爆炸图】对话框中有 3 个实用的单选按钮，可用来编辑爆炸图。

【选择对象】单选按钮：选择该单选按钮，在装配部件中选择要编辑的爆炸位置的组件。

【移动对象】单选按钮：选择要编辑的组件后，选择该单选按钮，使用鼠标拖动移动手柄，连组件对象一同移动，可以使之向 X 轴、Y 轴或 Z 轴方向移动，并可以设置指定方向下的精确的移动距离。

【只移动手柄】单选按钮：选择该单选按钮，使用鼠标拖动移动手柄，组件不移动。

编辑爆炸图满意后，在【编辑爆炸图】对话框中单击【应用】按钮或【确定】按钮。

三、创建自动爆炸组件

自动爆炸组件是指基于组件的装配约束重定位当前爆炸图中的组件。创建自动爆炸图的方法步骤如下：

(1) 在【爆炸图】工具栏中单击【自动爆炸组件】按钮，或者在菜单栏中选择【装配】→【爆炸图】→【自动爆炸组件】命令，系统弹出【类选择】对话框。

(2) 选择组件并确认后，系统弹出如图 5-27 所示的【自动爆炸组件】对话框。在该对话框的【距离】文本框中

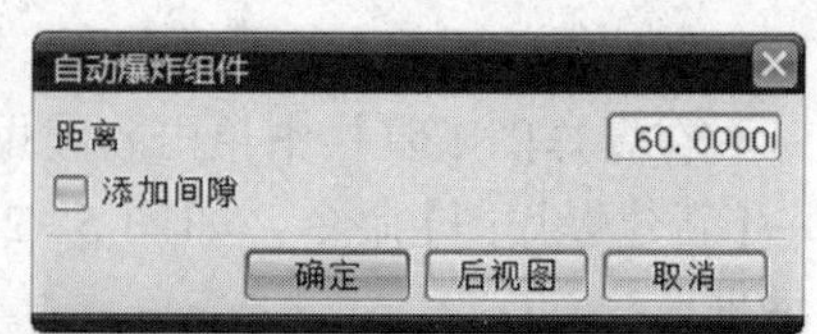

图 5-27 【自动爆炸组件】对话框

输入组件的自动爆炸位移值。【添加间隙】复选框用于设置是否添加间隙偏置。

(3) 在【自动爆炸组件】对话框中单击【确定】按钮，完成创建自动爆炸组件。用户也可以先选择要自动爆炸的组件，接着在【爆炸图】工具栏中单击【自动爆炸组件】按钮，或者在菜单栏中选择【装配】→【爆炸图】→【自动爆炸组件】命令，系统弹出【自动爆炸组件】对话框，从中设置距离值以及是否添加间隙，然后单击【确定】按钮，从而完成创建自动爆炸组件操作。自动爆炸组件的示例如图 5-28 所示，各个件自动爆炸偏离与之配合的部件。

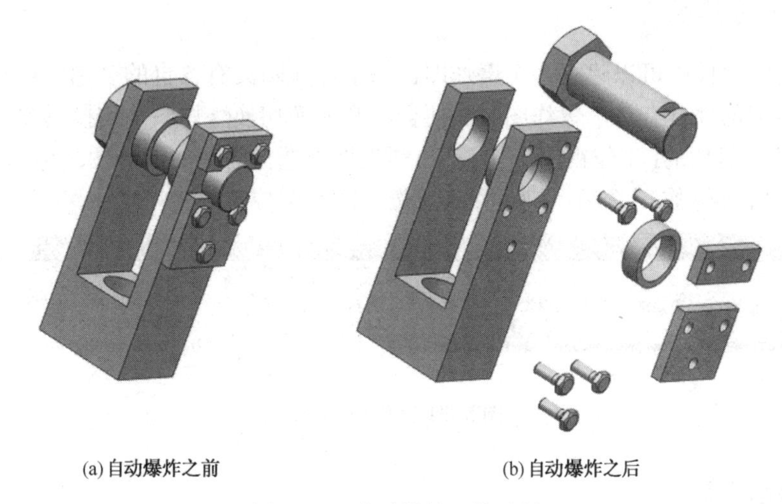

(a) 自动爆炸之前　　(b) 自动爆炸之后

图 5-28　自动爆炸组件示例

四、取消爆炸组件

取消爆炸组件是指将组件恢复到先前的未爆炸位置，其操作方法和步骤如下：

(1) 选择要取消爆炸状态的组件。

(2) 在【爆炸图】工具栏中单击【取消爆炸组件】按钮，或者在菜单栏中选择【装配】→【爆炸图】→【取消爆炸组件】命令，则将所选组件恢复到先前的未爆炸位置(即原来的装配位置)。

五、删除爆炸图

可以删除未显示在任何视图中的装配爆炸图，其方法和步骤如下：

(1) 在【爆炸图】工具栏中单击【删除爆炸图】按钮，或者在菜单栏中选择【装配】→【爆炸图】→【删除爆炸图】命令，系统弹出如图 5-29 所示的【爆炸图】对话框。

(2) 在该对话框的爆炸图列表中选择要删除的爆炸图名称，然后单击【确定】按钮。

如果所选的爆炸图处于显示状态，则不能执行删除操作，系统会弹出如图 5-30 所示的【删除爆炸图】对话框，提示在视图中显示的爆炸图不能被删除，请尝试【信息】→【装配】→【爆炸】命令。

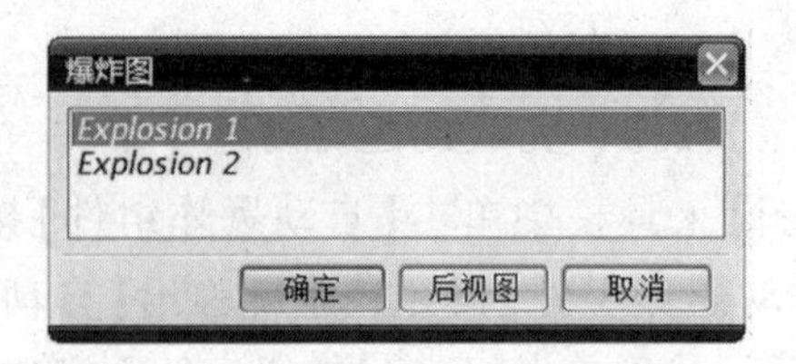

图 5-29 【爆炸图】对话框

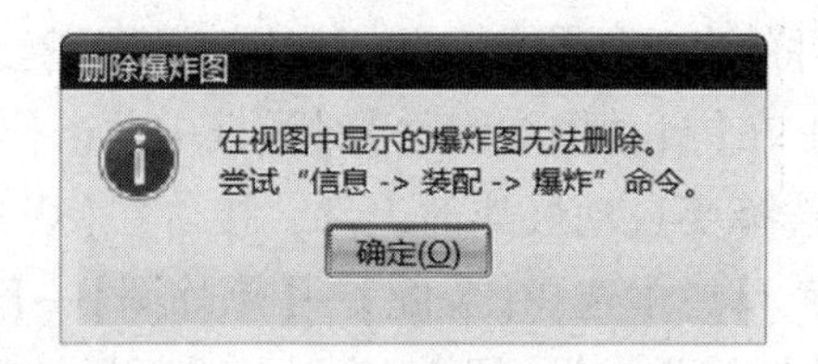

图 5-30 【删除爆炸图】对话框

六、切换爆炸图

在一个装配部件中可以建立多个爆炸图，每个爆炸图具有各自的名称。

当一个装配部件具有多个爆炸图时，便会涉及如何切换爆炸图。切换爆炸图的快捷方法是在【爆炸图】工具栏的【工作视图爆炸】下拉列表框中选择需要的爆炸图名称，如图 5-31 所示。如果选择【(无爆炸)】选项，则返回到无爆炸的装配位置。

图 5-31 切换爆炸图

七、创建追踪线

在爆炸图中创建组件的追踪线，有利于指示组件的装配位置和装配方式，尤其表示爆炸组件在装配或拆卸期间遵循的路径。在爆炸图中创建了追踪线的示例如图 5-32 所示。

在爆炸图中创建追踪线的方法步骤如下。

(1) 在【爆炸图】工具栏中单击【追踪线】按钮，或者在菜单栏中选择【装配】→【爆炸图】→【追踪线】命令，系统弹出如图 5-33 所示的【追踪线】对话框。

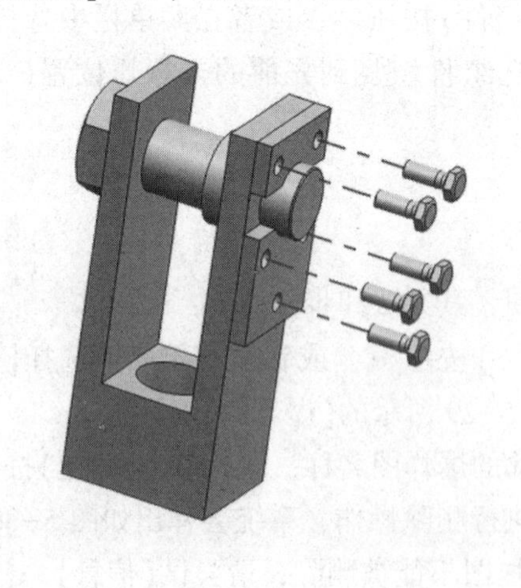

图 5-32 创建追踪线的爆炸图

图 5-33 【追踪线】对话框

(2) 在组件中选择起点(即追踪线的开始点)，例如选择如图 5-34 所示的端面小挡板的圆心。接着注意起始方向，如果默认的起始方向不是所需要的，那么在【起始方向】子选项区域内重定义起始方向，例如选择【YC 轴】选项来定义起始方向矢量，如图 5-35 所示。

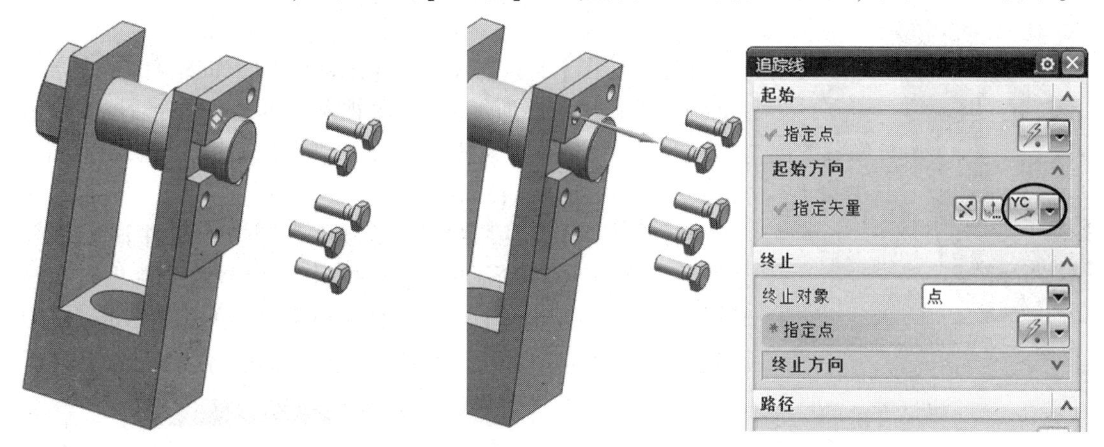

图 5-34　指定追踪线的起始点　　　　图 5-35　指定追踪线的起始方向

（3）【终止】选项组的【终止对象】下拉列表框提供了【点】和【组件】选项。当选择【点】选项时，则需指定另一点作为终点来定义追踪线；当选择【组件】选项(如果很难选择终点，则可以使用该选项来选择追踪线应在其中结束的组件)时，则由用户在装配区域中选择追踪线应在其中结束的组件，UG NX 8.0 将根据组件的未爆炸位置来计算终点的位置。指定终止位置时同样要注意终止方向，如图 5-36 所示。

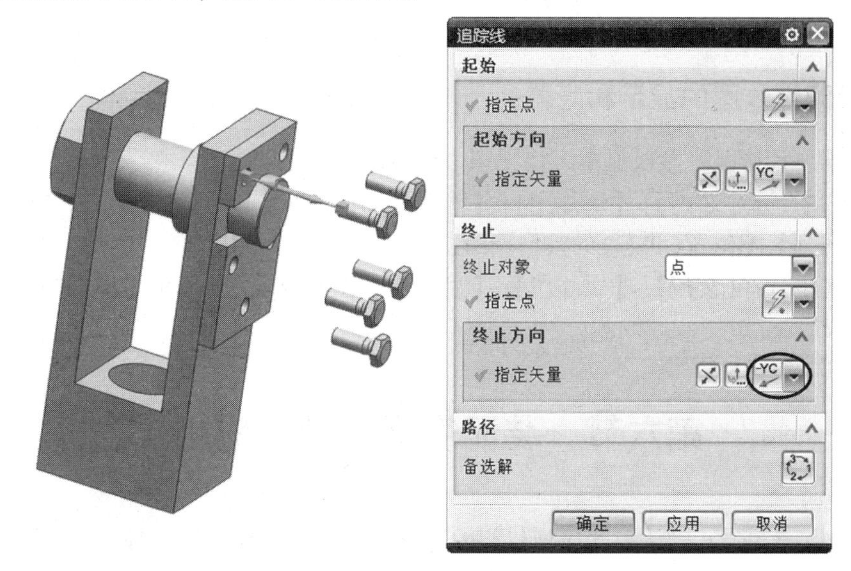

图 5-36　指定追踪线的终点及终止方向

（4）如果在所选起点和终点之间具有多种可能的追踪线，那么可以在【追踪线】对话框的【路径】选项组中单击【备选解】按钮来选择满足设计要求的追踪线。

（5）在【追踪线】对话框中单击【应用】按钮，完成一条追踪线，如图 5-37 所示。可以继续绘制追踪线。

八、隐藏和显示视图中的组件

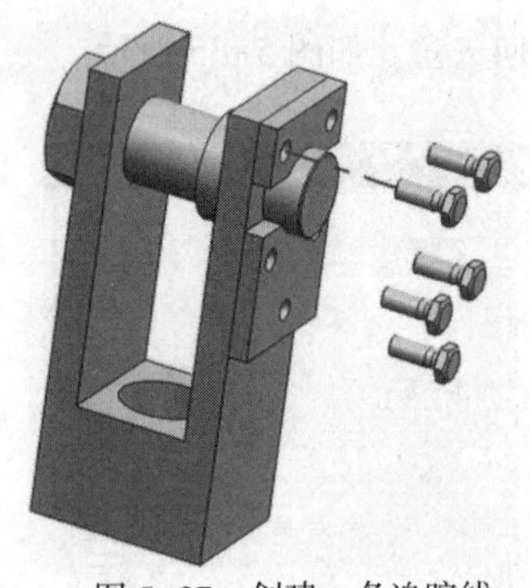

图 5-37　创建一条追踪线

在【爆炸图】工具栏中单击【隐藏视图中的组件】按钮，系统弹出如图 5-38 所示的【隐藏视图中的组件】对话框，接着在装配部件中选择要隐藏的组件，单击【应用】按钮或【确定】按钮，即可将所选组件隐藏。

在【爆炸图】工具栏中单击【显示视图中的组件】按钮，系统弹出如图 5-39 所示的【显示视图中的组件】对话框，在该对话框的【要显示的组件】列表中选择要显示的组件，单击【应用】按钮或【确定】按钮，即可将所选的隐藏组件显示出来。

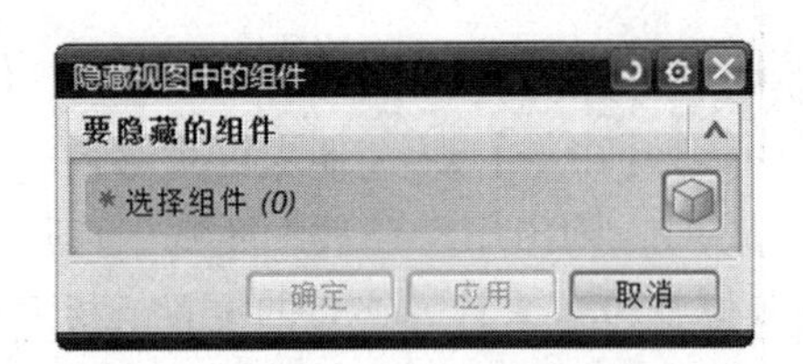

图 5-38　【隐藏视图中的组件】对话框

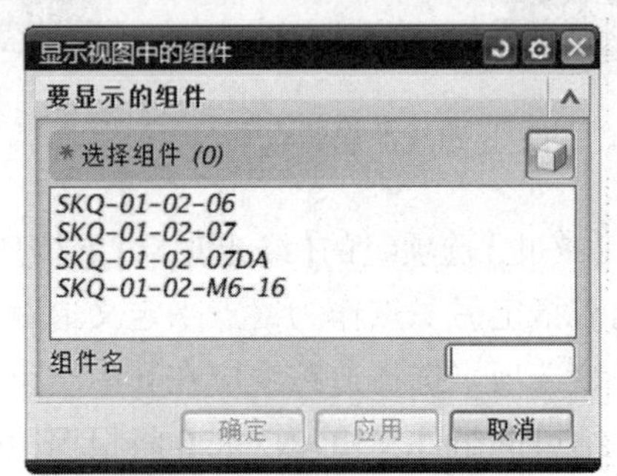

图 5-39　【显示视图中的组件】对话框

九、装配爆炸图的显示和隐藏

可以根据设计情况隐藏或显示工作视图中的装配爆炸图。

在菜单栏中选择【装配】→【爆炸图】→【隐藏爆炸图】命令，则隐藏工作视图中的装配爆炸图，并返回到装配位置(状态)的模型视图。

在菜单栏中选择【装配】→【爆炸图】→【显示爆炸图】命令，则显示工作视图中的装配爆炸图。

第六节　装配序列基础与应用

UG NX 8.0 提供了一个【装配序列】模块(任务环境)，该模块用于控制组件装配或拆卸的顺序，并仿真组件运动。每个序列均与装配布置(即组件的空间组织)相关联。可以每次装配或拆卸一个组件或组件组，也可以在开始当前序列之前预装一个组件。

要进入装配序列任务环境，则在菜单栏中选择【装配】→【序列】命令，或者在【装配】工具栏中单击【装配序列】按钮，装配序列任务环境的界面如图 5-40 所示。在装配序列任务环境中的资源条处出现一个序列导航器，该序列导航器用于显示各序列的基本信息。

在装配序列任务环境中，从菜单栏的【任务】菜单中选择【新建序列】命令，开始新建任务，即新建装配序列。用户应该熟悉【装配序列】工具栏、【装配工具】工具栏、【序列回放】工具栏和【序列分析】工具栏中的实用按钮，下面进行简单介绍。

图 5-40　装配序列任务环境

一、【装配序列】工具栏

（1）【装配序列】工具栏如图 5-41 所示。

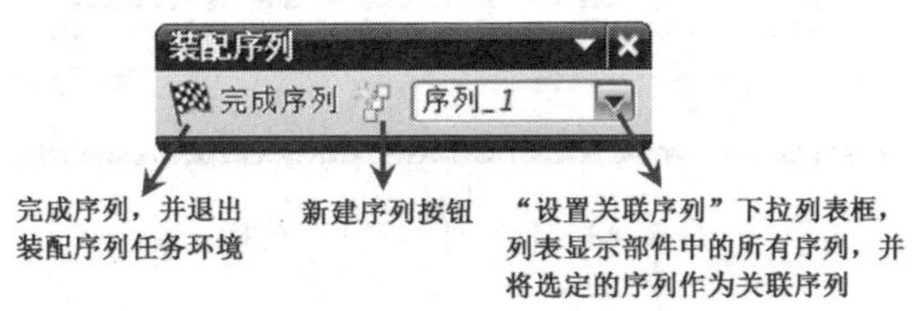

图 5-41　【装配序列】工具栏

（2）【序列工具】工具栏如图 5-42 所示，该工具栏中各按钮的功能含义如下。

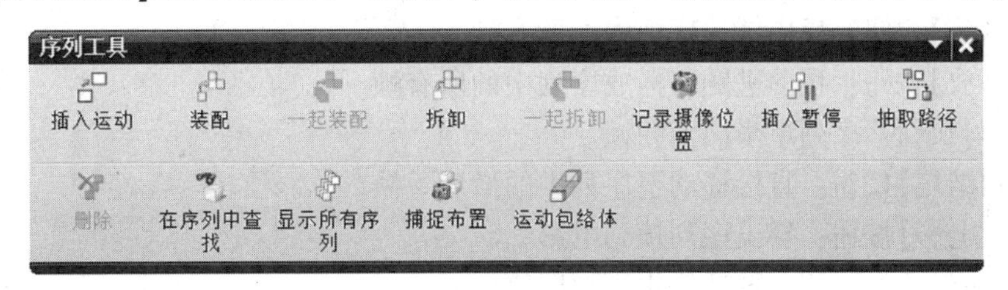

图 5-42　【序列工具】工具栏

【插入运动】按钮：为组件插入运动步骤，使其可以形成动画。单击此按钮，打开如图 5-43所示的【记录组件运动】工具栏。

【装配】按钮：为选定组件按其选定的顺序创建单个装配步骤。

【一起装配】按钮：在单个序列步骤中，将选定的子组件或一套组件作为一个单元进行拆卸。

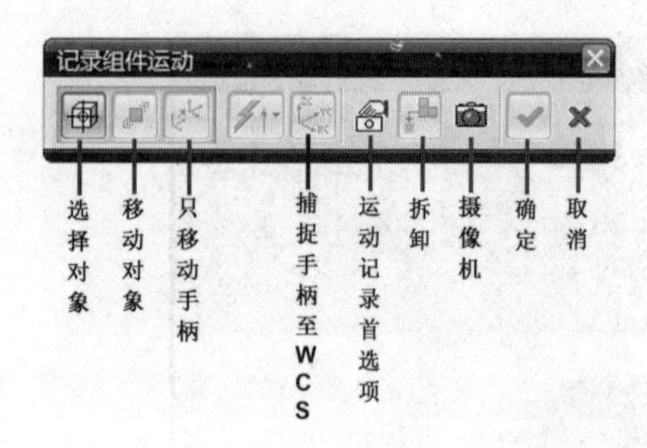

图 5-43 【记录组件运动】工具栏

【记录摄像位置】按钮：将当前视图方位和比例作为一个序列步骤进行捕捉，以便回放此序列时，该视图过渡到该摄像位置。这有利于清晰地展现比较细小的组件。

【插入暂停】按钮：在此序列中插入一个暂停步骤，以便回放此序列时，该视图暂停在此步骤。

【抽取路径】按钮：为选定的组件创建一个无碰撞抽取路径序列步骤，以便在起始和终止位置之间移动。间隙值将确保选定组件运动时避免与视图中其他可见组件碰撞。

【删除】按钮：用于删除选定的顺序或顺序步骤。

【在序列中查找】按钮：在序列导航器中查找特定的组件。

【显示所有序列】按钮：显示序列导航器中所有已显示部件的序列（仅在关闭时显示关联序列）。

【捕捉布置】按钮：将装配组件的当前位置作为一个布置进行捕捉。

【运动包络体】按钮：通过连续序列运动步骤扫掠选定的对象（装配组件、实体、片体或组件中的小平面体），在显示部件（或新部件）中创建一个运动包络体。

（3）【序列回放】工具栏如图 5-44 所示，该工具栏集中了用来显示装配序列和回放运动的按钮。当按钮为灰色时，表示该按钮当前不可用。下面介绍【序列回放】工具栏中各按钮或下拉列表框的功能含义。

图 5-44 【序列回放】工具栏

【设置当前帧】下拉列表框：显示按序列播放的当前帧，并转至所选定或输入的帧。

【倒回到开始】按钮：直接移动至序列中的第一帧。

【前一帧】按钮：序列单步倒回到前一帧。

【向后播放】按钮：反向播放序列中的所有帧。

【向前播放】按钮：按前进顺序播放序列中的所有帧。

【下一帧】按钮：序列单步向前一帧。

【快进到结尾】按钮：直接移动至序列中的最后一帧。

【导出至电影】按钮：导出序列帧到电影。

【停止】按钮：在当前可见帧停止序列回放。

【回放速度】下拉列表框：该列表框用于控制回放的速度（数字越大，速度越快）。

（4）【序列分析】工具栏如图 5-45 所示。下面简单地介绍该工具栏中各组成元素的功能含义。

【无检查】选项：关闭动态碰撞检测并忽略任何碰撞。

【高亮显示碰撞】选项：在继续移动组件的同时高亮显示碰撞区域。

【在碰撞前停止】选项：在发生碰撞干涉之前停止运动。

图 5-45 【序列分析】工具栏

【认可碰撞】按钮：认可碰撞并允许运动继续。

【检查类型】下拉列表框：指定对象类型以在运动期间用于间隙检测，可供选择的检查类型有【小平面/实体】和【快速小平面】，【快速小平面】较快，但【小平面/实体】更精确。

【高亮显示测量】按钮：高亮显示测量违例需求，同时继续移动组件。

【认可测量违例】按钮：认可测量需求违例并允许运动继续。

二、装配序列的主要操作

介绍了相关按钮的功能含义之后，下面介绍装配序列应用的主要操作。

1. 新建序列

在装配序列任务环境中，从菜单栏的【任务】菜单中选择【新建序列】命令，或者在【装配序列】工具栏中单击【新建序列】按钮，则创建一个新的序列。该序列以默认名称显示在【设置关联序列】下拉列表框中。

一个序列分为一系列步骤，每个步骤代表装配或拆卸过程中的一个阶段。

2. 插入运动

在【序列工具】工具栏中单击【插入运动】按钮，打开【记录组件运动】工具栏。利用该工具栏，结合设计要求和系统提示，将组件拖动或旋转成特定状态，从而完成插入运动操作。

3. 记录摄像位置

记录摄像位置是很实用的一个操作，它可以将当前视图方位和比例作为一个序列步骤进行捕捉。通常把视图调整到较佳的观察位置并进行适当放大，此时在【序列工具】工具栏中单击【记录摄像位置】按钮，即可完成记录位置操作。

4. 拆卸与装配

在【序列工具】工具栏中单击【拆卸】按钮，系统弹出【类选择】对话框。从组件中选择要拆卸的组件，然后单击【确定】按钮，完成一个拆卸步骤。如果需要，继续使用同样的方法创建其他的拆卸步骤。

装配步骤与拆卸步骤是相对的，两者的操作方法类似。要创建装配步骤，则在【序列工具】工具栏中单击【装配】按钮，然后选择要装配的组件即可。

在单个序列步骤中，可以进行一起拆卸和一起装配等操作。以一起拆卸为例，首先选择要一起拆卸的多个组件，然后单击【序列工具】工具栏中的【一起拆卸】按钮即可。

5. 回放装配序列

可利用【序列回放】工具栏进行回放装配序列的操作。例如：

(1) 在【装配序列】工具栏中的【设置关联序列】下拉列表框中选定一个要回放的序列作为关联序列。

（2）在【序列回放】工具栏的【回放速度】下拉列表框中设置回放速度，然后单击【向前播放】按钮，则按前进顺序播放序列中的所有帧。也可单击【序列回放】工具栏中的其他按钮进行回放操作。

6. 删除序列

对于不满意的序列，用户可以将其删除。

第七节　产品装配实例

本例为创建 SKQ-01 靶架运移组件→SKQ-01-02→SKQ-01-02-00 X 向驱动组件部分，如图 5-46 所示。

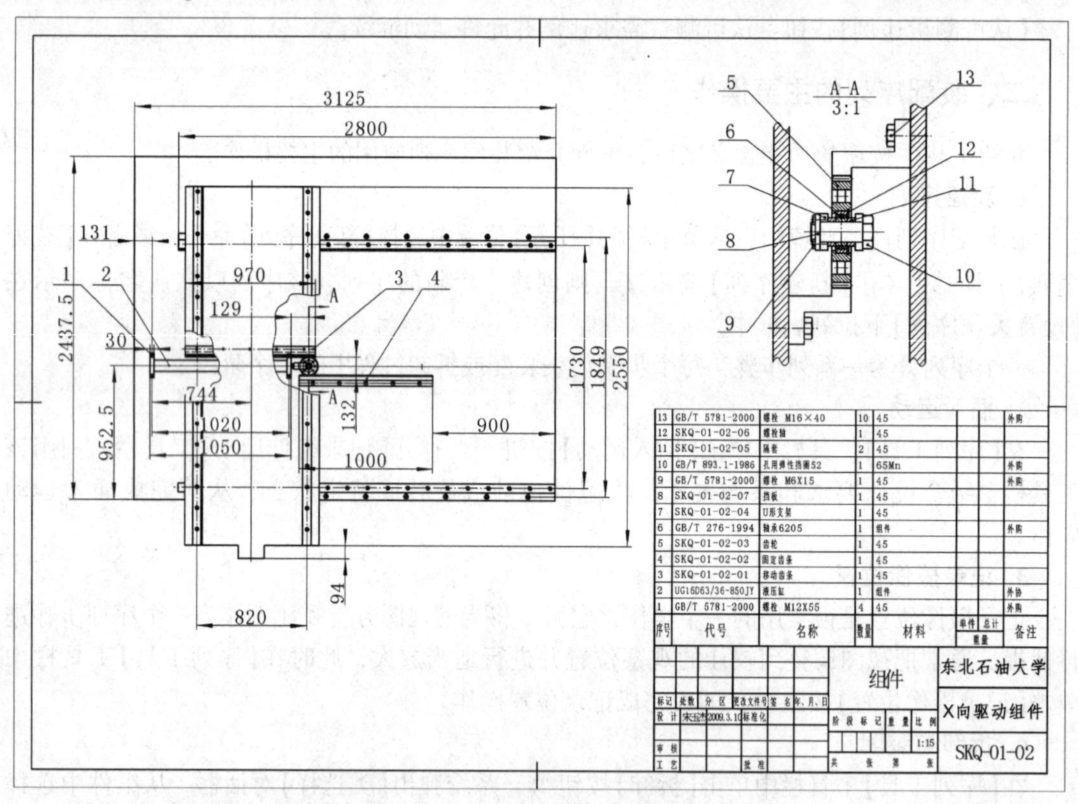

图 5-46　SKQ-01 靶架运移组件图

如图 5-47 所示，装配好的三维模型包括齿轮、移动齿条、固定齿条、轴承、弹性挡圈、隔套、螺栓轴、U 形支架、液压缸、挡板和 M6 螺栓等零件。齿轮在液压缸活塞杆的推动下沿着固定齿条边旋转边向前移动，从而带动移动齿条向前移动。

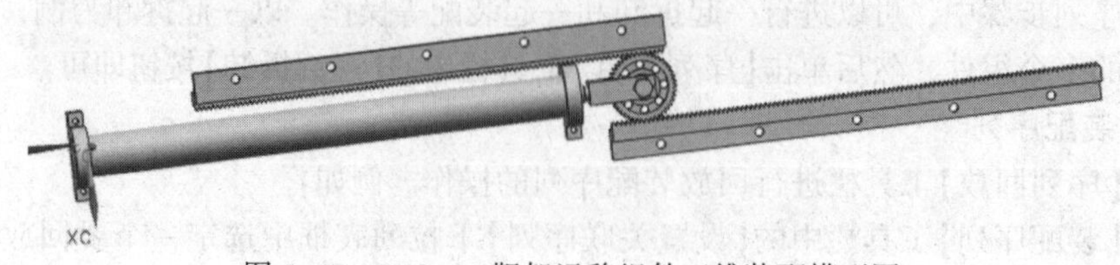

图 5-47　SKQ-01 靶架运移组件三维装配模型图

一、操作步骤

新建一个装配文件。打开 UG NX 8.0 后，点击新建，在新建列表框中，选择装配，给这个装配文件命名为 SKQ-01-02xqudong_asm1. prt。装配文件名不含中文字符，且文件名一般应具有一定的意义，应容易识别。给定文件存放路径 F：\ SKQ-01 \ 。注意：这个文件必须和所需要的零件模型放在相同路径下的同一文件夹内。定义好后点击【确定】按钮进入装配界面。如图 5-48 所示。

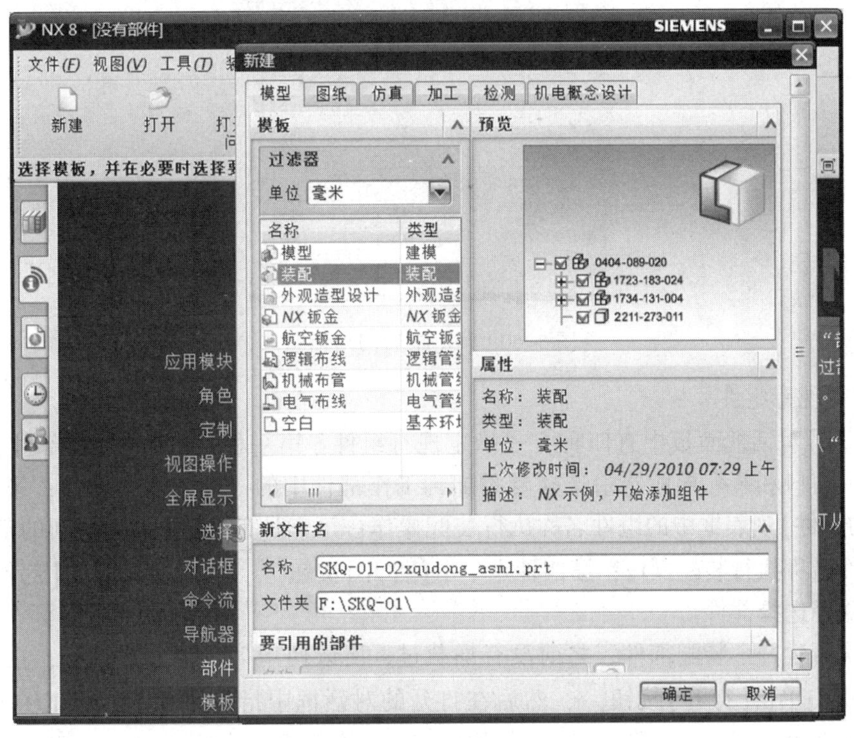

图 5-48 UG NX 8.0 装配界面

1. 定位组件齿轮

在主菜单上选择命令【装配】→【组件】→【添加组件】，或者是在装配工具栏中点击图标 ，如图 5-49 所示，系统同时将会打开【添加组件】对话框，如图 5-50 所示。

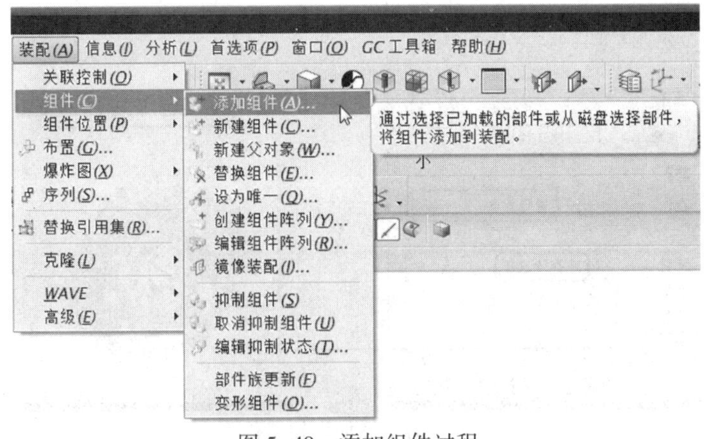

图 5-49 添加组件过程

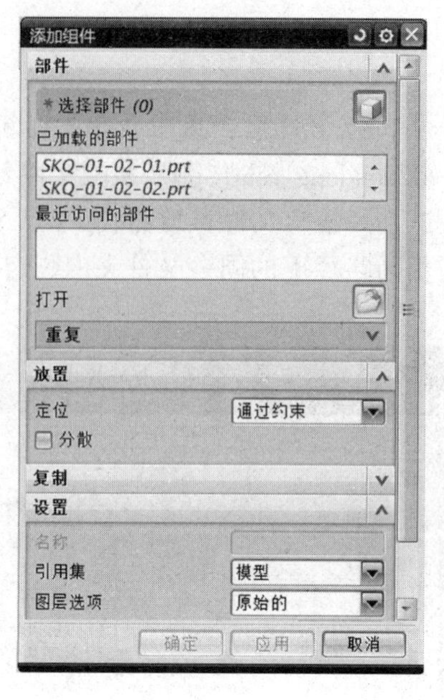

图 5-50 【添加组件】对话框

1）指定现有组件

在【部件】对话框面板中有四种方式指定现有组件：第一种是单击【选择部件】按钮，可以从图形窗口和装配导航器中选择要添加到工作部件中的一个或多个部件；第二种选择【已加载的部件】列表框中的组件名称执行装配操作；第三种是选择【最近访问的部件】列表框中的组件名称执行装配操作；第四种是单击【打开】按钮，然后在打开的【部件名】对话框中指定路径选择部件。

因为是新建一个装配部件，之前没有加载过，所以使用第四种方式打开，在对话框的【部件】面板中单击【打开】按钮，然后在打开的对话框中指定路径 F：\ SKQ-01 \ 文件夹，选择部件里的 SKQ-01-02-03. prt 齿轮零件，如图 5-51 所示。

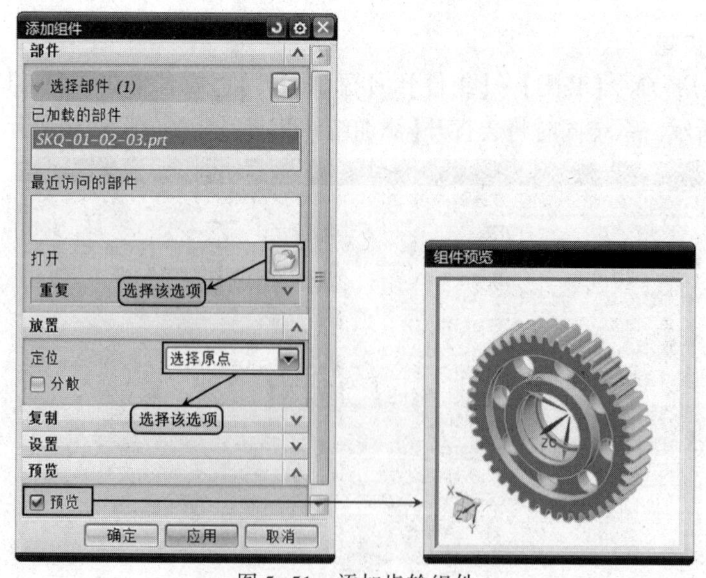

图 5-51 添加齿轮组件

2）设置定位方式

在该对话框中的【放置】面板中，可指定组件在装配中的定位方式。其设置方法是：单击【定位】列表框右方的小黑三角按钮▼，在弹出下拉列表框中包含执行定位操作的四种方式。

（1）绝对原点。将组件放置在绝对点(0，0，0)上。选择【绝对原点】选项，将按照绝对原点定位的方式确定组件在装配中的位置，执行定位的组件将与原坐标系位置保持一致。即首先选取一个组件为目标组件，将其定位方式设置为【固定】，此组件固定在装配体环境中，这里所讲的固定并非真正的固定，仅仅是一种定位方式。

（2）选择原点。将组件放置在所选的点上。选择【选择原点】选项，将通过指定原点定位的方式确定组件在装配中的位置，这样该组件的坐标系原点将与选取的点重合。

（3）通过约束。在指定初始位置后，打开装配约束对话框。选择【通过约束】选项，将按照配对条件确定组件在装配中的位置，包括设置接触对齐、同心、距离、固定、角度、中心等约束方式。

（4）移动组件。在定义初始位置后，可移动已添加的组件。

（5）分散复选框。选中该复选框后，可自动将组件放置在各个位置，以使组件不叠。

通常情况下添加第一个组件都是通过【选择原点】确定组件在装配体中的位置。即选择该选项并单击【确定】按钮，再打开点构造器确定其位置。

3）复制

确定是否要添加多个组件实例：对于装配体中重复使用的相同组件，可设置多重添加组件方式添加该组件，这样将避免重复使用相同的添加和定位方式，节省大量的设计时间。要执行多重添加组件操作，可单击【多重添加】列表框右方的小黑三角按钮▼，在弹出的下拉列表框中包含：无 - 仅添加一个组件实例，添加后重复 - 用于立即添加一个新添加组件的其他实例，添加后生成阵列 - 用于创建新添加组件的阵列，如果要添加多个组件，则此选项不可用。

4）设置

（1）整个部件。该缺省引用集表示整个部件，即引用部件的全部几何数据。在添加部件到装配中时，如果不选择其他引用集，缺省使用该引用集，如图 5-52 所示。

（2）空。该缺省引用集为空的引用集。空的引用集是不含任何几何对象的引用集，当部件以空的引用集形式添加到装配中时，在装配中看不到该部件。如果部件几何对象不需要在装配模型中显示，可使用空的引用集，以提高显示速度。

图 5-52 【设置】对话框

（3）模型。模型引用集是部件有实体和片体，忽略几何构造体的引用集。

2. 定位组件轴承

单击【装配】工具栏中的【添加组件】按钮，按照上一步的路径打开文件 SKQ-01-02-6205，并设置定位方式为【通过约束】，然后点击【应用】，弹出【装配约束】对话框。

（1）第一约束。点开【类型】列表框右方的小黑三角按钮▼，选择【接触对齐】约束类型，系统默认约束【方位】为【首选接触】方式，【选择两个对象】为桔色，选择两平面对象为参照时，这两个平面共面且法线方向相反。选择齿轮里的台阶面，再选择轴承的端面，点击【应用】按钮，接触定位约束成功，如图 5-53 所示。

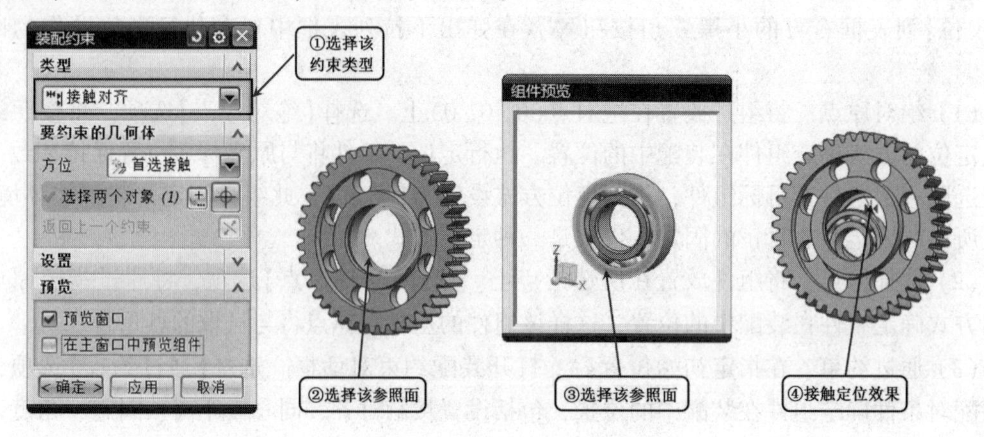

图 5-53　定位轴承组件第一约束

如果此处点击了【确定】按钮，就跳出了约束对话框。

（2）第二约束。单击【方位】列表框右方的按钮▼，选择【自动判断中心/轴】方式，选择轴承中心轴，再选择齿轮的中心轴，两轴自动重合，这样就能保证轴承和齿轮的正确位置，如图 5-54 所示。

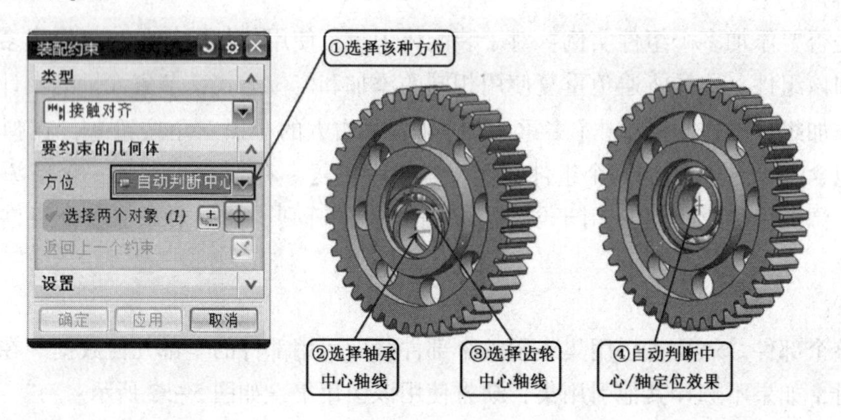

图 5-54　定位轴承组件第二约束中心重合

3. 定位组件弹性挡圈

弹性挡圈要装在齿轮的内部环槽里边，但装上轴承后环槽端面不易找，为了方便装配弹性挡圈，可以先把轴承隐藏起来，在【装配约束导航器】或者在图中直接选中轴承零件，单击右键弹出下拉菜单选择隐藏，如图 5-55 所示。

单击【装配】工具栏中的【添加组件】按钮，按照上一步的路径打开文件 SKQ-01-02-tanxingdangquan52. prt，并设置定位方式为【通过约束】，然后点击【应用】，弹出【装配约束】对话框。

（1）第一约束。点开【类型】列表框右方的小黑三角按钮▼，选择【接触对齐】约束类型，选择齿轮里的环槽端面，再选择弹性挡圈的上表面，点击【应用】按钮，接触定位约束成功，如图 5-56 所示。

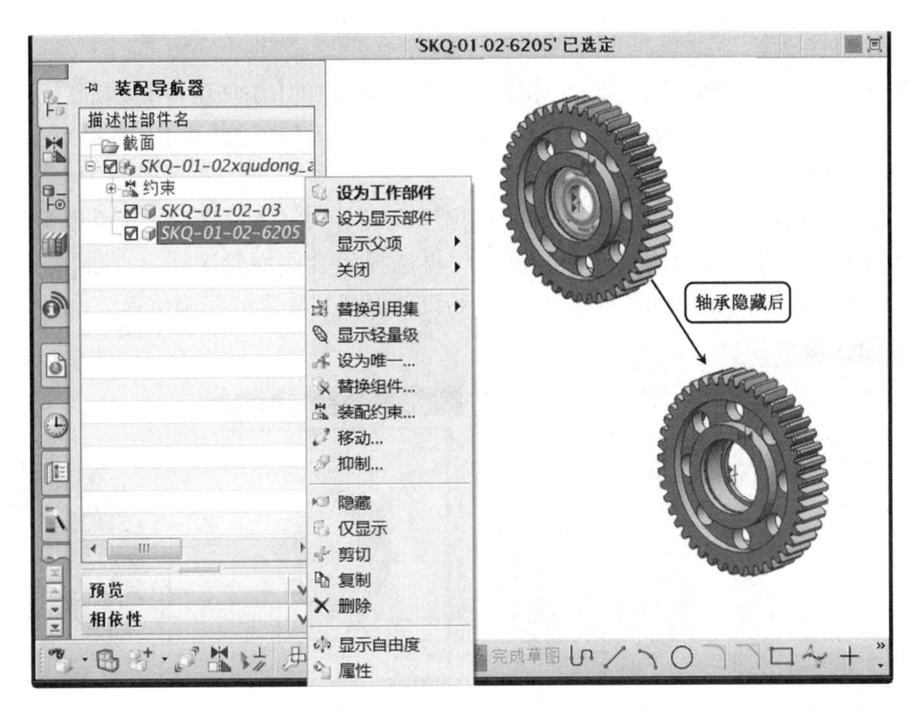

图 5-55　隐藏轴承组件

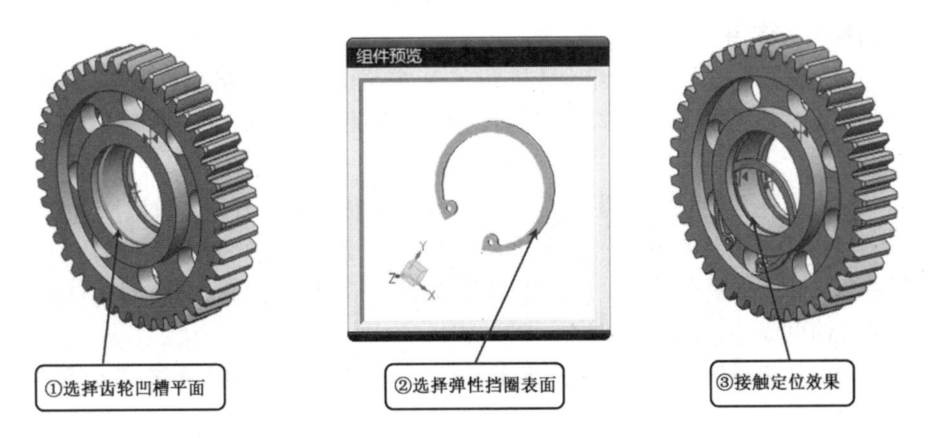

图 5-56　定位弹性挡圈组件第一约束

（2）第二约束。选择【自动判断中心/轴】方式，选择齿轮中心轴，再选择弹性挡圈中心轴，两轴自动重合，这样就保证了弹性挡圈和齿轮的正确位置。用和隐藏轴承相同的方法把轴承显示出来。

4. 定位组件隔套

按照图纸，应该装配两个隔套。单击【装配】工具栏中的【添加组件】按钮，按照上一步的路径打开文件 SKQ-01-02-05. prt，并设置定位方式为【通过约束】，然后点击【应用】，弹出【装配约束】对话框。

第一约束：点开【类型】列表框右方的小黑三角按钮，选择【同心】约束类型，选择【首选接触】方式，选择轴承内圈端面轮廓边，再选择隔套端面轮廓线，点击【应用】按钮，同心约束成功，如图 5-57 所示。这样用一个约束就保证了隔套的正确位置。

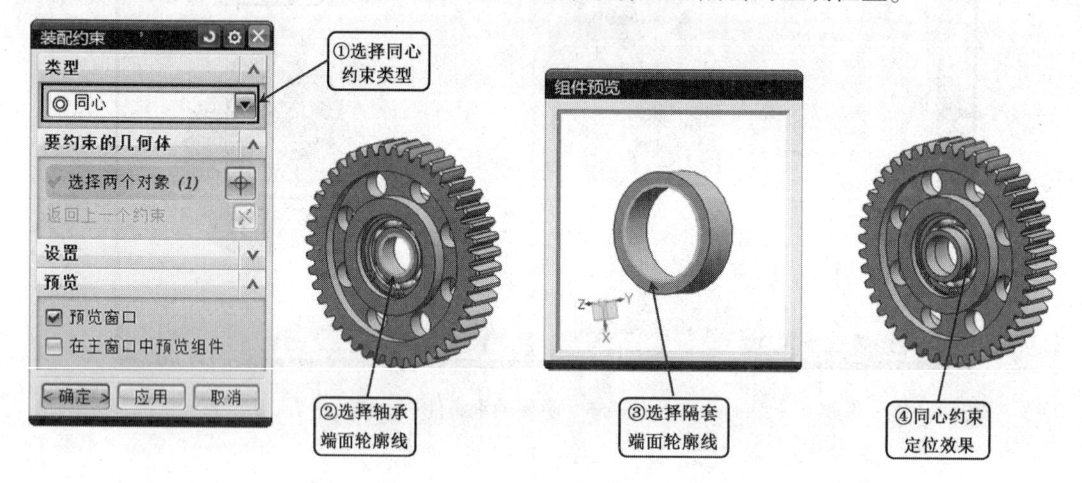

图 5-57　定位隔套组件同心约束

按照上述定位组件 4 的方法，在轴承的另一侧添加定位组件隔套。

5. 定位组件 U 形支架

单击【装配】工具栏中的【添加组件】按钮，按照上一步的路径打开 U 形支架文件 SKQ-01-02-04. prt，并设置定位方式为【通过约束】，然后点击【应用】，弹出【装配约束】对话框。

（1）第一约束。点开【类型】列表框右方的小黑三角按钮，选择【接触对齐】约束类型，选择【首选接触】方式，要注意看图，U 形支架不带 5 个螺栓孔的一侧装在弹性挡圈的这一侧，选择靠弹性挡圈近的隔套端面，再选择 U 形支架不带螺栓孔的内侧表面，点击【应用】按钮，接触定位约束成功，如图 5-58 所示。

（2）第二约束。选择【自动判断中心/轴】方式，选择隔套中心轴，再选择 U 形支架侧面大孔，两轴自动重合。

（3）第三约束。为了下一步顺利装配，我们再加一个约束，要求齿轮的中轴面和 U 形支架的端面平行。装配时默认引用集为【模型】，在装配导航器中选中 SKQ-01-02-03 齿轮零件单击右键，菜单栏中选择【替换引用集】，选择整个部件，如图 5-59 所示。

可以看到齿轮的基准平面。添加装配约束按钮，弹出【装配约束】对话框，点开【类型】列表框右方的小黑三角按钮，选择【平行】约束类型，选择 U 形支架的左端面，再选择齿轮中轴基准面，点击【应用】按钮，平行约束成功，如图 5-60 所示。

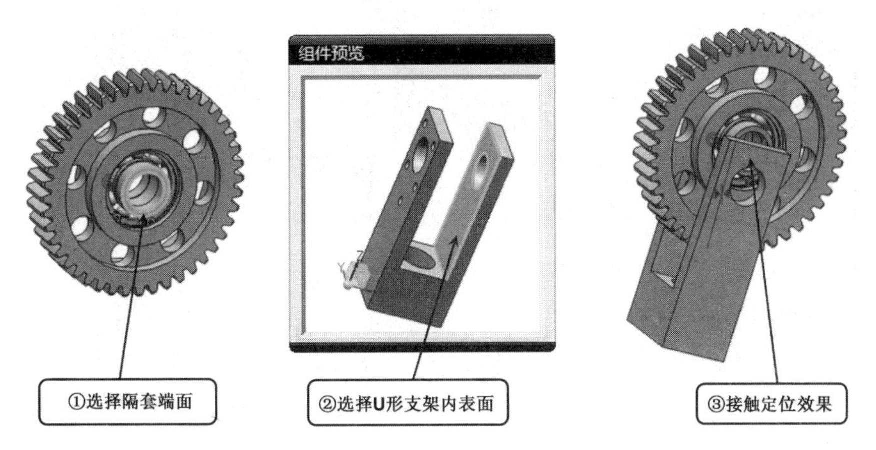

图 5-58　定位 U 形支架接触定位

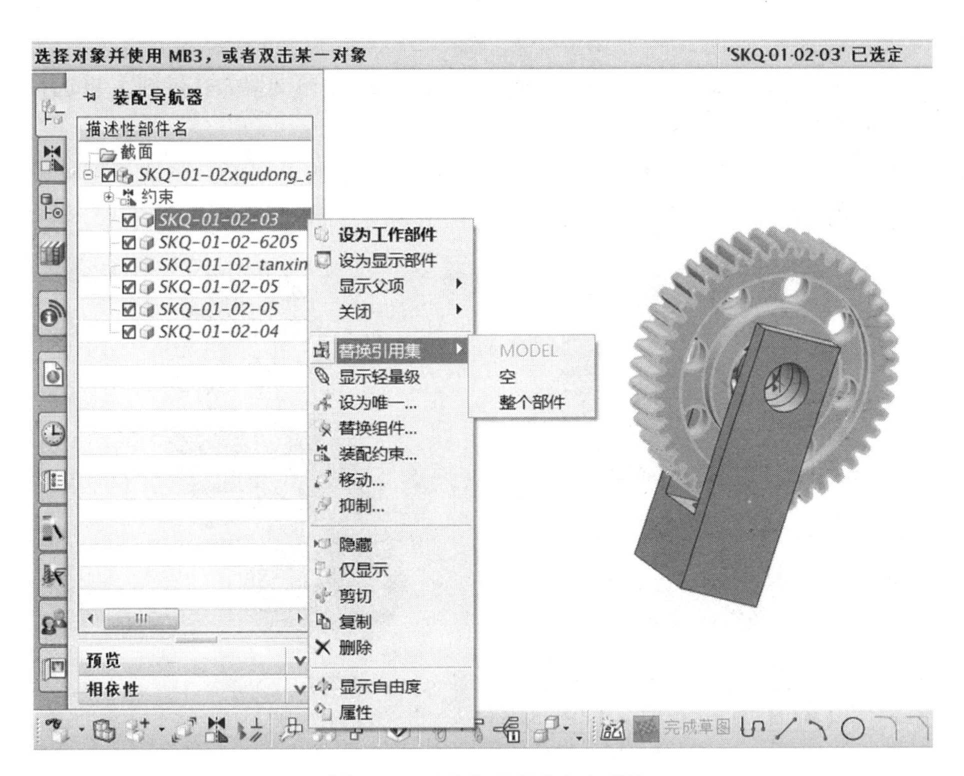

图 5-59　【替换引用集】过程图

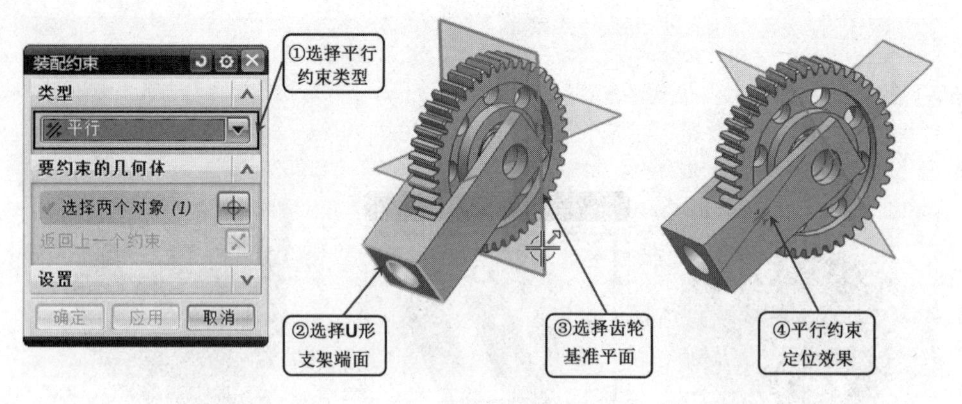

图 5-60　U 形支架和齿轮的平行约束

6. 定位组件螺栓轴

单击【装配】工具栏中的【添加组件】按钮，按照上一步的路径打开 U 形支架文件 SKQ-01-02-06. prt，并设置定位方式为【通过约束】，然后点击【应用】，弹出【装配约束】对话框。

(1) 第一约束。点开【类型】列表框右方的小黑三角按钮，选择【接触对齐】约束类型，选择【首选接触】方式，要注意看图，U 形支架不带 5 个螺栓孔的一侧装在弹性挡圈的这一侧，选择靠近弹性挡圈的隔套端面，螺栓轴头内端面，点击【应用】按钮，接触定位约束成功。

(2) 第二约束。选择【自动判断中心/轴】方式，选择 U 形支架大孔轴线，再选择螺栓轴轴线，两轴自动重合。

(3) 第三约束。选择【平行】约束类型，选择 U 形支架的上端面，再选择螺栓轴定位槽平面，点击【应用】按钮，平行约束成功，如图 5-61 所示。

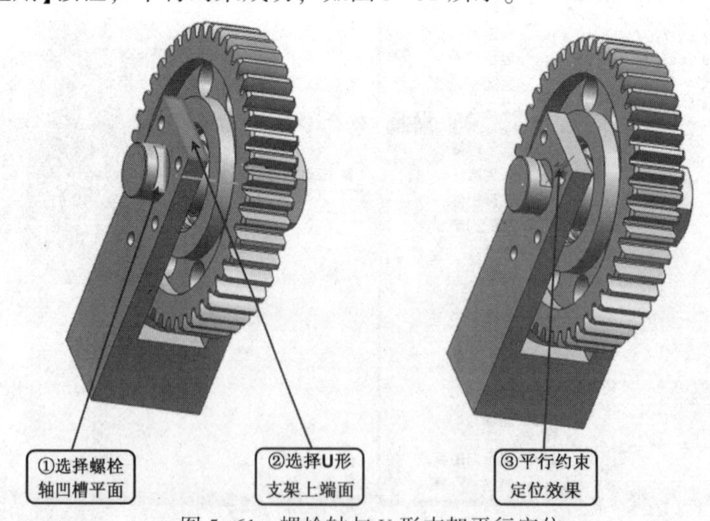

图 5-61　螺栓轴与 U 形支架平行定位

7. 定位组件大挡板

单击【装配】工具栏中的【添加组件】按钮，按照上一步的路径打开大挡板文件 SKQ-01-02-07da. prt，并设置定位方式为【通过约束】，然后点击【应用】，弹出【装配约束】对话框。

(1) 第一约束。点开【类型】列表框右方的小黑三角按钮，选择【接触对齐】约束类型，选择【首选接触】方式，螺栓轴下定位槽的底面，挡板的上端面，点击【应用】按钮，接触定位约束成功。

(2) 第二约束。选择【接触对齐】约束类型，选择挡板的带孔的大表面，再选择 U 形支架外侧表面，点击【应用】按钮，接触定位约束成功。

(3) 第三约束。【自动判断中心/轴】方式，选择 U 形支架小螺栓孔轴线，再选择挡板相应位置孔的轴线，两轴自动重合。

8. 定位组件小挡板

按照上述定位大挡板的方法，在螺栓轴的上侧装配小挡板。

9. 定位组件 M6 螺栓

单击【装配】工具栏中的【添加组件】按钮，按照上一步的路径打开 M6 螺栓文件 SKQ-01-02-M6-16. prt，并设置定位方式为【通过约束】，然后点击【应用】，弹出【装配约束】对话框。

(1) 第一约束。选择【接触对齐】约束类型，选择【首选接触】方式，选择 M6 螺栓头的内端面，再选择小挡板的侧表面，点击【应用】按钮，接触定位约束成功。

(2) 第二约束。【自动判断中心/轴】方式，选择小挡板螺栓孔轴线，再选择 M6 螺栓的轴线，两轴自动重合。如图 5-62 所示。

10. 定位其他 4 个 M6 螺栓

此处共有 4 个螺栓，创建组件阵列。

在主菜单上选择命令【装配】→【组件】→【创建组件阵列】，或者是在装配工具栏中点击图标，系统同时将会打开【类选择】对话框，选择 M6 螺栓对象，如图 5-63 所示，单击【确定】，弹出【创建组件阵列】对话框，【阵列定义】列表框里选择【线性】，如图 5-64 所示，单击【确定】，在弹出的【方向定义】列表框里选择【边】，选择小挡板横向一边，再选择纵向一边，选中后箭头为正方向，按照图 5-65 的要求在下边的总数和偏置对话框里分别填上 (2，30) 和 (2，-33)，如图 5-66 所示。

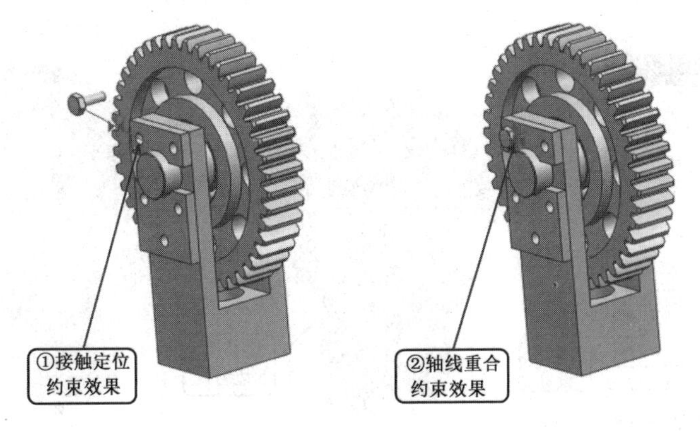

图 5-62　定位 M6 螺栓组件图

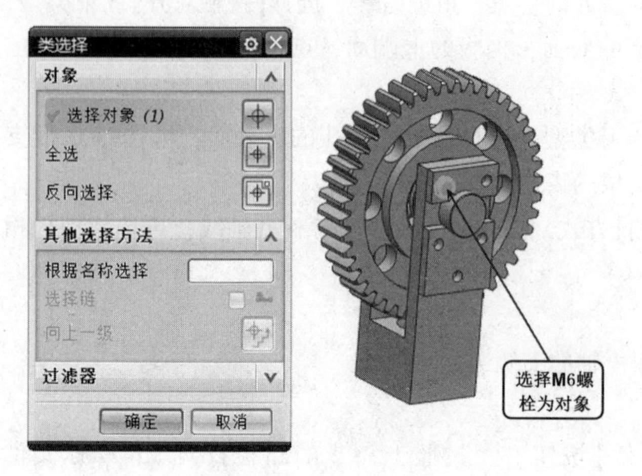

图 5-63 【类选择】对话框及选择对象

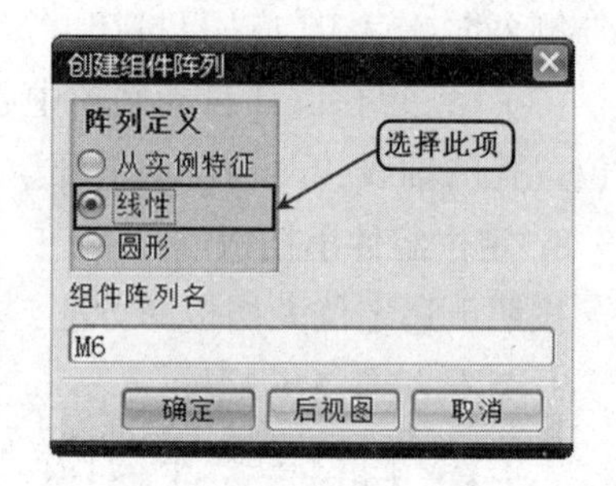

图 5-64 【创建组件阵列】对话框

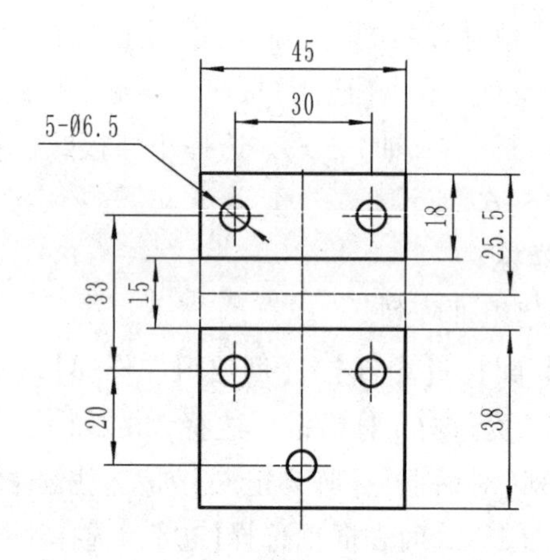

图 5-65 定位 M6 螺栓组件设计图

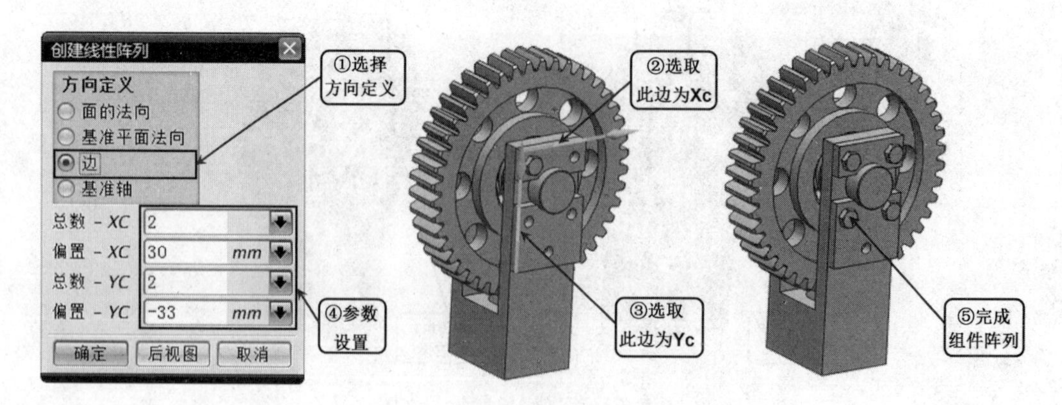

图 5-66 创建 M6 螺栓组件陈列

最后再按照装配第一个 M6 螺栓的方法，装配第五个螺栓到剩下的孔位置。

11. 定位组件固定齿条

单击【装配】工具栏中的【添加组件】按钮，按照上一步的路径打开固定齿条文件 SKQ-01-02-02. prt，并设置定位方式为【通过约束】，然后点击【应用】，弹出【装配约束】对话框。

（1）第一约束。选择【接触对齐】约束类型，选择【对齐】方式，选择齿轮上与螺栓轴帽同侧的端面，再选择固定齿条一端面，如图 5-67 所示，点击【应用】按钮，接触定位约束成功。

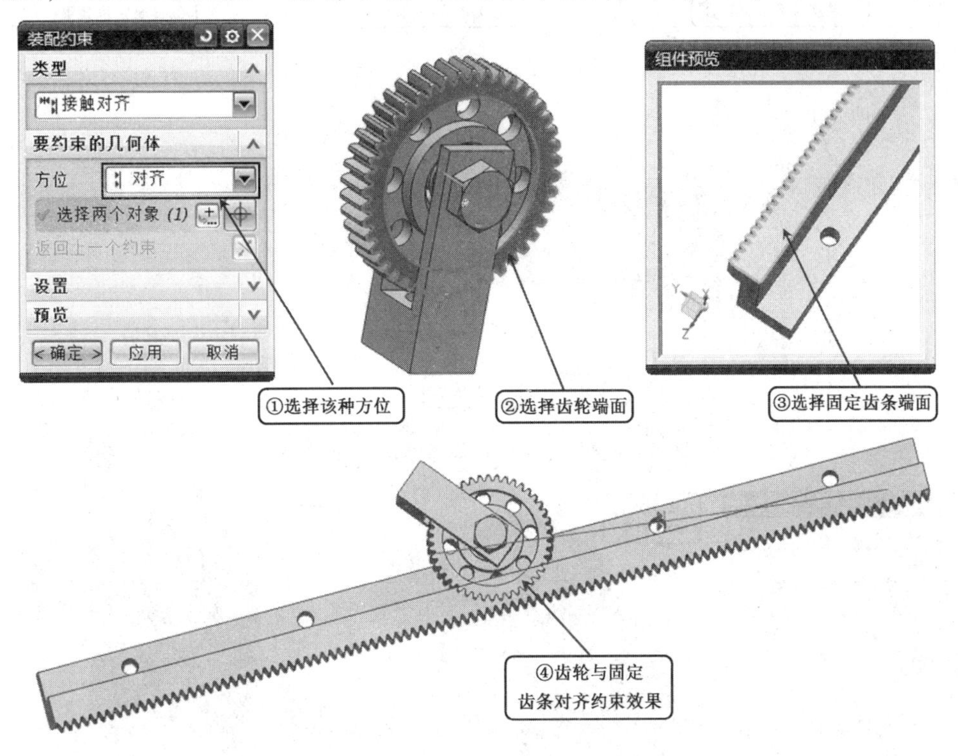

图 5-67 齿轮与固定齿条的对齐约束

（2）第二约束。选择【接触对齐】约束类型，【首选接触】方式，选择固定齿条现有的一基准平面，再选择齿轮上与 U 形支架的端面平行的基准平面，点击【应用】按钮，接触定位约束成功。这时方位可能不是正确的，可以点击反向按钮，改变方位，如图 5-68 所示。

（3）第三约束。选择【距离】约束类型，选择齿轮与齿条平行的基准平面，再选择齿条的一侧面，此时距离为 49. 11，根据齿轮和齿条啮合关系将实际距离设定为 99. 75，点击【应用】按钮，距离定位约束成功，这时默认的位置可能与设计不同，点击【装配约束】对话框中【循环上一个约束】按钮，得到正确的约束效果如图 5-69 所示。

12. 定位组件移动齿条

按照和上面装配固定齿条相同的方法装配移动齿条。

13. 定位组件液压缸活塞杆

单击【装配】工具栏中的【添加组件】按钮，按照上一步的路径打开液压缸活塞文件 SKQ-01-02-yeyaganghuosai. prt，注意这里设置引用集为整个部件，并设置定位方式为【通过约束】，然后点击【应用】，弹出【装配约束】对话框。

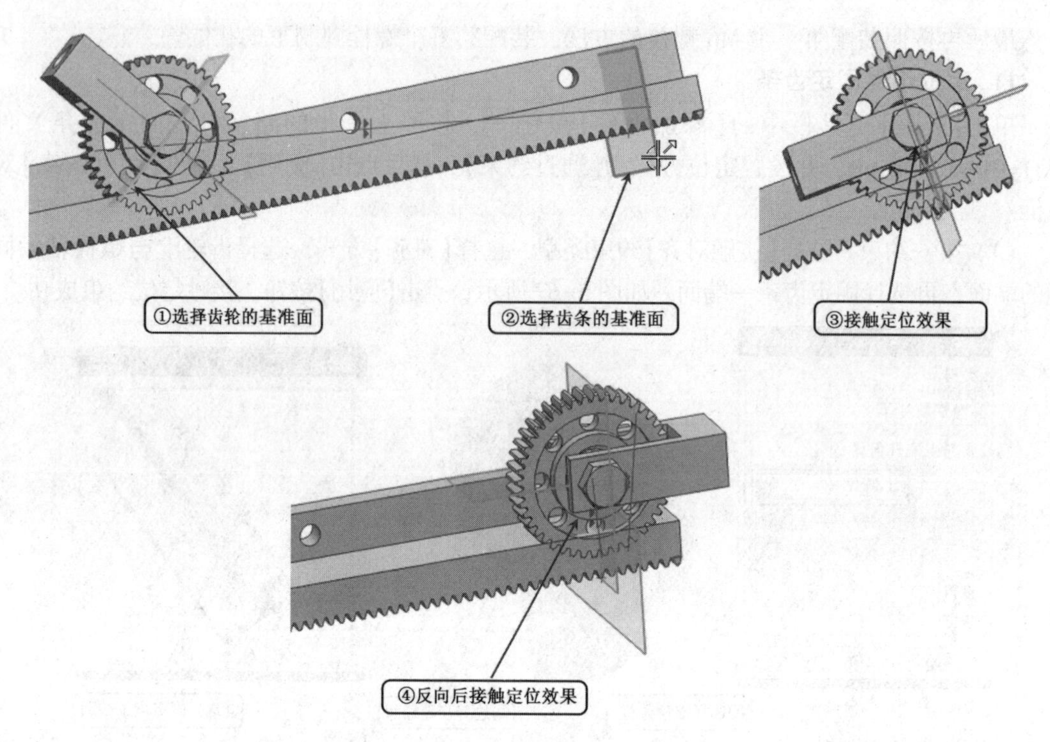

图 5-68　齿轮和固定齿条基准平面重合

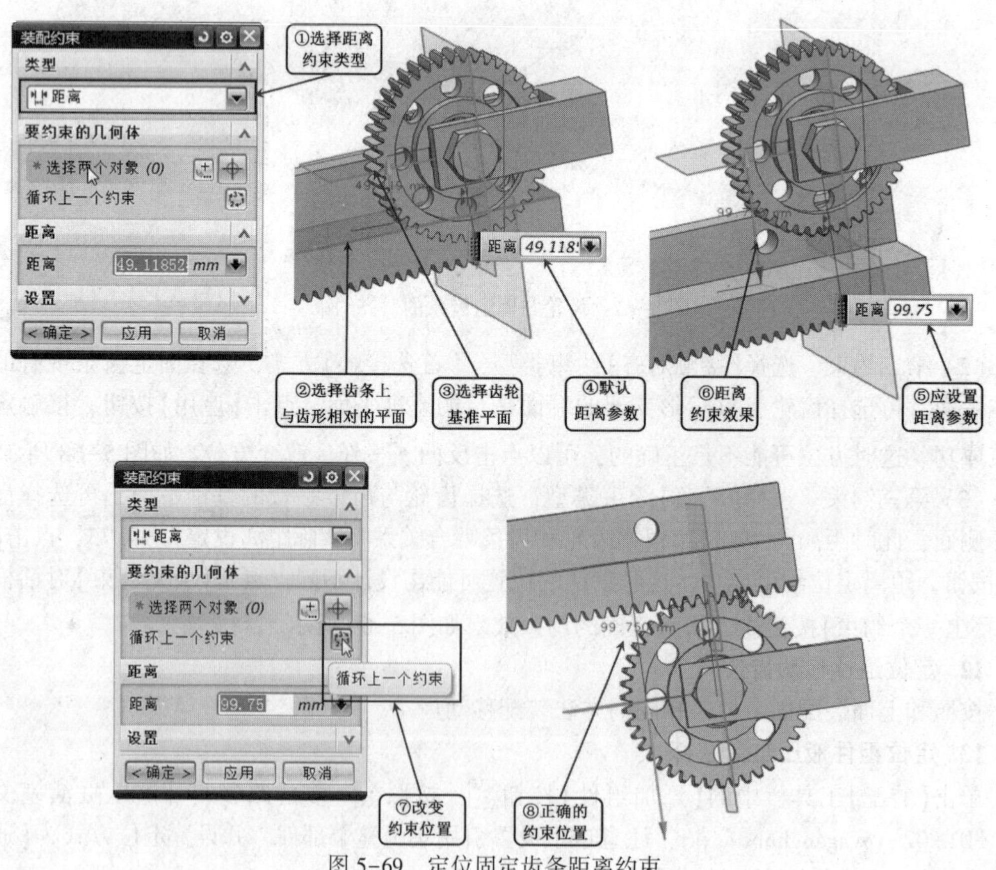

图 5-69　定位固定齿条距离约束

（1）第一约束。选择【接触对齐】约束类型，选择【首选接触】方式，选择液压缸活塞的台阶面，再选择U形支架的端面，如图5-70所示。

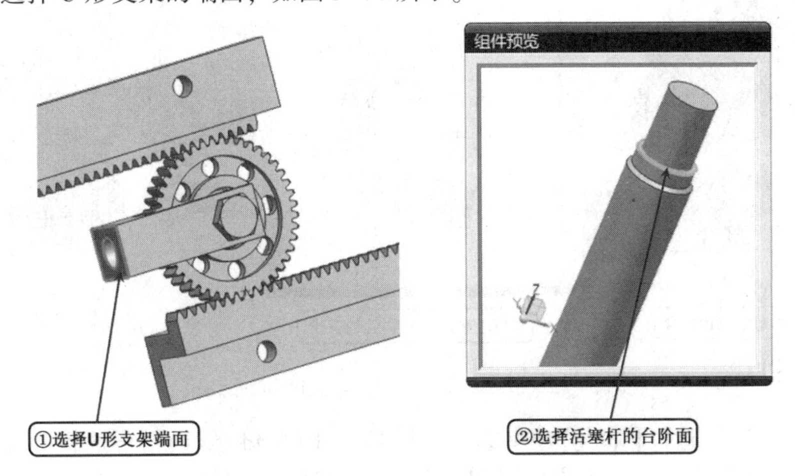

图5-70　定位液压缸活塞杆第一约束图

（2）第二约束。选择【自动判断中心/轴】方式，选择U形支架大螺栓孔轴线，再选择活塞杆轴线，两轴自动重合，点击【应用】，保证了活塞杆的正确位置。

14. 定位组件液压缸缸套

单击【装配】工具栏中的【添加组件】按钮，按照上一步的路径打开液压缸缸套文件SKQ-01-02-yeyaganggangtao. prt，注意这里设置引用集为整个部件，并设置定位方式为【通过约束】，然后点击【应用】，弹出【装配约束】对话框。

第一约束。选择【同心】约束类型，选择液压缸活塞草图圆，再选择液压缸缸套端面轮廓线，如图5-71所示，点击【应用】。保证了液压缸的正确位置。

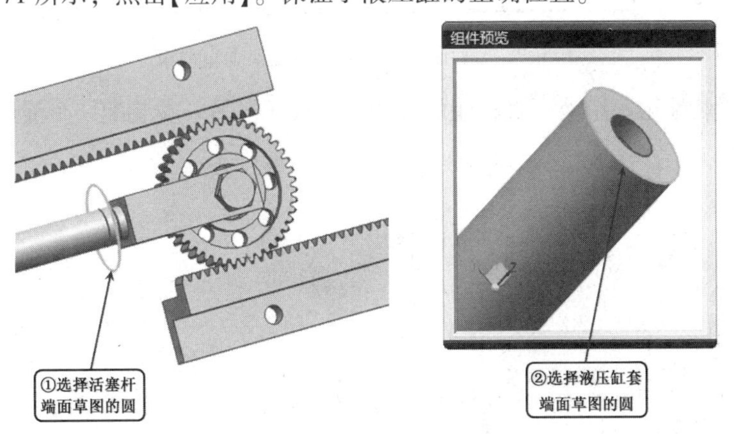

图5-71　液压缸缸套与活塞同心约束

15. 定位组件液压缸缸座

单击【装配】工具栏中的【添加组件】按钮，按照上一步的路径打开液压缸缸套文件SKQ-01-02-yeyaganggangzuo. prt，注意这里设置引用集为整个部件，并设置定位方式为【通过约束】，然后点击【应用】，弹出【装配约束】对话框。

（1）第一约束。选择【同心】约束类型，选择液压缸缸套端面轮廓线，再选择液压缸缸座内孔轮廓线，如图5-72所示，点击【应用】。

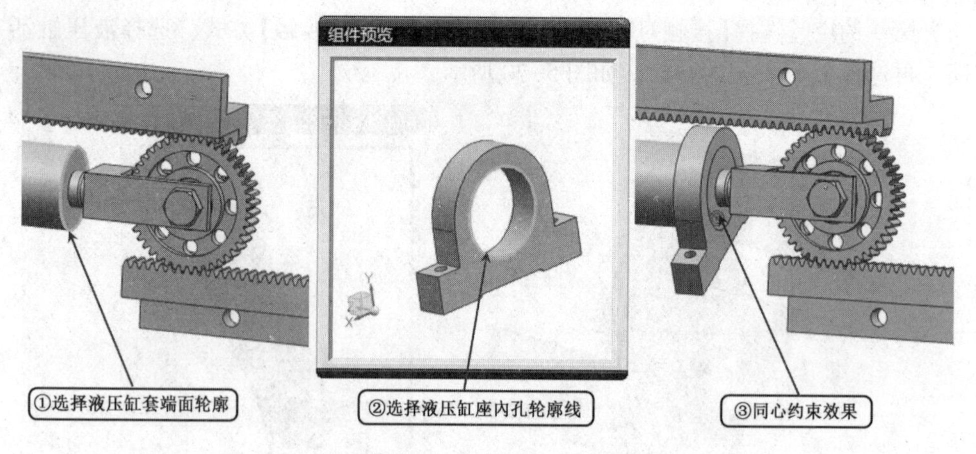

图 5-72　液压缸缸套与液压缸缸座同心约束

(2) 第二约束。选择【垂直】约束方式，选择液压缸缸座侧面，再选择 U 形支架侧面，如图 5-73 所示，两面垂直，点击【应用】，保证了液压缸缸座的正确位置。

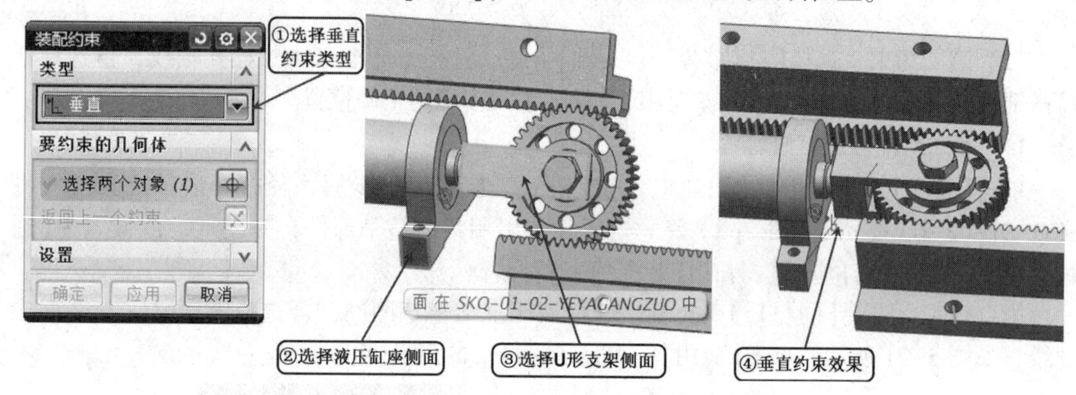

图 5-73　液压缸缸座和 U 形支架垂直约束

最后再按照装配第一个液压缸缸座的方法，在液压缸另一端装配一个液压缸缸座。

第六章　运动仿真

运动仿真是 UG NX 8.0/CAE(Computer Aided Engineering)模块中的主要部分，它能对任何二维或三维机构进行复杂的运动学分析、动力分析和设计仿真。通过 UG NX 8.0 的建模功能建立一个三维实体模型，利用运动分析功能给三维实体模型的各个部件赋予一定的运动学特性，再在各部件之间设立一定的连接关系即可建立一个运动仿真模型。

第一节　建立运动仿真环境

在 UG NX 8.0 中打开要进行运动仿真的装配文件，选择工具栏上的【开始】工具栏→【运动仿真】，如图 6-1 所示。

进入运动仿真模块后，需要建立新的仿真环境才能激活运动仿真功能。界面左侧为【运动导航器】，其中的树状结构显示运动仿真操作导航与顺序步骤。右击其中的装配主模型名称，选择【新建仿真】，弹出【环境】对话框如图 6-2 所示。

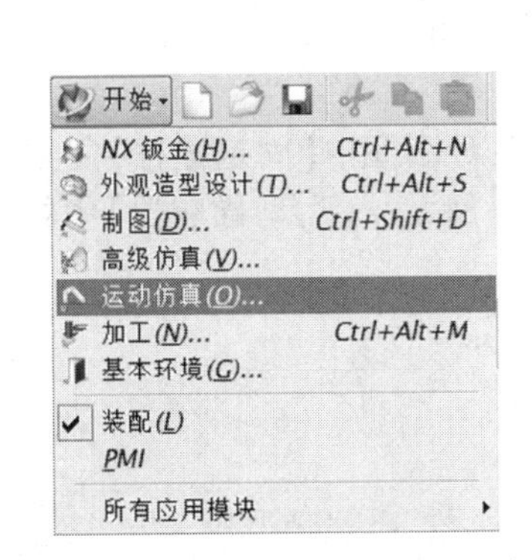

图 6-1　从【开始】工具栏进入【运动仿真】

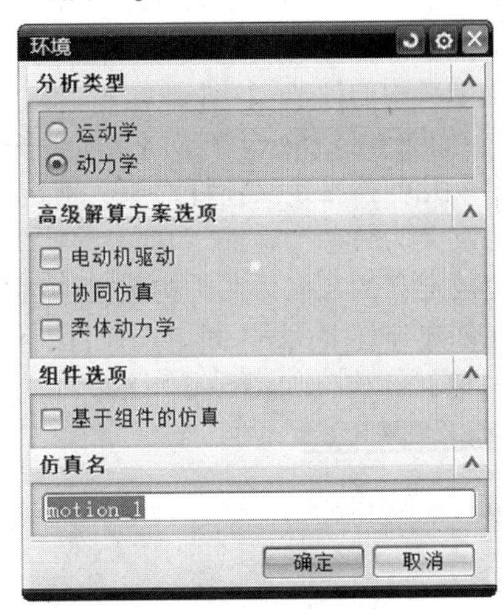

图 6-2　【环境】对话框

对话框【分析类型】栏中的【运动学】选项表示对机构进行运动仿真并且获得机构运动的位移、速度和加速度等数据。在机构存在自由度或者初始力、力矩的情况下不能应用【运动学】进行分析。当机构具有一个或多个自由度或者存在初始载荷时，应选择【动力学】选项。

在【高级解算方案选项】中，【电动机驱动】可以创建由开环或者闭环系统控制的电动机，用以模拟永磁直流电机的可变调速；【协同仿真】是一个集成求解器，能够在 UG NX 8.0 运动仿真模块和 MATLAB Simulink 中运行，从而实现闭环的系统分析。

选择【动力学】选项，单击【确定】按钮创建运动仿真环境，运动方案的名称默认为【motion_1】，同时【运动】工具栏为激活状态，如图 6-3 所示。

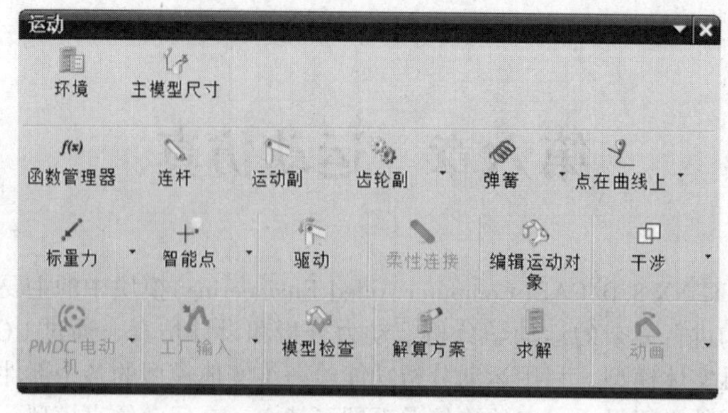

图 6-3 【运动】工具栏

第二节 连 杆

一、创建连杆

连杆是机构的基本运动单元，也是机构中基本的刚性特征体。创建连杆时需定义连杆的几何体。当若干几何体作为一个运动单元进行整体运动时，可以将这些几何体定义成一个连杆，但是同一个几何体不能定义到两个连杆上。某些情况下固定不动的机构也需要定义为一个连杆，如机体支架等。

选择菜单栏中的【插入】→【链接】命令，或者单击工具栏中的（连杆）按钮，弹出【连杆】对话框，如图 6-4 所示。在对话框【名称】栏中可以输入所定义连杆的名称。在图形中选择一个或多个几何体来定义连杆对象，被定义过的几何体在下一次定义连杆时将不再高亮显示，即无法定义为另一个连杆。

若要使被定义的几何体在机构运动中固定不动，在对话框中【固定连杆】复选框前打上√，此时在创建连杆上出现【固定连杆】图标，如图 6-5 所示。【运动导航器】中将自动创建【固定连杆】树状结构，如图 6-6 所示。

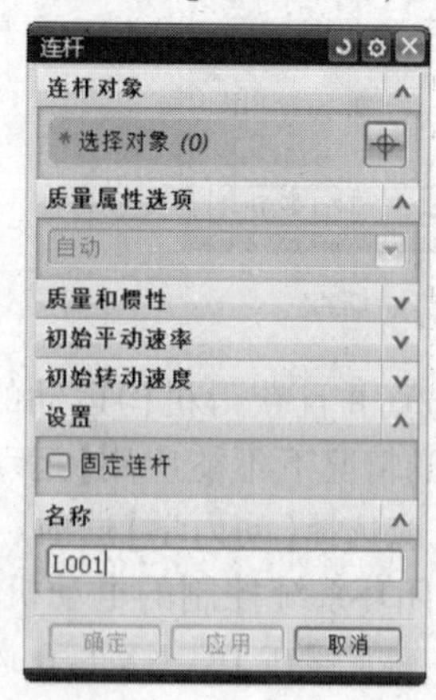

图 6-4 【连杆】对话框

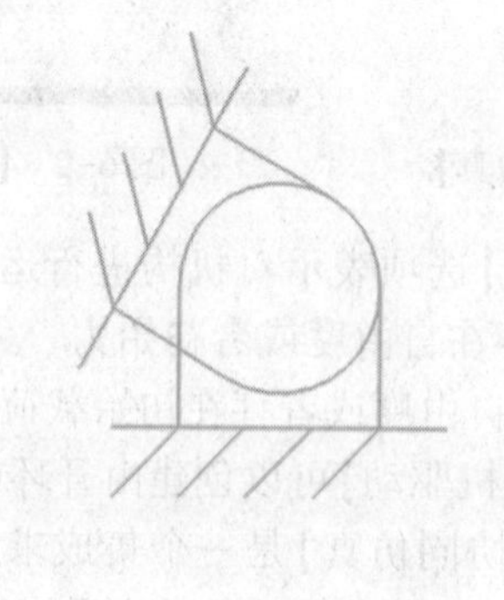

图 6-5 【固定连杆】图标

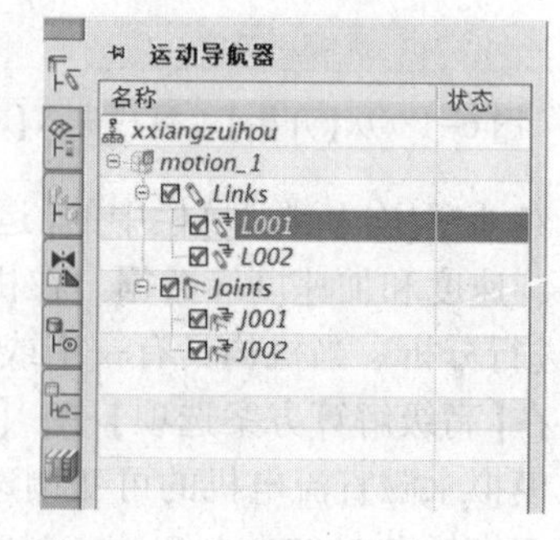

图 6-6 【固定连杆】的树状结构

二、连杆属性

1. 质量属性选项

质量属性可以用来计算结构中的反作用力。当结构中的连杆没有质量特性时，不能进行动力学分析和反作用力的静力学分析。连杆中的实体，可以按默认设置自动计算质量特性，在大多数情况下，这些默认计算值可以生成精确的运动分析结果。但在某些特殊情况下，用户必须人工输入这些质量特性。

在【连杆】对话框中可设置连杆的质量属性，设置选项如图 6-7 所示。质量属性有自动、用户定义与无三种选项：

【自动】：连杆将按照系统默认值自动计算与设置质量属性，在多数情况下能够生成精确的运动仿真结果。

【无】：表示连杆未设置质量属性，则不能进行动力学分析与静力学分析等。

【用户定义】：表示用户必须人工输入质量属性来否认系统默认值。在【质量和惯性】下拉选项中，通过点构造器或自动判断点的功能选择连杆质心，通过(CSYS 会话)或者(自动判断坐标系)定义惯性坐标系，然后定义对话框中的质量值，质量惯性矩 Ixx、Iyy 和 Izz，质量惯性矩积 Ixy、Ixz 和 Iyz。连杆质量惯性矩恒为正值，质量惯性矩积为任意值。

2. 初始速度选项

【初始速度】选项分为【初始平动速率】和【初始转动速度】，通过选择矢量来定义初始速度的方向，在对话框中输入初始速度的数值(单位默认为 mm/s)，如图 6-8 所示。这两项为可选项，可以不设定。

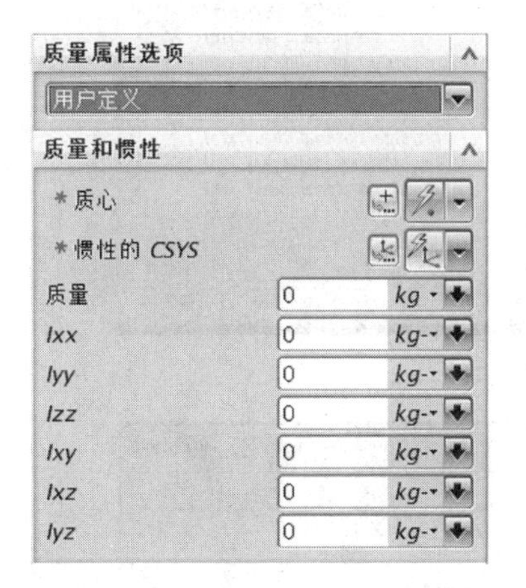

图 6-7 【质量属性】设置选项

图 6-8 【连杆初始速度】设置选项

3. 材料属性

材料属性直接决定了连杆质量和惯性矩，UG NX 8.0 的材料功能可以将材料库中的材料属性赋予机构中的连杆，并且支持用户定义材料属性。在用户未指定连杆的材料属性时，系统默认连杆的密度为 7.83×10^{-6}kg/mm^3。

选择菜单栏中的【工具】→【材料属性】命令，弹出【指派材料】对话框，如图 6-9 所示。对话框中【材料】下拉选项中显示能够添加到几何体的材料名称，如图 6-10 所示。选中某种材料，单击左下角信息按钮，系统将会以文本形式显示该种材料的详细信息，如图 6-11 所示。

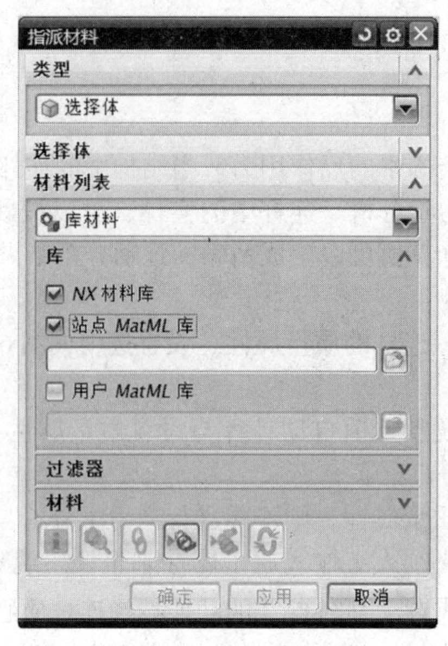

图 6-9 【指派材料】对话框

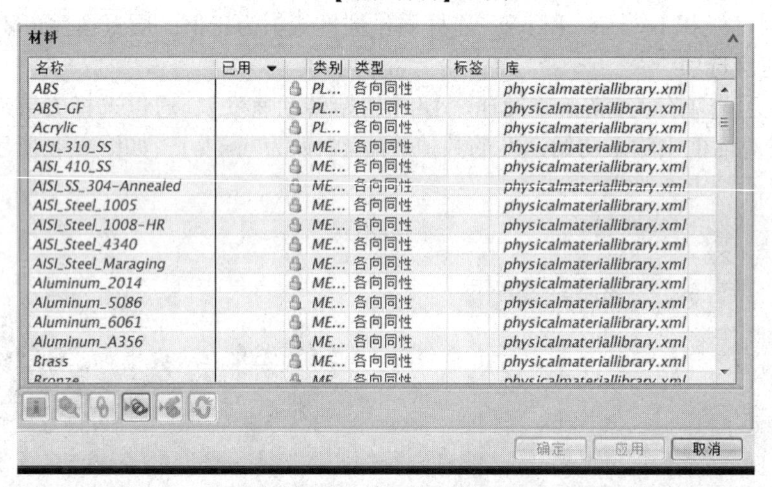

图 6-10 材料库选项

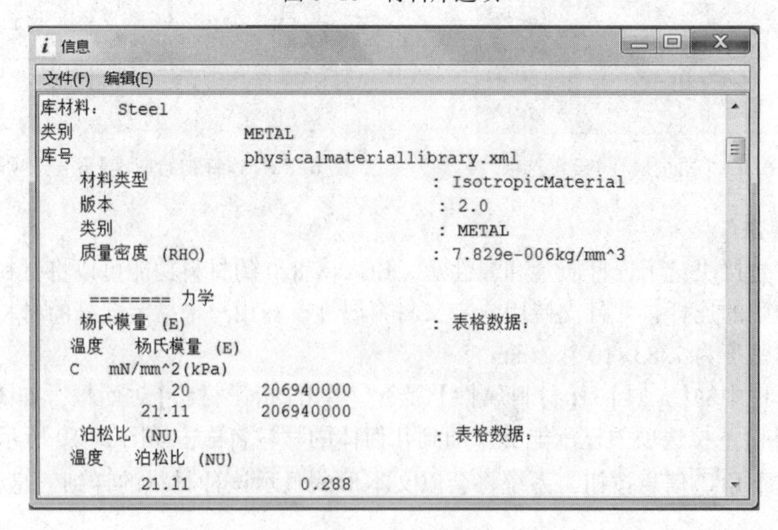

图 6-11 材料信息

选择需要施加材料属性的几何体，然后在【材料】下拉选项选择材料类别，单击【确定】将材料加载到文件中。

第三节　运动副

一、运动副定义

每一个无约束的三维空间连杆具有 6 个自由度，分别是：沿 X 轴方向移动、沿 Y 轴方向移动、沿 Z 轴方向移动、绕 X 轴方向转动、绕 Y 轴方向转动和绕 Z 轴方向转动。运动副的作用是限制连杆无用的运动，允许系统需要的运动。对连杆创建的运动副会约束连杆的一个或几个自由度，使得由连杆构成的运动链具有确定的运动。

二、运动副的类型

UG NX 8.0 运动仿真模块提供的常用的运动副类型有 11 种，表 6-1 为运动副的类型以及每种运动副约束的自由度数目。

表 6-1　运动副类型

运动副类型	符号	所约束的自由度数目	运动副类型	符号	所约束的自由度数目
旋转副		5	平面副		3
滑动副		5	齿轮副		1
柱面副		4	齿轮齿条副		1
螺旋副		5	线缆副		1
万向节		4	固定副		6
球面副		3			

三、Gruebler 数与自由度

Gruebler 数表示结构中总的自由度（DOF）数目的近似值。当一个运动副创建完毕，Gruebler 数会出现在界面的提示栏中。

设机构中有 n 个活动构件，其中主动构件有 x 个，运动副约束的自由度为 y 个，则机构 Gruebler 数的计算公式为

$$\text{Gruebler 数} = (n \times 6) - x - y$$

Gruebler 数不能完整考虑机构运动的实际情况，因此 Gruebler 数为近似值。当解算器的机构实际自由度（DOF）与 Gruebler 数不同时，解算器会产生自由度错误的信息，此时应以解算器计算的自由度为准。

当机构的总自由度大于 0 时，表明机构欠约束。欠约束的机构具有某些自由的运动，可以进行逼近真实的动力学分析。

当机构的总自由度等于 0 时，表明机构全约束。运动学分析环境下的仿真需要建立全约束机构，即由合适的运动副约束与运动驱动构成理想的运动机构。

当机构的总自由度小于 0 时，表明机构中存在多余的运动约束（过约束），在仿真求解的时候可能会出现错误提示。

第四节　力和扭矩

力和力矩是物体产生运动或影响物体运动规律的关键因素。力具有大小和方向，UG NX 8.0 的运动仿真模块将力分为标量力和矢量力。力矩能够使物体产生转动，具有大小和旋转轴方向。运动仿真模块将力矩分为标量力矩和矢量力矩。

一、标量力

标量力可以概括地定义为具有一定大小的、沿着某空间直线方向的作用力。随着空间直线的起点与终点的变化，标量力的方向不断发生变化。

1. 创建标量力

选择菜单栏中的【插入】→【载荷】→【标量力】命令，或者单击【运动】工具栏中标量力按钮，弹出如图 6-12 所示的【标量力】对话框。

在对话框【操作】栏中，【选择连杆】表示指定施加标量力的连杆，如果不定义此项，则默认力的施加者为地面。【指定原点】表示定义标量力的起点。单击右侧的点构造器按钮，可以通过各种方法定义点的位置，【点】对话框如图 6-13 所示。

在对话框【基本】栏中，【选择连杆】表示指定被标量力的连杆，如果不定义此项，则默认力施加于地面。【指定原点】表示定义标量力的终点。单击右侧的点构造器按钮可以通过各种方法定义终点的位置。在【名称】栏中可以定义标量力的名称，单击【确定】按钮即可建立标量力，标量力符号如图 6-14 所示。

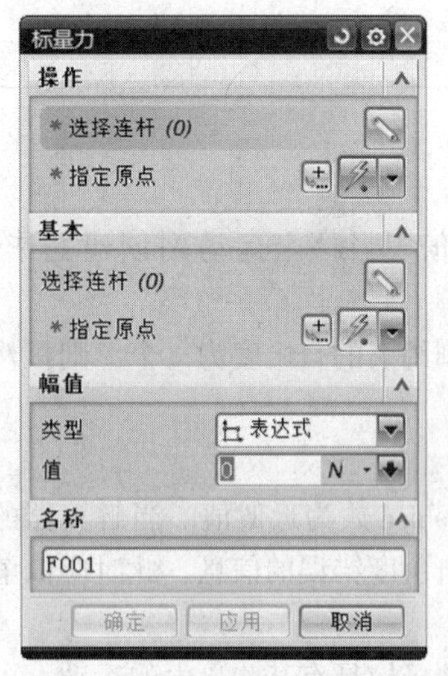

图 6-12　【标量力】对话框

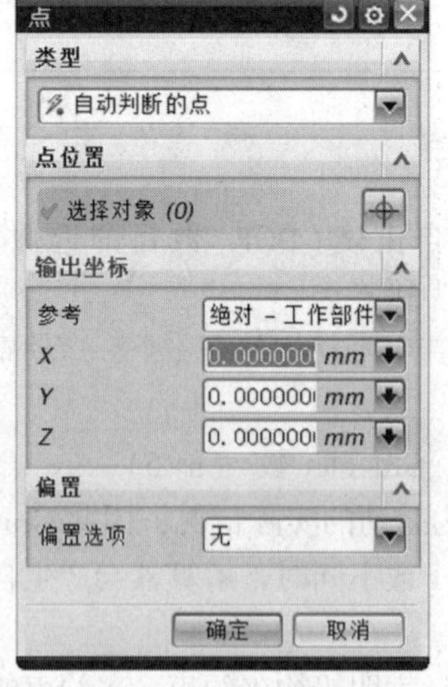

图 6-13　【点】对话框

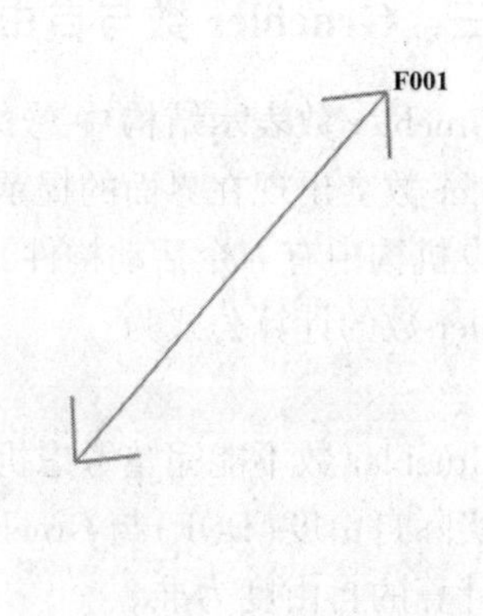

图 6-14　标量力符号

2. 定义标量力函数

在【标量力】对话框的【幅值】栏中，若定义类型为【表达式】，标量力的大小恒定不变，在【值】文本框中输入力的大小，默认单位为牛(N)。如果需要对标量力的大小进行函数关系定义，选择类型为【函数】，然后单击【函数】文本框右侧的按钮，如图 6-15 所示，在下拉菜单中选择【函数管理器】，弹出【XY 函数管理器】对话框如图 6-16 所示。

图 6-15　定义标量力幅值函数

图 6-16　【XY 函数管理器】对话框

在函数管理器中，可以通过定义数学关系式或者 AFU 表格文件来给标量力大小赋值。单击【XY 函数管理器】对话框中的新建按钮，弹出【XY 函数编辑器】对话框如图 6-17 所示。在对话框中定义函数名称、X 与 Y 轴的单位等，在【插入】栏中选择函数类型，如图 6-18 所示。然后在下侧的列表中选择具体的函数关系，双击将其插入【公式】栏，在该栏中编译函数关系式。

编译完函数关系式后，单击【确定】按钮完成函数定义，【XY 函数编辑器】对话框关闭。在【XY 函数管理器】中显示出刚刚定义的标量力函数，同时对话框下方的几个选项被激活，如图 6-19 所示。

图 6-17　【XY 函数编辑器】对话框

图 6-18　选择函数类型

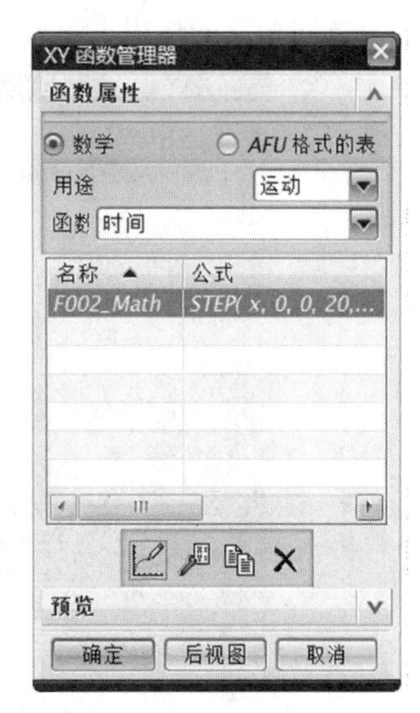

图 6-19　【XY 函数管理器】对话框

选项的功能为编辑函数，可以对已经定义的函数关系式进行修改。在对话框中选中需要修改的函数，单击该按钮，即可打开【XY 函数编辑器】对话框，从而可以对函数进行编辑修改。

选项的功能为复制函数，可对已经定义的函数关系式进行复制。在对话框中选中需要复制的函数关系式，单击按钮便对其进行复制，同时将复制函数粘贴到下一行。

选项的功能为删除函数，可删掉已经建立的函数关系式。在对话框中选中需要删除的函数关系式，单击该按钮即可将其删除。

二、矢量力

矢量力是具有一定大小的、方向固定的作用力。矢量力方向在绝对坐标系或用户自定义坐标系中保持不变。

矢量力与标量力的主要区别在于力的作用方向，标量力的方向是可以不断变化的，而矢量力在指定坐标系中的方向保持恒定不变。

1. 创建绝对坐标系下的矢量力

选择菜单栏中的【插入】→【载荷】→【矢量力】命令，或者单击【运动】工具栏中矢量力按钮，弹出【矢量力】对话框。

在【矢量力】对话框的【类型】选框中，有【分量】和【幅值和方向】两种选项，对应的对话框分别如图 6-20 和图 6-21 所示。【分量】表示可以定义力在 X，Y，Z 轴的三个分量，即定义绝对坐标系下矢量力的大小和方向。【幅值和方向】表示通过【矢量构造器】的方法定义力的方向，然后在对话框中输入力的数值。

在【分量】类型对话框中，【操作】栏中的【选择连杆】表示用户指定受力连杆，即矢量力的施加对象；【指定原点】表示定义矢量力的原点。可利用对话框中的点构造器按钮或自动判断点的功能定义矢量力的原点位置。矢量力的原点可以定义在受力连杆上，也可以定义在模型空间的任意点上，且该任意点会被系统默认为受力连杆的一部分。

【基本】栏中的【选择连杆】表示用户定义矢量力的施加连杆，则施加连杆会受到大小相等、方向相反的作用力；若不定义施加连杆，则矢量力的施加体为地面。

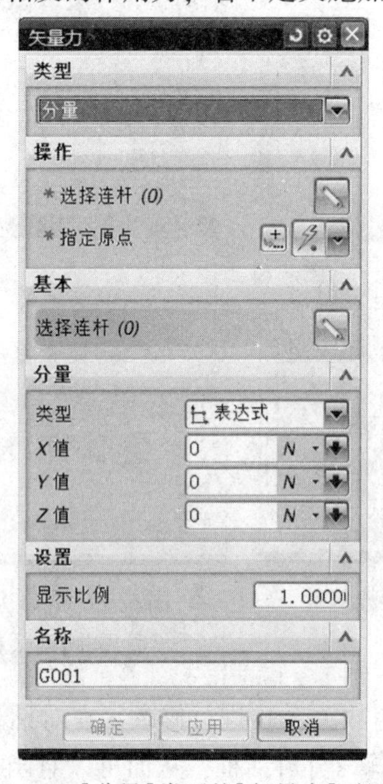

图 6-20 【分量】类型的【矢量力】对话框

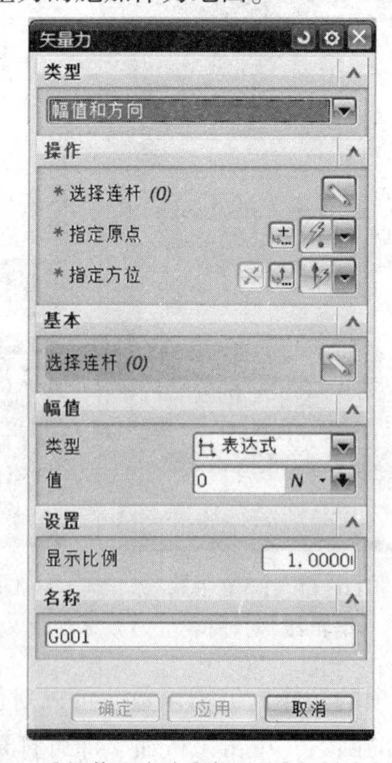

图 6-21 【幅值和方向】类型的【矢量力】对话框

坐标系中矢量力的方向与大小由 X，Y，Z 轴的三个分量决定。在【分量】栏中，用户可以选择【表达式】类型定义大小和方向恒定的矢量力分量，也可以选择【函数】类型对每个分量进行函数定义，函数的操作方法与标量力相同。单击【确定】按钮，矢量力即可建立，其图标如图 6-22 所示。

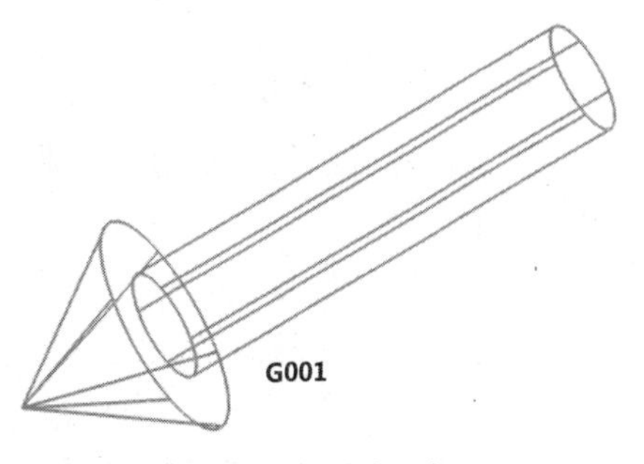

图 6-22　矢量力图标

2. 创建用户定义坐标系下的矢量力

在【幅值和方向】类型的对话框中，【操作】栏中的【选择连杆】表示用户指定受力连杆，即矢量力的施加对象；【指定原点】表示定义矢量力的原点。可利用对话框中的点构造器或自动判断点的功能定义矢量力的原点位置；【指定方位】表示用户通过矢量构造器或者自动判断矢量的方法定义矢量力的方向。

【基本】栏中的【选择连杆】表示用户定义矢量力的施加连杆，若不定义施加连杆，则矢量力的施加体为地面。

在【幅值】栏中，用户可以选择【表达式】类型定义大小恒定的矢量力数值，也可以选择【函数】类型对力的大小进行函数定义，函数的操作方法与标量力相同。

三、标量扭矩

标量扭矩可以概括定义为某一个大小的力矩作用在某一旋转副的轴线上。标量扭矩由扭矩大小和旋转轴的矢量方向组成。

标量扭矩只能添加到旋转副上。选择菜单栏中的【插入】→【载荷】→【标量扭矩】命令，或者单击【运动】工具栏中的标量扭矩按钮，弹出【标量扭矩】对话框如图 6-23 所示。

对话框【选择运动副】项表示用户选择已经创建的需要添加扭矩的旋转副。通过【幅值类型】栏可以为扭矩赋值。其中【表达式】类型表示扭矩为定值，在【值】文本框中输入数值，默认单位为 N · m。选择【函数】类型可以进入【XY 函数管理器】，新建函数并对其进行编译，定义各种变化规律的扭矩值。扭矩方向的判断可以运用右手法则，正扭矩作用在逆时针方向的旋转副上，即负方向扭矩为顺时针旋转，正扭矩方向为逆时针旋转。

单击【确定】按钮，标量扭矩即可建立，其图标如图 6-24 所示。

图 6-23 【标量扭矩】对话框

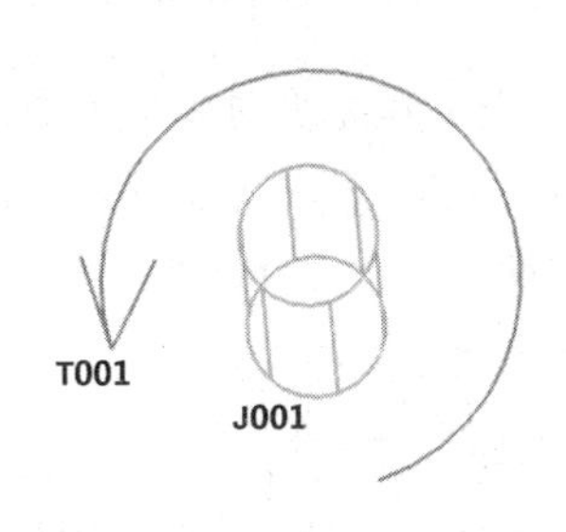

图 6-24　标量扭矩图标

四、矢量扭矩

矢量扭矩可以作用在绝对坐标系下的一个或多个轴上，也可以作用在用户自定义坐标系的 Z 轴上。

矢量扭矩和标量扭矩的主要区别在于旋转轴的定义。标量扭矩只能施加在旋转副上，扭矩的矢量方向为旋转副的轴线；矢量扭矩施加在定义的连杆上，扭矩的矢量方向可由坐标系定义。

1. 创建绝对坐标系下的矢量扭矩

选择菜单栏中的【插入】→【载荷】→【矢量扭矩】命令，或者单击【运动】工具栏中的矢量扭矩按钮，弹出【矢量扭矩】对话框。对话框的【类型】栏中有【分量】和【幅值和方向】两种选项，对应的对话框分别如图 6-25 和图 6-26 所示。

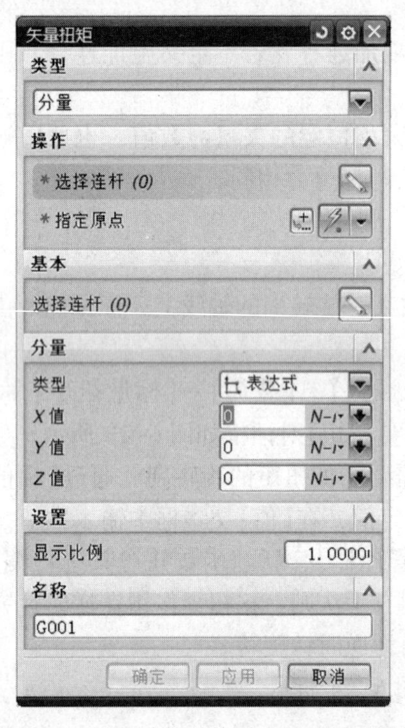

图 6-25 【分量】类型的【矢量扭矩】对话框

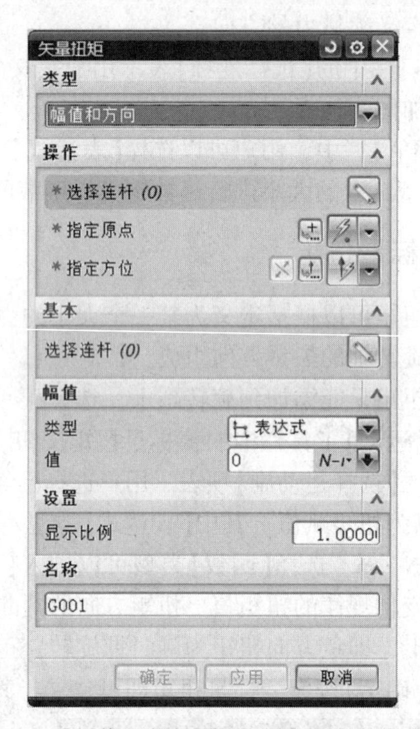

图 6-26 【幅值和方向】类型的【矢量扭矩】对话框

【分量】类型表示建立绝对坐标系下的矢量扭矩。对话框【操作】栏中的【选择连杆】表示用户指定承受扭矩连杆，即矢量扭矩的施加对象；【指定原点】表示定义矢量扭矩的原点。可利用对话框中的点构造器按钮或自动判断点的功能定义矢量力的原点位置。矢量扭矩的原点可以定义在受扭矩的连杆上，也可以定义在模型空间的任意点上，则该任意点会被系统默认为受扭矩连杆的一部分。

【基本】栏中的【选择连杆】表示用户定义矢量扭矩的施加连杆，则施加连杆会受到大小相等、方向相反的作用扭矩；若不定义施加连杆，则矢量扭矩的施加体为地面。

坐标系中矢量力的方向与大小由 X，Y，Z 轴的三个分量决定。在【分量】栏中，用户可以选择【表达式】类型定义大小和方向恒定的矢量扭矩分量，也可以选择【函数】类型对每个分量进行函数定义。单击【确定】按钮，矢量扭矩即可建立，其图标如图 6-27 所示。

2. 创建用户定义坐标系下的矢量扭矩

在【矢量扭矩】对话框中，【幅值和方向】类型表示建立用户定义坐标系下的矢量扭矩。【操作】栏中的【选择连杆】表示用户指定受扭矩连杆，即矢量扭矩的施加对象；【指定原点】表示定义矢量扭矩的原点。可利用对话框中的点构造器或自动判断点的功能定义矢量力的原点位置；【指定方位】表示用户通过矢量构造器或者自动判断矢量的方法定义矢量扭矩的方向。

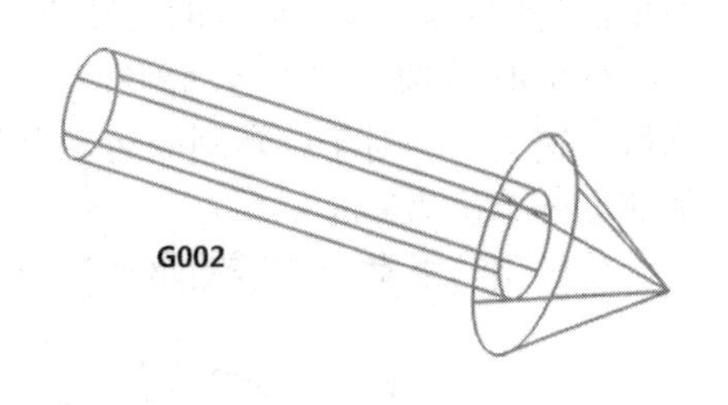

图 6-27　矢量扭矩图标

【基本】栏中的【选择连杆】表示用户定义矢量扭矩的施加连杆，若不定义施加连杆，则矢量力的施加体为地面。

在【幅值】栏中，用户可以选择【表达式】类型定义大小恒定的矢量扭矩数值，也可以选择【函数】类型对力的大小进行函数定义。

第五节　运动驱动

运动驱动对旋转副、滑动副、柱面副等运动副进行驱动参数的设置，即设置运动机构的原动件。在一个求解方案中，任意一个运动副只能定义一个运动驱动。

在【运动导航器】中，双击需要定义驱动的运动副(如旋转副)，弹出【运动副】对话框。选择【驱动】选项，如图 6-28 所示，可选择的运动类型分别为【无】、【恒定】、【简谐】、【函数】和【铰接运动驱动】5 类，如图 6-29 所示。

图 6-28　【驱动】选项

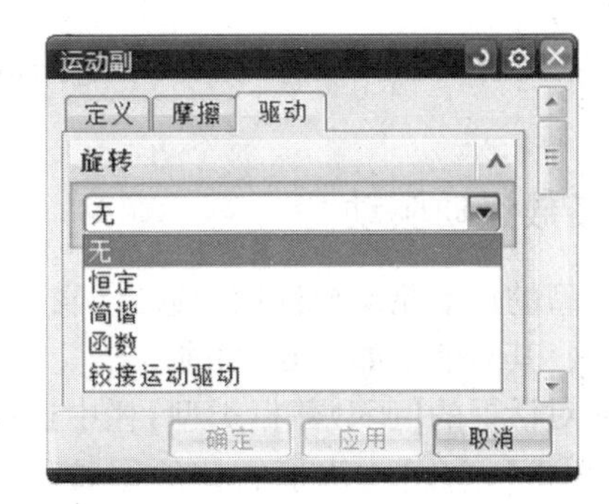

图 6-29　运动驱动类型

一、恒定运动驱动

恒定运动驱动设置运动副为恒定的旋转或平移运动，此类运动驱动需要设定的参数为初始位移、初始速度和加速度。

【初始位移】选项定义运动副在运动起始时的初始位置，若初始位移值不为零，机构在仿真解算前咬合到指定的初始位置。在旋转副的运动驱动中，位移的单位为(°)，在滑动副的运动驱动中，位移的单位为毫米(mm)。

【初始速度】选项定义运动副在运动起始时的初始速度。对于旋转副的运动驱动，速度的单位为(°)/s，在滑动副的运动驱动中，速度的单位为mm/s。

【加速度】选项定义运动副在运动起始时的初始加速度。若初始加速度为零，表示运动副做匀速运动。对于旋转副的运动驱动，加速度的单位为(°)/s^2，在滑动副的运动驱动中，加速度的单位为mm/s^2。

旋转副与滑动副的运动驱动符号如图6-30与图6-31所示。

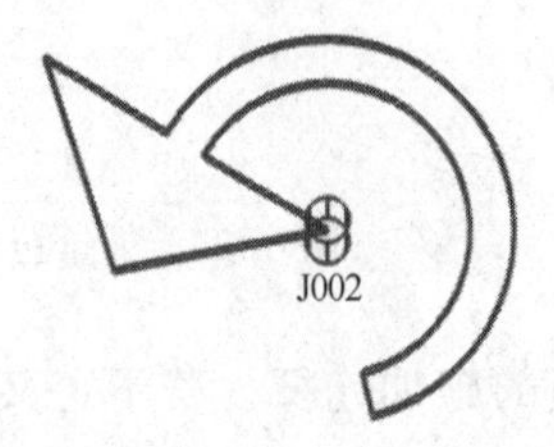

图6-30　旋转副驱动符号

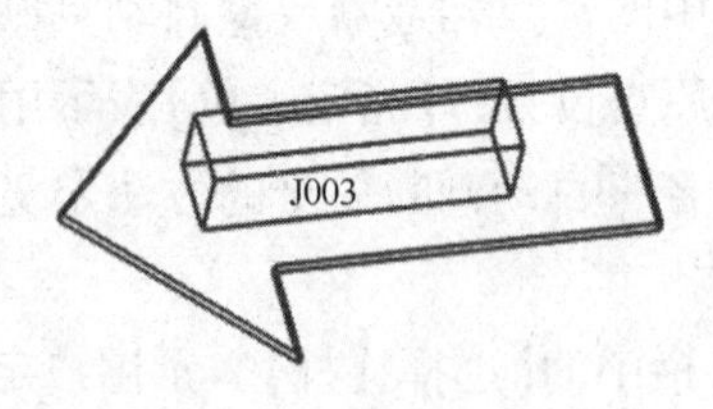

图6-31　滑动副图标

二、简谐运动驱动

简谐运动驱动生成光滑的正弦曲线运动。此类运动驱动需要设置的参数为幅值、频率、相位角与位移，对话框如图6-32所示。

图6-32　简谐运动驱动

【幅值】选项表示运动副震荡的正负幅值。旋转副幅值的单位为度(°)，滑动副振幅的单位为毫米(mm)。

【频率】选项表示运动副每秒钟循环的次数。

【相位角】选项表示正弦波相对于纵坐标轴的左偏移或右偏移量。

【位移】选项表示正弦波相对于横坐标轴的上偏移或下偏移量。

三、函数运动驱动

函数类型的运动驱动允许用户通过函数关系式或者XY表格函数对运动副施加某种变化规律的运动，其对话框如图6-33所示。

首先在对话框的【函数数据类型】栏中选择需要定义函数关系的项目(位移、速度、加速度)，然后单击【函数】文本框右侧的按钮，在下拉菜单中选择【函数管理器】，弹出【XY函数管理器】对话框如图6-34所示。

在【XY函数管理器】对话框中，可以通过定义数学关系式或者AFU表格文件对运动函数赋值。单击对话框中的新建按钮，弹出【XY函数编辑器】对话框如图6-35所示。在此定义函数名称、X与Y轴的单位、选择具体的函数关系，然后在该栏中编译函数关系式，单击【确定】按钮完成运动函数的定义。

四、铰接运动驱动

铰接运动驱动需要定义的参数为步长和步数，该运动驱动用于设置运动副以特定的步数运动，每步的步长为所定义的距离值(旋转角度或线性尺寸)。

选择铰接运动驱动类型时，机构运动的设置和分析均在【铰接运动】的操作中进行。

图 6-33　函数运动驱动

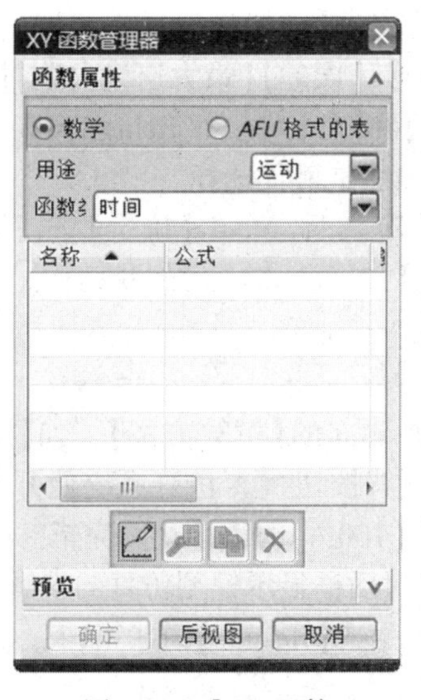

图 6-34　【XY 函数管理器】对话框

图 6-35　【XY 函数编辑器】对话框

第六节　仿真解算与结果输出

一、解算方案

单击【运动】工具栏中的解算方案按钮，或者右击【运动导航器】中的仿真文件名，例如【motion_1】，选择【新建解算方案…】，弹出如图 6-36 所示的【解算方案】对话框。对话框中各选项的功能如下：

(1)【解算方案类型】。此项包含【常规驱动】【铰接运动】与【电子表格驱动】3 种选择。【常规驱动】适用于常规的运动学、动力学以及静力平衡的解算；【铰接运动】适用于驱动类型为【铰接运动】的解算，【电子表格驱动】适用于通过【电子表格】功能驱动机构的运动解算。本节重点介绍【常规驱动】解算类型。

(2)【分析类型】。包括【运动学/动力学】【静力平衡】与【控制/动力学】。

(3)【时间】。表示机构运动的总时间，单位为秒(s)。

(4)【步数】。表示在设定的时间内机构运动的总步数。

(5)【重力】。解算方案会自动判断重力方向，用户可以通过【矢量构造器】对当前的求解方案重新设置重力的方向，还可以设置重力常数。

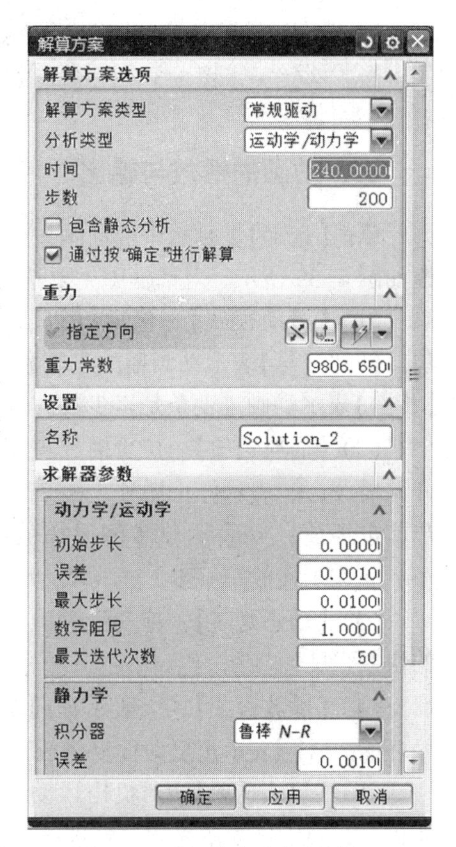

图 6-36　【解算方案】对话框

（6）【求解器参数】。对解算方案的【初始步长】【误差】【迭代次数】等参数进行设置。

（7）【静态】。对解算积分器及其【误差】【最大迭代次数】【收敛因子】进行参数设置。积分器包括【N-R(Newton-Raphson)】和【鲁棒 N-R(Robust Newton-Raphson)】两类选择。对于求解静力平衡问题，【鲁棒 N-R】类型是最佳选择。

对解算方案的各类参数进行设定之后，单击【确定】按钮即可建立一组解算方案。此时在【运动导航器】中生成【解算方案】如【Solution_1】树状结构。

二、解算

鼠标右击【运动导航器】中刚刚建立的【解算方案】，如【Solution_1】，选择【求解…】命令，或者单击【运动】工具栏中的求解按钮，仿真系统便开始求解运算。在状态栏中以百分比显示解算进度，当进度显示为【100%】时表示运算完毕。此时系统弹出【求解信息】对话框，如图 6-37 所示。【求解信息】对话框显示模型仿真的求解日期、保存路径、自由度的处理等信息。此时在【运动导航器】中生成【Results】树状结构，如图 6-38 所示。

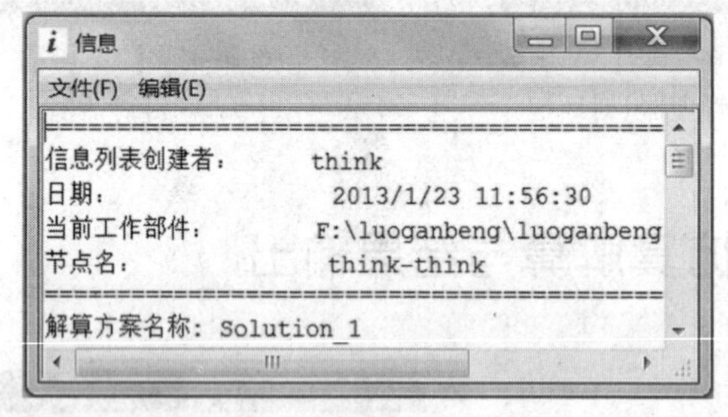

图 6-37 【求解信息】对话框

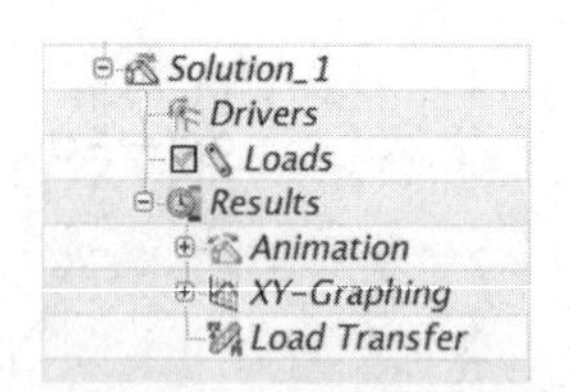

图 6-38 【Results】结构

三、动画的播放与输出

单击【运动】工具栏中的动画按钮，弹出【动画】对话框如图 6-39 所示。对话框中主要选项的功能如下：

（1）【滑动模式】。包括【时间(s)】与【步数】两种选项。【时间(s)】表示动画播放进度条是以时间为进度单位；【步数】表示动画进度条是以步数为进度单位。

（2）【播放选项】。位于播放进度条下侧。按钮表示开始播放；表示停止播放；表示暂停播放；表示单步前进播放；表示单步倒退播放；表示播放最后一步；表示播放第一步。

（3）【动画延时】。拖动延时滑块，可以调节动画演示的快慢程度。

（4）【播放模式】。表示正向单次播放；表示正向循环播放，表示正反向往复播放。

（5）【封装选项】。对机构运动进行测量、追踪以及干涉检测，属于仿真结果的后处理。

得到机构运动的动画之后，用户可以创建动画文件，

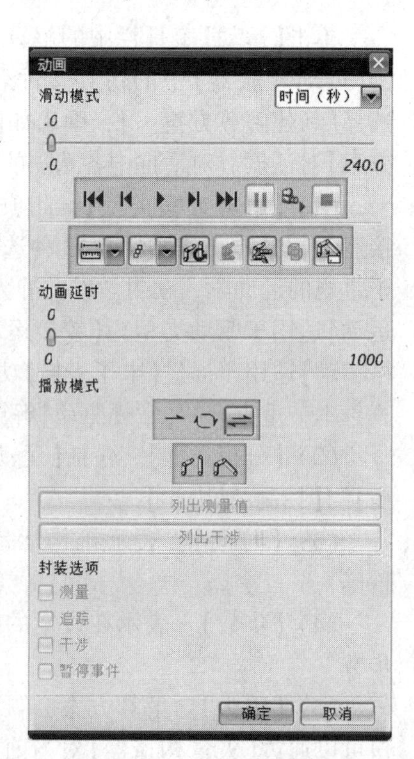

图 6-39 【动画】对话框

运用第三方视频播放软件播放。UG NX 8.0 运动仿真可以生成的动画格式有 MPEG、MPEG2、Gif、TIFF 和 VRML。

鼠标右键单击【运动导航器】的运动仿真文件如【motion_1】，选择【导出】，弹出级联菜单如图 6-40 所示。选择需要的文件格式，弹出对话框如图 6-41 所示。单击【指定文件名】可以定义动画文件的文件名和保存路径，单击【预览动画】可以通过弹出的【预览】对话框观看输出文件的预览动画。单击【确定】按钮即可在指定目录下生成动画文件。

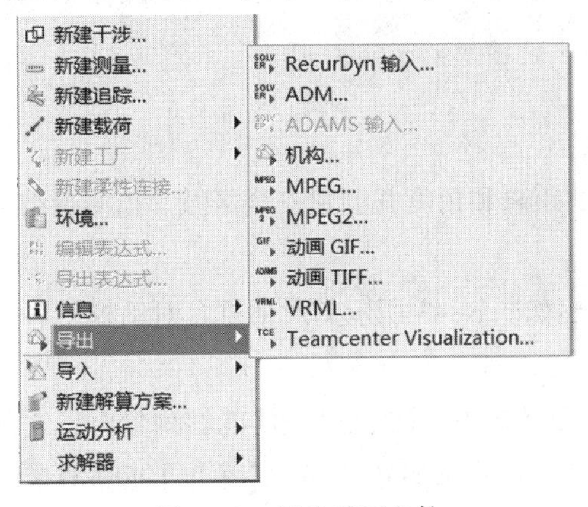

图 6-40　导出动画文件

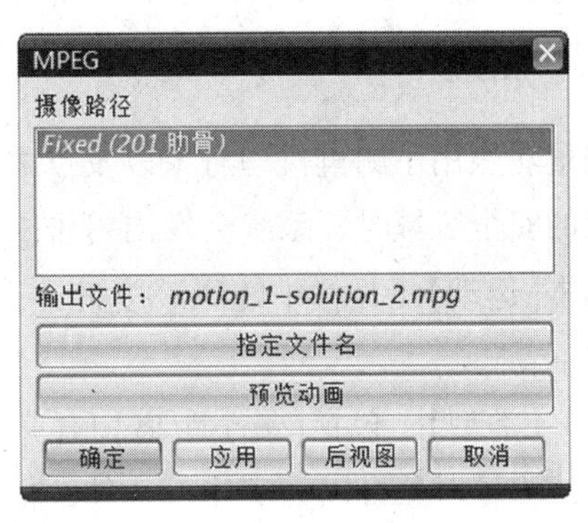

图 6-41　【生成动画文件】对话框

第七节　封装选项

封装选项为运动仿真的几种后处理操作，可用来测量运动机构的位置关系，跟踪并检查运动机构的干涉，可以在发生干涉事件时停止机构运动等。

一、干涉

干涉功能能够检查一对实体或者片体在运动过程中的触碰事件，并能够测量干涉的重叠量。

单击【运动】工具栏中的干涉按钮，弹出对话框如图 6-42 所示。对话框中主要选项功能如下：

(1)【类型】。包括【高亮显示】【创建实体】和【显示相交曲线】3 项。【高亮显示】表示在机构运动中发生干涉时，干涉的对象以高亮度显示；【创建实体】表示用于描述干涉重叠的体积；【显示相交曲线】表示发生干涉事件时，系统会显示一组临时的干涉体外部轮廓曲线。

(2)【选择对象】。定义要检查干涉的实体对象，可以在一组或两组对象之间进行干涉检查。

(3)【模式】。包括【精确实体】和【小平面】两类选项。【精确实体】表示系统针对所定义对象的精确模型进行干涉检查计算，该计算方法较为精确但是计算时间较

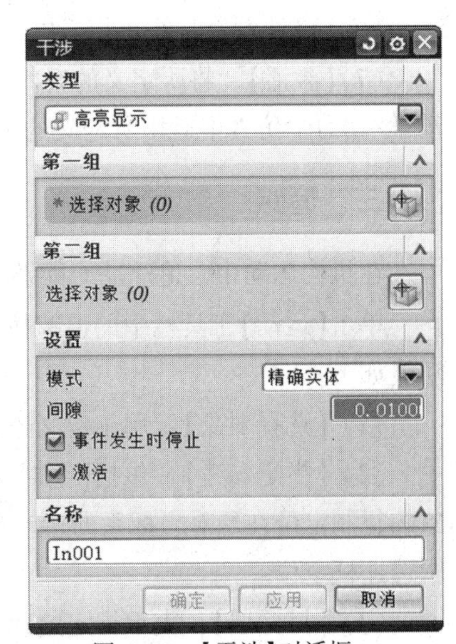

图 6-42　【干涉】对话框

长。【小平面】表示系统将所定义对象转化为小平面模型进行干涉计算，计算精度较低但是计算速度较快。

(4)【间隙】。用于定义两个定义对象之间所允许的最小距离。当系统检测到对象之间的距离小于该间隙值，则确认干涉事件发生。

(5)【事件发生时停止】。选中该复选框后，当干涉事件发生时机构运动停止。

(6)【激活】。将所定义的时间激活。当干涉事件发生后，系统方能在铰接运动、常规运动学/动力学仿真中运用所定义的事件进行干涉测量。

二、测量

测量功能用于测量机构对象以及点之间的距离和角度并创建安全区域。当测量结果偏离所定义的安全区域时，系统会发出警告。

单击【运动】工具栏中的测量按钮，弹出如图 6-43 所示的对话框。对话框中各选项的功能如下：

(1)【类型】。包括【最小距离】和【角度】两种选项。【最小距离】能够测量对象之间的最小距离，测量对象可以为实体、片体、曲线、标记点或智能点等；【角度】能够测量线或者构建直线边缘之间的夹角。

(2)【选择对象】。选择要进行测量的对象。每一组对象可以为单个构件，也可以为组件或者子装配。

(3)【阀值】。实际测量的比较值。

(4)【测量条件】。包括【小于】【大于】和【目标值】三项。【小于】选项表示如果实际测量值小于阀值，则触发测量事件；【大于】选项表示如果实际测量值大于阀值，则触发测量事件；【目标值】表示如果实际测量值等于阀值，则触发测量事件。

(5)【公差】。为阀值定义一个公差因子，决定实际测量值与阀值比较的偏差。

(6)【事件发生时停止】。选中该复选框后，当干涉事件发生时机构运动停止。

(7)【激活】。将所定义的时间激活。当测量事件发生后，系统方能在铰接运动、常规运动学/动力学仿真中运用所定义的事件进行测量。

三、追踪

在机构运动中，追踪功能能够实现对追踪对象运动轨迹的复制和保存。

单击【运动】工具栏中的追踪按钮，弹出如图 6-44 所示的对话框。对话框中各选项的功能如下：

(1)【选择对象】：用于定义连杆、组件、子装配或标记为追踪对象。

(2)【指定参考】：包括【绝对参考】和【相关连杆】两类。【绝对参考】表示系统将追踪对象的复制定位在绝对坐标系的运动轨迹上；【相关连杆】表示系统将追踪对象的复制相对于所选连杆定位。

(3)【目标层】：表示指定追踪对象复制的放置层。

(4)【激活】：将所定义的事件激活。当追踪时间激活后，系统方能在铰接运动、常规运动学/动力学仿真中运用所定义的事件进行追踪。

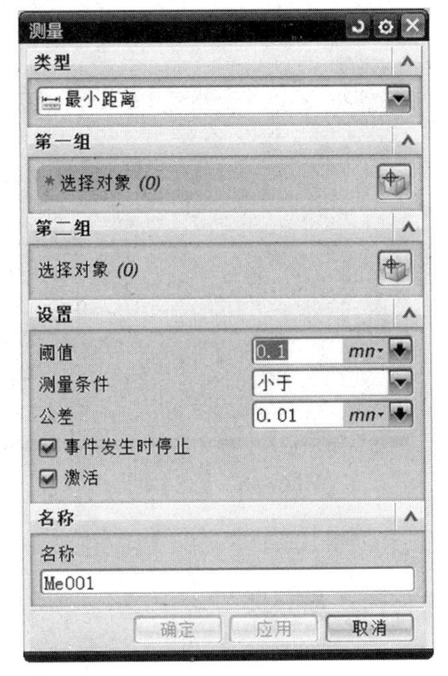

图 6-43 【测量】对话框

图 6-44 【追踪】对话框

四、标记

标记功能能够创建一个附着在连杆上的、具有方向的标记点，通常与跟踪、测量功能结合使用。

单击【运动】工具栏中的标记按钮，弹出如图 6-45 所示的对话框。对话框中各选项的功能如下：

(1)【选择连杆】。表示选择标记点所在的连杆。

(2)【指定点】。通过点构造器或者自动判断的点指定标记点的精确位置。

(3)【指定 CSYS】。通过 CSYS 会话或者自动判断坐标系指定标记点的参考坐标系。

五、智能点

智能点是没有方向的点，它仅仅作为空间的一个点来创建，不必与连杆相关。智能点通常与跟踪、测量功能结合使用。

单击【运动】工具栏中的智能点按钮，弹出如图 6-46 所示的【点】对话框。对话框中各选项的功能如下：

(1)【类型】。选择判断点位置的方法。

(2)【选择对象】。根据【类型】中判断点的方法来选择具体的对象来定义点。

(3)【坐标】。通过输入智能点的三维坐标值定义点的位置。

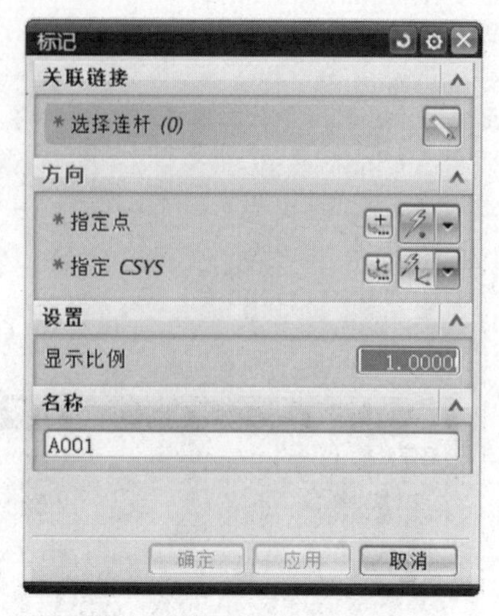

图 6-45 【标记】对话框

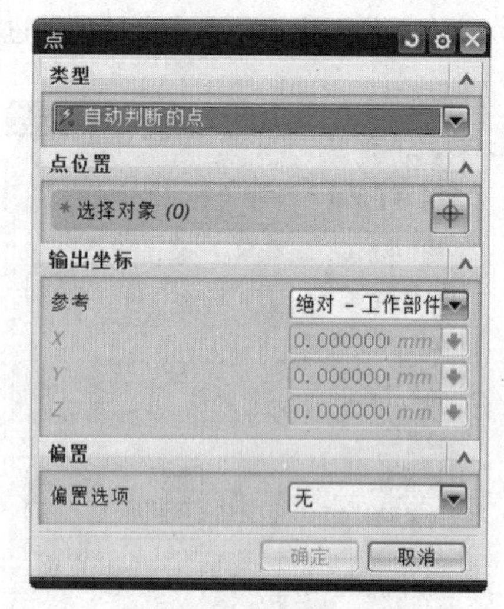

图 6-46 【点】对话框

第八节　图表与电子表格

动画播放只能直观演示机构的运动，通过图表和电子表格功能可以得到机构中各构件的位移、速度、加速度和接触力等运动数据。

图 6-47 【图表】对话框

在【运动导航器】中，鼠标右击【Results】树状结构中的【XY-Graphing】，选择【新建】命令，或者在【运动】工具栏中单击按钮，弹出【图表】对话框如图 6-47 所示。对话框各个选项的功能如下：

(1)【选择对象】。在【选择对象】列表里选择运动机构中的运动副、连接器或标记等对象，也可以通过鼠标在绘图区域【运动导航器】中直接选择。

(2)【请求】。下拉列表中包含【位移】【速度】【加速度】【力】等选项，用户在其中选择需要创建的运动规律类型。

(3)【分量】。下拉列表中包含【幅值】【X】【Y】【Z】【角度幅值】与【欧拉角度】选项等。【X】【Y】【Z】表示某运动参数在动坐标系 X，Y，Z 轴上的线性分量值；【幅值】表示合值；【角度幅值】表示旋转角度的合值；【欧拉角度】选项表示动坐标系绕固定坐标系 X、Y、Z 轴转动的角度，包括【欧拉角度 1】【欧拉角度 2】【欧拉角度 3】。

(4)【相对/绝对】。定义绘制图表的数据为相对坐标系/绝对坐标系中的数值。

(5)【Y 轴定义】。即图表中的 Y 轴变量。在【选择对象】栏中选择运动副或连接器，在【请求】和【分量】栏中进行定义之后，选择添加按钮，即可将运动请求添加入【Y 轴定义】列表中。若选择多个运动副或者连接器进行图表绘制，将在同一图表中绘制出各自的运动曲线，各曲线会以不同的颜色和线形显示出来。选中【Y 轴定义】列表的运动请求项目，再选择删除命令▬即可将此项目删除。

（6）【X 轴定义】。即图表中 X 轴的变量，默认变量为时间变量，单位为秒(s)。

（7）【设置】。包括【NX】和【电子表格】两类图表选项。【NX】为系统内设置图表功能，表示将运动曲线绘制在 UG NX 8.0 的绘图区域，如图 6-48 所示；【电子表格】表示将运动曲线绘制在外链接电子表格中，默认为 Microsoft Excel 表格。Excel 表格能够显示每一步的运动数据与运动曲线，如图 6-49 与图 6-50 所示。

（8）【保存】。选中【保存】复选框，可以将运动数据与曲线以 AFU 格式文件存储在用户指定的文件夹中。通过【XY 函数编辑器】可以定义 AFU 文件为函数驱动，并且对 AFU 文件进行编辑操作。

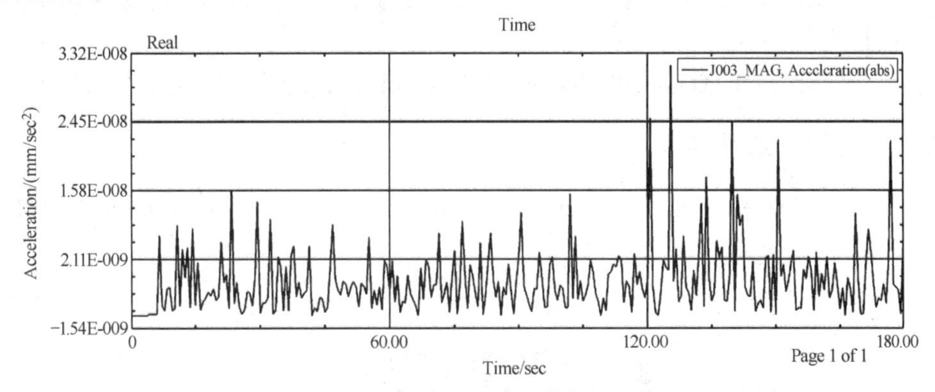

图 6-48　【NX】图表

工作表 在 motion_1

	A	B	C	D	E	F	G	H
1			Time					
2	Time Ste	drv J002,	TIME_TIMI	J006_MAG, Acceleration(abs)				
3	0	0.000	0.000	0.000				
4	1	3.000	0.600	0.000				
5	2	6.000	1.200	0.000				
6	3	9.000	1.800	0.000				
7	4	12.000	2.400	0.000				
8	5	15.000	3.000	0.000				
9	6	18.000	3.600	0.000				

Sheet1 / Time

图 6-49　Excel 电子表格

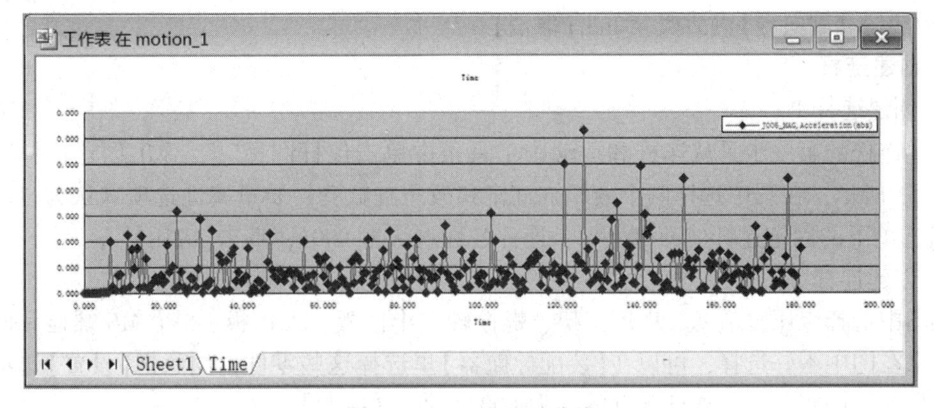

图 6-50　Excel 运动曲线

第九节　运动仿真实例

一、运动仿真功能的实现步骤

（1）建立一个运动分析场景。

（2）进行运动模型的构建，包括设置每个零件的连杆特性。

（3）添加运动副和运动驱动(难点)。

（4）进行运动参数的设置，提交运动仿真模型数据，同时进行运动仿真动画的输出和运动过程的控制。

（5）运动分析结果的数据输出和表格、变化曲线输出，进行机构运动特性的分析。

二、实例工作原理

本例子创建 SKQ-01 靶架运移组件→SKQ-01-02X→SKQ-01-02-00X 向驱动组件的运动分析，如图 6-51 所示。

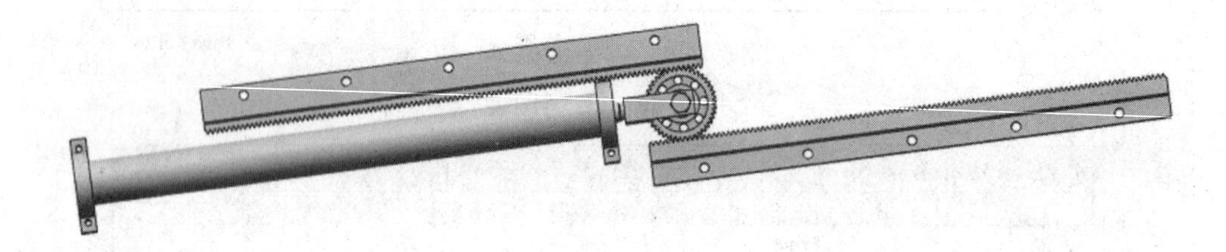

图 6-51　运动分析实例模型图

三、操作步骤

进入 UG NX 8.0 界面后，打开要分析的 F：\ SKQ-01 \ 文件夹下的 SKQ-01-02xqudong_asm1. prt 部件文件，点击【开始】，点击【运动仿真】，如图 6-52 所示，进入运动仿真界面，点开【运动导航器】，光标放在主模型 SKQ-01-02xqudong_asm1 节点上，单击右键，点击【新建仿真】如图 6-53 所示。弹出运动仿真【环境】对话框，如图 6-54 所示，单击【确定】，弹出【激活运动副向导】对话框，单击【取消】。

1. 创建连杆

1）创建连杆 1

创建连杆的第一步是从连杆和运动副工具条中单击连杆图标，弹出创建连杆对话框如图 6-55 所示，在图中选择两个液压缸缸座和液压缸缸套、质量属性选项默认为自动，在【设置】选项下的固定连杆前面打上√，连杆名称默认为 L001，点击【应用】。

2）创建连杆 2

在图中选择液压缸活塞、U 形支架、螺栓轴、小挡板、大挡板、5 个 M6 螺栓和两个隔套，如果在图中不好选择，可以在【装配导航器】里选择这些零件，注意把【设置】选项下的固定连杆前面的√点掉，连杆名称默认为 L002，点击【应用】。

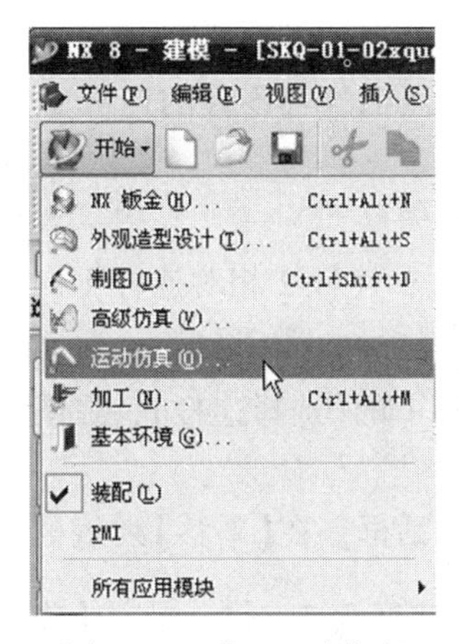

图 6-52　进入运动仿真

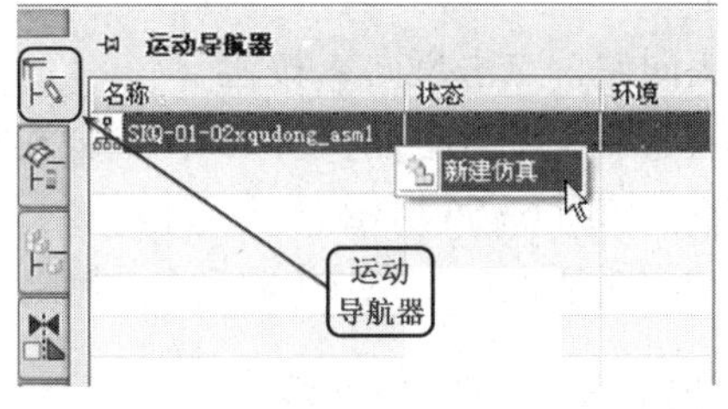

图 6-53　创建运动仿真

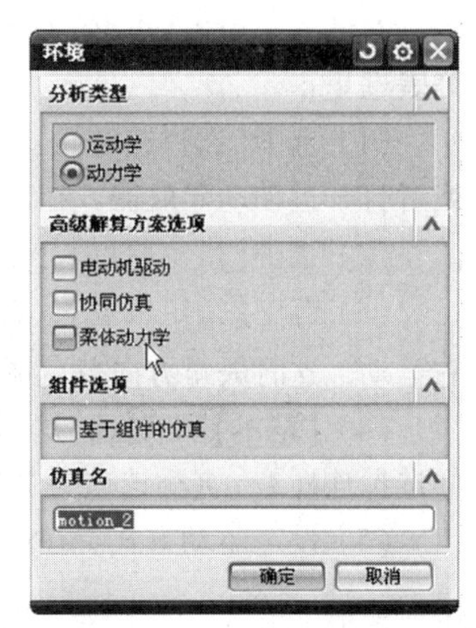

图 6-54　【环境】对话框

3）创建连杆 3

与创建连杆 2 的方法一样，选择齿轮、轴承和弹性挡圈零件为 L003，点击【应用】。

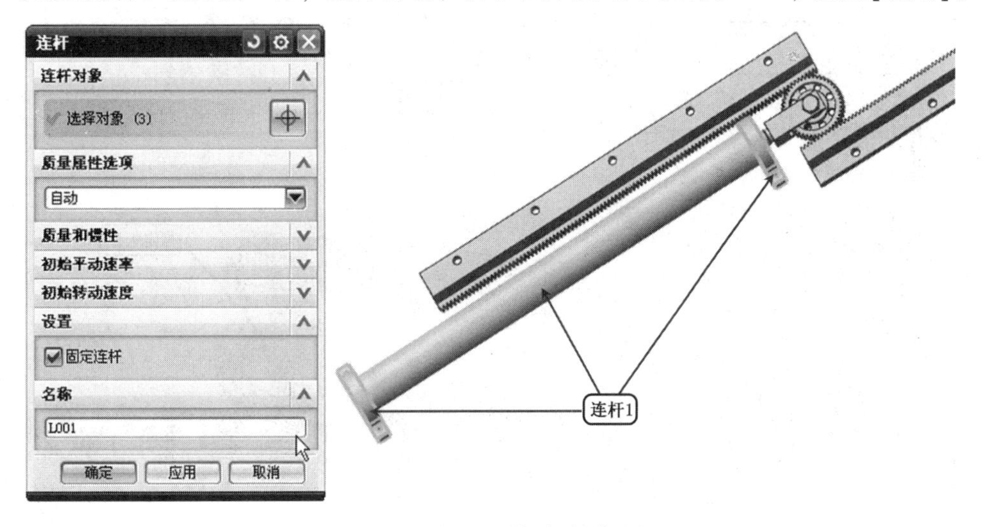

图 6-55　【连杆】对话框与创建连杆 1

4）创建连杆 4

与创建连杆 1 的方法一样，选择固定齿条 SKQ-01-02-02 为固定连杆 L004，点击【应用】。

5）创建连杆 5

与创建连杆 2 的方法一样，选择移动齿条 SKQ-01-02-01 为 L005，点击【确定】。

2. 创建运动副

运动副就是将结构汇总的连杆连接在一起，从而使连杆一起运动。另外，为了让机构作规定的运动，必须用运动副限制连杆之间的运动。在运动副创建前，机构中的连杆是在空间浮动的，没有约束，具有 6 个自由度。我们在定义连杆时，连杆 1 和连杆 4 固定齿条为固定，因此，已经有了两个固定副 J001、J002。

1）创建滑动副 J003

创建运动副的第一步是从连杆和运动副工具条中单击创建运动副图标，弹出创建运动副对话框，单击【类型】右边的![icon]弹出运动副的类型下拉菜单，选择【滑动副】，在【操作】列表框里：

（1）选中【选择连杆】，在图中选择包含螺栓轴、U 形支架、液压活塞等零件的连杆 2，或者打开运动动导航器，在其中选择连杆 L002。

（2）选中【指定原点】，在图中选择螺栓轴头端面的圆心点。

（3）选中【指定矢量】，选择 U 形支架的与齿条平行的一条侧边，连杆 2 相对连杆 1 向右运动，这时矢量方向黄色箭头向左，点击反向按钮。

（4）【基本】列表框，这里注意【啮合连杆】前不打✓，啮合连杆下的【选择连杆】，在图中选择连杆 1，名称选项为 J003，如图 6-56 所示。

（5）设定驱动方式：在运动副对话框里，点击【驱动】，弹出对话框，在【平移】列表框中设定驱动方式，点开，选择【恒定】，如图 6-57 所示，设置初速度为 5mm/s，点击【确定】，这样就定义好了滑动副的驱动。

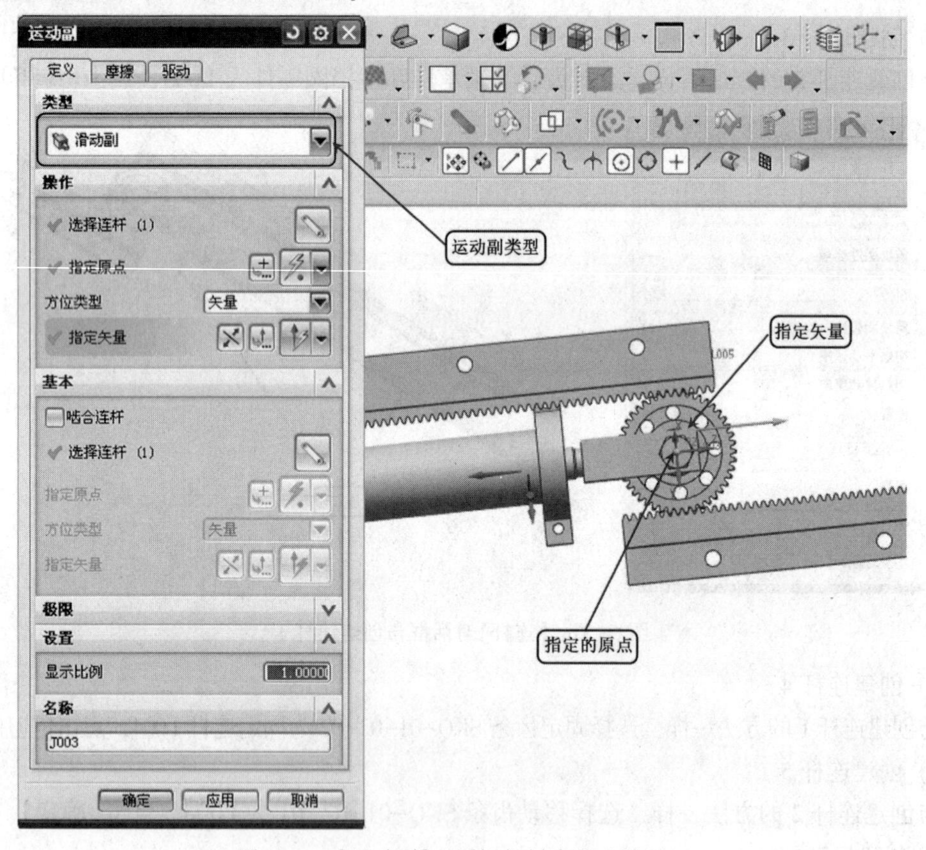

图 6-56 【运动副】对话框与创建滑动副 J003

2）创建旋转副 J004

单击创建运动副图标，弹出创建运动副对话框，单击【类型】右边的弹出运动副的类型下拉菜单，选择【旋转副】，在【操作】列表框里：

（1）选中【选择连杆】，选择图中包含齿轮零件的连杆 3。

（2）选中【指定原点】，在图中选择齿轮端面的中心点。

（3）选中【指定矢量】，选择齿轮的中轴线。

图 6-57 【驱动】定义及设定驱动速度

（4）在【基本】列表框里，选择啮合连杆下的【选择连杆】，在图中选择连杆 2，名称选项为 J004，点击【确定】，这样齿轮相对连杆 2 的旋转运动副就定义好了。

3）创建滑动副 J005

单击创建运动副图标，弹出创建运动副对话框，点开【类型】后边的弹出运动副的类型下拉菜单，选择【滑动副】，在【操作】列表框里：

（1）选中【选择连杆】，选中图中固定齿条连杆 6。

（2）选中【指定原点】，默认即可。

（3）选中【指定矢量】，选择齿条的一侧边，因为固定齿条相对 U 形支架是背向运动的，所以矢量方向要指向液压缸座一侧。

（4）在【基本】列表框里，啮合连杆下的【选择连杆】，在图中选择连杆 2，名称选项为 J005，点击【确定】，这样固定齿条相对连杆 2 的滑动副就定义好了。

4）创建滑动副 J006

单击创建运动副图标，弹出创建运动副对话框，点开【类型】后边的弹出运动副的类型下拉菜单，选择【滑动副】，在【操作】列表框里：

（1）选中【选择连杆】，选中图中移动齿条连杆 5。

（2）选中【指定原点】，默认即可。

（3）选中【指定矢量】，选择齿条的一侧边，因为移动齿条相对 U 形支架是同一方向运动的，所以矢量方向要指向背离液压缸座的一侧。

（4）在【基本】列表框里，选择啮合连杆下的【选择连杆】，在图中选择连杆 2，名称选项为 J006，点击【确定】，这样移动齿条相对连杆 2 的滑动副就定义好了。

5）创建齿轮齿条副 J007

在连杆和运动副工具条中点开齿轮副后边的，如图，单击创建齿轮齿条副图标，弹出齿轮齿条副对话框如图 6-58 所示。

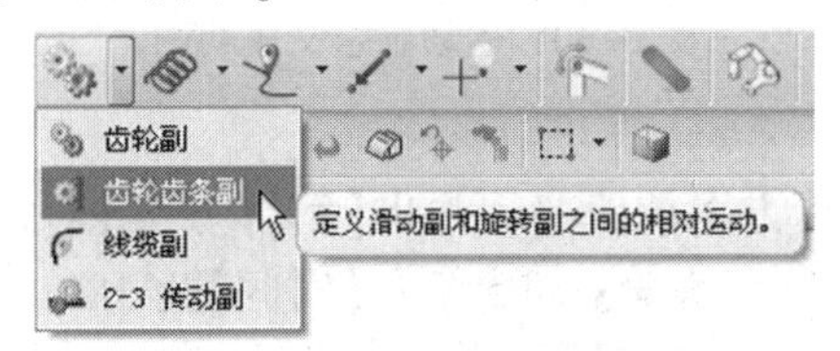

图 6-58 【齿轮齿条副】对话框

（1）第一个运动副，提示选择固定齿条的滑动副，在图中选择固定齿条的滑动副或者打开运动导航器选择 J005。

(2) 第二个运动副，提示选择齿轮的旋转副，在图中选择齿轮的旋转副或者在运动导航器中选择 J004。

(3) 设置【比率(销半径)】值为 66，如图 6-59 所示，点击【应用】。

固定齿条与齿轮间的齿轮齿条副定义成功。

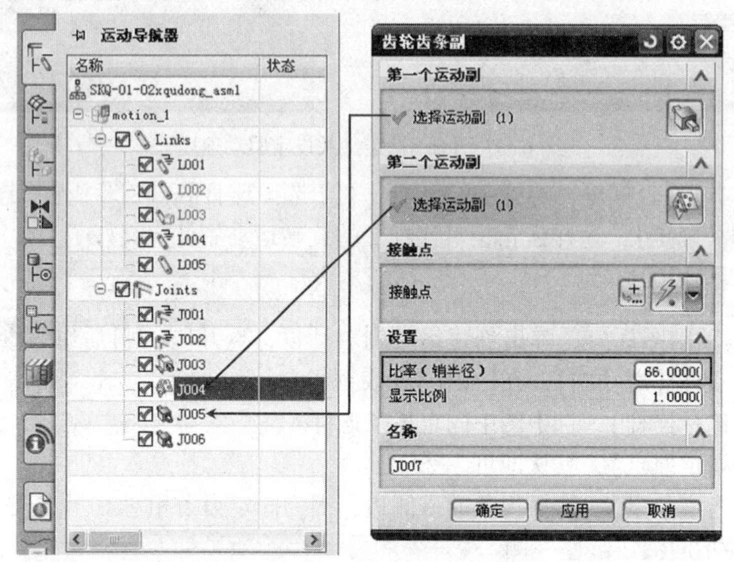

图 6-59 【齿轮齿条副】J007 定义

6) 创建齿轮齿条副 J008

(1) 第一个运动副，提示选择移动齿条的滑动副 J006。

(2) 第二个运动副，提示选择齿轮的旋转副 J004。

(3) 设置【比率(销半径)】值为 66，点击【确定】。

移动齿条与齿轮间的齿轮齿条副定义成功，如图 6-60 所示。

图 6-60 运动副定义成功图

3. 解算方案

在运动工具条中点击解算方案按钮，弹出【解算方案】对话框，【解算方案类型】选择为常规驱动，【分析类型】选择运动学、动力学；【时间】为 180s，【步数】为 300，在【通过按“确定”进行解算】点上√；点击【确定】，进行解算。如图 6-61 所示。

4. 解算结果

点击动画按钮，弹出【动画】对话框，如图 6-62 所示，为了清楚地看到全过程我们设动画延时为5s左右，播放模式为单次播放，单击【播放】按钮，在界面中可以看到，齿轮边旋转边沿着固定齿条移动，从而带动移动齿条向前运动。运动分析结果，齿轮在起点位置(图6-63)，齿轮运动到中间位置(图6-64)，最后齿轮运动到终点位置(图6-65)。

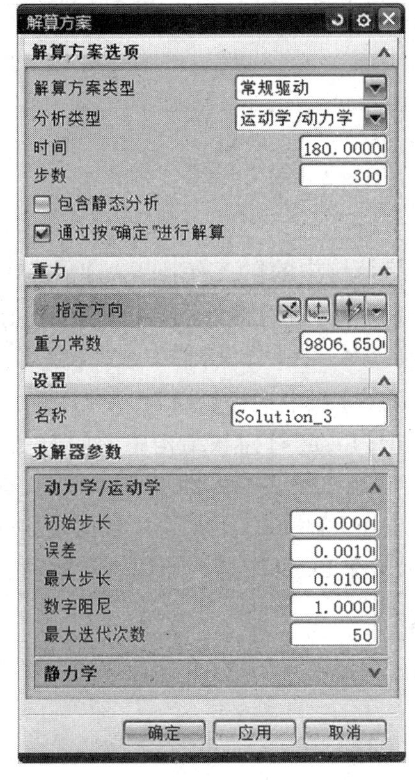

图6-61 【结算方案类型】对话框

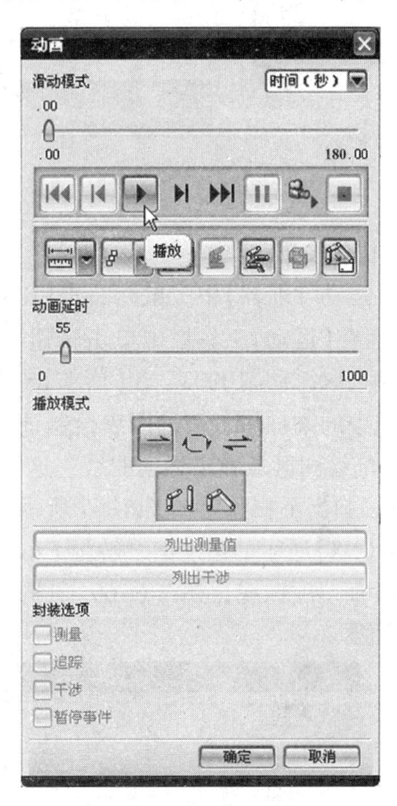

图6-62 【动画】对话框

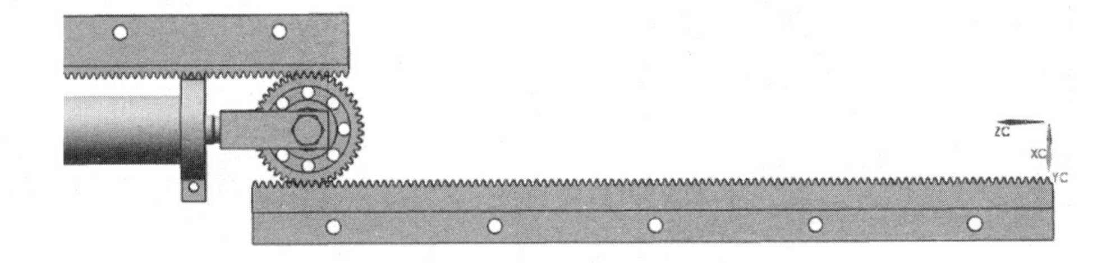

图6-63 齿轮在起点位置

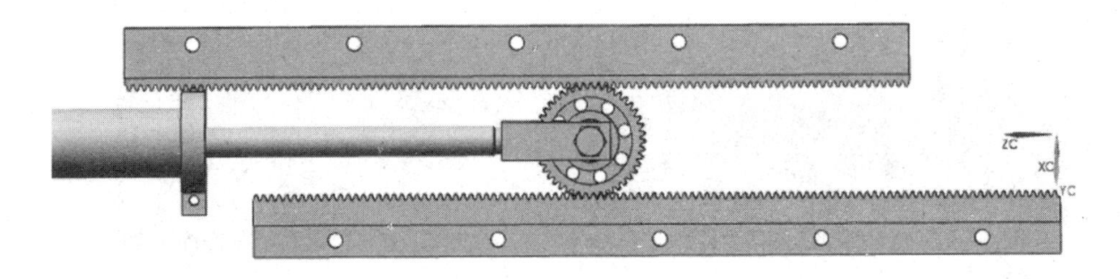

图6-64 齿轮运动到中间某位置

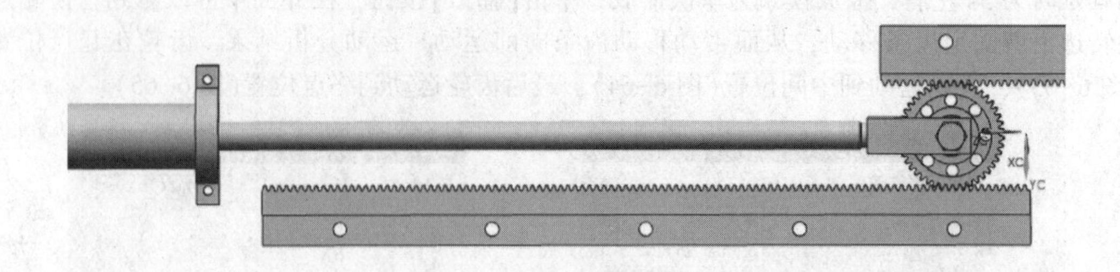

图 6-65　齿轮运动到终点位置

5. 仿真结果

在【运动导航器】中，鼠标右击【Results】树状结构中的【XY-Graphing】，选择【新建】命令，或者在【运动】工具栏中单击按钮，弹出【图表】对话框如图 6-66 所示。在【选择对象】栏中选取滑动副 J003，在【请求】栏中选择加速度，在【分量】栏中选择【幅值】，单击【Y 轴定义】中的添加，添加图表绘制请求，在【设置】栏中选择【NX】，单击【确定】，在 UG NX 8.0 的绘图区域弹出运动曲线。这时可以右击【Results】树状结构中的【XY-Graphing】中的 J003，弹出下拉菜单如图 6-67 所示，单击绘图至电子表格，即可启动 Excel 程序，将如图 6-68【NX】所示的运动曲线转至 Excel 中，弹出滑动副 J003 的加速度数据表和滑动副 J003 的 Excel 加速度曲线，如图 6-69 与图 6-70 所示。在 Excel 中用户可以查看运动过程中连杆 3 的加速度。

图 6-66　范例中的【图表】对话框

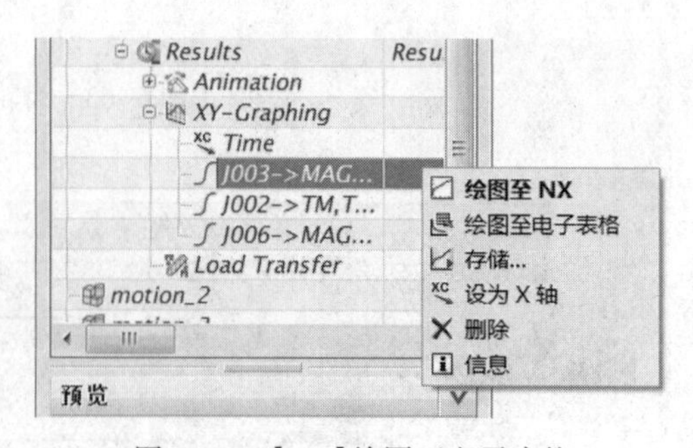

图 6-67　【NX】绘图至电子表格

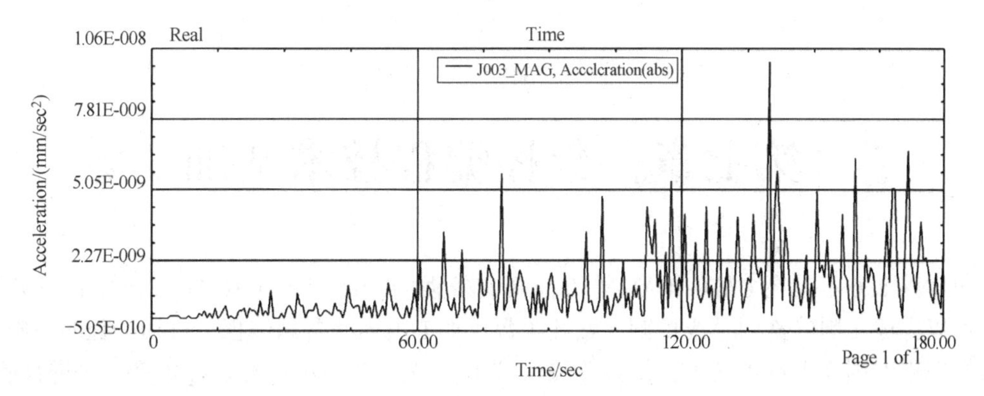

图 6-68　滑动副 J003 的加速度曲线

工作表 在 motion_1

	A	B	C	D	E	F	G	H
1			**Time**					
2	Time Ste	drv J003,	TIME_TIM	J002_MAG, Acceleration(abs)				
3	0	*0.000*	**0.000**	**0.000**				
4	1	*3.000*	**0.600**	**0.000**				
5	2	*6.000*	**1.200**	**0.000**				
6	3	*9.000*	**1.800**	**0.000**				
7	4	*12.000*	**2.400**	**0.000**				
8	5	*15.000*	**3.000**	**0.000**				
9	6	*18.000*	**3.600**	**0.000**				
10	7	*21.000*	**4.200**	**0.000**				

Sheet1 / Time

图 6-69　滑动副 J003 的加速度数据表

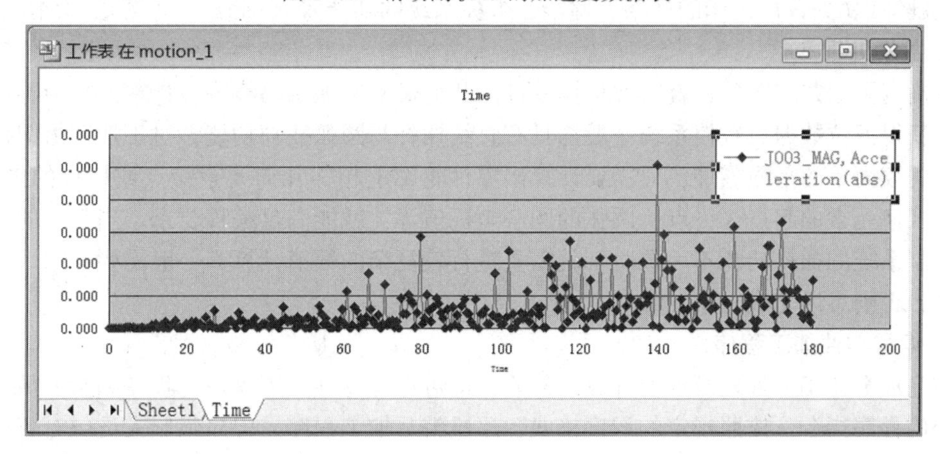

图 6-70　滑动副 J003 的 Excel 加速度曲线

第七章　数控编程技术基础

UG NX 8.0 不仅在 CAD、CAE 等方面具有较强的功能，还在 CAM 方面具有强大的功能，可以完成车削、铣削、线切割、钻孔等数控加工内容的自动编程。自动编程的基础是手工数控编程。因此本章先简单介绍数控编程技术。另外，为方便大家对数控程序进行验证，第六节介绍了斯沃数控仿真软件，该软件包含了市面上大多数的数控系统仿真。

第一节　数控编程主要步骤

数控机床是一种被数控系统控制的机床，而数控系统是一种计算机系统。数控编程的目的是编制能够运行于数控系统中的用于完成加工任务的应用程序。

数控编程的主要步骤如下：

1. 分析零件图样和制定工艺方案

首先对零件图样进行分析，明确加工的内容和要求；确定加工方案；选择适合的数控机床；选择或设计刀具和夹具；确定合理的走刀路线及选择合理的切削用量等。这一工作要求编程人员能够对零件的技术特性、几何形状、尺寸及工艺要求进行分析，并结合数控机床使用的基础知识(如数控机床的规格、性能、数控系统的功能等)，确定加工方法和加工路线。

2. 数学处理

在确定了工艺方案后，就需要根据零件的几何尺寸、加工路线等，计算刀具中心运动轨迹，以获得刀位数据。数控系统一般均具有直线插补与圆弧插补功能，对于加工由圆弧和直线组成的较简单的平面零件，只需要计算出零件轮廓上相邻几何元素交点或切点的坐标值，得出各几何元素的起点、终点、圆弧的圆心坐标值等，就能满足编程要求。当零件的几何形状与控制系统的插补功能不一致时，就需要进行较复杂的数值计算，一般需要使用计算机辅助计算，否则难以完成。

3. 编写零件加工程序

在完成上述工艺处理及数值计算工作后，即可编写零件加工程序。程序编制人员使用数控系统的程序指令，按照规定的程序格式，逐段编写加工程序。程序编制人员应对数控机床的功能、程序指令及代码十分熟悉，才能编写出正确的加工程序。

4. 程序检验

将编写好的加工程序输入数控系统，就可控制数控机床进行加工。一般在正式加工之前，要对程序进行检验。通常可采用机床空运转的方式，来检查机床动作和运动轨迹的正确性，以检验程序。在具有图形模拟显示功能的数控机床上，可通过显示走刀轨迹或模拟刀具对工件的切削过程，进行程序检查。对于形状复杂和精度要求高的零件，也可采用铝件、塑料或石蜡等易切材料进行试切来检验程序。通过检查试切件，不仅可确认程序是否正确，还可知道加工精度是否符合要求。若能采用与被加工零件材料相同的材料进行试切，则更能反映实际加工效果，当发现加工的零件不符合技术要求时，可修改程序或采取尺寸补偿等措施。

数控程序的编制方法有两种，一种是手工编程，适用于简单零件；一种是计算机自动编程，适用于形状复杂的零件。本章重点讲述手工编程。

第二节　数控程序的格式及主要指令

数控指令有国际标准，但是各公司生产的数控系统有些与国际标准不同的地方，编程时一定要查阅数控机床的说明书。

数控程序一般由程序名和若干个程序段组成，以下是一个程序实例，“;”后面的汉字是注释。

```
%                                 ; 开始符
MH01                              ; 程序名
N10 G00 G54 X50 Y30 M03 S3000     ; 程序段
N20 G01 X88.1 Y30.2 F500 T02 M08  ; 程序段
N30 X90                           ; 程序段
……
N300 M30                          ; 程序段
%                                 ; 结束符
```

程序名在不同的数控系统中的格式是不同的，比如 FANUC 系统是以 O 起头，后面跟 4 位数字，而西门子 802C 系统的程序名是以两个字母起头，后面最多跟 6 个字母或数字，例如 HJ01。

程序段的格式在每个系统中都差不多，都是由若干个“字”组成的。比如 G00 就是一个字，表示快速定位；N10 也是一个字，它表示程序段的序号。字又由两部分组成，一个是地址符，比如 N、G、M 等都是地址符；二是地址符后跟的数字。N10 这个字中 N 是地址符，10 是数字，表示一个程序段号；G00 这个字中 G 是地址符，00 是数字，表示快速移动；X100 这个字中 X 是地址符，100 是数字，表示 X 轴坐标为 100。

如果程序中字很多，推荐按以下顺序排列：

N… G… X… Y… Z… F… S… T…M…

比如 N10 G00 X100 Y100 Z100 F12 S3000 T01 M03

以下详细介绍程序段中每一部分的含义。

1. 顺序号字 N

顺序号又称程序段号或程序段序号。顺序号位于程序段之首，由顺序号字 N 和后续数字组成。顺序号字 N 是地址符，后续数字一般为 1~4 位的正整数。数控加工中的顺序号实际上是程序段的名称，与程序执行的先后次序无关。数控系统不是按顺序号的大小顺序来执行程序，而是按照程序段编写时的排列顺序逐段执行。

顺序号的作用：对程序的校对和检索修改；作为条件转向的目标，即作为转向目的程序段的名称。有顺序号的程序段可以进行复归操作，这是指加工可以从程序的中间开始，或回到程序中断处开始。

一般使用方法：编程时将第一程序段冠以 N10，以后以间隔 10 递增的方法设置顺序号，这样，在调试程序时，如果需要在 N10 和 N20 之间插入程序段时，就可以使用 N11、N12 等。

2. 准备功能字 G

准备功能字的地址符是 G，又称为 G 功能或 G 指令，是用于建立机床或控制系统工作方式的一种指令，后续数字一般为 1~3 位正整数，见表 7-1。

3. 尺寸字

X、Y、Z、CR 等是尺寸字，分别代表 X 轴、Y 轴、Z 轴坐标及半径的值。数控车床一般没有 Y 轴，只有 X 轴和 Z 轴。(X100，Z500)就表示坐标系中的一个点。CR 是在加工圆弧时用于指定半径。

4. 进给功能字 F

进给功能字的地址符是 F，又称为 F 功能或 F 指令，用于指定切削的进给速度。对于车床，F 可分为每分钟进给和主轴每转进给两种，对于其他数控机床，一般只用每分钟进给。F 指令在螺纹切削程序段中常用来指令螺纹的导程。

表 7-1　G 代码含义表

代码	功能	代码	功能
G00	快速移动	G50	刀具偏置 0/-
G01	直线插补	G51	刀具偏置+/0
G02	顺时针圆弧插补	G52	刀具偏置-/0
G03	逆时针圆弧插补	G53	零点偏移注销
G04	暂停	G54	零点偏移 1
G05	不指定	G55	零点偏移 2
G06	抛物线插补	G56	零点偏移 3
G07	不指定	G57	零点偏移 4
G08	加速	G58	零点偏移 5
G09	减速	G59	零点偏移 6
G10~G16	不指定	G60	准确定位(精)
G17	XY 平面选择	G61	准确定位(中)
G18	ZX 平面选择	G62	准确定位(粗)
G19	YZ 平面选择	G63	攻丝
G20~G32	不指定	G64~G67	不指定
G33	螺纹切削，等螺距	G68	刀具偏置，内角
G34	螺纹切削，增螺距	G69	刀具偏置，外角
G35	螺纹切削，减螺距	G70~G79	不指定
G36~G39	不指定	G80	固定循环注销
G40	刀具补偿/刀具偏置注销	G81~G89	固定循环
G41	刀具补偿——左	G90	绝对尺寸
G42	刀具补偿——右	G91	增量尺寸
G43	刀具偏置——左	G92	预置寄存

续表

代码	功能	代码	功能
G44	刀具偏置——右	G93	进给率，时间倒数
G45	刀具偏置+/+	G94	每分钟进给
G46	刀具偏置+/-	G95	主轴每转进给
G47	刀具偏置-/-	G96	恒线速度
G48	刀具偏置-/+	G97	每分钟转数(主轴)
G49	刀具偏置 0/+	G98~G99	不指定

5. 主轴转速功能字 S

主轴转速功能字的地址符是 S，又称为 S 功能或 S 指令，用于指定主轴转速，单位为 r/min。对于具有恒线速度功能的数控车床，程序中的 S 指令用来指定车削加工的速度值。

6. 刀具功能字 T

刀具功能字的地址符是 T，又称为 T 功能或 T 指令，用于指定加工时所用刀具的编号。对于数控车床，其后的数字还兼作指定刀具长度补偿和刀尖半径补偿用。

7. 辅助功能字 M

辅助功能字的地址符是 M，后续数字一般为 1~3 位正整数，又称为 M 功能或 M 指令，用于指定数控机床辅助装置的开关动作，见表 7-2。

表 7-2 M 代码含义表

代码	功能	代码	功能
M00	程序停止	M36	进给范围 1
M01	计划结束	M37	进给范围 2
M02	程序结束	M38	主轴速度范围 1
M03	主轴顺时针转动	M39	主轴速度范围 2
M04	主轴逆时针转动	M40~M45	齿轮换挡
M05	主轴停止	M46~M47	不指定
M06	换刀	M48	注销 M49
M07	2 号冷却液开	M49	进给率修正旁路
M08	1 号冷却液开	M50	3 号冷却液开
M09	冷却液关	M51	4 号冷却液开
M10	夹紧	M52~M54	不指定
M11	松开	M55	刀具直线位移，位置 1
M12	不指定	M56	刀具直线位移，位置 2
M13	主轴顺时针，冷却液开	M57~M59	不指定
M14	主轴逆时针，冷却液开	M60	更换工作
M15	正运动	M61	工件直线位移，位置 1
M16	负运动	M62	工件直线位移，位置 2
M17~M18	不指定	M63~M70	不指定
M19	主轴定向停止	M71	工件角度位移，位置 1
M20~M29	永不指定	M72	工件角度位移，位置 2
M30	纸带结束	M73~M89	不指定
M31	互锁旁路	M90~M99	永不指定
M32~M35	不指定		

第三节　机床坐标系与工件坐标系

为了确定机床的运动方向和运动距离，必须在机床上建立坐标系，以描述刀具和工件的相对位置及其变化关系。在机床上，我们可以认为工件静止，而刀具是运动的。这样编程人员在不考虑机床上工件与刀具具体运动的情况下，就可以依据零件图样，确定机床的加工过程。

数控加工中使用的坐标系一般有两个，一是机床坐标系，二是工件坐标系。每个坐标系都包括坐标轴方向及坐标原点两个要素。机床坐标系是用来确定工件坐标系的基本坐标系，是确定刀具(刀架)或工件(工作台)位置的参考系，并建立在机床原点上。工件坐标系原点是由编程人员根据编程计算方便性、机床调整方便性、对刀方便性、在毛坯上位置确定的方便性等具体情况，定义在工件上的几何基准点，一般为零件图上最重要的设计基准点。编程人员以零件图上的某一固定点为原点建立工件坐标系，编程尺寸均按工件坐标系中的尺寸给定，编程是按工件坐标系进行的。加工时，首先测量工件坐标系原点与机床坐标系原点之间的距离，即工件原点偏置值，该偏置值可预存到数控系统中，在加工时工件原点偏置值便自动加到工件坐标系上，使数控系统可按机床坐标系确定加工时的坐标值，这样使用起来非常方便。

一、坐标轴方向

数控机床坐标系和运动方向均已标准化，ISO 和我国都拟定了命名的标准，规定了各种数控机床的坐标轴和运动方向，按照右手法则规定了直角坐标系中 X、Y、Z 三个直线坐标轴和 A、B、C 三个回转坐标轴的关系。如图 7-1 所示。

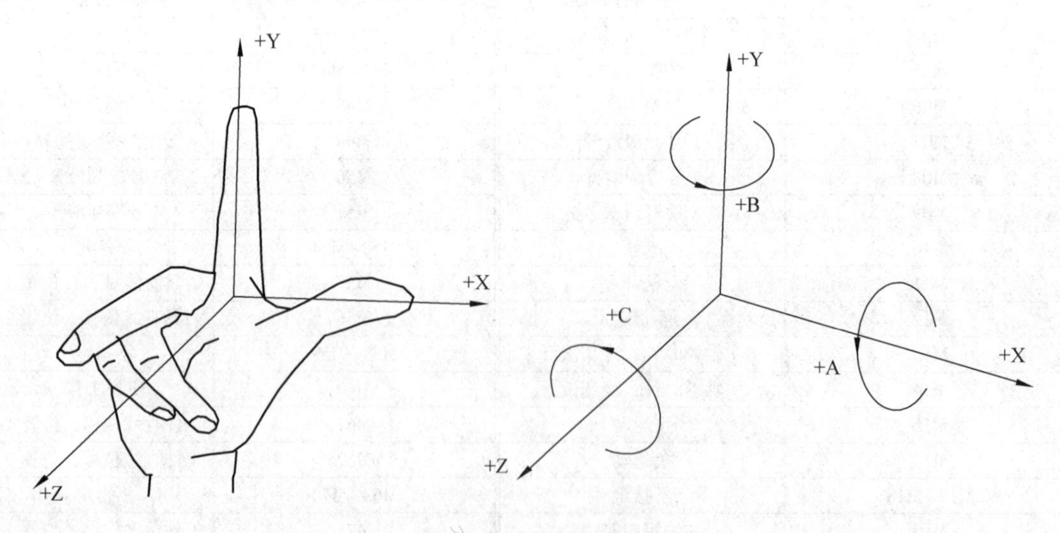

图 7-1　坐标轴方向

图 7-2(a) 为车床的坐标系，床鞍及其下面的溜板箱可带动刀架实现两个方向运动，溜板箱的纵向运动平行于主轴，定义为 Z 轴，而刀架沿床鞍上的导轨垂直于 Z 轴方向的水平运动，定义为 X 轴，由于车刀刀尖安装于工件中心平面上，不需要作竖直方向的运动，所

以不需要规定 Y 轴。

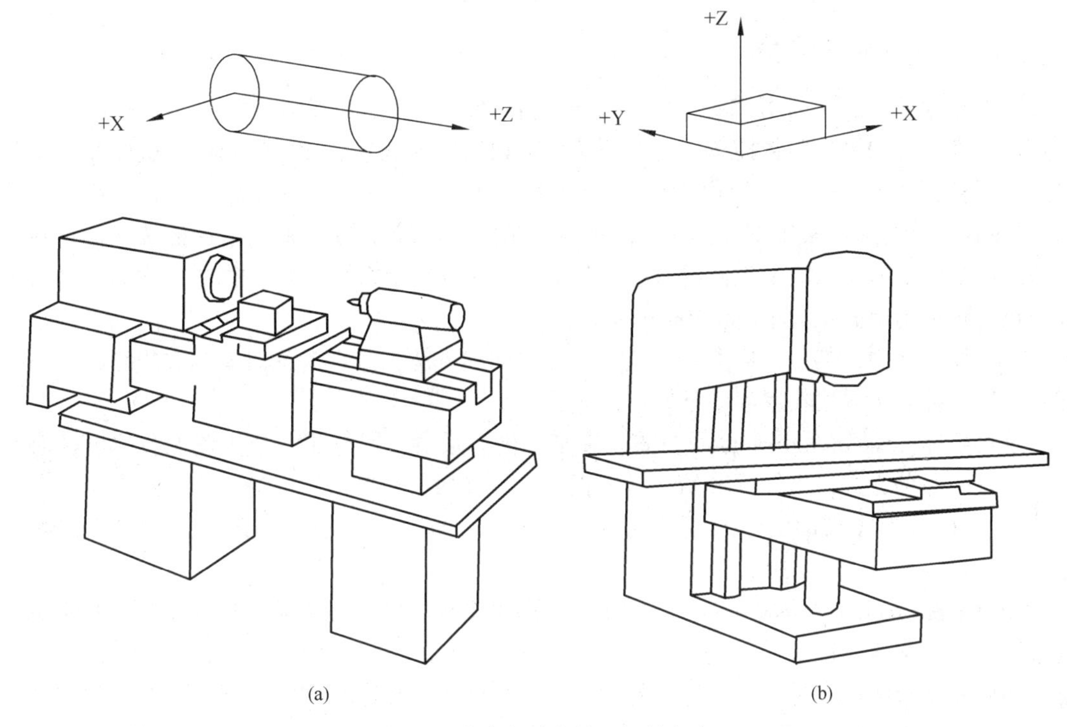

图 7-2　车床与铣床的坐标轴方向

图 7-2(b)为三轴联动立式铣床的坐标系，图中安装刀具的主轴方向定为 Z 轴，Z 方向的运动可视为主轴的上下移动，机床工作台纵向移动方向定为 X 轴。与 X、Z 轴垂直的方向定义为 Y 轴。

二、坐标原点

机床原点：由机床生产厂家在设计机床时确定，由于数控机床各坐标轴的正方向是定义好了的，所以原点一旦确定，坐标系就确定了。机床原点不能由用户设定，一般位于机床行程的极限位置。机床原点的具体位置须参考机床随机附带的手册，如数控车的机床原点一般位于主轴上装夹卡盘的端面中心点上。

机床参考点：机床参考点是相对于机床原点的一个特定点，它与机床原点的相对位置是固定的，比如它与机床原点的距离可以为零，或其他固定值。它由机床厂家在硬件上设定，厂家测量出参考点距离机床原点在各坐标轴方向上的距离后，输入至 NC 中，用户不能随意改动。机床参考点的坐标值小于机床的行程极限，设定机床参考点的主要意义在于建立机床坐标系。为了让 NC 系统识别机床坐标系，就必须执行回参考点的操作，通常称为回零操作，或者叫返回参考点操作。

工件原点：也叫编程原点，它是编程人员编程时在工件上设定的。为了编程方便，应尽可能将工件原点选择在工艺基准上，这样对保证加工精度有利，例如数控车一般将工件原点选择在工件右端面的中心点。工件原点一旦确立，工件坐标系就确定了。编写程序时，用户使用的是工件坐标系，所以在启动机床加工零件之前，必须对机床进行设定工件原点的操作，以便让 NC 确定工件原点的位置，这个操作通常称为对刀。对刀是零件加工前一个非常重要且不可缺少的步骤，否则不但不可能加工出合格的零件还会导致事故的发生。工件原点与机床原点之间的距离叫零点偏置。

三、关于坐标值的表示

数控车床系统的X轴方向是零件的半径或直径方向，在工程图纸中，通常标注的是轴类零件的直径，如果按照数控车的工件原点，X轴的指令值应是工件的半径，这样在编程时会造成很多直径值转化为半径值的计算，给编程造成很多不必要的麻烦，因此，数控车的NC系统在设计时通常采用直径指定，所谓直径指定即数控车的X轴的指令值按坐标点在X轴截距的2倍，即表示的是工件的直径，如X20，在数控车系统中表示的是X方向刀具与工件原点的距离是10mm，而不是20mm。

在数控程序中，某一目标点坐标值的表示有两种方法，分别为绝对坐标方式和相对坐标方式。这两种表示方法在编程中都有广泛运用。

绝对坐标(absolute coordinate)方式：在某一坐标系中，用与前一个位置无关的坐标值来表示位置的一种方式，坐标原点始终是编程原点，例如：A(X10，Z10)。

图7-3(a)中A点(10，10)用绝对坐标指令表示为(X10，Z10)；B点(25，30)用绝对坐标指令表示为(X25，Z30)。

相对坐标(increment coordinate)方式(或叫增量坐标方式)：在某一坐标系中，由前一个位置算起的坐标值增量来表示的一种方式。即设定工件坐标系的原点自始至终都和刀尖重合，亦即程序起始点就是工件坐标系的原点，并且和上一程序段中的参考点重合。如图7-3(b)所示，若刀具由A→B，当刀具位于A点时，编程原点是A点，当刀具要移到B点，那么，B点坐标指令值分别是由A→B在各坐标轴方向的增量(X15，Z20)。

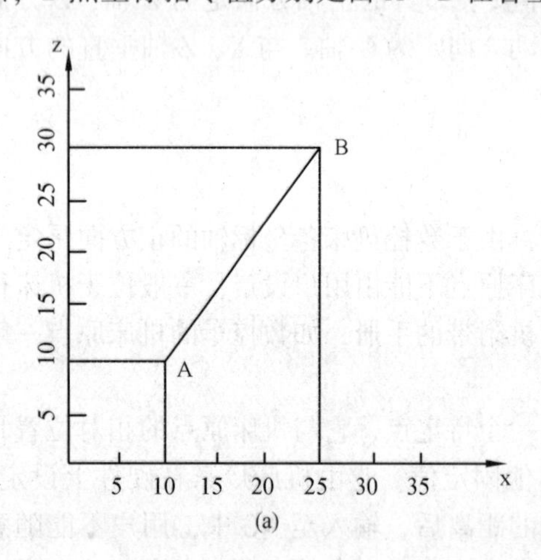

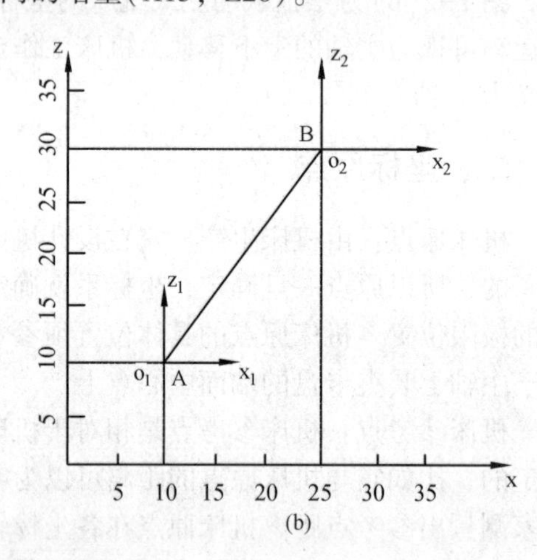

图7-3 绝对坐标与增量坐标

第四节 常用数控指令

一、增量尺寸与绝对尺寸指定

1. G功能字指令

G90 指定尺寸值为绝对尺寸。

G91 指定尺寸值为增量尺寸。

这种表达方式的特点是同一条程序段中只能用一种，一个程序段中的尺寸或者采用绝对尺寸方式，或者采用增量尺寸方式。同一坐标轴方向的尺寸字，不管是采用绝对尺寸还是增量尺寸表示，其地址符是相同的。

2. 用尺寸字的地址符指定(部分车床使用)

绝对尺寸的尺寸字的地址符用 X、Y、Z 表示。

增量尺寸的尺寸字的地址符用 U、V、W 表示。

这种表达方式的特点是同一程序段中绝对尺寸和增量尺寸可以混用，这给编程带来很大方便。

二、坐标平面选择指令

坐标平面选择指令是用来选择圆弧插补平面和刀具补偿平面的。

G17 表示选择 XY 平面，G18 表示选择 ZX 平面，G19 表示选择 YZ 平面。各坐标平面如图 7-4 所示。通常，数控车床默认在 ZX 平面内加工，数控铣床默认在 XY 平面内加工。

三、快速点定位指令 G00

快速点定位指令控制刀具以点位控制的方式快速移动到目标位置，其移动速度由机床参数来设定。指令执行开始后，刀具沿着各个坐标方向同时按参数设定的速度移动，最后减速到达终点。

注意：在各坐标方向上有可能不是同时到达终点。刀具移动轨迹是几条线段的组合，不是一条直线。例如，在 FANUC 系统中，运动总是先沿 45°角的直线移动，最后再在某一轴单向移动至目标点位置。编程人员应了解所使用数控系统刀具移动轨迹情况，以避免加工中可能出现的干涉。

编程格式：G00 X~ Y~ Z~。

其中，X、Y、Z 后的数值是快速点定位的终点坐标值。例如：图 7-5 中从 B 点到 A 点快速移动的程序段为：G90 G00 X10 Z10。

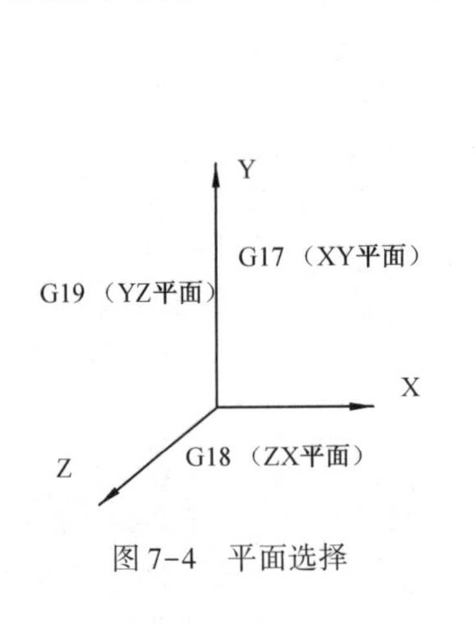

图 7-4　平面选择

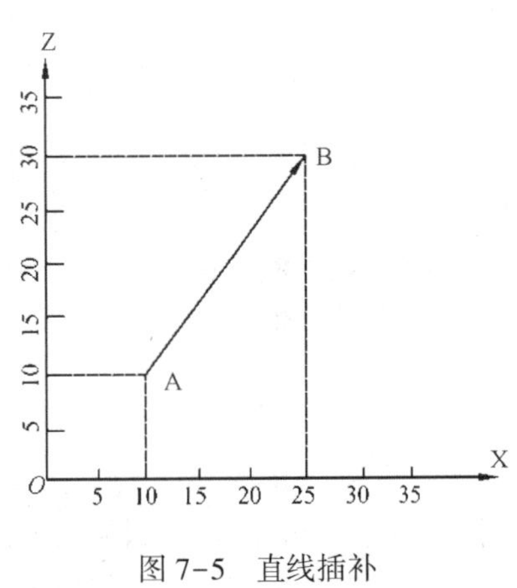

图 7-5　直线插补

四、直线插补指令 G01

直线插补指令用于产生按指定进给速度 F 实现的空间直线运动。

程序格式：G01　X~ Y~ Z~ F~。

其中：X、Y、Z 后的数值是直线插补的终点坐标值，F 后的数值用于指定进给速度。

例如：实现图 7-5 中从 A 点到 B 点的直线插补运动，其程序段为：

绝对方式编程：G90 G01 X25 Y30 F100。

增量方式编程：G91 G01 X15 Y20 F100。

五、圆弧插补指令 G02、G03

G02 为按指定进给速度的顺时针圆弧插补。G03 为按指定进给速度的逆时针圆弧插补。圆弧顺逆方向的判别：沿着垂直于圆弧所在平面的坐标轴，向负方向看，顺时针方向为 G02，逆时针方向为 G03，如图 7-6 所示。

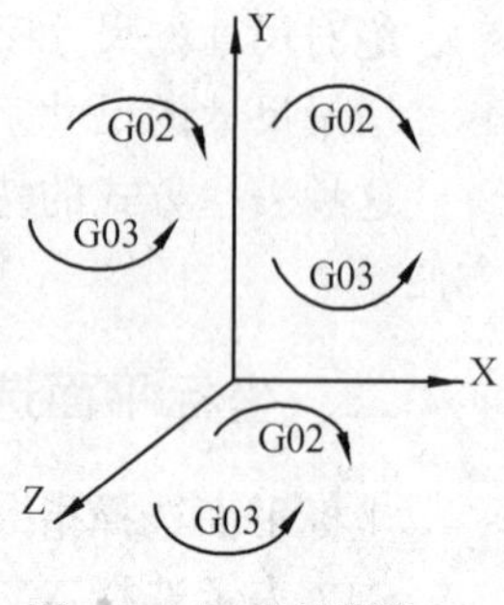

图 7-6　圆弧的顺逆

各平面内圆弧插补情况见图 7-7，图 7-7(a) 表示 XY 平面的圆弧插补，图 7-7(b) 表示 ZX 平面圆弧插补，图 7-7(c) 表示 YZ 平面的圆弧插补。

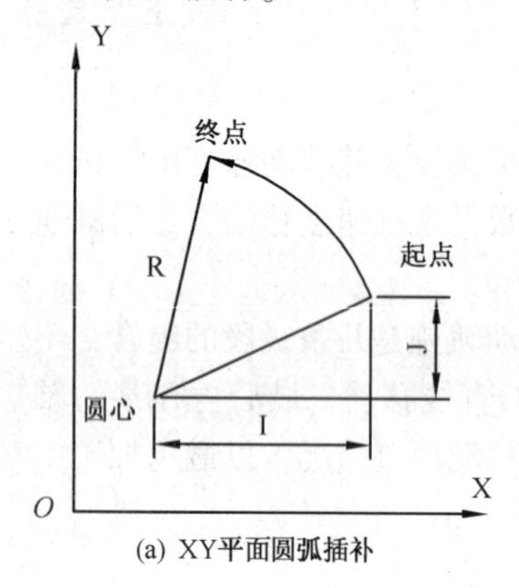

(a) XY平面圆弧插补

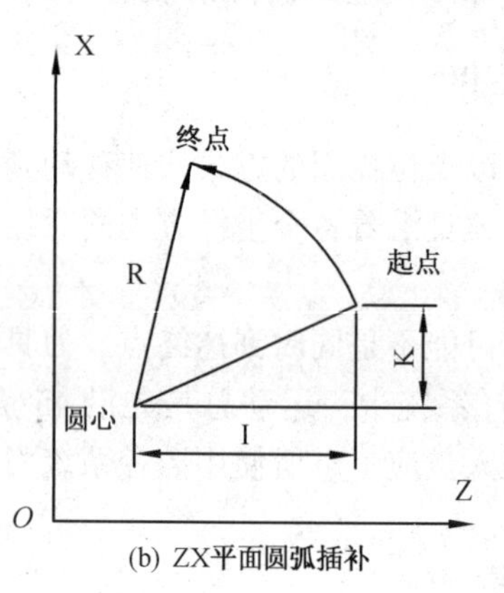

(b) ZX平面圆弧插补

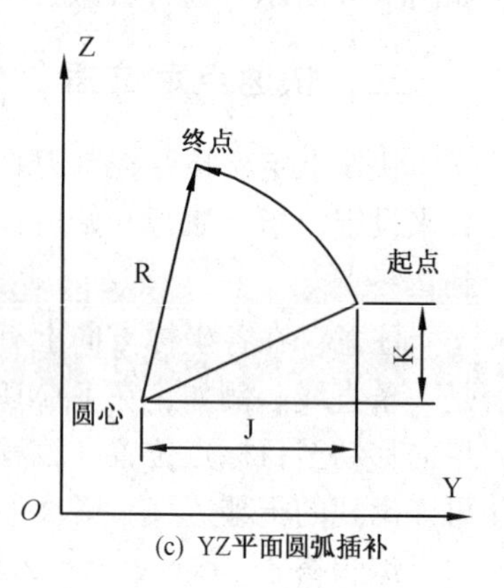

(c) YZ平面圆弧插补

图 7-7　各平面内的圆弧插补

程序格式如下：

XY 平面

G17 G02 X~ Y~ I~ J~（R~）F~

G17 G03 X~ Y~ I~ J~（R~）F~

ZX 平面

G18 G02 X~ Z~ I~ K~（R~）F~

G18 G03 X~ Z~ I~ K~（R~）F~

YZ 平面

G19 G02 Z~ Y~ J~ K~（R~）F~

G19 G03 Z~ Y~ J~ K~（R~）F~

其中，X、Y、Z 后的数值是指圆弧插补的终点坐标值；I、J、K 后的数值是指圆弧起点到圆心的增量坐标，与 G90，G91 无关；R 为指定圆弧半径，当圆弧的圆心角≤180°时，R 后的数值为正，当圆弧的圆心角>180°时，R 后的数值为负；F 后的数值用于指定进给速度。

例：在图 7-8 中，当圆弧 A 的起点为 P1，终点为 P2。圆弧插补程序段为：

G02 X321. 65 Y280 I40 J140 F50　　　　；指定圆弧终点及圆心相对坐标

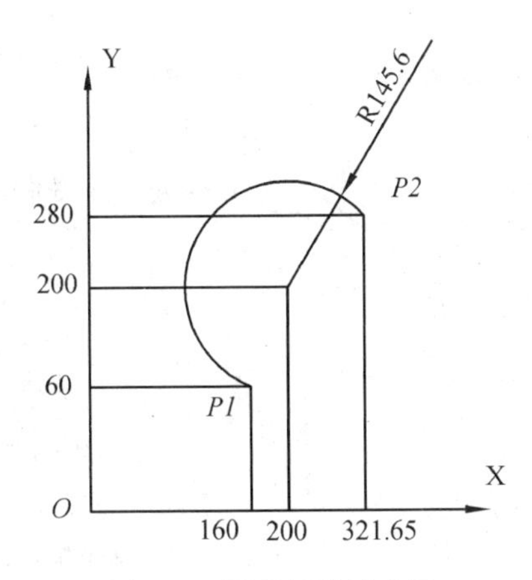

图 7-8 圆弧插补示意图

或 G02 X321. 65 Y280 R-145. 6 F50　　　　　　；指定圆弧终点及半径

当圆弧 A 的起点为 P2，终点为 P1 时，圆弧插补程序段为：

G03 X160 Y60 I-121. 65 J-80 F50　　　　　　；指定圆弧终点及圆心相对坐标

或 G03 X160 Y60 R-145. 6 F50　　　　　　；指定圆弧终点及半径

六、刀具半径补偿指令

零件轮廓铣削加工时，由于刀具半径尺寸影响，刀具的中心轨迹与零件轮廓往往不一致。为了避免计算刀具中心轨迹，直接按零件图样上的轮廓尺寸编程，数控系统提供了刀具半径补偿功能，如图 7-9 所示。

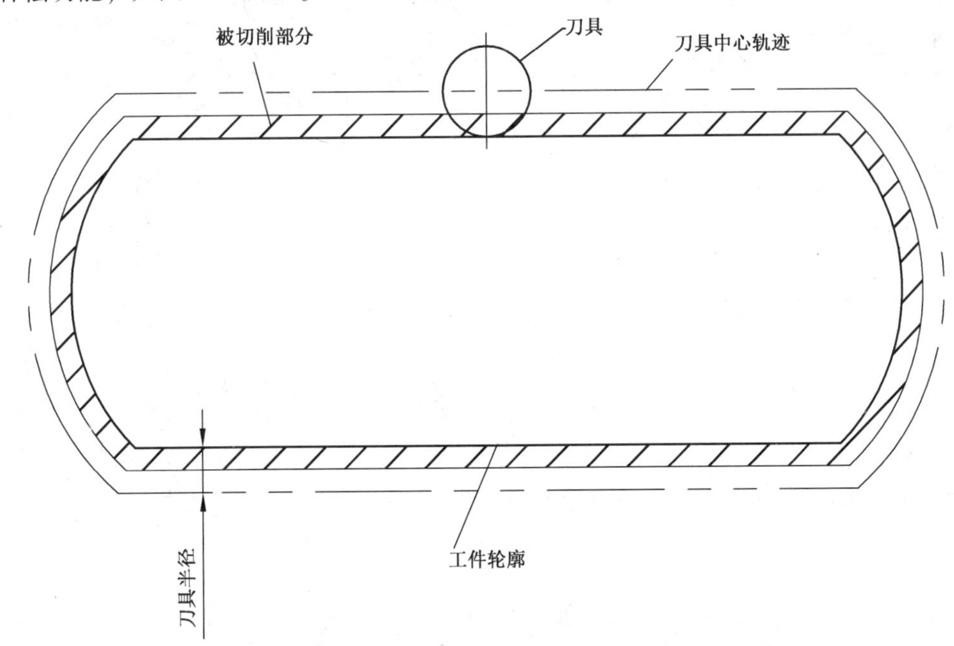

图 7-9 刀具半径补偿

1. 编程格式

G41 为左偏刀具半径补偿，其定义为：假设工件不动，沿刀具运动方向向前看，刀具在零件左侧的刀具半径补偿，见图 7-10。

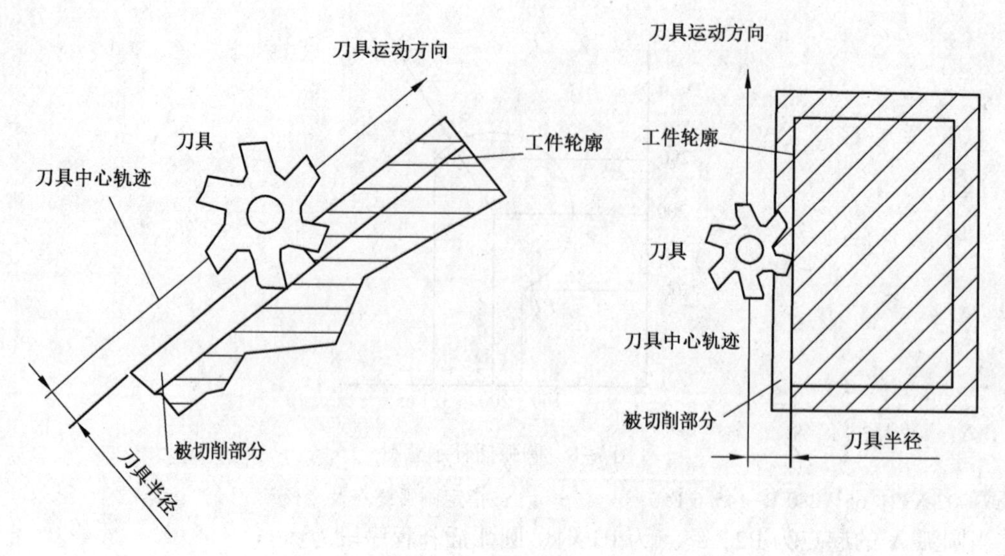

图 7-10 左偏刀具半径补偿

G42 为右偏刀具半径补偿，其定义为：假设工件不动，沿刀具运动方向向前看，刀具在零件右侧的刀具半径补偿，见图 7-11。G40 为补偿取消指令。

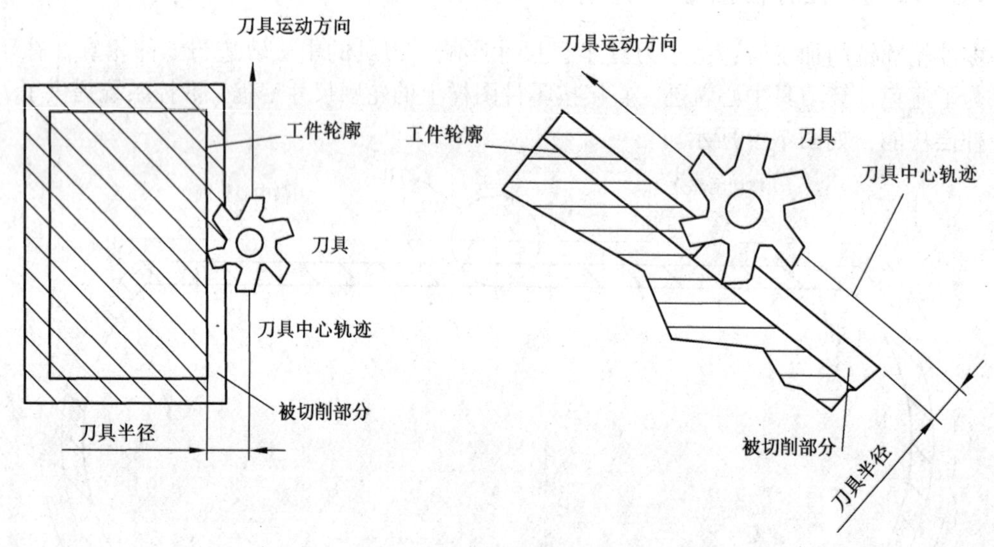

图 7-11 右偏刀具半径补偿

程序格式：

```
G00/G01 G41/G42 X~ Y~ H~   ; 建立补偿程序段
......                     ; 轮廓切削程序段
......
G00/G01 G40 X~ Y~          ; 补偿撤消程序段
```

其中：G41/G42 程序段中的 X、Y 值是建立补偿直线段的终点坐标值；G40 程序段中的 X、Y 值是撤消补偿直线段的终点坐标；H 为刀具半径补偿代号地址字，后面一般用两位数字表示代号，代号与刀具半径值一一对应。刀具半径值可用 CRT/MDI 方式输入，即在设置时，H~ = R。如果用 H00 也可取消刀具半径补偿。刀具半径补偿建立时，一般是直线且为空行程，以防过切。刀具半径补偿结束用 G40 撤销，撤销时同样要防止过切。

注意：

（1）建立补偿的程序段，必须是在补偿平面内长度不为零的直线移动。

（2）建立补偿的程序段，一般应在切入工件之前完成。

（3）撤销补偿的程序段，一般应在切出工件之后完成。

2. 刀具半径补偿量的符号

一般刀具半径补偿量的符号为正，若取为负值时，会引起刀具半径补偿指令 G41 与 G42 的相互转化。

3. 刀具半径补偿的其他应用

应用刀具半径补偿指令加工时，刀具的中心始终与工件轮廓相距一个刀具半径距离。当刀具磨损或刀具重磨后，刀具半径变小，只需在刀具补偿值中输入改变后的刀具半径，而不必修改程序。在采用同一把半径为 R 的刀具，并用同一个程序进行粗、精加工时，设精加工余量为 δ，则粗加工时设置的刀具半径补偿量为 R+δ，精加工时设置的刀具半径补偿量为 R，就能在粗加工后留下精加工余量 δ，然后在精加工时完成切削。

七、刀具长度补偿指令

使用刀具长度补偿指令，在编程时就不必考虑刀具的实际长度及各把刀具不同的长度尺寸。加工时，用 MDI 方式输入刀具的长度尺寸，即可正确加工。当由于刀具磨损、更换刀具等原因引起刀具长度尺寸变化时，只要修正刀具长度补偿量，而不必调整程序或刀具。

G43 为正补偿，即将 Z 坐标尺寸字与 H 代码中长度补偿的量相加，按其结果进行 Z 轴运动。G44 为负补偿，即将 Z 坐标尺寸字与 H 代码中长度补偿的量相减，按其结果进行 Z 轴运动。G49 为撤消补偿。

编程格式为：

```
G01 G43/G44 Zs H~    ；建立补偿程序段
……                   ；切削加工程序段
……
G49                  ；补偿撤消程序段
```

第五节　手工编程实例

一、数控车削加工实例

第一步，分析零件图制定工艺方案（图 7-12）：

（1）提供的毛坯为 ϕ30 的圆棒料。

（2）这是一个回转体零件，适合用车床加工。

（3）只要用一把 90 度外圆车刀即可。

（4）工艺方案：首先把毛坯车到 ϕ26，再车到 ϕ22，锥面先车一部分，再车到 ϕ18，把右端圆弧面车成锥面，最后沿 ABCDE 车削到尺寸。

（5）工件坐标系建立在工件右端面回转中心。

刀具轨迹：F→G →H →I →K →L →M →N →O →P →T →Q →R →S →A →B →C →D →E →J →U。

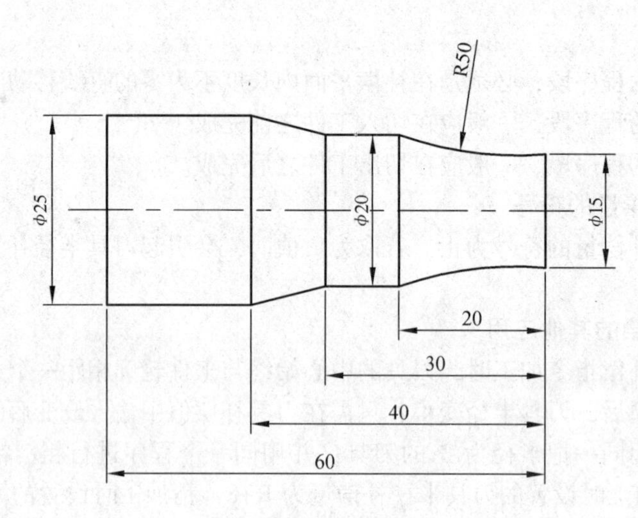

图 7-12　车削零件示例

第二步，数学处理：

(1) 计算所有标注点的坐标。

(2) 这里给出几个关键点的坐标，其余点类推。

A(x15, z0)　　　　　　G(x26, z5)

B(x20, z-20)　　　　　H(x26, z-60)

C(x20, z-30)　　　　　L(x22, z5)

D(x25, z-40)　　　　　M(x22, z-30)

E(x25, z-60)　　　　　N(x26, z-40)

ON 线和 HG 线是重合的，为了看得清楚，所以分开来画如图 7-13 所示。

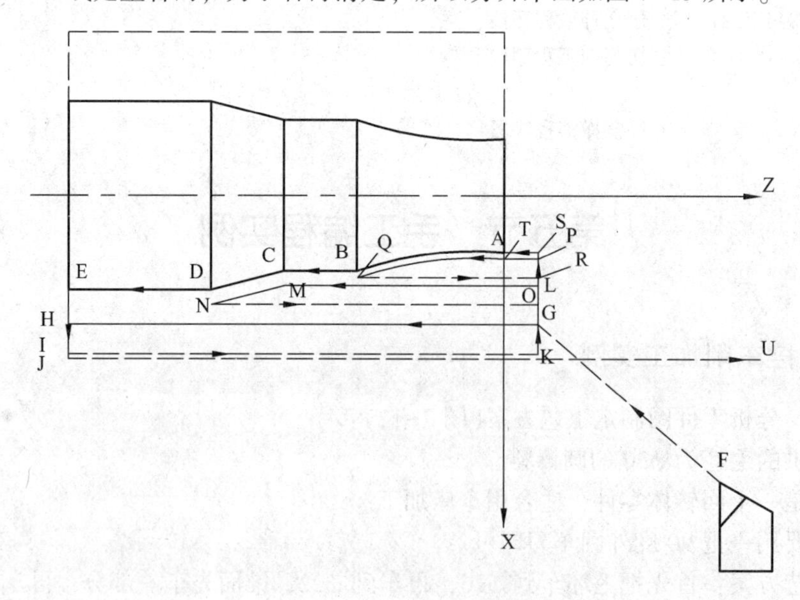

图 7-13　车削零件刀轨

第三步，编写程序：

```
QH01
N10   G00 X26 Z5 F0.2 S300 T01 M03            ; F→G
```

```
N20   G01          Z-60                          ; G→H
N30   G00 X28                                    ; H→I
N40                       Z5                     ; I→K
N50              X22                             ; K→L
N60    G01             Z-30                      ; L→M
N70              X25 Z-40                        ; M→N
N80    G00             Z5                        ; N→O
N90              X18                             ; O→P
N100  G01            Z0                          ; P→T
N110  G01 X21 Z-20                               ; T→Q
N120  G00          Z5                            ; Q→R
N130           X15                               ; R→S
N140  G01          Z0                            ; S→A
N150  G02 X20 Z-20 CR=50 F0.15                   ; A→B
N160  G01          Z-30                          ; B→C
N170           X25 Z-40                          ; C→D
N180                    Z-60                     ; D→E
N190  G00 X30                                    ; E→J
N200                   Z30 M05 M02               ; J→U
                                                 ; M05 主轴停止，M02 程序结束
```

二、数控铣削加工实例

第一步，分析零件图，制定工艺方案(图 7-14)：

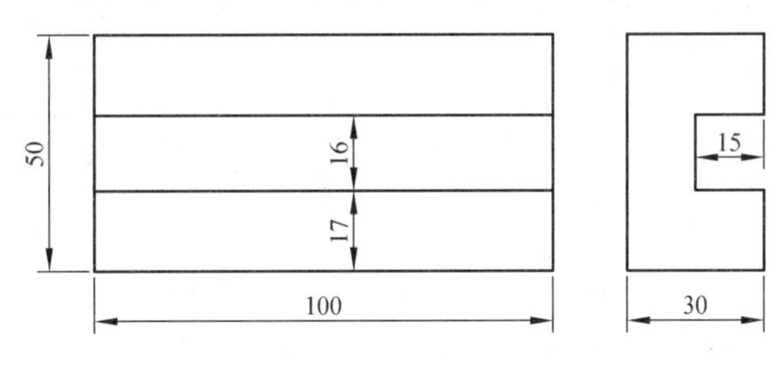

图 7-14　铣削零件示例

(1) 这个零件是要在 100mm×50mm×50mm 的块料上铣削一个宽 16mm 深 15mm 的通槽，没有精加工，直接粗加工到尺寸。

(2) 提供的立铣刀直径为 $\phi12$。

(3) 工艺方案为：槽深 15mm，一次铣削到位，走两刀，第一刀铣出 12mm 宽的槽，第二刀铣出宽 16mm 的槽。

(4) 图 7-15 所示为铣这个槽的刀轨示意图。

(5) 坐标系建立在块料的一个角点。

(6) 走刀路径，下刀深 15mm，A→B →C→D。

第二步，数学处理：

铣削加工是三轴加工，具有三个坐标 XYZ。在铣削加工的时候，在走刀和下刀的时候要考虑刀具半径的影响，在走刀和下刀的时候，要留出至少一个半径值。在本例中，我们假

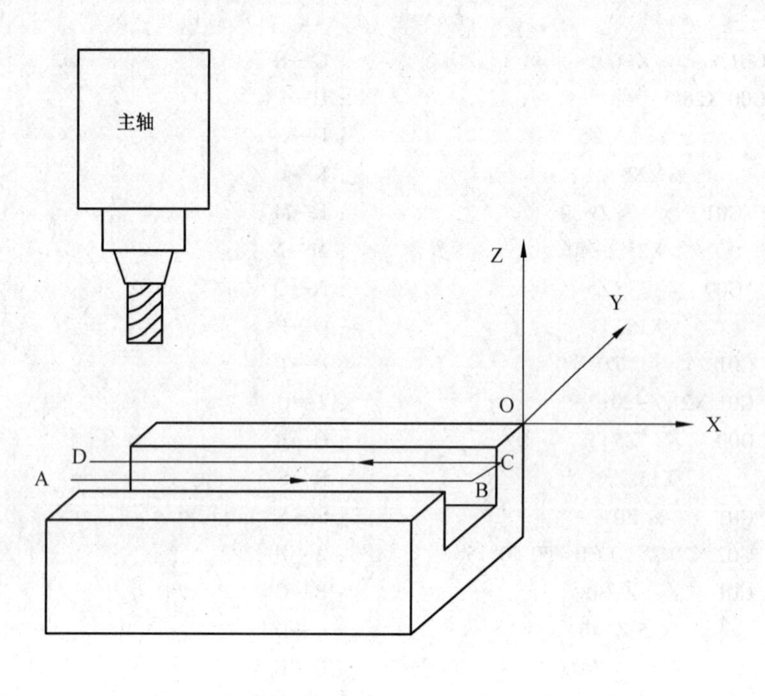

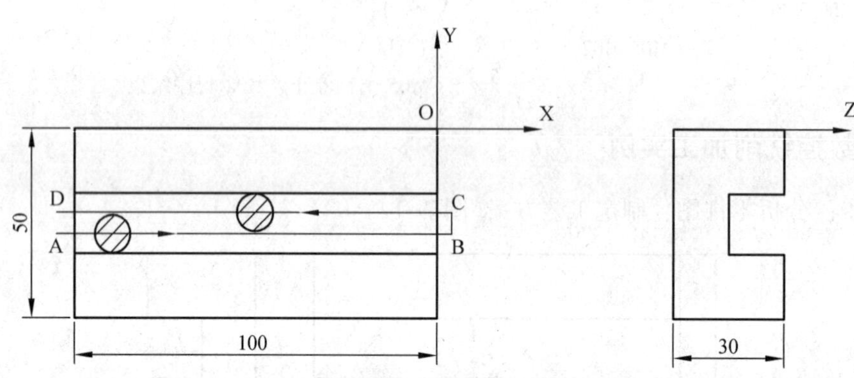

图 7-15　零件铣削刀轨示例

设走刀和换刀的时候，要留出 10mm。实际走刀路径就是 ABCD。

A（x-110，y-27，z-15）　B(x10，y-27. z-15)

C(x10，y-23，z-15)　D（x-110，y-23，z-15)

第三步，编制程序：

```
MH02
N10 G00 G54 X-110 Y-27 F80 S300 M03     ；下刀到 A 点的正上方
N20 Z0                                  ；快速下刀
N30 G01 Z-15                            ；下刀到 15mm 处
N40 X10                                 ；A→B
N50 Y-23                                ；B→C
N60 X-110                               ；C→D
N70 G00 Z50                             ；抬刀
N80 M05 M02                             ；结束
```

第六节 斯沃数控仿真软件

由南京斯沃软件技术有限公司推出的斯沃数控仿真软件，包括 FANUC、SINUMERIK、MITSUBISHI、广州数控 GSK、华中世纪星 HNC、北京凯恩帝 KND、大连大森 DASEN 等系统的数控车铣及加工中心仿真，是结合机床厂家实际加工制造经验与高校教学训练一体所开发的。通过该软件可以使学生达到实物操作训练的目的，又可大大减少昂贵的设备投入。本节以西门子 802C 数控车、铣为例，对该软件的使用做一简单介绍。关于具体数控系统的操作比如对刀、输入程序等，本书不作详细探讨，请参考相关资料。

一、进入系统

首先在桌面双击斯沃数控图标，进入数控系统选择界面，如图 7-16 所示。选择好单机版或网络版后，选择操作者获得的授权方式，再点击数控系统下拉列表框右侧的按钮，选择数控系统，如图 7-16 所示选择了西门子 802C/802Se 铣床。一般最后一位是 M 则代表铣床，T 代表车床。点击【运行】，进入机床仿真界面。

图 7-16 数控仿真进入界面

二、铣床仿真软件操作

如图 7-17 所示，进入西门子 802C/802Se 铣床仿真后，首先点击数控面板上的【K1】键，打开驱动器使能，系统会提示【请回机床原点】，依次点击下方的【+X】、【+Y】、【+Z】键，完成返回参考点操作。

首先完成软件的视窗视图、显示模式设置，点击【视窗视图】菜单，弹出下拉菜单如图 7-18 所示。连续点击 3 遍，可以看到数控面板和机床显示区在交替变化。将机床显示区最大化，再连续点击 3 次【显示模式】菜单的【床身显示模式】，如图 7-19 所示菜单，可以观察到机床保护罩、主轴等依次隐藏。在机床显示区域点击鼠标中键并拖动，可以旋转机床，滚动鼠标中键则可以放大缩小机床。在机床显示区点击鼠标右键，左键选择平移，之后再在机床显示区点击鼠标左键并拖动鼠标，则可以平移机床。之所以强调这些操作，是因为视角变换配合床身保护罩隐藏的显示模式，可以辅助实现试切法对刀。

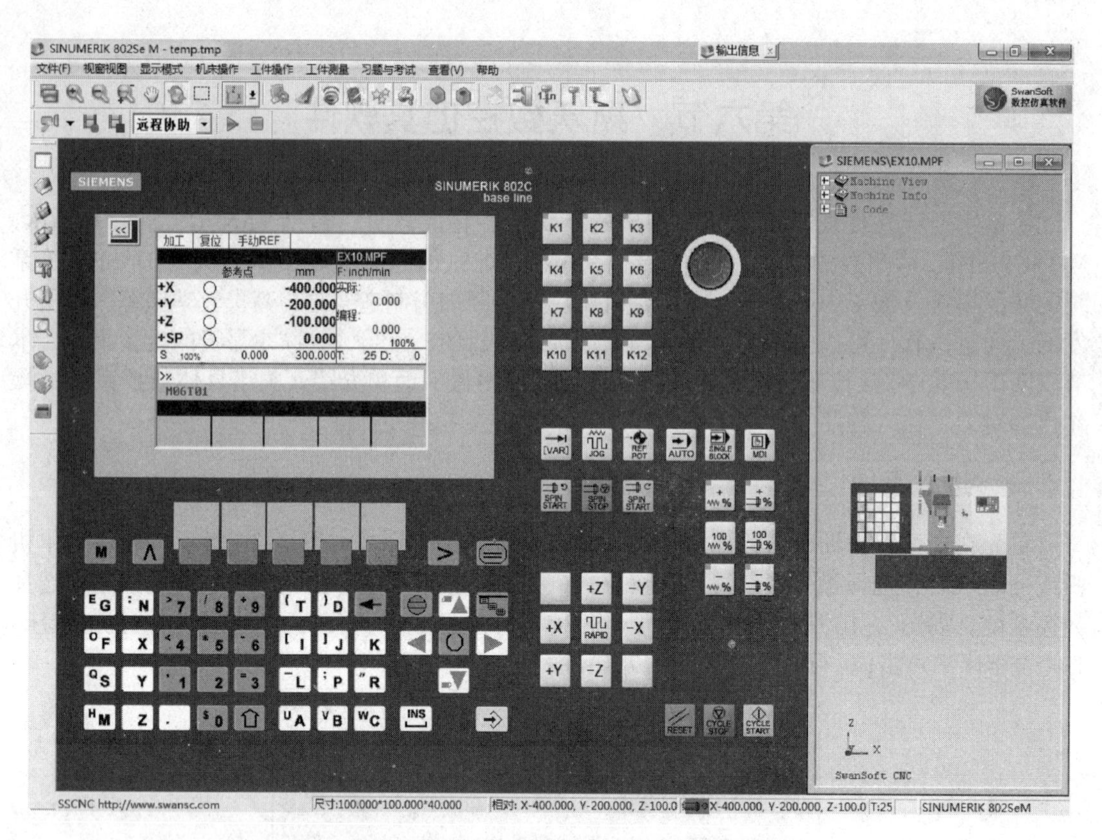

图 7-17 西门子 802C/802Se 铣床仿真软件

窗口切换
整体放大
整体缩小
缩放
平移
✓ 旋转
正视
俯视
侧视
全屏显示
双显示器显示
显示工具条提示
语言

图 7-18 【视窗视图】菜单

图 7-19 【显示模式】菜单

接下来点击【机床操作】菜单的【刀具管理】，如图 7-20 所示，弹出【刀具库管理】对话框，点击【刀具数据库】列表，右侧能够显示出刀具图形。点击左下角的刀具库管理中的【修改】按钮，可以定制列表中选中的刀具参数。

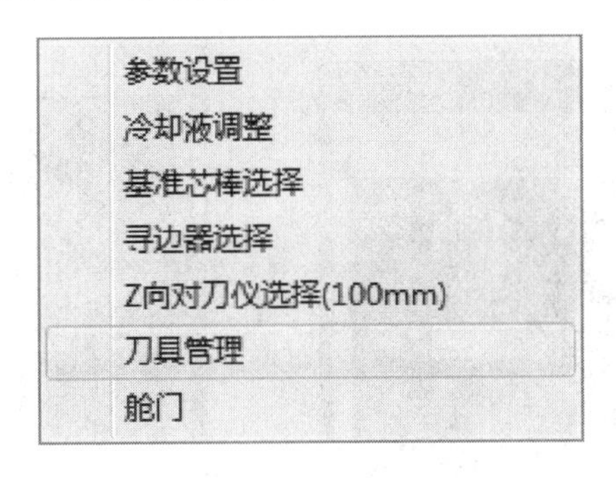

图 7-20 【机床操作】菜单

点击中部【添加到刀库】按钮，选择【1 号刀位】，则如图 7-21 所示，机床刀库列表框中出现刀具号 001，选中 001 号刀具，点击对话框右下角的【添加到主轴】，再点击【确定】按钮，回到软件主界面。此时放大机床主轴，可以看到主轴下方已经有一把刀具。

点击【工件操作】菜单【设置毛坯】项，弹出如图 7-22 所示对话框，依据需要更改毛坯的尺寸参数，勾上左下角的【更换工件】选项，再点击【确定】按钮，机床工作台则出现定义的工件。

点击【工件操作】菜单【工件装夹】项，弹出如图 7-23 所示的选择【工艺板装夹】，点击【确定】按钮。选择工艺板装夹方式是为了简化操作过程，避免夹具干涉刀具。如果用于实际加工仿真，则尽量选用和实际装夹相同的工件装夹方式。

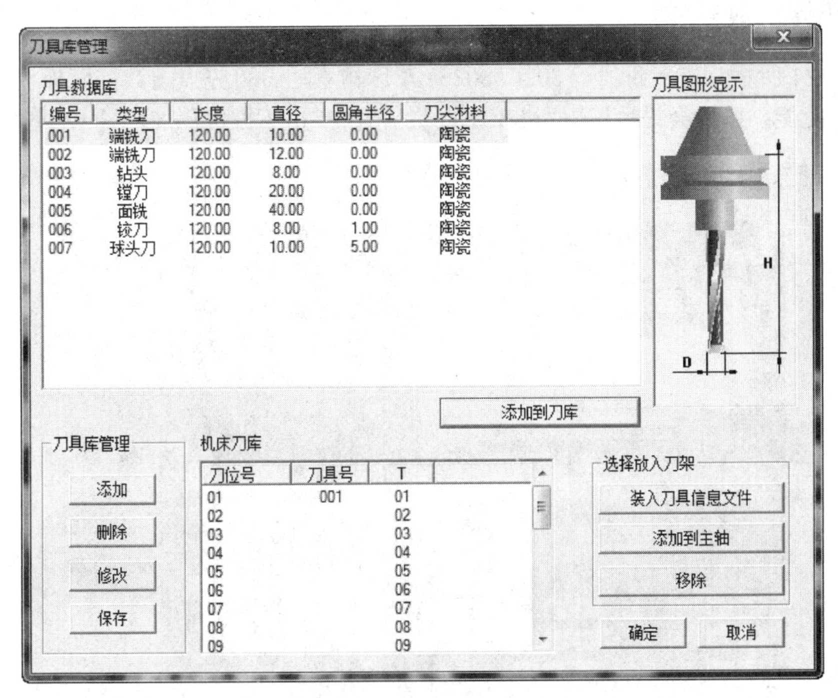

图 7-21 【刀具库管理】菜单

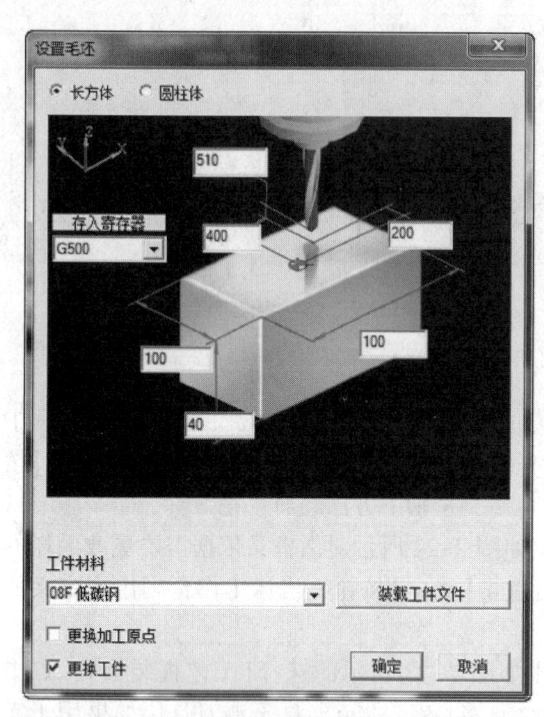

图 7-22 【设置毛坯】对话框

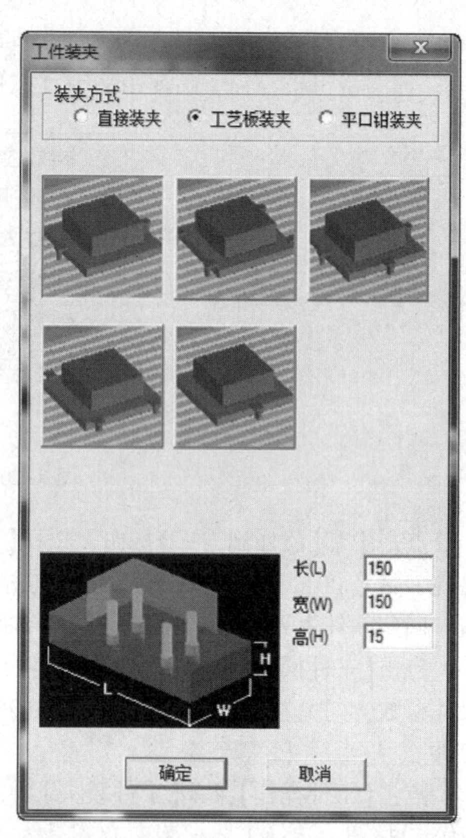

图 7-23 【工件装夹】对话框

三、车床仿真软件操作

如图 7-24 所示，进入西门子 802C/802Se 车床仿真后，首先点击数控面板上的【K1】键，打开驱动器使能，系统会提示【请回机床原点】，依次点击下方的【+X】、【+Z】键，完成返回

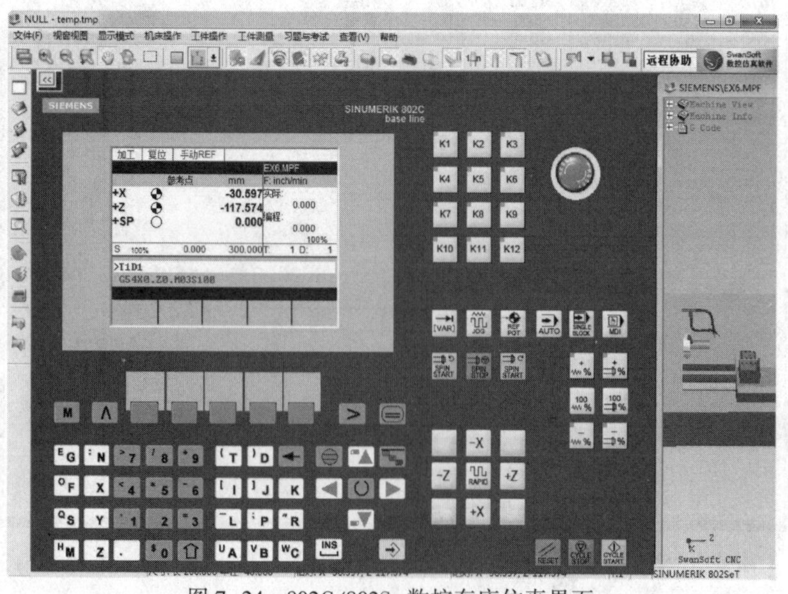

图 7-24 802C/802Se 数控车床仿真界面

参考点操作。

视窗视图、显示模式、刀具管理和工件操作、视角变换和铣床仿真基本类似，需要特别注意的是，在车床操作中，如果使用试切法对刀，需要用到工件测量。点击【工件测量】菜单【特征点】项，机床界面变成测量界面，如图 7-25 所示，在该界面上移动鼠标，左上角消息框中显示测量位置的直径和半径等参数。

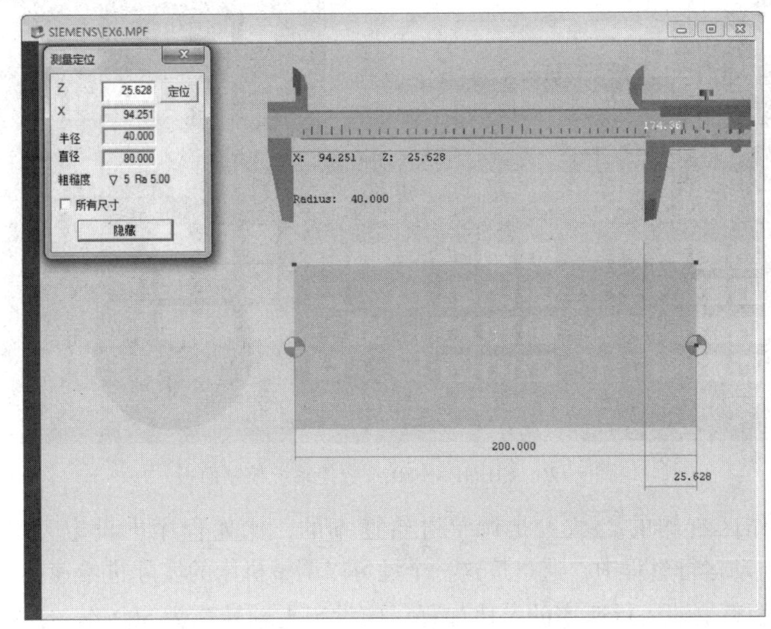

图 7-25 【工件测量】对话框

第七节 西门子 802C 数控车床操作

一、SIEMENS 802C 数控系统介绍

SIEMENS 802C 的控制面板如图 7-26 所示，主要分为屏幕区、屏幕下方的编程区、屏幕右侧的机床操作区三块。在机床的使用过程中，机床要处于不同的工作方式下，比如手动方式、程序自动运行方式、返回参考点方式等。不同的工作应在不同工作方式下进行。在机床操作区的中部有六个键，，分别用于选择不同的工作方式。第一个键是增量选择键，按下它以后编程操作时输入的进给距离就是增量方式。第二个键是手动方式选择键，按下它以后就可以通过机床操作区的等几个键手动操作车床。第三个键是刀架返回参考点，参考点在每台机床上都是在出厂时就设定好的，在这一点有几个传感器，当刀架移动到这个点时数控系统就能够确定刀架的位置。每次开机后数控系统并不知道刀架的位置，只有返回参考点后，机床才能在后续的操作中准确地控制刀架的位置。第四个键是自动运行方式，当程序输入完成后按下这个键，表示机床可以运行存储器里的程序进行加工。第五个键是程序单段运行模式。第六个键是手动数据键，在这种模式下是输入一段程序运行一步。

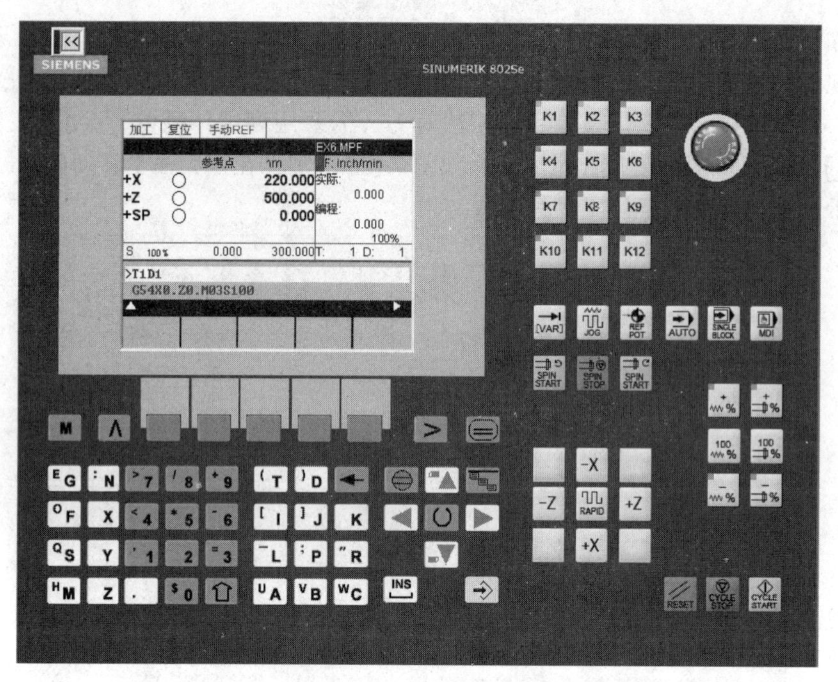

图 7-26 SIEMENS 802C 数控系统控制面板

在机床操作区右侧的是调整进给速率的，比如程序中设定刀具进给速率为12m/min，在自动运行过程中，通过按这三个键可以调整机床的实际进给速率。还有三个键是用于调整主轴运行速率的，比如程序中设定主轴转速为500r/min，在自动运行过程中，通过按这三个键可以调整机床主轴的实际转速。

机床操作区底部有三个键，分别是复位、程序停止、程序开始。这几个键在自动运行模式、MDA 模式和单步运行模式下控制程序的起停和复位。

机床操作区左上角K4键在车床上是手动换刀按钮，K6键在车床上是手动打开冷却液。机床操作区右上角红色圆形按钮是急停按钮，加工过程中出现事故时将它按下。

编程区键盘的操作和普通计算机键盘类似。屏幕区的中间这些键是软键，，随着系统状态的不同会有不同的作用。屏幕区左侧M键是查看加工界面键，一按它屏幕就转到加工界面。右侧键是区域转换键，一按它屏幕就转到系统主界面。

二、SIEMENS 802C 数控系统的操作步骤

1. 开机

合上机床总电源开关；按下操作面板左侧面的绿色电源开关，系统通电；等待 10s 左右，看到屏幕进入加工界面以后，如图 7-27 所示，方可进行其他操作。

2. 返回参考点

每次开机后必须返回参考点，在手动方式下按键，长按+X和+Z给每个坐标返回参考点，当屏幕上 X、Z 后出现标志时，表示返回参考点完成。

3. 对刀(刀具偏置量的输入)

参考点返回后应进行对刀，设置刀具偏置量。在手动方式下，首先按键，进入主界

面，再按软键【参数】，出现参数设定界面，该界面上屏幕底部有【R 参数】、【刀具补偿】、【设定数据】、【零点偏移】，按【刀具补偿】所对应的软键，进入刀具补偿数据界面，如图 7-28所示。

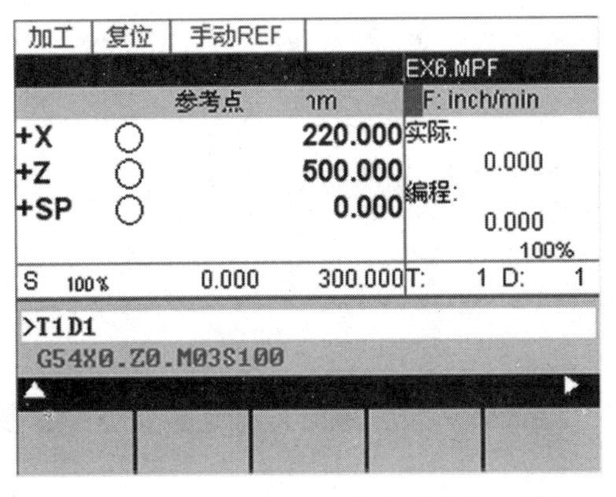

图 7-27　SIEMENS 802C 数控系统加工界面

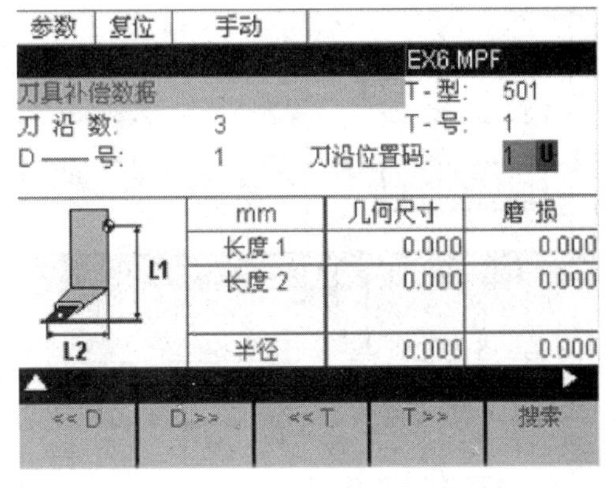

图 7-28　刀具数据补偿

注意：按 > 菜单扩展键，就能在上下菜单间切换，图 7-28 底部将变成 复位刀沿 新刀沿 删除刀具 新刀具 对刀 。屏幕下部状态条 ▲ ▶ 左边的白色上三角表示 ∧ 返回键可用，按返回键就可以返回上一级界面；右边的白色右三角表示 > 菜单扩展键可用，能切换到更多别的菜单。其他界面还有类似情况，不再另行说明。

按 << T | T >> 对应的软键选择刀具号，比如当前车床刀架的刀位是 2 号，则对应T-号应选为 2。选择【对刀】软键，进入对刀界面，如图 7-29 所示，上图是设 X 轴的偏置，下图是设 Z 轴的偏置，这两个界面可以通过按 轴+ 所对应的软键来切换。

首先对 X 轴，先在手动方式下车外圆，+Z 方向退刀，用游标卡尺量取工件直径，假设为 25mm，用编程区的数字键输入工件直径 25，按 计算 所对应的软键，则 X 轴的偏置就对好了。再对 Z 轴，按 计算 所对应软件，进入图 7-29 下图。在手动方式下车端面，+X 向退刀，假设工件坐标系想设在工件右端面，则输入 0，按 计算 所对应的软键，按 确认 所对应的软键，则 Z 轴的偏置就对好了。

要注意的是，在车床上，通过对刀，是使数控车床获知刀尖点的位置。哪怕只有一把刀，对好刀后，在程序中也必须调用了相应的刀具，才能使用这个刀具的长度补偿。

4. 程序的输入

按 ⊜ 键回到主界面，按 程序 对应的软键，进入程序控制界面，如图 7-30 所示。按编程区键盘的方向键可以改变光标的位置，再按 选择 对应的软键，即可选中相应的程序，再按 打开 对应的软键，即可打开程序。如果要输入新程序，按 新程序 ，提示输入新程序名，按 确认 所对应的软键，即进入程序编辑界面，如图 7-31 所示。

在程序编辑界面可以用编程区的键盘编辑程序。程序输入完成后，先按 选择 再按 关闭 对应的软键，关闭程序。

5. 程序的自动运行

在程序输入完成后，就可以进入实际加工阶段了。按 ⊜ 键回到主界面，按【程序】对应的软键，进入程序控制界面，如图 7-32 所示。

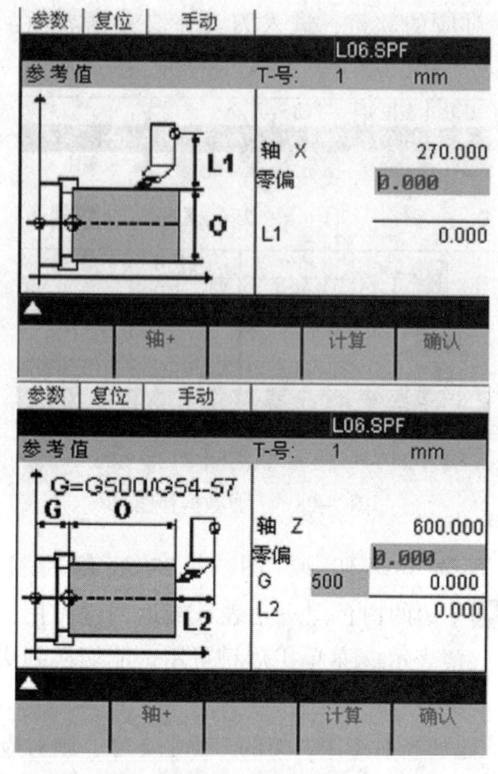

图 7-29 对刀窗口

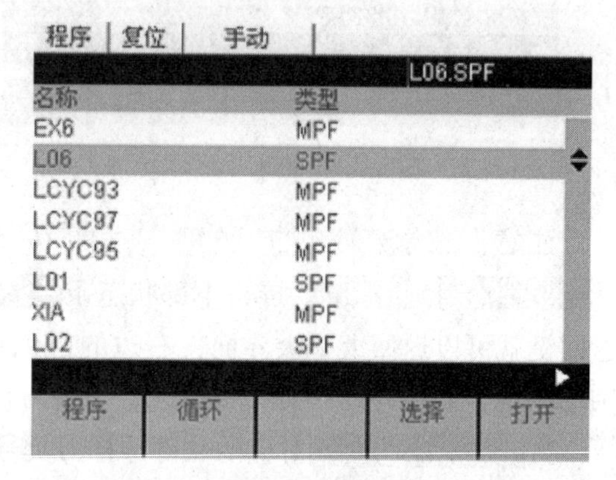

图 7-30 程序窗口

按编程区键盘的方向键可以改变光标的位置，再按选择对应的软键，即可选中相应的程序，再按打开对应的软键，即可打开程序。程序打开后，按AUTO，进入程序自动运行模式，再按M键，屏幕进入加工界面，此时可以观察有关的加工信息。按机床操作区下方的CYCLE START键程序开始运行。在程序运行过程中如果需要停止程序，按CYCLE STOP键即可。RESET键用于复位程序。

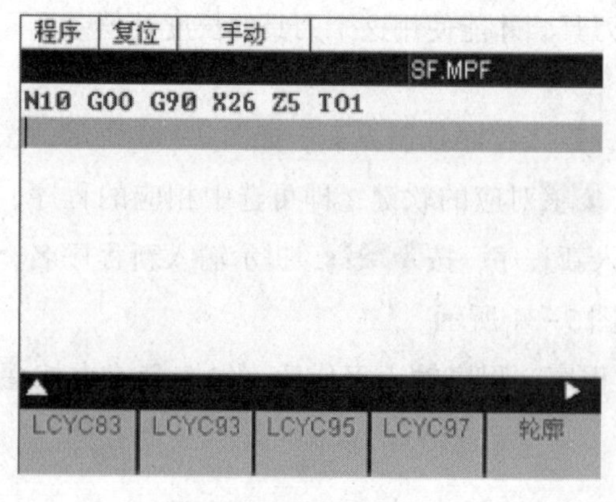

图 7-31 程序编辑界面

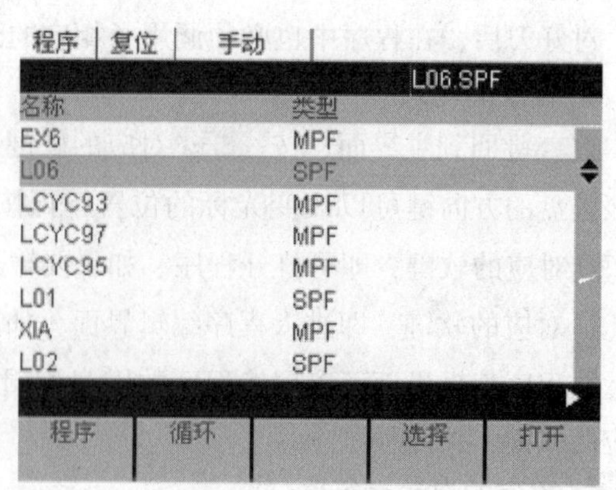

图 7-32 程序选择界面

第八节　西门子 802C 数控铣床操作

一、SIEMENS 802C 数控系统介绍

SIEMENS 802C 数控系统的控制面板如图 7-33 所示，主要分为屏幕区、编程区、机床操作区三块。在机床的使用过程中，机床要处于不同的工作方式下，比如手动方式、程序自动运行方式、返回参考点方式等。不同的工作应在不同工作方式下进行。在机床操作区的中部有六个键，分别用于选择不同的工作方式。第一个键是增量选择键，按下它以后编程操作时输入的进给距离就是增量方式。第二个键是手动方式选择键。按下它以后就可以通过机床操作区的 -X +X -Z +Z 等几个键手动操作车床。第三个键是刀架返回参考点。参考点在每台机床上都是在出厂时就设定好的，在这一点有几个传感器，当刀架移动到这个点时数控系统就能够确定刀架的位置。每次开机后数控系统并不知道刀架的位置，只有返回参考点后，机床才能在后续的操作中准确地控制刀架的位置。第四个键是自动运行方式，当程序输入完成后按下这个键，表示机床可以运行存储器里的程序进行加工。第五个键是程序单段运行模式。第六个键是手动数据键，在这种模式下是输入一段程序运行一步。

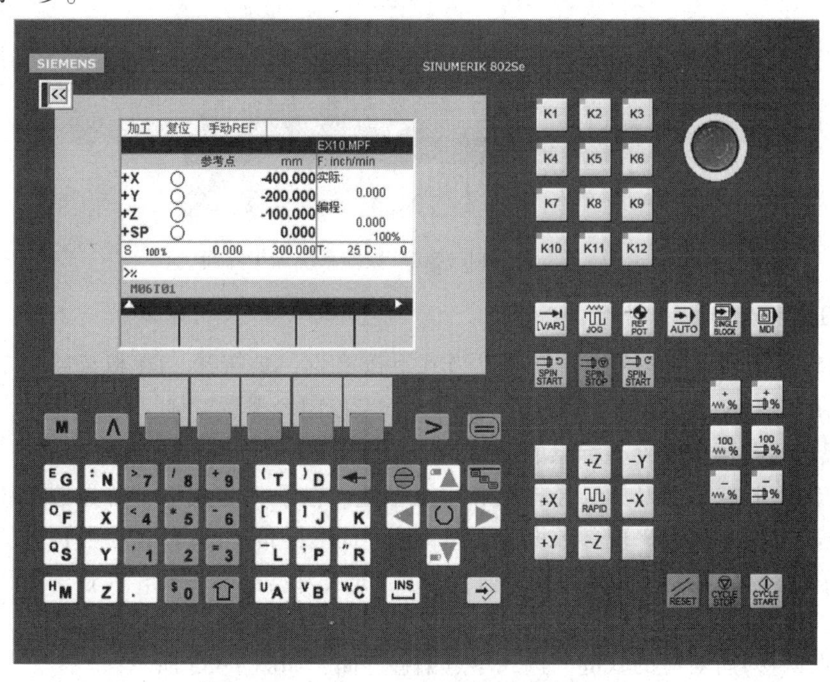

图 7-33　SIEMENS 802C 数控系统控制面板

在机床操作区右侧的是调整进给速率的，比如程序中设定刀具进给速率为 12m/min，在自动运行过程中，通过按这三个键可以调整机床的实际进给速率。还有三个键是用于调整主轴运行速率的，比如程序中设定主轴转速为 500r/min，在自动运行过程中，通过按这三个键可以调整机床主轴的实际转速。

机床操作区底部有三个键，分别是复位、程序停止、程序开始。这几个键在自动运行模式、MDA模式和单步运行模式下控制程序的起停和复位。

机床操作区左上角K1键在铣床上是驱动使能，必须按下K1键，机床才能动作，K6键在铣床上是手动打开冷却液。机床操作区右上角红色圆形按钮是急停按钮，加工过程中出现事故时将它按下。

编程区键盘的操作和普通计算机键盘类似。屏幕区的中间这些键是软键，随着系统状态的不同会有不同的作用。屏幕区左侧M键是查看加工界面键，一按它屏幕就转到加工界面。右侧键是区域转换键，一按它屏幕就转到系统主界面。

二、SIEMENS 802C 数控系统的操作步骤

1. 开机

合上机床总电源开关；按下操作面板左侧面的绿色电源开关，系统通电；等待10s左右，看到屏幕进入加工界面以后，如图7-34所示，方可进行其他操作。

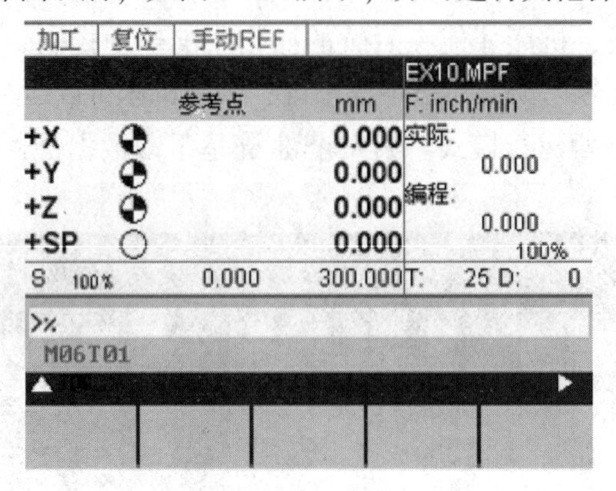

图7-34　SIEMENS 802C 数控系统加工界面

2. 返回参考点

每次开机后必须返回参考点，在手动方式下按键，长按+X、+Y和+Z给每个坐标返回参考点，当屏幕上X、Y、Z后出现标志时，表示返回参考点完成。

3. 刀具半径补偿和工件坐标系的设置

在数控铣床上应设置刀具半径补偿和零点偏置。在手动方式下，首先按键，进入主界面，再按软键【参数】，出现参数设定界面，该界面上屏幕底部有【R参数】、【刀具补偿】、【设定数据】、【零点偏移】，按【刀具补偿】软键，进入刀具补偿界面，在这里可以登记刀具和设置刀具半径。

按【零点偏移】所对应的软键，进入零点偏置界面，如图7-35所示。

按测量键所对应的软键，进入测量零点偏置窗口，如图7-36所示。

对于装夹好的平面零件如图7-37所示，起动主轴，先使刀具靠拢工件的左侧面(采用点动操作，以开始有微量切削为准)，刀具如图7-37中A点位置，在零偏后的输入框输入当前刀尖相对于工件坐标系得坐标值，按【计算】所对应的软键，则完成X方向的编程零点设置。按【轴+】所对应的软键，再使刀具靠拢工件的前侧面，刀具如图7-37中B点位置，

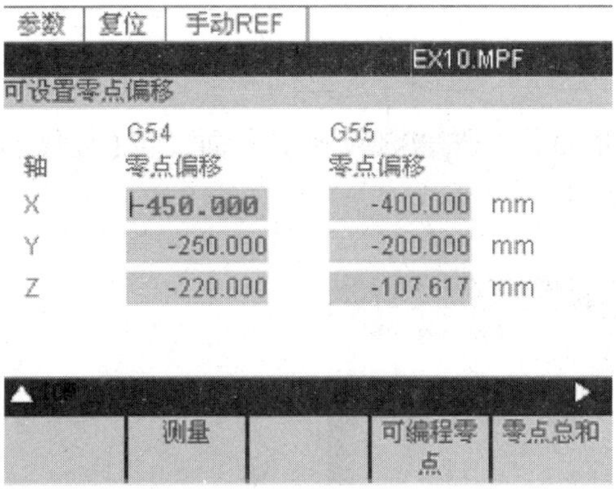

参数 | 复位 | 手动REF
EX10.MPF
可设置零点偏移

轴	G54 零点偏移	G55 零点偏移	
X	-450.000	-400.000	mm
Y	-250.000	-200.000	mm
Z	-220.000	-107.617	mm

测量 | 可编程零点 | 零点总和

图 7-35　零点偏置

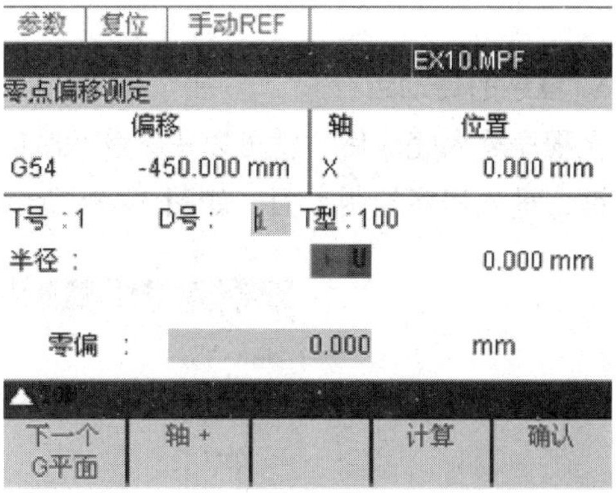

参数 | 复位 | 手动REF
EX10.MPF
零点偏移测定

	偏移	轴	位置
G54	-450.000 mm	X	0.000 mm

T号：1　D号：1　T型：100
半径：　0.000 mm
零偏：0.000 mm

下一个G平面 | 轴 + | 计算 | 确认

图 7-36　测量零点偏置窗口

保持刀具 Y 方向不动，使刀具 X 向退回，在零偏后的输入框输入当前刀尖相对于工件坐标系的坐标值，按【计算】所对应的软键，则完成 Y 方向的编程零点设置。按【轴+】所对应的软键，最后抬高 Z 轴，移动刀具，使铣刀底部靠拢工件上表面，在零偏后的输入框输入当前刀尖相对于工件坐标的系坐标值，按【计算】所对应的软键，再按【确认】键，系统内部完成了编程零点的设置功能，就把工件坐标系原点设置在工件左下角点上。

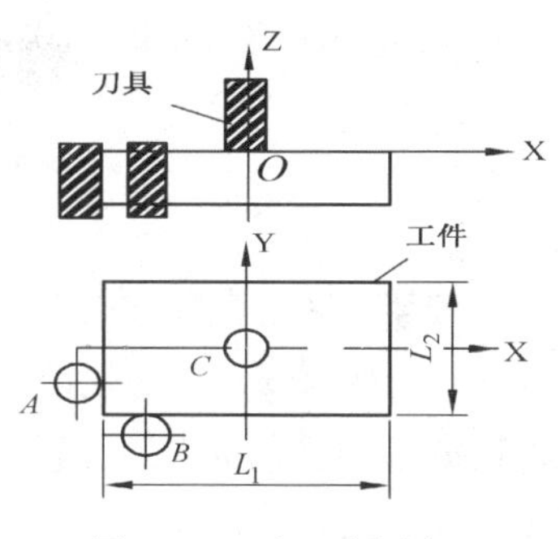

图 7-37　对刀示意图

4. 程序的输入

按▤键回到主界面，按 程序 对应的软键，进入程序控制界面，如图 7-38 所示。按编程区键盘的方向键可以改变光标的位置，再按 选择 对应的软键，即可选中相应的程序，再按 打开 对应的软键，即可打开程序。如果要输入新程序，按 新程序，提示输入新程序名，按 确认 所对应的软键，即进入程序编辑界面，如图 7-39 所示。

在程序编辑界面可以用编程区的键盘编辑程序。程序输入完成后，先按 选择 再按 关闭 对应的软键，关闭程序。

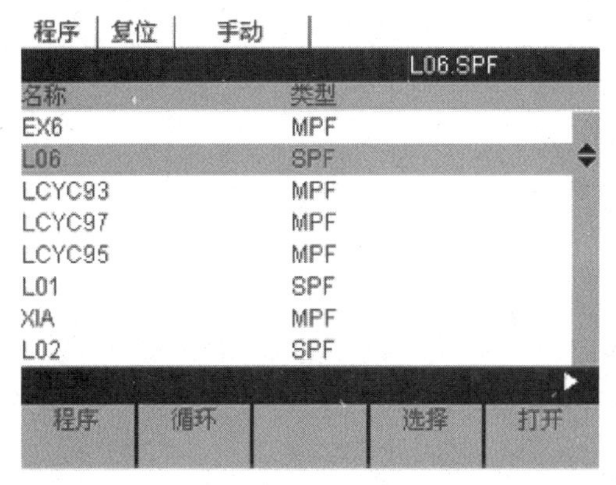

图 7-38　程序窗口

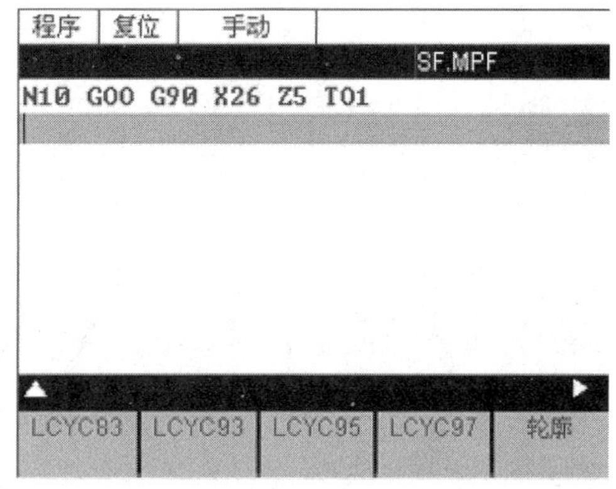

图 7-39　程序编辑界面

5. 程序的自动运行

在程序输入完成后，就可以进入实际加工阶段了。按键回到主界面，按【程序】对应的软键，进入程序控制界面，如图 7-40 所示。

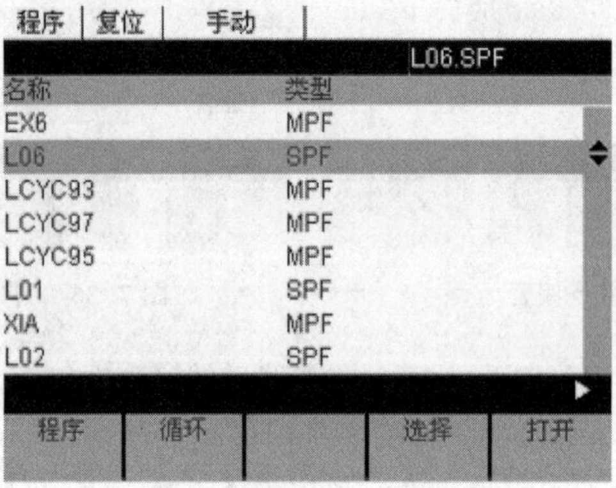

程序 | 复位 | 手动

L06.SPF

名称	类型
EX6	MPF
L06	SPF
LCYC93	MPF
LCYC97	MPF
LCYC95	MPF
L01	SPF
XIA	MPF
L02	SPF

程序 | 循环 | | 选择 | 打开

图 7-40　程序选择界面

按编程区键盘的方向键可以改变光标的位置，再按选择对应的软键，即可选中相应的程序，再按打开对应的软键，即可打开程序。程序打开后，按AUTO，进入程序自动运行模式，再按M键，屏幕进入加工界面，此时可以观察有关的加工信息。按机床操作区下方的CYCLE START键程序开始运行。在程序运行过程中如果需要停止程序，按键CYCLE STOP即可。RESET键用于复位程序。

第八章　UG 平面铣

UG NX 8.0 系统的 CAD 和 CAM 模块集成在一个系统环境中，CAD 模型、加工用的几何体、刀具、加工方法、工艺参数和加工操作紧密联系在一起，当 CAD 模型、加工用的几何体、刀具、加工方法和工艺参数有变化时，刀具加工路径都可以自动地生成。UG 平面铣是铣削加工中最基本的类型，主要用于加工垂直于刀轴的平面和垂直于底平面的侧面。

第一节　UG CAM 操作入门与编程步骤

一、操作入门

在完成零件、毛坯的 CAD 建模与装配后，即可进入加工环境。点击 UG NX 8.0 左上角 开始 按钮选择【加工】进入加工模块，弹【加工环境】配置对话框，如图 8-1 所示。在【加工环境】配置对话框中，【CAM 会话配置】列表框列出了常用的会话配置，通常选择【cam_general】即可，在下方的【要创建的 CAM 设置】列表框中，【mill_planar】代表平面铣，【mill_contour】代表外形轮廓铣，【mill_multi-axis】代表多轴加工，【mill_multi-blade】代表多刀加工，【drill】和【hole_making】代表孔加工，【turing】代表车削，【wire_edm】代表线切割。

先选择【mill_planar】，点击【确定】按钮，进入加工环境。如图 8-2 所示。

图 8-1　【加工环境】配置对话框

进入加工模块以后，首先要用到工序导航工具条以及工序导航器，如图 8-2 左侧所示。工序导航器的作用是组织、管理加工中用到的程序顺序、刀具、几何、加工方法与工序。工序导航器主要包括 4 个部分，第一个是程序顺序导航，点击工序导航工具条左边第一个按钮，导航器就变为【程序顺序】视图。工序导航工具条左起第二个按钮是【机床视图】，点击之后导航器就变为【机床】视图，可以在导航器中显示和管理所有用到的刀具。工序导航工具条左起第三个按钮是【几何视图】，点击之后导航器就变为【几何】视图，可以在导航器中显示和管理所有用到的几何，包括坐标系、加工几何体、边界、铣削区域等。工序导航工具条左起第三个按钮是【加工方法视图】，点击之后导航器就变为【加工方法】视图，可以在导航器中显示和管理所有用到的加工方法，包括粗加工、半精加工、精加工等。

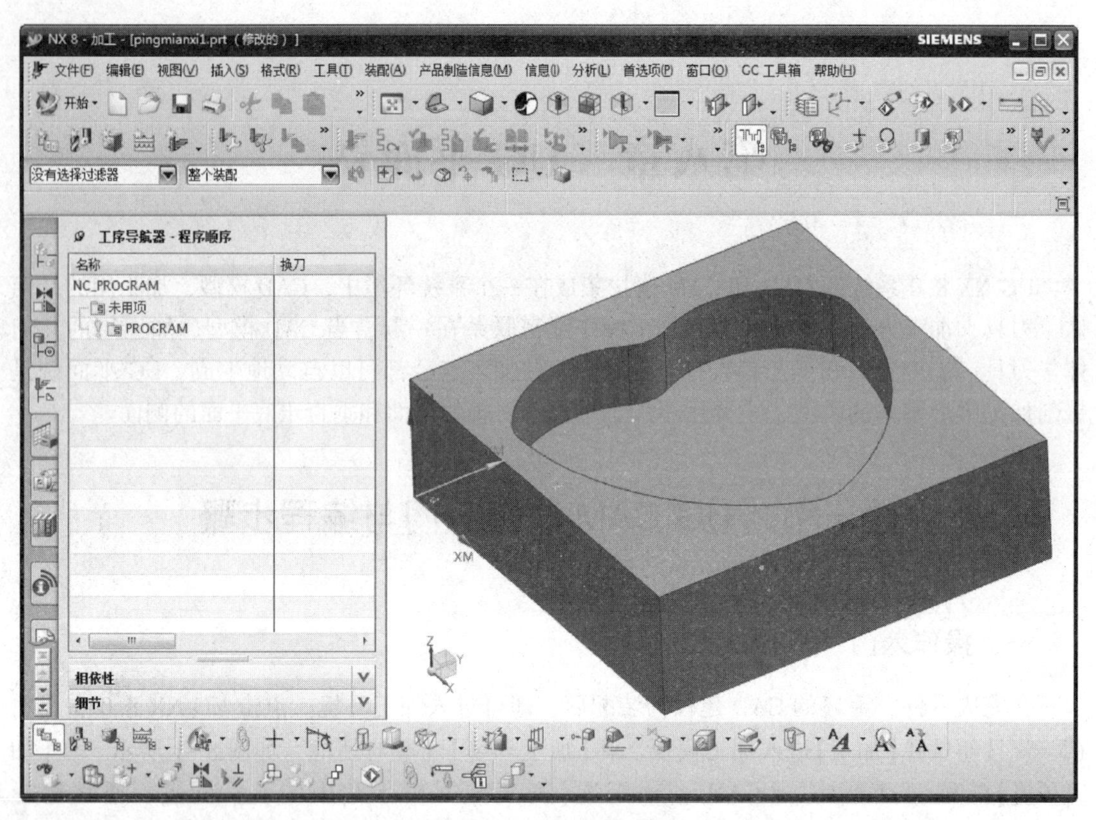

图 8-2　UG 加工环境界面

其次还将用到创建加工工具条，左起第一个按钮是创建程序顺序节点，导航器中缺省有 NC_PROGRAM 项、未用项和 PROGRAM 项，其中 NC_PROGRAM 项是根节点，未用项和 PROGRAM 项是一级子节点。点击左起第一个按钮可以创建程序顺序节点，如图 8-3 所示，在位置选项卡中可以选择父节点，名称选项卡中可以定义创建程序顺序节点的名称。点击【确定】或【应用】按钮即可创建一个新的程序顺序节点。从本质上来说，程序顺序导航就是对生成的各种加工操作的组织与管理。

创建加工工具条第二个按钮是创建刀具，点击之后弹出创建刀具对话框。首先根据加工内容选择合适的加工类型。例如选择了平面铣(mill_planar)，则刀具子类型出现平面铣经常用到的刀具种类。如图 8-4 所示，主要有平底铣刀(MILL)、圆鼻刀(CHAMFER_MILL)、球头刀(BALL_MILL)等 。在平面铣操作中，经常选用的刀具包括平底铣刀和圆鼻刀。在位置选项卡中，刀具下拉列表框用于选择新创建刀具的父节点。在名称选项卡中可以为新创建的刀具取名。点击【应用】或【确定】按钮，则弹出如图 8-5 所示刀具参数设置对话框。设置完参数后，点击【确定】后，完成一把刀具的创建，在工序导航器机床项目中可以看到创建的刀具。

创建加工工具条第三个按钮是创建几何体。在工序导航器的几何项目中，一般可以看到根节点 GEOMETRY、子节点 MCS_MILL 和孙节点 WORKPIECE，MCS_MILL 是加工坐标系，缺省情况下该坐标系和 CAD 模型的设计坐标系重合。需要注意的是，MCS_MILL 必须和实际加工中设定的工件坐标系重合。WORKPIECE 包含了最基本的毛坯与工件信息，在刀轨确认时毛坯与工件信息是必需的。右键点击这几个节点，选择【编辑】，可以编辑这几个缺省节点。点击创建加工工具条第三个按钮之后弹出如图 8-6 所示创建几何体对话框。可

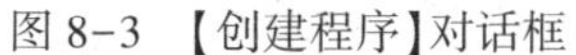

图 8-3 【创建程序】对话框

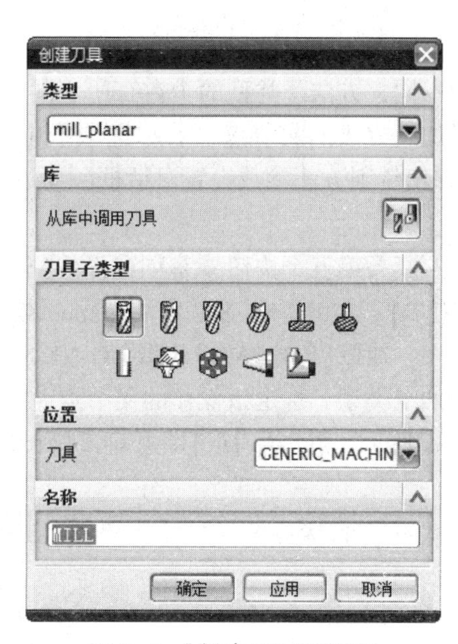

图 8-4 【创建刀具】对话框

以创建的几何体类型包括加工坐标系(MCS)、工件(WORKPIECE)、铣削区域(MILL_AREA)、边界(MILL_BND)等。在位置选项卡中可以选择父节点，在名称选项卡中可以定义几何体的名称。点击【应用】或【确定】后即可对新创建的几何体做进一步的参数设定。

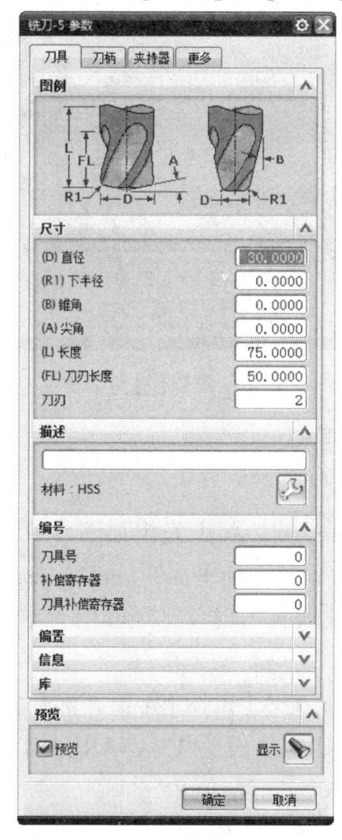

图 8-5 刀具参数设置图

图 8-6 【创建几何体】对话框

创建加工工具条第四个按钮是创建加工方法，如图 8-7 所示为创建方法对话框，随着加工类型的不同，方法子类型的个数有所不同。平面铣只有一个方法子类型。在位置选项卡中可以选择加工方法的父节点，名称选项卡中可以定义方法的名称。点击【确定】或【应用】按钮后，弹出铣削方法参数设置对话框，可以定义新创建的加工方法的加工余量、内外公差等参数。

创建加工工具条第五个按钮是创建操作(create operation)，所谓【操作】对应于机械制造工艺中的【工步】。在 UG NX 8.0 里 operation 被翻译成了【工序】，本书作者认为是不太合适的。以后本书一律以【创建操作】代指 UG NX 8.0 中文版里的【创建工序】。在创建操作对话框中，选择加工类型，选定该操作的父节点，包括程序顺序、刀具节点、几何节点、方法节点，如图 8-8 所示。点击【确定】即可对该操作进行详细设置。

图 8-7 【创建方法】对话框

图 8-8 【创建操作】对话框

二、简单实例

在 CAD 模块中先在一个尺寸为 100mm×100mm×30mm 的块料上做出如图 8-9 所示的心型凹模，该凹模倒角半径为 10mm。进入 CAM 模块，CAM 设置选择平面铣(mill_planar)。

鉴于程序顺序和加工方法这两项在本次加工中软件缺省的设置已经够用，本例将不对它们进行修改。

首先设置刀具，点击机床视图按钮，使加工导航进入【机床】界面，然后点击创建刀具按钮，弹出创建刀具对话框，选择平底铣刀，刀具名设为 PLANAR_MILL_D20，如图 8-10 所示。

点击【确定】按钮进入刀具参数设置对话框，如图 8-11 所示。在该对话框中，可以设置刀具直径、下半径、锥角、尖角等参数，具体意义对话框图例有示意。设置刀具直径为 20mm，其他参数采用缺省值，点击【确定】按钮，结束刀具设定。本例中凹模拐角最小半径为 10mm，选用一把直径 20mm 的平底铣刀，完成零件的粗、精加工。设定完成之后，加工导航器如图 8-12 所示。

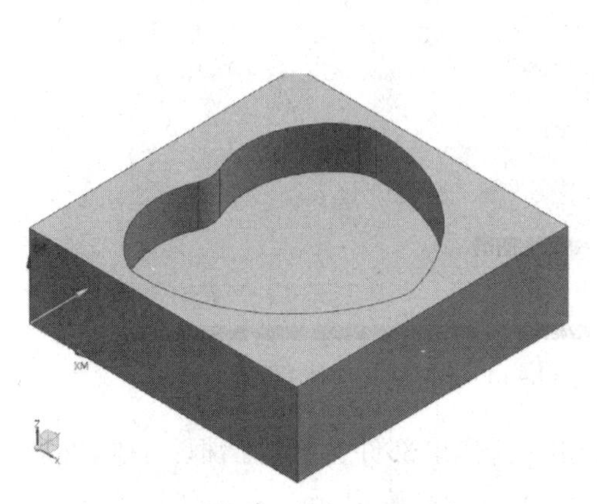

图 8-9　心型凹模

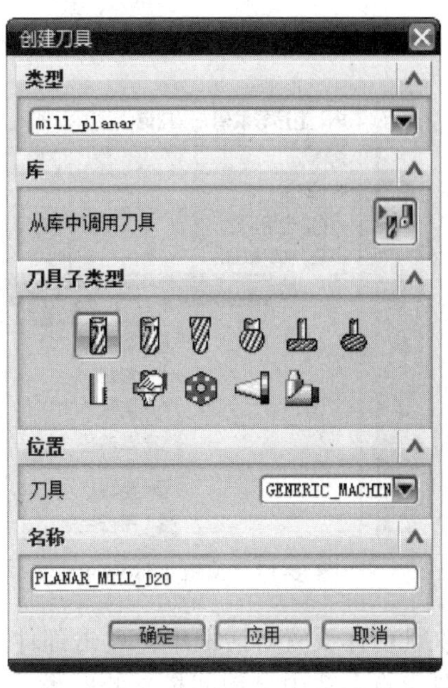

图 8-10　【创建刀具】对话框

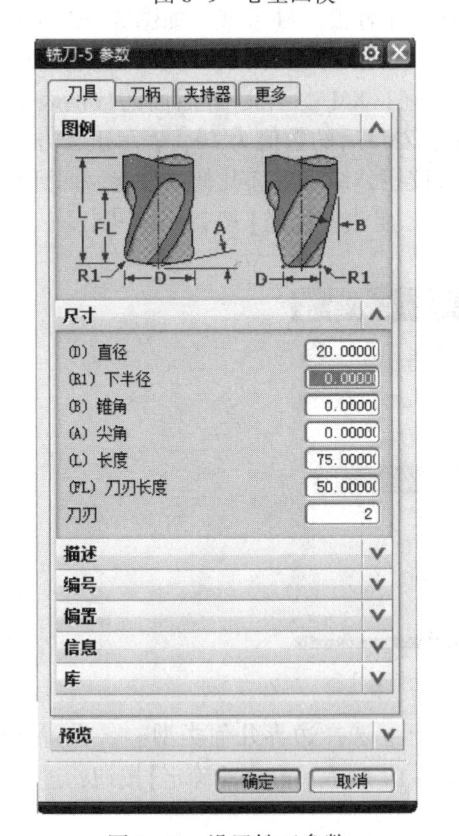

图 8-11　设置铣刀参数

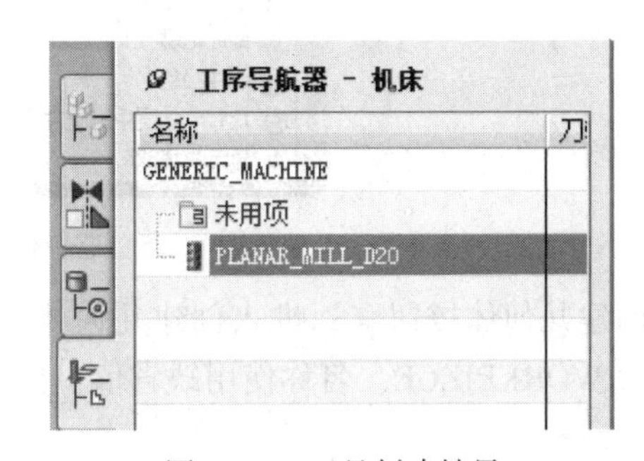

图 8-12　刀具创建结果

点击几何视图按钮，使工序导航器进入几何视图，如图 8-13 所示，在 WORKPIECE

项上点击右键，选择编辑，进入几何体设置对话框，如图 8-14 所示。

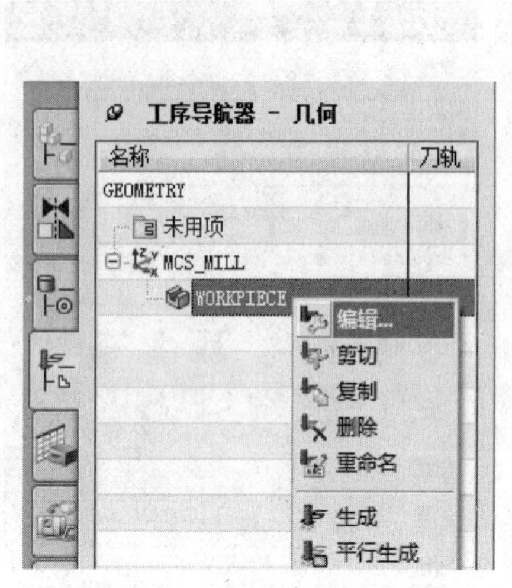

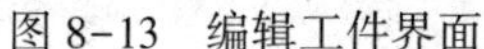
图 8-13 编辑工件界面

图 8-14 【铣削几何体】设置对话框

在几何体设置对话框中，点击部件选择按钮，弹出部件选择对话框，此时在要加工的部件上点击选中星型凹模。此时旁边的按钮变为高亮显示，表示部件几何已选择。点击指定毛坯按钮，弹出毛坯选择对话框，毛坯选择有很多种形式，如图 8-15 所示，可以选择【几何体】、【部件的偏置】、【包容块】等。在此选择【包容块】，则工件变为如图 8-16 所示，这是以工件最大体积的包容块方式形成毛坯，XM-、XM+等后面的数值表示毛坯表面从工件指定轴方向上偏置多少毫米。图 8-16 中 ZM+后的数值为 10，表示正 Z 方向上毛坯向上偏置 10mm。设定好偏置值后，点击【确定】按钮，结束毛坯几何的设定。回到如图 8-14 所示几何体设置对话框，其他参数用缺省值，点击【确定】按钮。结束工件几何体（WORKPIECE）的编辑。

图 8-15 选择【毛坯几何体】

点击创建几何体按钮，进入创建几何体对话框，选择边界几何类型，设置几何体的父节点为 WORKPIECE，名称使用缺省值，如图 8-17 所示，点击【确定】按钮，进入铣削边界设定对话框。

如图 8-18 所示，在铣削边界设定对话框中，点击指定部件边界按钮，弹出部件边界选择对话框，如图 8-19 所示。

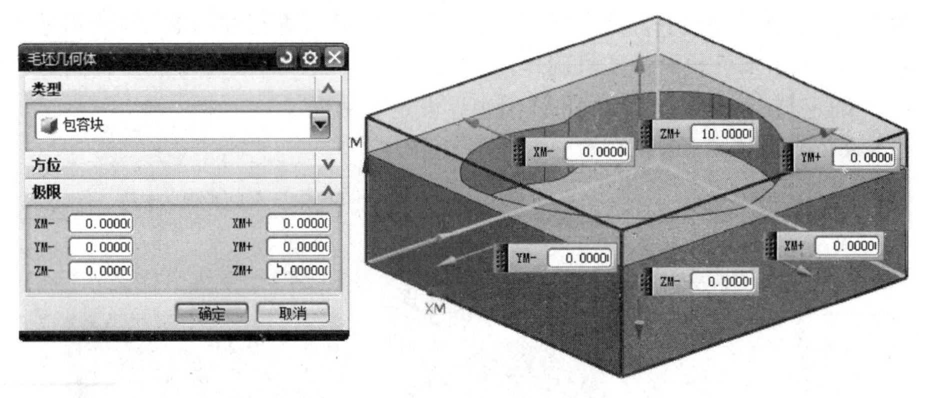

图 8-16　以【包容块】设置【毛坯几何体】

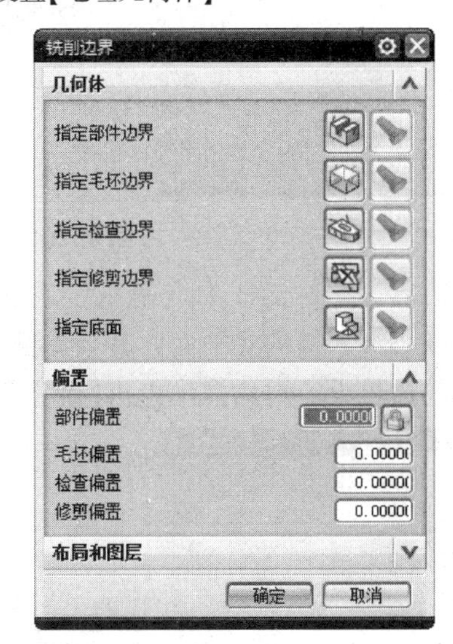

图 8-17　【创建几何体】对话框　　　　图 8-18　【铣削边界】设定对话框

点击部件顶平面，其他参数使用缺省设置，如图 8-19 所示，点击【确定】，回到图 8-18 铣削边界设定对话框。

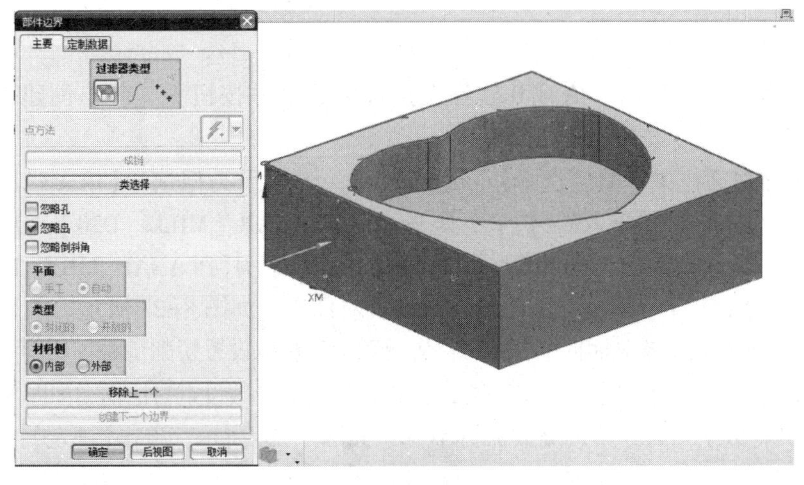

图 8-19　部件边界选择

在铣削边界设定对话框中，点击指定毛坯边界按钮，弹出如图 8-20 所示毛坯边界设定对话框。还是点击部件顶面，注意确认对话框中【忽略孔】选项被勾上，其他参数使用缺省值。点击【确定】按钮，回到图 8-18 铣削边界设定对话框。

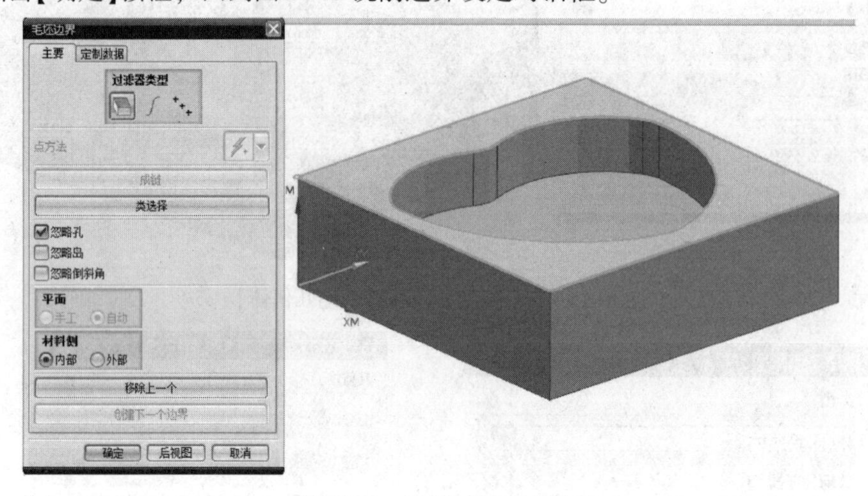

图 8-20 选定【毛坯边界】

在铣削边界设定对话框中点击指定底面按钮，弹出平面选择对话框，如图 8-21 所示。直接选择心型凹槽的底平面，其余参数缺省，点击【确定】回到图 8-17 铣削边界设定对话框。在铣削边界设定对话框中点击【确定】，结束 MILL_BND 边界的设定。

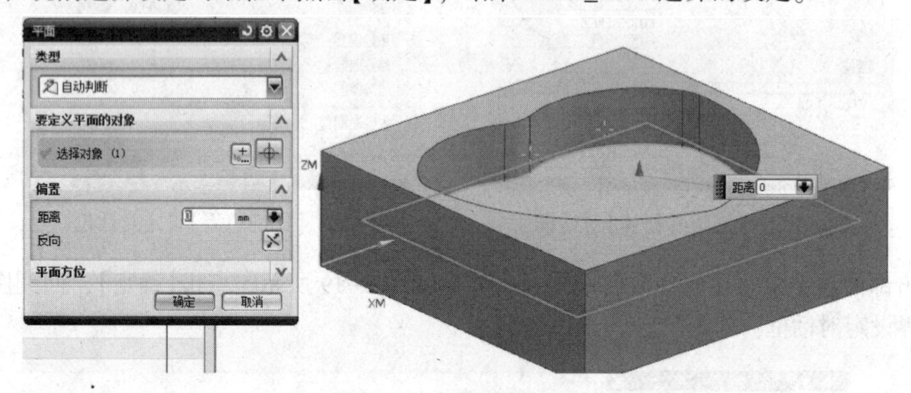

图 8-21 选择底【平面】

接下来创建工序，在 UG NX 8.0 软件上点击创建工序按钮，弹出创建工序对话框，如图 8-22 所示。

在创建工序对话框中，类型选择【mill_planar】，工序子类型选择【PLANAR_MILL】，程序的父节点选择【PROGRAM】，刀具选择【PLANAR_MILL_D20】，几何体选择【MILL_BND】，方法选择初加工【MILL_ROUGH】，名称定为【PLANAR_MILL_1】，点击【确定】按钮，进入 PLANAR_MILL_1 工序的参数设置对话框，如图 8-23 所示。

在平面铣工序参数设置对话框中，刀轨设置选项卡里可以设置切削步距、切削参数、进给率和速度等参数。先点击切削层参数设定按钮，进入切削层参数设定对话框，如图 8-24 所示。

设定每刀深度为 5mm，其余参数保持不变，如图 8-24 所示，点击【确定】按钮回到平面铣参数设定对话框。点击平面铣参数设定对话框下方操作选项卡中的生成按钮，得到如图 8-25 所示刀轨。点击【文件】菜单【保存】，保存文件。后续章节还将用到该文件。

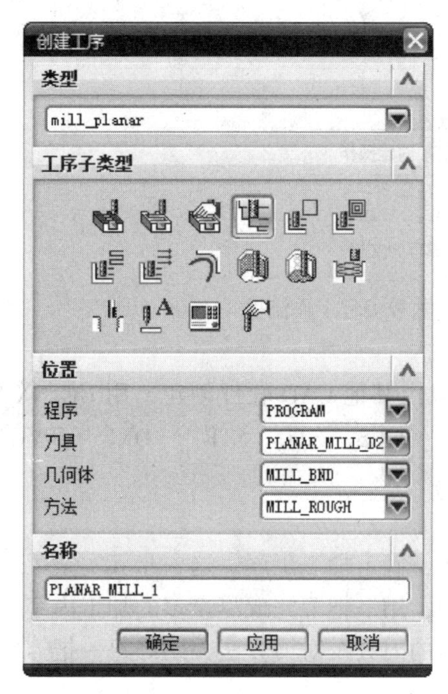

图 8-22 【创建工序】对话框

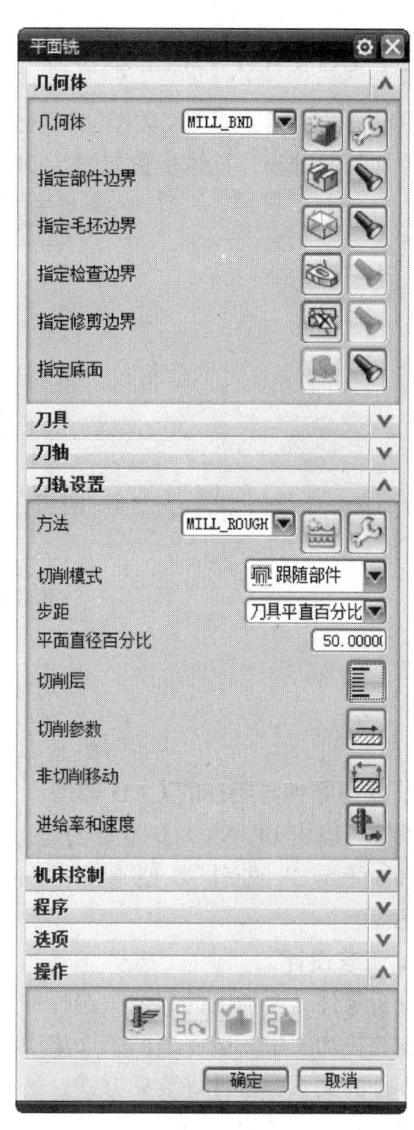

图 8-23 【平面铣】参数设定对话框

图 8-24 【切削层】参数设定对话框

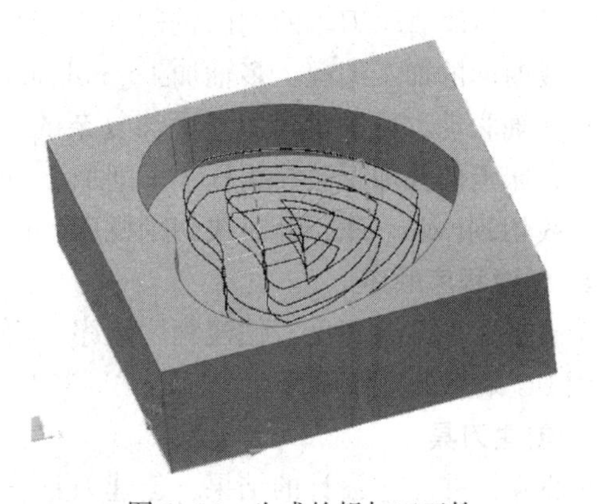

图 8-25 生成的粗加工刀轨

三、UG CAM 编程基本步骤

由前面的介绍，对 UG 数控加工的过程有了一个大致的了解。以下详细介绍使用 UG 进行数控加工的过程，具体步骤如图 8-26 所示。

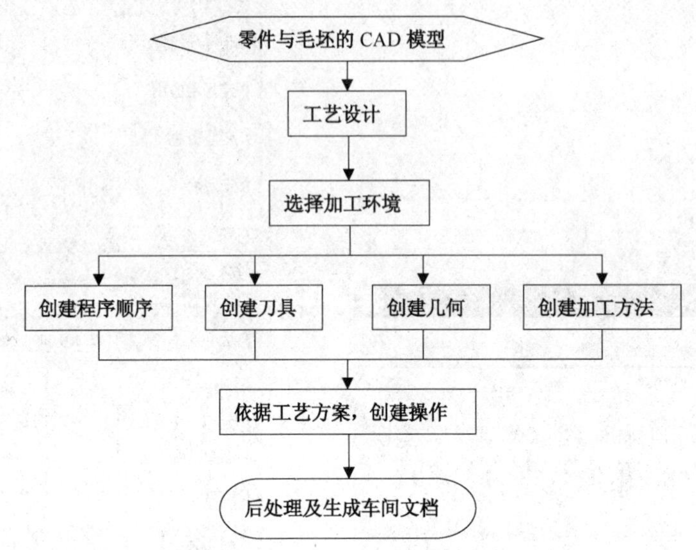

图 8-26 UG CAM 数控编程工作流程

1. 获得零件与毛坯的 CAD 模型

模型可以由 UG NX 8.0 本身创建，也可以由其他 CAD 软件创建，用 UG NX 8.0 导入。典型的可导入文件类型包括 Parasolid、IGES、STL、STEP、DXF、DWG、CATIA、PRO/E等。

2. 工艺设计

分析零件需要加工的部位，选择加工方法，确定加工工序。这一步其实是工艺设计的内容，在数控加工中一般要遵循工序集中的原则，用一把刀完成尽量多的加工内容。要分析毛坯与零件的关系，设计好装夹方式，选择合适的刀具及对刀方法，明确每一把刀的加工内容及走刀方式，计算出切削参数。

3. 进入 UG 加工模块，选择加工环境

应依据加工内容选择，平面铣(mill_planar)主要针对 3 轴数控铣床，完成垂直于刀轴的平面以及法线垂直于刀轴的侧面铣削加工编程；型腔铣(mill_contour)主要在 3 轴数控铣床上，完成曲面的加工编程；多轴加工(mill_multi-axis)主要针对加工中心，因加工中心能实现超过 3 轴联动，可以实现加工更加复杂的曲面的编程；孔加工(drill 和 hole_making)针对钻床或镗床上的孔加工数控编程；车削加工(turing)针对车床，可以完成轴类零件车削加工编程；线切割(wire_edm)针对线切割机床，可以实现线切割加工。

4. 创建程序顺序

依据加工的复杂程度，创建程序顺序，便于管理工序。如果加工内容比较简单，可以直接使用 UG 缺省的程序顺序。

5. 创建刀具

依据第二步工艺设计的结果，创建刀具。创建的刀具应当和车间实际使用的刀具参数保持一致，刀柄的参数尽可能收集齐全，每一把刀在数控机床上的编号应明确，在创建刀具时把这些参数输入。

6. 创建几何

创建几何的主要目的是为了界定加工的表面以及加工范围。不同的操作有不同的表现形式。但一般来说零件的一个工序会涉及到加工坐标系几何(MCS 根节点)、工件几何(WORKPIECE 父节点)、具体加工几何(MILL_BND 或 MILL_AREA 子节点)。加工坐标系几何设定以后，实际加工中，数控机床上工件原点的设定必须和加工坐标系几何保持一致。工件几何中一般用来定义零件几何体、毛坯几何体与检查几何体(一般是指夹具)。具体的加工几何 MILL_BND 是指平面铣削使用的刀具，MILL_AREA 是指型腔铣削用的铣削区域。

7. 创建加工方法

主要是为粗加工、半精加工、精加工定义切削余量、内外公差及进给速度。可以首先选择编辑 UG 软件缺省自带的几个加工方法，再考虑创建新的加工方法。

8. 创建操作

依据第二步工艺设计的结果，开始创建操作。注意，UG 中的创建操作其实就是一个工步。在创建操作的过程中，要设定加工策略、定义转速等，然后生成刀轨。可在此直接对生成的刀轨进行仿真确认。

9. 后处理及生成车间文档

选择适合的后处理器，对产生的刀轨进行后处理，生成可运行于数控机床上的数控代码。同时生成车间文档，随同数控程序交给车间操作员，即可投入使用。

由图 8-27 可以看出，创建的刀轨继承了程序顺序、刀具、几何及加工方法的所有信息，是这些节点的子节点。从加工导航中可以看到这种关系。如图 8-27 所示为前面例子生成的操作【PLANAR_MILL_1】在导航器中的位置。

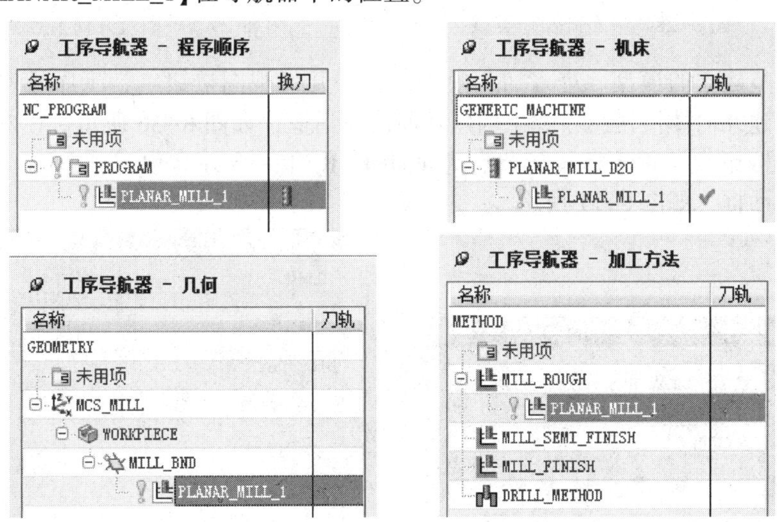

图 8-27　操作在四类父节点下的位置

第二节　UG 平面铣简介

平面铣(PLANAR MILL)是用于平面轮廓、平面区域或平面孤岛的一种铣削方式，可用于零件的粗、精加工。主要加工直壁平底的零件。平面铣依靠建立的平面边界定义零件几何体的切削区域，并且一直切削到指定的底平面。它是一种 2.5 轴的加工方式，它在加工过程中产生在水平方向的 XY 两轴联动，而 Z 轴方向只在完成一层加工后进入下一层时才作单独的动作。

创建平面铣的操作子类型如图 8-28 所示。

操作子类型的数目比较多，达 14 个，但这些操作有其共性，平面铣(PLANAR_MILL)是最基本的操作类型，其他大多数操作都是从这一操作演变而来。比如侧壁精加工(FINISH_WALLS)是专为精加工侧壁而由平面铣(PLANAR_MILL)演变的，通过平面铣(PLANAR_MILL)设定，完全可以实现侧壁精加工(FINISH_WALLS)的功能。

金属切削加工一般都遵循粗加工、半精加工、精加工的顺序进行，在数控加工中同样如此。为学习编制直壁平底类零件加工程序，本节将从平面铣(PLANAR_MILL)操作入手，详细讲解边界、切削参数设定等内容。只要掌握了平面铣操作，其他操作类型可以触类旁通。

一、平面铣削边界设定

平面铣削是依据边界来确定加工内容的。如图 8-29 所示，在几何节点树中，MCS_MILL 是坐标系节点，定义了加工用的工件坐标系，WORKPIECE 是工件节点，定义了加工用的部件几何体、毛坯几何体及检查几何体。但平面铣削中生成刀轨必须依据边界 MILL_BND。

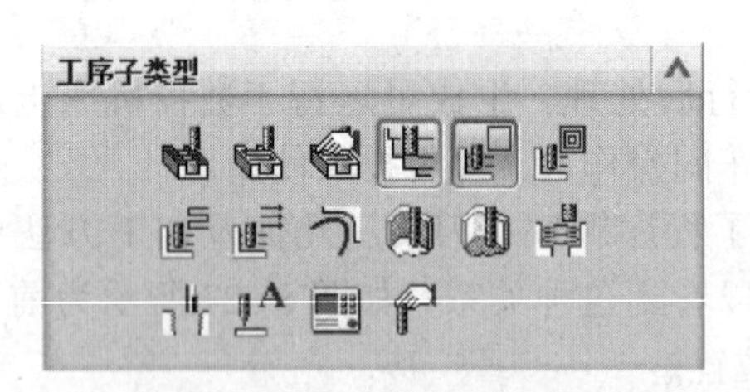

图 8-28 平面铣操作类型

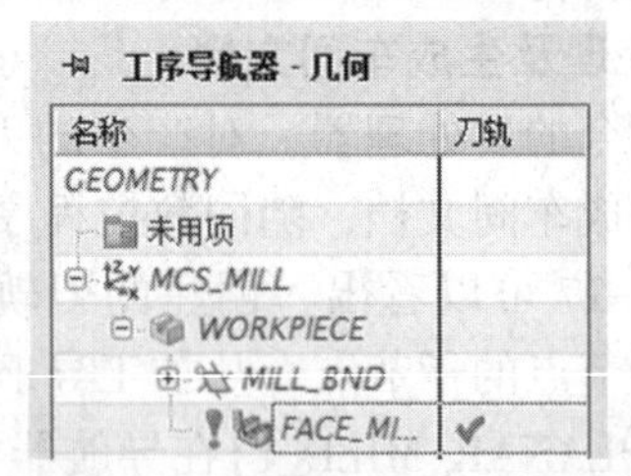

图 8-29 平面铣几何节点树

打开上一节建立的模型。进入加工模块，点击几何视图按钮，工序导航器为几何视图。再点击创建几何体按钮，弹出创建几何体对话框，如图 8-30 所示。在对话框中点击创建边界几何按钮，再选择其父节点为 WORKPIECE，取好名称，点击【确定】按钮，进入铣削边界对话框，如图 8-31 所示。

图 8-30 【创建几何体】对话框

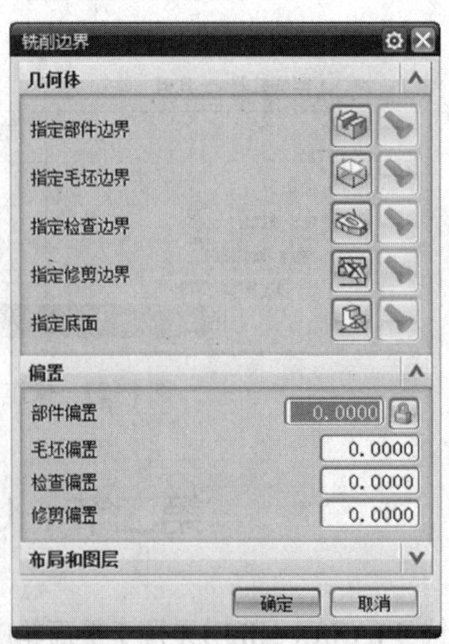

图 8-31 【铣削边界】对话框

在铣削边界对话框中，可以定义部件边界、毛坯边界、检查边界、修剪边界及底面。点击指定部件边界按钮，进入部件边界定义对话框，如图 8-32 所示。在【主要】选项卡中，上部是过滤器类型选择，有三种选项，第一种是面边界、第二种是曲线边界、第三种选项是点边界。UG 支持采用曲线和点的方式来构建边界，但如果有完整的三维 CAD 模型，建议使用部件的表面来定义边界。下方类选择中有忽略孔、忽略岛及忽略倒斜角复选按钮。如果勾上忽略孔，则选择的表面上如果有孔，该孔将被忽略。软件缺省是忽略岛被选择。下部还有材料侧选择，一般缺省为内部，表示要保留所选择边界内部的材料。如图 8-33 所示，光标所在区域材料将被保留。这一区域有一个封闭的外边界和一个封闭的内边界，外边界的材料侧是在边界内部，内边界的材料侧在边界外部。内外边界之间的材料被保留。选择面时，材料侧是内部，当内部有孔时，孔边界的材料侧自动被设为外侧。点击部件边界对话框上的【确定】按钮，回到图 8-31 所示铣削边界对话框，点击指定毛坯边界按钮，进入毛坯边界对话框如图 8-34 所示。

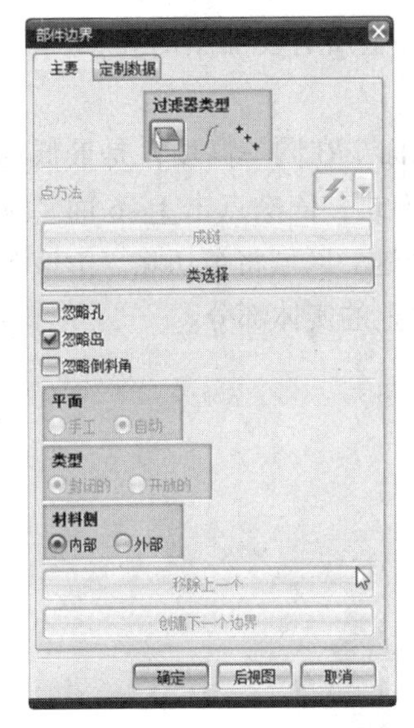

图 8-32 【部件边界】对话框

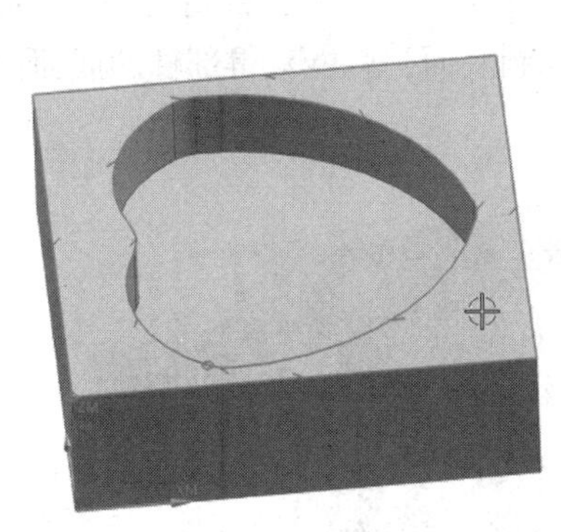

图 8-33 部件边界

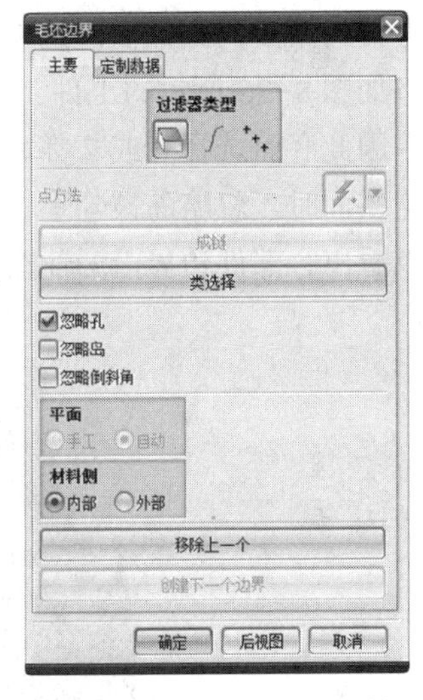

图 8-34 【毛坯边界】对话框

对比图 8-34 和图 8-32，可以发现这两个边界选择对话框基本类似。过滤器类型是相同的。只不过部件边界里是忽略岛被缺省选择，毛坯边界里是忽略孔被缺省选择，而材料侧都是内侧。对于毛坯边界而言，定义的是毛坯的材料范围，对于部件边界而言，定义的是应当被保留的材料范围。点击零件上表面，选择毛坯边界，如图 8-35 所示。点击【确定】按钮，回到图 8-31 所示对话框，点击指定底平面按钮，弹出底面选择对话框，选择零件要加工的最下端位置的面，即心型凹槽的底面，点击【确定】按钮，回到图 8-31 所示对话框，再次点击【确定】按钮，结束边界定义。这里我们没有指定检查边界和修剪边界。检查边界一般用于指定夹具的边界位置，避免加工到夹具上，检查边界的材料侧指的是夹具的实体处于选定边界的内侧还是外侧。修剪边界用于直接修剪某一区域的刀轨，修剪侧的刀轨变为快速移动。

至此我们已基本掌握了平面铣削边界的设定。边界设定的基本思路是：工件的 xy 平面

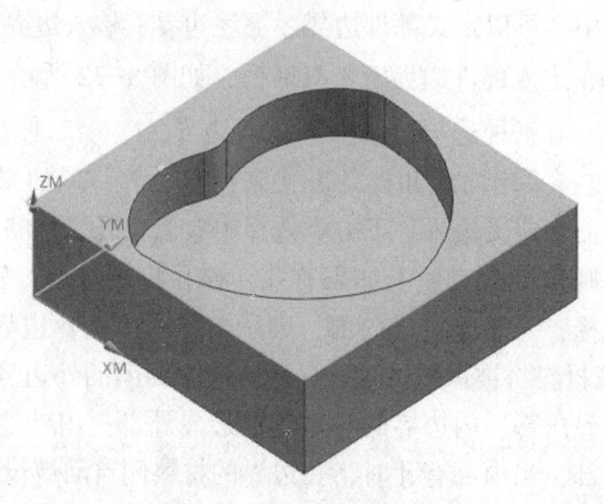

图 8-35　毛坯和零件实体

对应于铣床的机床坐标系 xy 平面，工件的 z 轴对应铣床刀具轴，加工时，从毛坯边界到底面的空间是毛坯的材料范围，这一范围的材料包括被切掉和要保留的。从部件边界到底面之间的材料是要保留的。因此选择部件边界时，从上往下，把工件上所有要加工的和 xy 平面相平行的面由高到低依次选中，一般是没有问题的。

如图 8-36 所示的工件，毛坯边界为最上层的一个，面 6 和面 7 在同一高度，是最低的面。因此底面选择 6 或 7 都可以。选择部件边界时，用面选择方式，依次点击 1~6 面。选择这些面时，忽略岛被勾上。面 4 也必须选中，否则面 4 到底面这一区域将被切除。由该图可以看出，部件边界沿 z 轴拉伸到底面，就能获得部件的底面以上的实体部分。

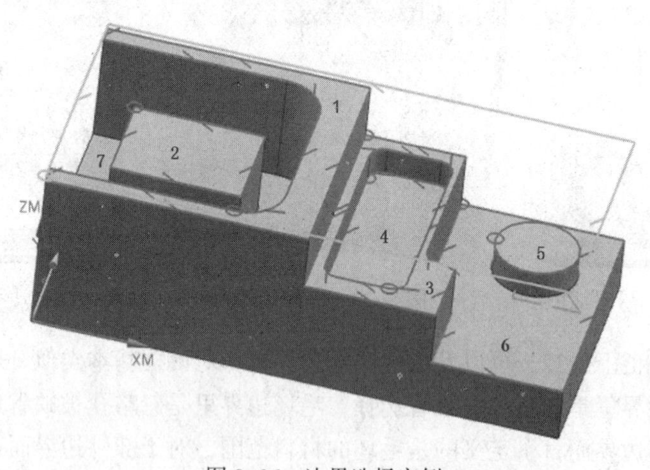

图 8-36　边界选择实例

二、平面铣削参数设定

1. 几何体、刀具、程序参数设定

还是在上节打开的心型凹模文件的加工环境中，点击创建操作按钮，进入创建操作对话框，如图 8-37 所示，操作类型选择【mill_planar】，工序子类型选择平面铣，程序、刀具、几何体和方法的父节点选择如图 8-37 所示，点击【确定】按钮，进入平面铣操作设置对话框，如图 8-38 所示。

图 8-37 【创建工序】对话框

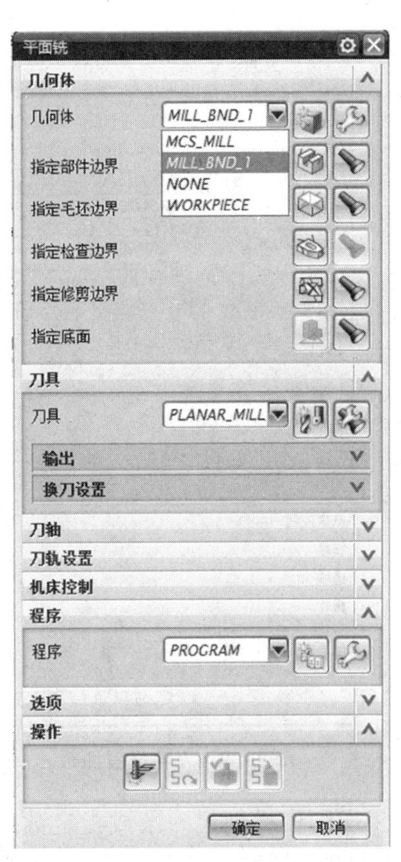

图 8-38 【平面铣】操作对话框

一个操作包括的参数主要有几何体、刀具、刀轴、刀轨设置、机床控制、程序、选项及操作。在图 8-38 中可以看出，几何体选项卡中还可以改选父节点，选定之后还可以创建、编辑铣削边界。本例中，因前面的操作已经定义了【MILL_BND_1】，该边界可以满足平面铣操作需求，所以在这里可以不修改。事实上，在操作对话框中可以点击创建几何按钮，创建新几何，也可以点击按钮修改边界，这里创建和修改的是几何视图中的几何，可以用于多个操作。此外在下方的指定部件边界等还可以修改边界，而在此修改的边界只能专用于本操作。图 8-38 中，刀具和程序也被展开，展示的信息也和图 8-37 中的保持一致，在此也可以创建、编辑新的刀具和程序顺序节点。

2. 刀轨设置之切削模式选择

展开刀轨设置选项卡，如图 8-39 所示，刀轨设置中最上方是加工方法选择，可以创建、编辑加工方法。这里也是选用了缺省的【MILL_ROUGH】，以下部分是定制刀轨参数。首先选择切削模式，切削模式包括跟随部件、跟随周边等，如图 8-40 所示。

跟随部件切削模式是指对指定零件几何体进行偏置来产生刀位轨迹，它是从所有的外围环(包括岛屿、内腔)进行偏置创建刀轨，通常用于粗加工。

跟随周边切削模式是用来创建沿着轮廓切削的刀位轨迹，并且创建的刀位轨迹同心，它是通过对外围轮廓进行偏置得到刀轨，可以在切削参数的策略选项卡中指定是由内向外还是由外向内切削，通常用于粗加工。当内腔没有岛屿时，跟随周边与跟随部件的切削模式产生的刀轨相同，如图 8-41 所示。

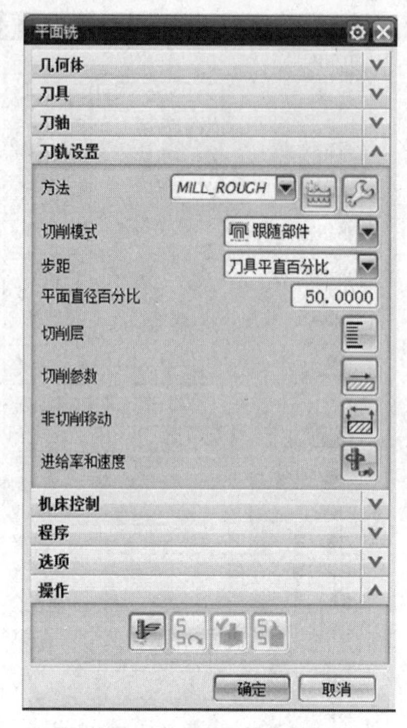

图 8-39　刀轨设置面板

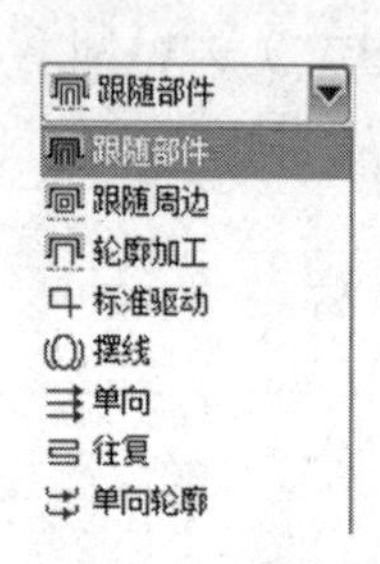

图 8-40　切削模式

轮廓加工切削模式创建一条或指定数量的刀位轨迹对零件侧壁或轮廓进行切削。如图 8-42 产生的是轮廓加工刀轨，该方式既能加工敞开的区域，又能加工封闭的区域。

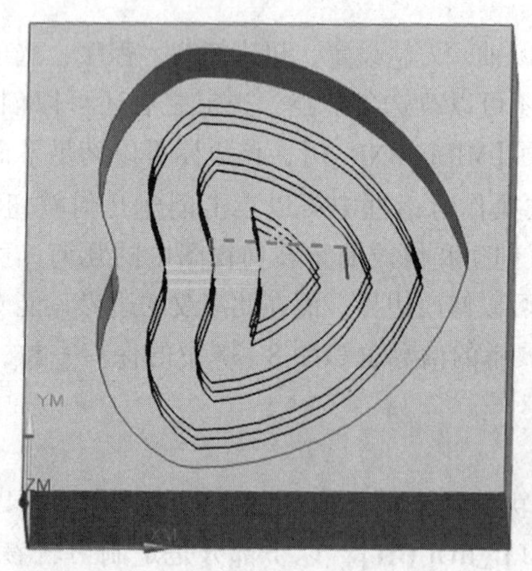

图 8-41　跟随周边与跟随部件刀轨

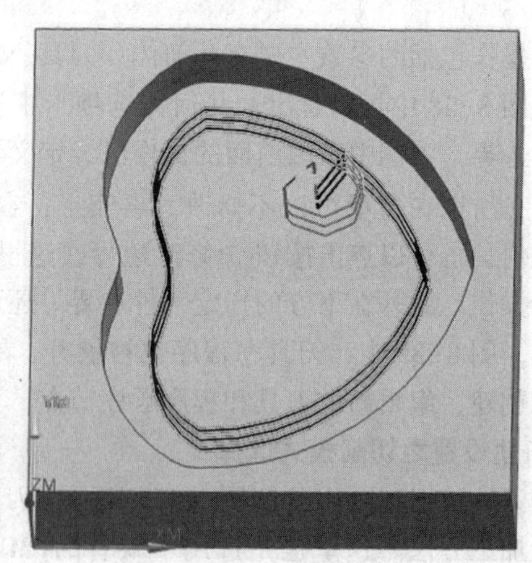

图 8-42　轮廓加工刀轨

标准驱动是一种特殊的轮廓加工方式，它严格按照指定的边界驱动刀具运动，在轮廓切削中取消了自动边界修剪功能，允许刀轨自相交，每一个外形生成的轨迹不依赖于其他任何外形，特别适合于雕花、刻字等轨迹重叠或相交的加工操作。

摆线切削方式通过产生一个小的回转圆圈，从而避免在切入时全刀切入而导致切削的材料量过大，它可用于高速加工，以较低的相对均匀的切削负荷进行粗加工。如图 8-43 所示为心型凹模摆线切削刀轨。

单向切削用来创建单向且平行的刀位轨迹，单向切削时刀具始终保持顺铣或逆铣的状态，加工精度较高，经常用于岛屿表面的精加工和不适于往复切削的场合。刀具轨迹如图 8-44 所示。

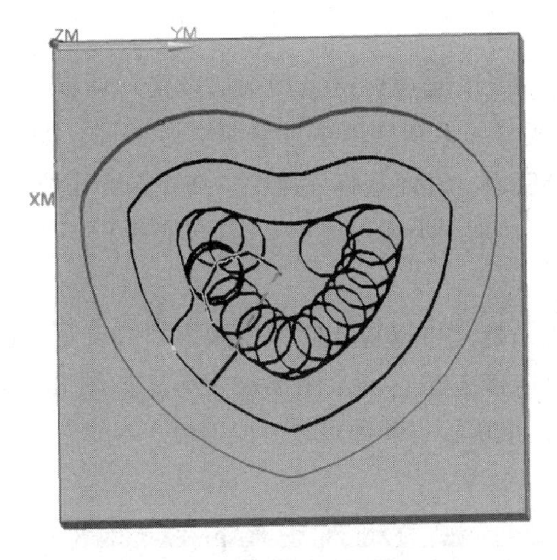

图 8-43　摆线切削方式

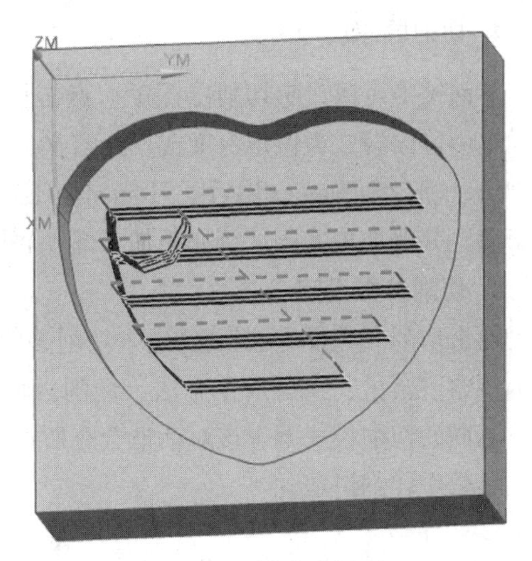

图 8-44　单向切削方式

往复式切削允许刀具在运动期间始终保持连续的进给运动，没有抬刀，能最大化地对材料进行切除。加工过程中顺铣、逆袭交替进行，适合于内腔的粗加工。如图 8-45 所示。

单向轮廓沿工件的轮廓创建单向的、平行于轮廓的刀位轨迹。一般用于粗加工之后要求余量均匀的零件。它的加工过程平稳，对刀具没有冲击。如图 8-46 为单向轮廓切削方式产生的刀轨。接近于单向切削模式，但附加了沿工件轮廓的刀轨。

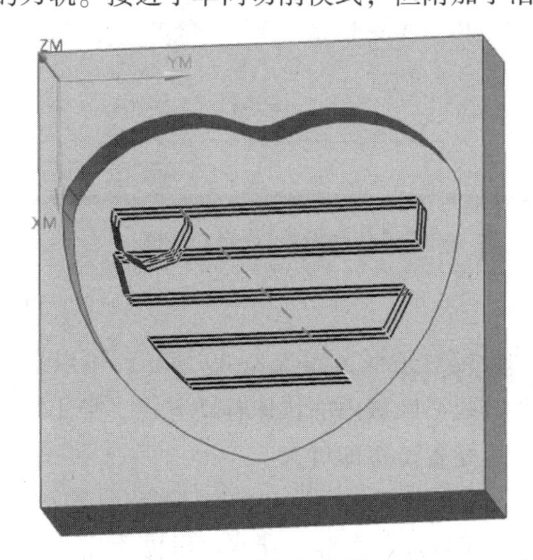

图 8-45　往复切削模式

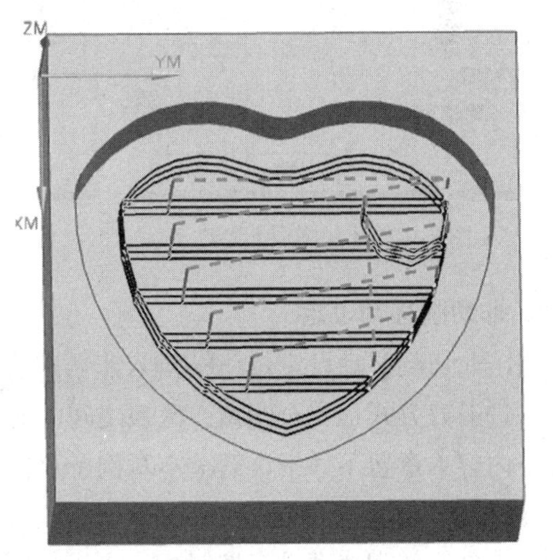

图 8-46　单向轮廓切削模式

3. 步距设定

在步距设定中，有【恒定】、【残余高度】、【刀具平直百分比】、【变量平均值】几种设定方式。如果是步距恒定，则设置好步距值后，刀轨按照指定的步距产生。如果是残余高度，一般用于球刀加工曲面的情况，球刀的两行刀轨之间会有残余材料，这部分材料的高度值和刀轨的行距有关，残留高度越小，刀轨越密，表面也越光滑。刀具平直百分比是指按刀具直径的百分比来决定刀轨行距，比如直径的50%。变量平均值通过指定行距最大和最小值，依据加工的范围大小，在最大最小值之间软件计算出一个平均的刀轨行距。

4. 切削层深度

平面铣中可以设定切削层深度，点击切削层按钮可以进入切削层设定对话框。一般粗加工中可以设定为恒定深度或用户定义的方式。如果指定恒定每刀深度为5mm，如图8-47所示，那么切削完一层后下刀5mm。还有仅底面、底面及临界深度、临界深度几种方式，用于满足其他加工需要。例如精加工部件底面，切削层类型可以定义为【仅底面】。

5. 切削参数设定

点击切削参数设定按钮进入切削参数对话框，可以对切削参数做详细的设定，包括切削策略、余量、拐角加工方法、切削区域的连接方法、安全距离设定等。如图8-48所示，不同的切削模式下，该对话框会有所不同。采用缺省参数可以生成刀轨。本章暂不对切削层参数作详细讲解。

图8-47 【切削层】设定

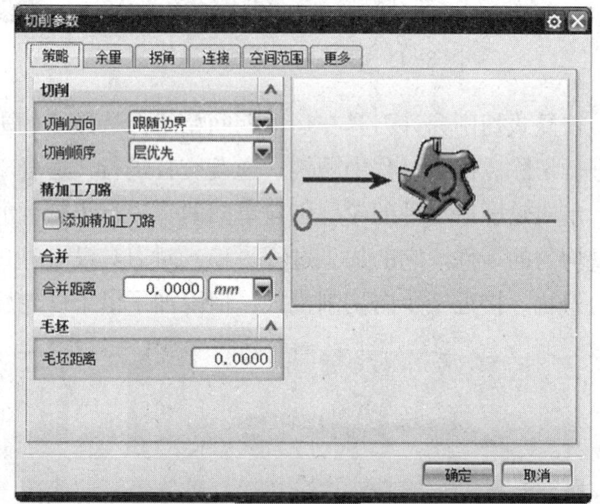

图8-48 【切削参数】设定对话框

6. 非切削移动设定

点击非切削移动设定按钮进入非切削移动设定对话框，如图8-49所示，可以设定起始点、进退刀方式、安全距离、区域之间的转移方式、区域内的快速移动方式、避让等，这一部分内容本章暂不详细讲解，本章例子直接使用缺省设置即可。

7. 进给率和速度设定

点击进给率和速度设定按钮，进入如图8-50所示对话框，在此可以设定加工的主轴转速和进给率。在该对话框中关于进给率有两种设定模式。第一种是自动设置，依据刀具大小、材料，毛坯材料，通过查找切削手册，可以得到切削的表面速度和每齿进给量，输入在自动设置栏对应的文本框里，可以自动算出主轴转速和切削进给率；第二种是直接勾上【主轴速度】选项，填上选定的主轴速度和切削进给率。

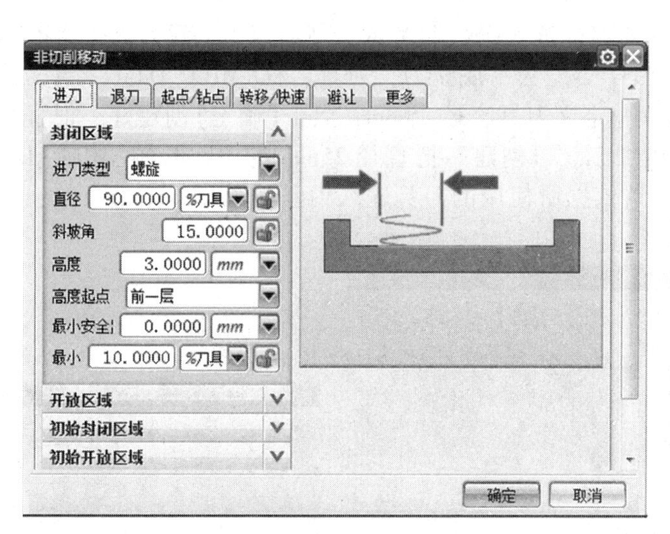

图 8-49 【非切削移动】设定对话框

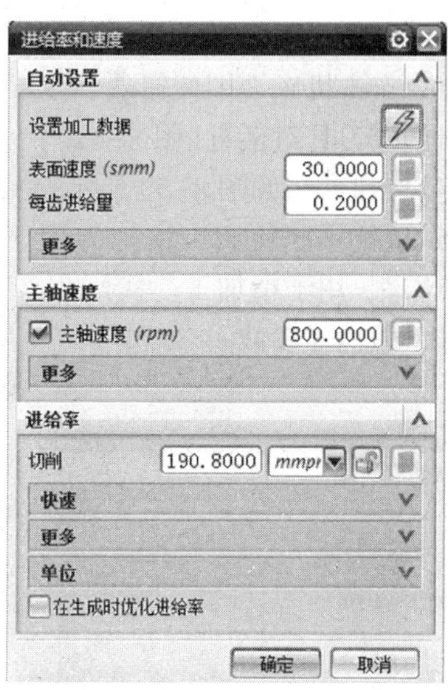

图 8-50 【进给率和速度】设定

第三节　UG 平面铣范例

通过前面两节的学习，读者对 UG 平面铣已经有了一定的掌握。本节将依粗加工、精加工的路线讲解两个零件数控程序的编制过程，以平面铣为主，也涉及部分底面精加工及侧壁精加工操作。

一、花形凹模加工

首先创建一个新的 UG 部件，进入建模模块，在同一位置创建两个长宽高为 100mm×100mm×30mm 的块，将其中的一个隐藏，隐藏的块作为毛坯，暂时不用。在剩下的块顶面画草图，拉伸 20mm 并求差，如图 8-51 所示。

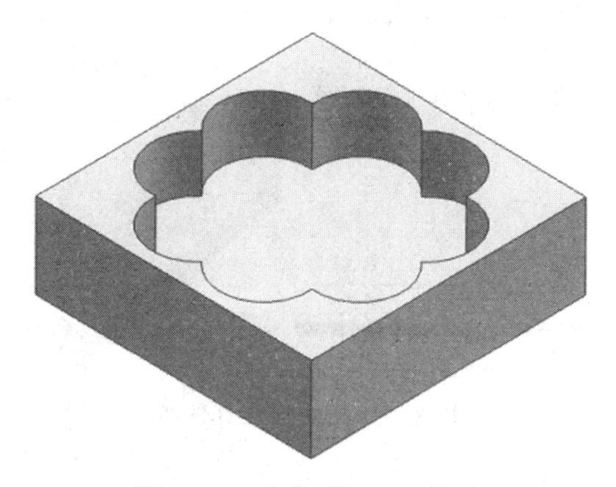

图 8-51　花形凹模 CAD 模型

保存文件，然后进入加工模块，加工环境选择【mill_planar】。这个零件将分两步进行加工，粗加工底面及侧壁留 1mm 余量。再精加工侧壁一次到尺寸。使用两把直径 25mm 的刀具，一把用于粗加工，另一把用于精加工。

点击机床视图按钮，工序导航器即进入【机床】界面，然后点击创建刀具按钮，弹出创建刀具对话框(图 8-52)，刀具子类型为平底铣刀，刀具名称“MILL_D25”，点击【确定】按钮，在如图 8-53 所示对话框中定义刀具直径 25mm，点击【确定】创建好一把直径为 25mm 的平底铣刀，这把刀用于粗加工。再创建一把直径 25mm 的刀，取名“MILL_D25 _ JING”，用于精加工。实际生产中请依据所使用的刀具输入刀具的长度、刀刃个数、刀具号、刀柄等参数。

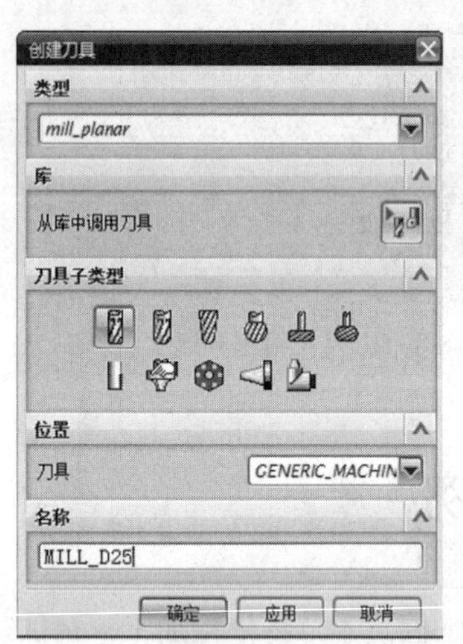

图 8-52 【创建刀具】对话框

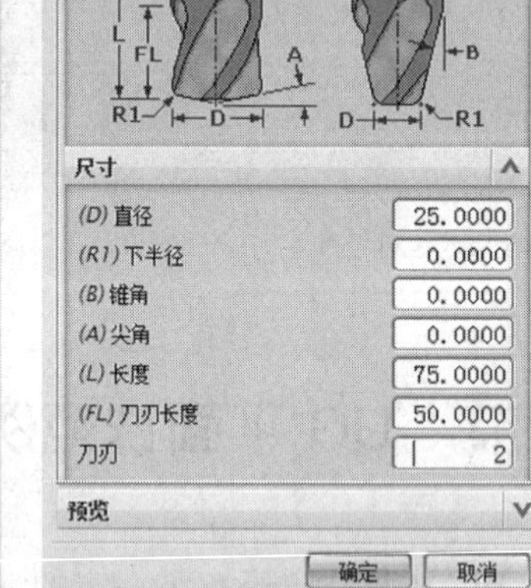

图 8-53 创建铣刀

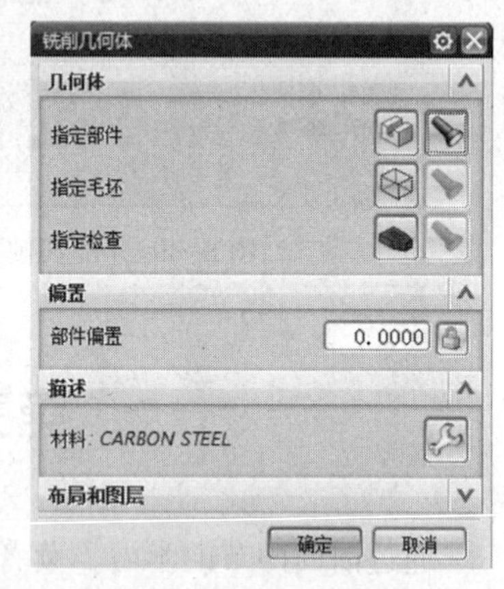

图 8-54 选择铣削几何体

点击几何视图按钮，工序导航器进入【几何】界面，展开坐标系【MCS_MILL】，找到工件几何【WORKPIECE】，在工件几何上单击鼠标右键，选择【编辑】，进入如图 8-54 所示铣削几何体对话框，点击部件选择按钮，弹出【部件几何体】对话框，选择凹形零件，如图 8-55 所示，在部件几何体对话框上点击【确定】按钮。回到如图 8-54 所示铣削几何体对话框。

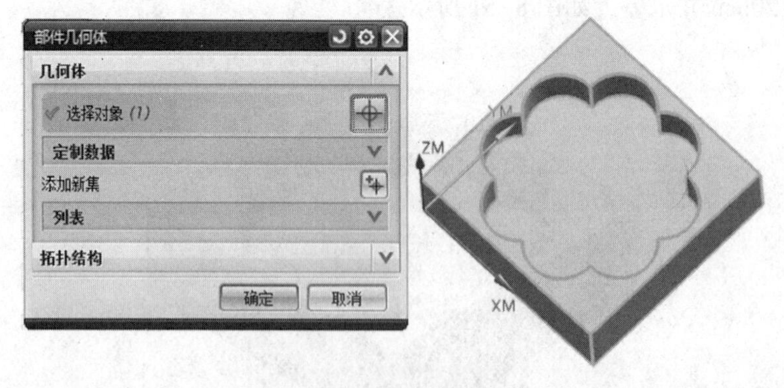

图 8-55 选择部件几何体

点击部件导航器按钮，找到在 CAD 模块中隐藏的块体，更改为显示状态。在如图 8-54 所示铣削几何体对话框中点击指定毛坯按钮，选择毛坯几何体，如图 8-56 所示，注意光标所处位置，务必选择正确的几何体。在毛坯几何体对话框上点击【确定】按钮，再在铣削几何体对话框上点击【确定】按钮，结束工件几何【WORKPIECE】的设定。

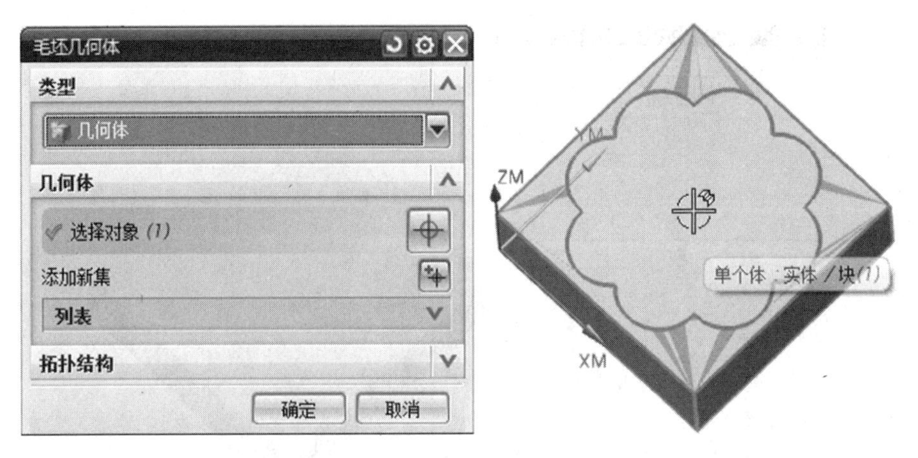

图 8-56　选择毛坯几何体

点击创建几何按钮，弹出创建几何体对话框，如图 8-57 所示，几何体子类型选择【MILL_BND】，几何体的父节点选择【WORKPIECE】，点击【确定】按钮，进入如图 8-58 所示创建铣削边界对话框。

图 8-57　创建几何体

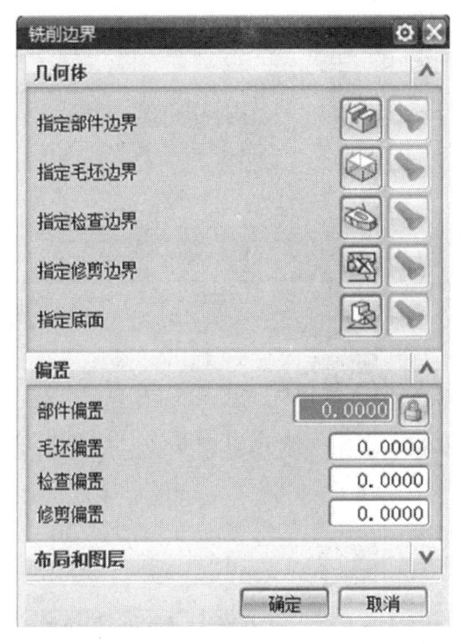

图 8-58　创建铣削边界

点击指定毛坯边界按钮，进入毛坯边界选择对话框，如图 8-59 所示。过滤器类型选择面边界，其余参数缺省，点击毛坯几何体的顶面，注意光标的位置。点击【确定】按钮，毛坯边界即被指定。点击部件导航器按钮，找到毛坯几何体，更改为隐藏状态。

点击图 8-58 中指定部件边界按钮，进入部件边界对话框，过滤器类型选择面边界，其余参数缺省，点击部件顶面，注意光标位置如图 8-60 所示。点击【确定】按钮，回到如图 8-58 所示界面。

在如图 8-58 所示创建铣削边界对话框中点击指定底面按钮，选择工件内腔底平面，如图 8-61 所示。点击【确定】按钮，回到如图 8-58 所示创建铣削边界对话框，点击【确定】按钮，结束平面铣削边界的设置。

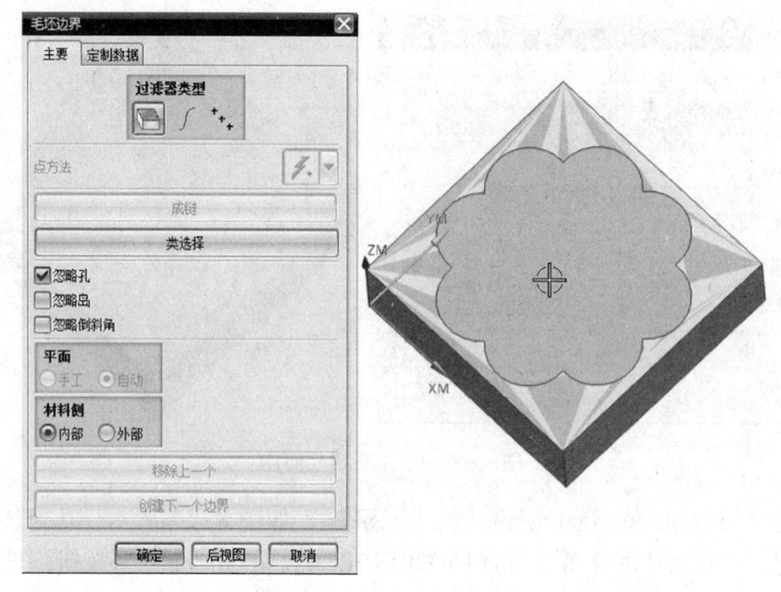

图 8-59　毛坯边界选择

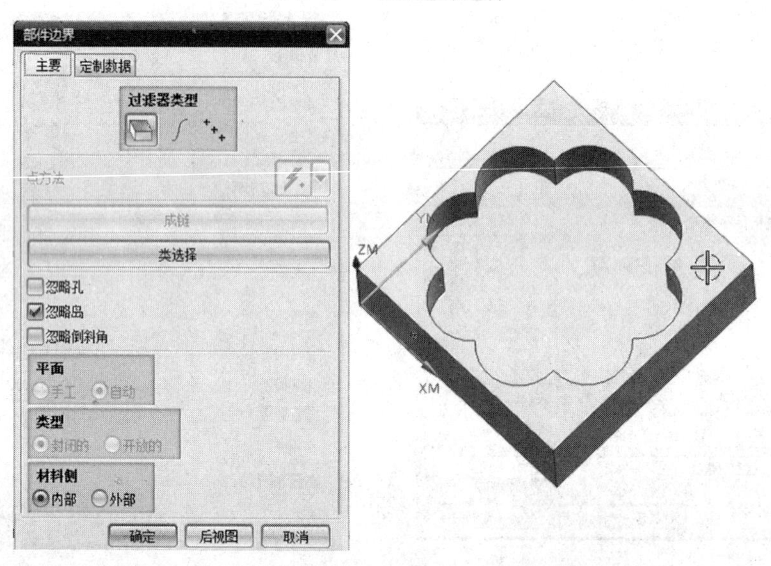

图 8-60　指定部件边界

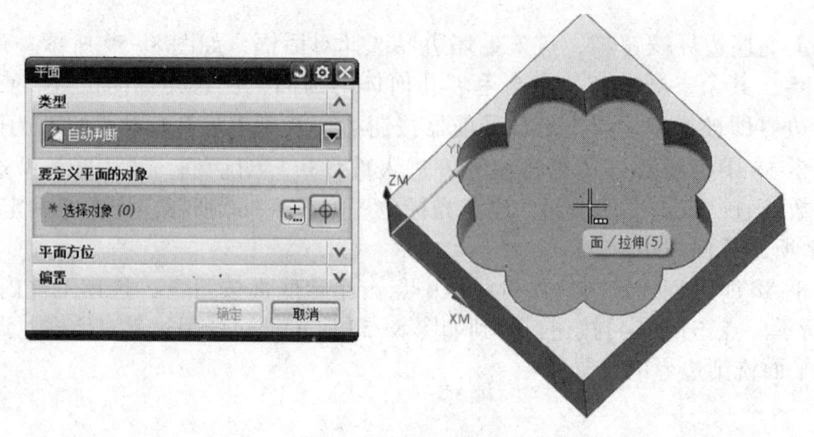

图 8-61　选择底平面

点击创建操作按钮，在弹出的对话框中设置参数，如图 8-62 所示，类型选择【mill_planar】，工序子类型选择平面铣，程序的父节点选择【PROGRAM】，刀具选择【MILL_D25】，几何体选择【MILL_BND】，方法选择【MILL_ROUGH】。点击【应用】按钮，进入【平面铣】对话框（图 8-63），点击切削层按钮，设置切削层公共深度 5mm，点击操作选项卡里的生成刀轨按钮，生成刀轨如图 8-64 所示。

图 8-62　创建平面铣操作

图 8-63　平面铣操作

点击操作选项卡里的刀轨确认按钮，弹出刀轨可视化对话框，点击【3D 动态】选项卡，再点击播放按钮，验证切削效果如图 8-65 所示。缺省的【Rough】加工方法设置的侧壁余量为 1mm，底面余量为 0mm，因此可以看出，部件侧壁留有精加工余量，而底面已加工到尺寸。

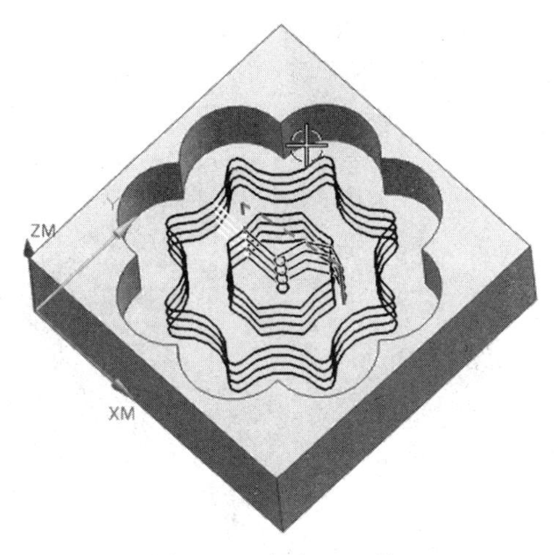

图 8-64　粗加工刀轨

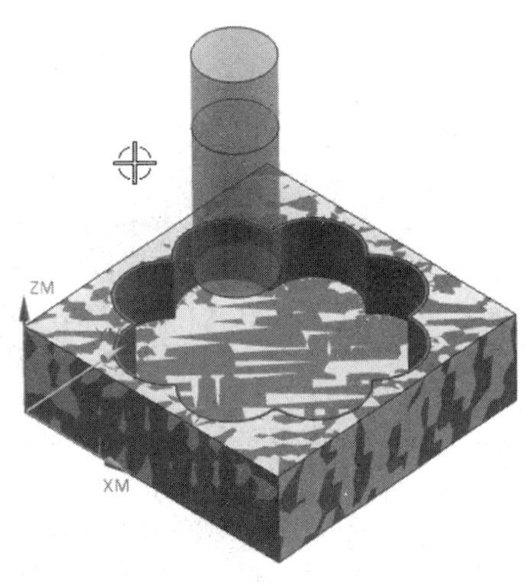

图 8-65　粗加工刀轨验证

在刀轨可视化对话框点击【确定】按钮，回到图 10-63 所示平面铣操作对话框，点击【确定】按钮，返回图 8-62 所示创建操作对话框。设置参数如图 8-66 所示，工序子类型选择侧壁精加工，程序的父节点选择【PROGRAM】，刀具选择【MILL_D25_JING】，几何体选择【MILL_BND】，方法选择【MILL_FINISH】。点击【确定】按钮，进入精加工壁对话框(图 8-67)，比较图 8-63 可以看出，精加工壁的切削模式已被自动设置为【轮廓加工】。其他参数都使用缺省，点击生成刀轨按钮，生成刀轨如图 8-68 所示。

图 8-66　创建精加工操作

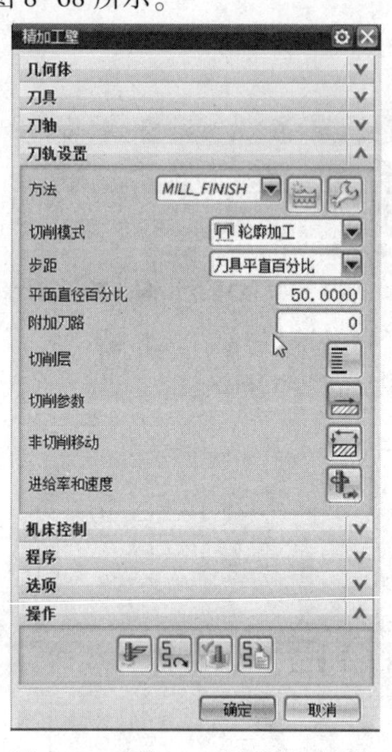

图 8-67　【精加工壁】操作对话框

点击操作选项卡里的刀轨确认按钮，弹出刀轨可视化对话框，点击【3D 动态】选项卡，再点击播放按钮▶，验证切削效果如图 8-69 所示。缺省的【Finish】加工方法设置的侧壁余量为 0mm，因此可以看出，部件侧壁精加工余量已被切除。在刀轨可视化对话框点击【确定】按钮，回到图 8-63 所示平面铣操作对话框，点击【确定】按钮，完成这个零件的刀轨生成。

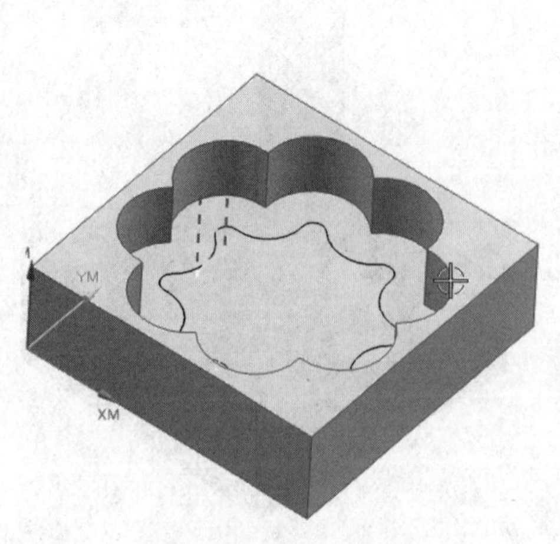

图 8-68　精加工刀轨

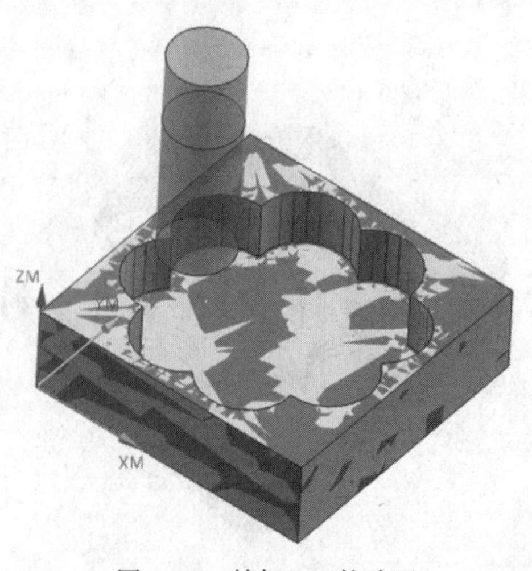

图 8-69　精加工刀轨验证

在实际加工中粗精加工应当分别设置主轴转数、进给速度等参数，而在这个例子中没有提及，大家可以自己尝试修改这些参数。这些参数对于刀轨的生成没有影响，但在后处理中将被输出到数控程序中，所以实际使用中应当设置主轴转数、进给速度。

在【工序导航器-程序顺序】中已经可以看到粗加工和精加工这两个操作，选中它们，点击右键，弹出快捷菜单，选择【后处理】，选择合适的后处理器，点击【应用】按钮，则可以生成与刀轨对应的数控程序，如图 8-70 所示。

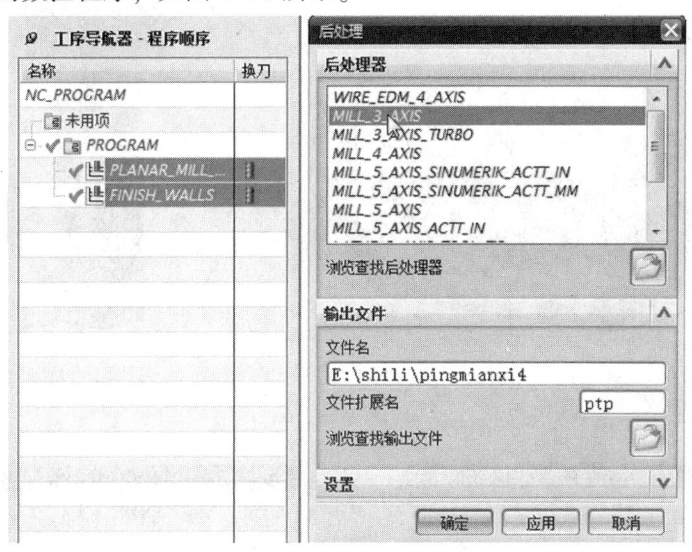

图 8-70　零件加工刀轨的后处理

二、奖牌基座加工

新建一个 UG 部件，首先创建一个直径为 100mm 高度为 32mm 的圆柱，这个圆柱将作为毛坯。以这个圆柱的底面为外接圆，画内接六边形，隐藏圆柱，再拉伸内接六边形 10mm，在新生成的六棱柱顶面作六边形的内接圆，作该内接圆的内接六边形，偏转 30°，再拉伸 10mm，重复这一过程，建立 CAD 模型如图 8-71 所示。

保存文件，然后进入加工模块，加工环境选择【mill_planar】。这个零件将分两步进行加工，粗加工到底面，侧壁留 1mm 余量。再精加工侧壁一次到尺寸。使用两把直径 25mm 的刀具，一把粗加工，另一把用于精加工。

鉴于这个加工程序比较简单，所以进入加工模块以后，工序导航器里的程序和加工方法直接使用缺省设置。首先创建一把直径 25 的平底铣刀用于粗加工，再创建一把直径 25mm 的平底铣刀用于精加工。创建刀具的具体步骤前面几节已经有了详细的介绍，在此不再赘述。本例中，将讲解夹持器的设置。假设刀柄如图 8-72 所示，由一个锥体和一段圆柱构成，圆柱直径 40mm、高度 25mm，锥体下直径 50mm、上直径 80mm、高度 40mm。

在定义好刀具参数后，点击夹持器选项卡，定义夹持器参数。如图 8-73 所示，夹持器可以由多段几何体构成，从刀具往上依次为第 1 段、第 2 段，依此类推。首先定义第 1 段圆柱，如图 8-73 所示，在下直径、上直径中填写 40，长度填 25，夹持器的第一段圆柱即定义完成。再点击列表框旁边的添加新集按钮，列表框增加一行，如图 8-74 所示，定义下直径为 50mm、长度 40mm、上直径 80mm，刀具图例如图 8-72 所示。点击【确定】按钮，完成刀具的设置。

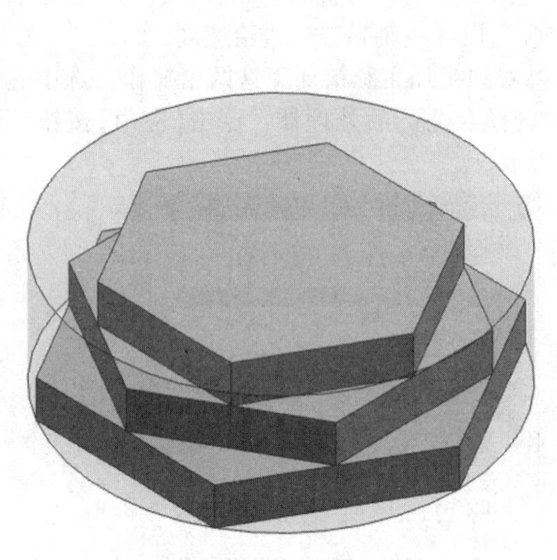

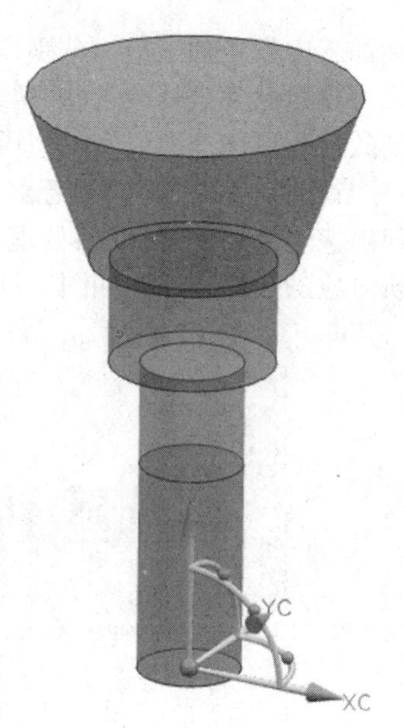

图 8-71　奖牌基座的毛坯及 CAD 模型　　　　图 8-72　带刀柄的刀具

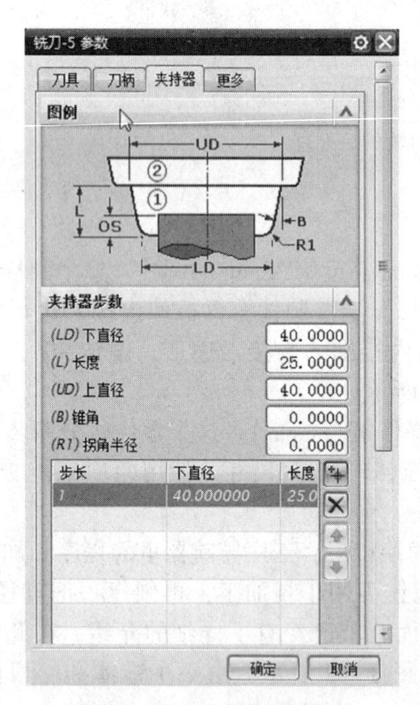

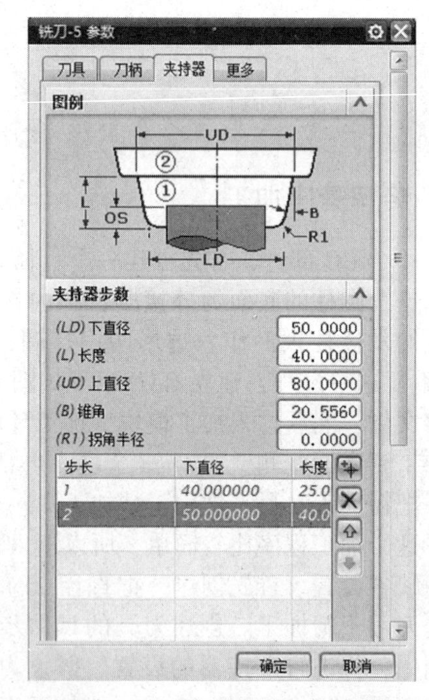

图 8-73　定义夹持器参数　　　　图 8-74　定义夹持器第二部分参数

几何体的设置，MCS_MILL 坐标系使用缺省设置，WORKPIECE 设置直径 100mm 的圆柱为毛坯部件，基座几何体为工件部件，再以 WORKPIECE 为父节点创建 MILL_BND 铣削边界。部件边界的选择表面如图 8-75 所示，选择过程中过滤器类型采用面选择，勾上忽略岛，材料侧为内部。毛坯边界选择直径 100mm 的圆柱顶面，底面选择部件几何的底面。

几何体设置完成后，点击创建操作按钮创建粗加工操作，参数设置如图 8-76 所示，类型选择【mill_planar】，工序子类型选择【PLANAR_MILL】，程序的父节点选择【PRO-

GRAM】，刀具选择【MILL】，几何体父节点选择【MILL_BND】，加工方法选择【MILL_ROUGH】，操作命名为【PLANAR_MILL_ROUGH】，点击【应用】按钮，弹出平面铣操作对话框，设置切削层深度类型为【恒定】，每刀深度为5mm。在平面铣对话框中点击生成刀轨按钮，生成的刀轨如图8-77所示。仿真加工的余量分布如图8-78所示。

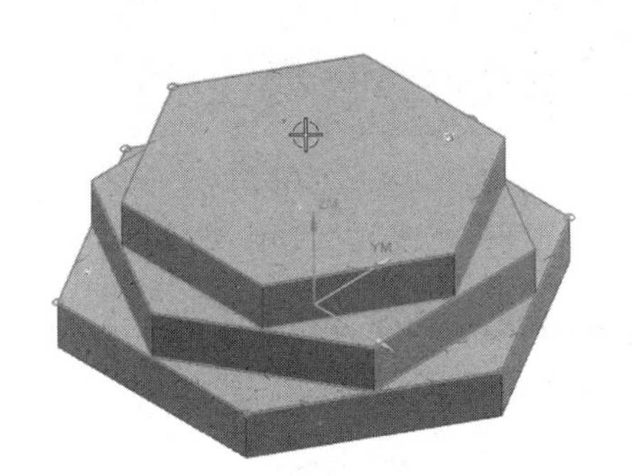

图8-75　部件边界选择

图8-76　创建粗加工工序

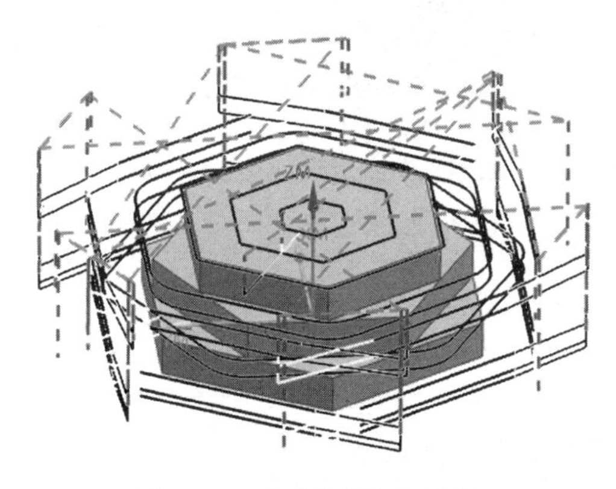

图8-77　生成的粗加工刀轨

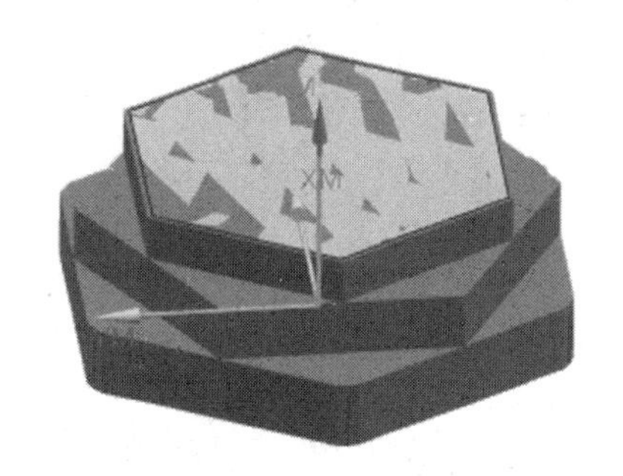

图8-78　粗加工确认

在平面铣对话框中点击【确定】按钮，回到创建工序对话框，创建精加工工序，如图8-79所示。类型选择【mill_planar】，工序子类型选择【FINISH_WALLS】，程序的父节点选择【PROGRAM】，刀具选择【MILL_D25_JING】，几何体父节点选择【MILL_BND】，加工方法选择【MILL_FINISH】，操作命名为【FINISH_WALLS】，点击【应用】按钮，弹出精加工壁操作对话框，设置切削层深度类型为【用户定义】，公共深度为10mm(图8-80)。点击【确定】，回到精加工壁操作对话框，点击切削参数设定按钮，在【余量】选项卡中设定部件余量及最终底面余量为0mm。如图8-81所示。点击确定按钮回到精加工壁操作对话框，点击生成刀轨按钮，生成的刀轨如图8-82所示。仿真精加工的确认如图8-83所示。至此，该零件的刀轨全部成功生成。

图 8-79　创建精加工工序

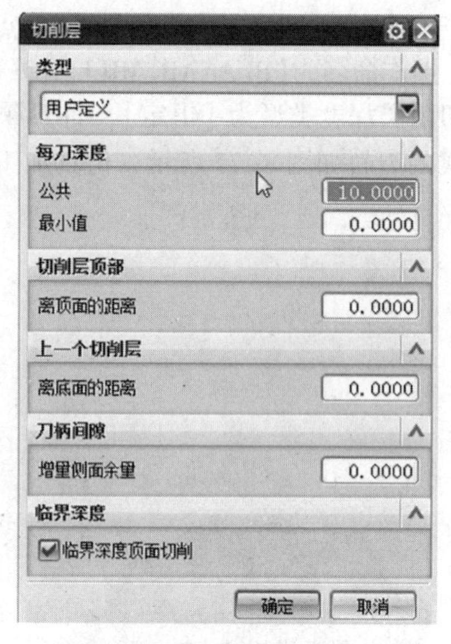

图 8-80　自定义切削层深度

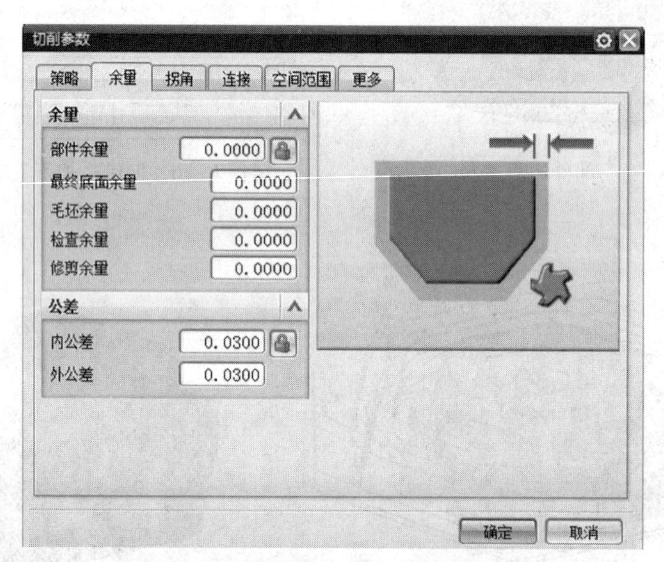

图 8-81　设置部件余量及最终底面余量

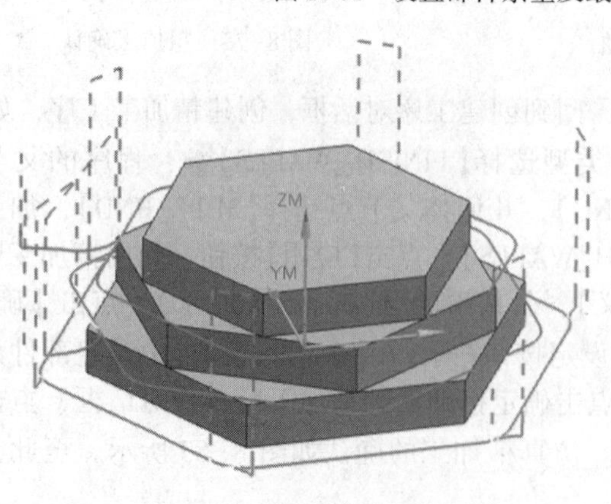

图 8-82　精加工刀轨

图 8-83　精加工确认

第九章　UG 型腔铣

前一章已经介绍了平面铣操作，对于平底直壁类零件可以生成刀轨，编制出程序。然而现实中有很多零件，尤其是模具类零件，其中包含曲面，如果使用三轴铣床进行加工，使用 UG 自动编程就需要用到外形铣(mill_contour)，外形铣主要包括型腔铣(CAVITY_MILL)和固定轴曲面轮廓铣(FIXED_CONTOUR)。其中型腔铣一般用于粗加工和半精加工，大量切除材料；固定轴曲面轮廓铣一般用于曲面的精加工。本章介绍型腔铣。

第一节　UG 型腔铣简介

UG 型腔铣可以在某个面内切除曲面零件材料，主要用于粗加工，几乎适用于加工任意形状的模型。与平面铣操作相似，型腔铣的刀具轴是固定的，从顶面按一定的数值一层一层的切削材料，各个切削层互相平行且垂直刀具轴。具体而言，型腔铣的操作子类型包括六种，如图 9-1 所示，操作类型为【mill_contour】下的工序子类型的第一行，其中型腔铣(CAVITY_MILL)是最基本的类型，其余几种都可以通过更改型腔铣的参数而获得。

插铣(PLUNGE_MILLING)的进给路线，是从上往下插削式加工，用于快速清除多余材料。使用时应注意，这种铣削方式对机床的刚度要求非常高。

拐角粗铣(CORNER_ROUGH)是型腔铣的一种，在型腔铣的切削参数中使用了参考刀具时，型腔铣就变成了拐角粗铣。这种铣削方式主要适用于大刀粗加工之后快速清理拐角的多余金属。

剩余铣(REST_MILLING)，以大刀粗加工过后的残余材料作为毛坯的型腔铣。

等高轮廓铣(ZLEVEL_PROFILE)切削模式为轮廓加工的型腔铣，适用于经过粗铣以后的半精加工和精加工。

角落等高轮廓铣(ZLEVEL_CORNER)，是仅加工陡峭范围的等高轮廓铣，适用于角落的半精加工和精加工。

创建型腔铣操作过程中，整体流程和第八章图 8-26 所示是一样的。但有两个步骤和平面铣不同，第一是铣削几何的设置，不采用边界，改用铣削区域；第二是切削层设置，可以自由调整切削层的层间距。其余加工参数的使用方法与平面铣相同。

一、铣削几何设置

加工如图 9-2 所示零件，点击几何视图按钮，工序导航器进入几何视图，加工工件坐标系 MCS_MILL 及工件几何 WOTRKPIECE 的设置方法和平面铣相同，设置好以后，点击创建几何体按钮，如图 9-3 所示，点击创建铣削区域按钮，父节点选择【WOTRKPIECE】，点击【应用】按钮，进入如图 9-4 所示界面，可以看到指定部件按钮是灰色的，这是因为已继承了【WOTRKPIECE】的父节点属性。点击指定切削区域按钮，进入切削曲面选择对话框，如图 9-5 所示，选择需要加工的曲面及底平面，点击【确定】按钮，回到图 9-4 所示对话框。

图 9-1 型腔铣的种类

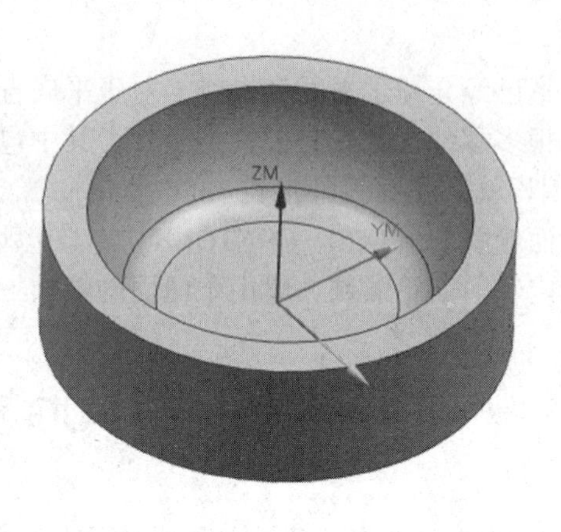

图 9-2 内凹型腔 CAD 模型

图 9-3 创建几何体

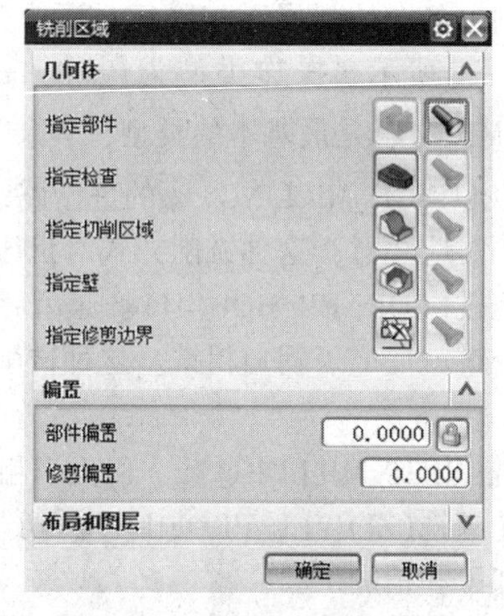

图 9-4 创建铣削区域几何体

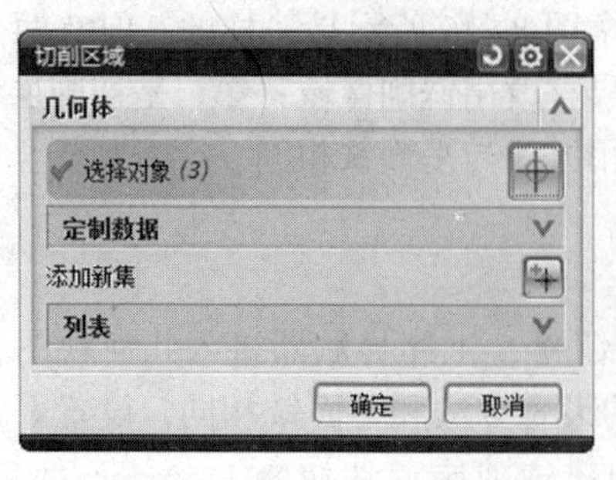

图 9-5 选择切削区域

在图 9-4 对话框中点击【确定】按钮，切削区域指定完毕。在图 9-4 中，指定检查是用于指定夹具等不可切削区域的，指定修剪边界是用于指定曲面上某些不加工区域的边界。而指定壁是用于固定轴曲面轮廓铣的，本章暂不指定。

创建完铣削区域后，工序导航器的几何视图如图 9-6 所示。

二、切削层设置

创建一把球头刀，直径 10mm，再创建一个型腔铣操作，如图 9-7 所示，类型选择【mill_contour】，工序子类型选择型腔铣，程序父节点选择【NC_PROGRAM】，刀具父节点选择刚创建的直径 10mm 球头刀【BALL_MILL】，几何体父节点选择前面创建的铣削区域【MILL_AREA_1】，方法父节点选择【MILL_ROUGH】粗加工。点击【应用】，进入如图 9-8 所示创建型腔铣操作对话框。在这个对话框里可以看到，选项卡排布基本和平面铣类似，依次包括几何体、刀具、刀轴、刀轨设置、机床控制、程序等。在几何体选项卡中，出现铣削区域选择项，因为在此选择的是前面创建的【MILL_AREA_1】作为父节点，因此指定切削区域按钮是灰色的，表示在该操作中直接继承了【MILL_AREA_1】中定义的切削区域。刀具、刀轴的设置和平面铣操作中一样。刀轨设置和平面铣操作不一样。如图 9-8 所示，缺省的以每刀 6mm 的深度进行切削，它是把切削区域从顶层到最低层按 6mm 分层进行切削，切完一层再切下一层。平面铣也是分层进行切削，但型腔铣的分层功能更强。点击切削层按钮，弹出切削层设定对话框如图 9-9 所示，点开范围定义的列表，在列表中缺省有一个深度范围，在这一深度范围中每两个切削层距离 6mm。

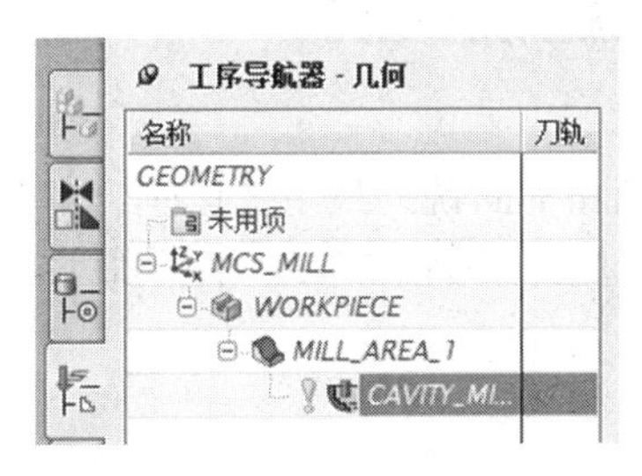

图 9-6　型腔铣几何关系

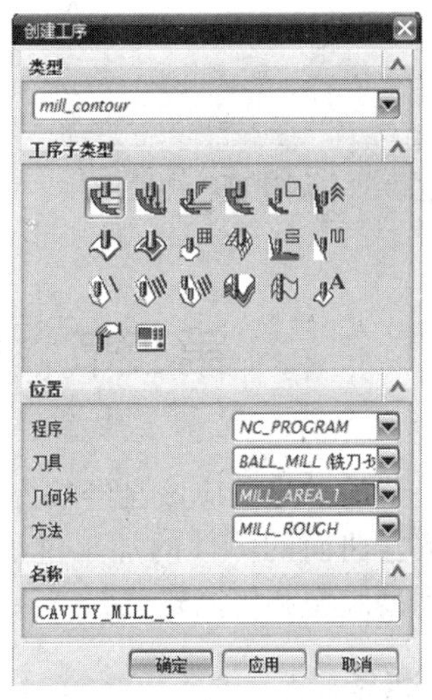

图 9-7　创建型腔铣

假如切削区域有的部位侧壁比较平缓，使用比较大的切削层间距也可以保证余量均匀，而有的部位曲率比较大，需要通过减少层间距的方式来保证余量均匀。例如本例中想把切削范围分为两部分，从顶面到深度为 12mm 的范围切削层间距为 3mm，从 12mm 到底面的层间距为 1mm。操作如下，范围类型选择【用户定义】，点击添加新集按钮，在范围深度中输入 12，测量开始位置选【顶层】，每刀深度输入 3，按键盘上的回车键，则输入一个新层，且在列表中排在第一位。在列表中点击范围 2，修改其每刀深度为 1。完成后效果如图 9-9 所示。

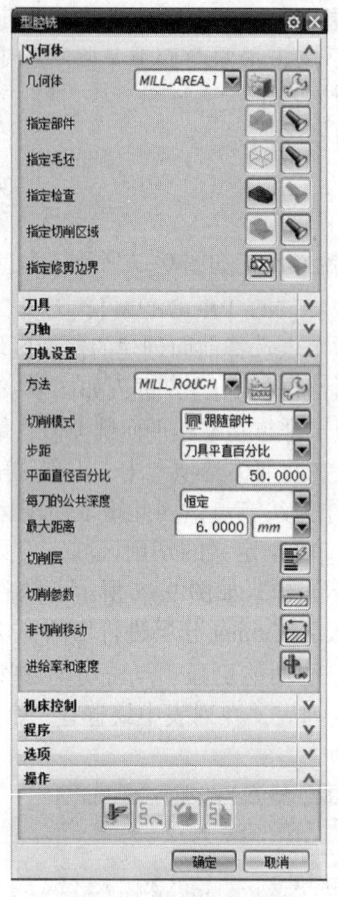

图 9-8 创建型腔铣操作

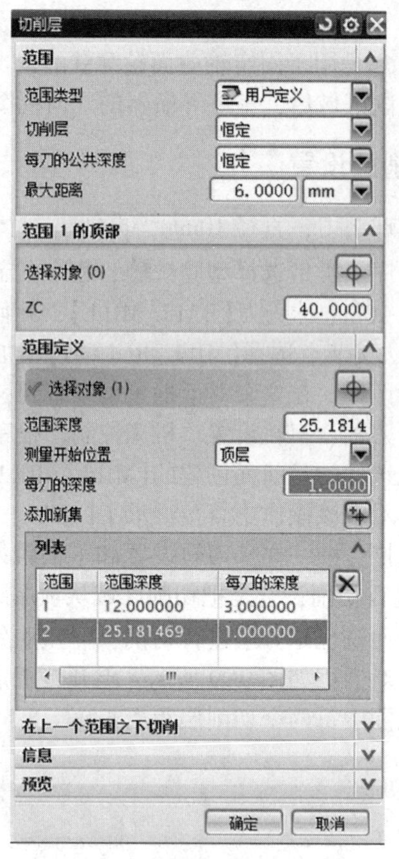

图 9-9 【切削层】设定对话框

第二节 UG 型腔铣实例

通过前面一节的学习，应该已经掌握了型腔铣和平面铣的最主要区别，本节将通过一个例子，详细讲解含曲面的零件的加工过程，加工过程遵循粗加工、半精加工、精加工的流程，主要涉及到型腔铣和等高轮廓铣。

一、加工准备

建立碗形零件如图 9-10 所示，在直径 100mm、高度 30mm 的圆柱上加工内凹曲面，曲面最深处为 25mm，底面与侧壁的拐角半径为 10mm，侧壁为一段圆弧。首先进行内腔粗加工，使用直径 20mm 的球头刀，工序子类型选择型腔铣(CAVITY_MILL)，然后半精加工和精加工侧壁和侧壁与底面的拐角，都使用等高轮廓铣(ZLEVEL_PROFILE)。半精加工使用直径 20mm 的球头刀，精加工使用直径 16mm 的球头刀。最后用面铣(FACE_MILLING_AREA)精加工底面，使用一把直径 20mm 的平底铣刀。

进入加工模块，加工环境设置选择【mill_contour】，首先创建 3 把刀具，第一把是球头刀，直径 20mm；第二把也是球头刀，直径 16mm；第三把是平底铣刀，直径 20mm。创建完后工序导航器的机床视图如图 9-11 所示。

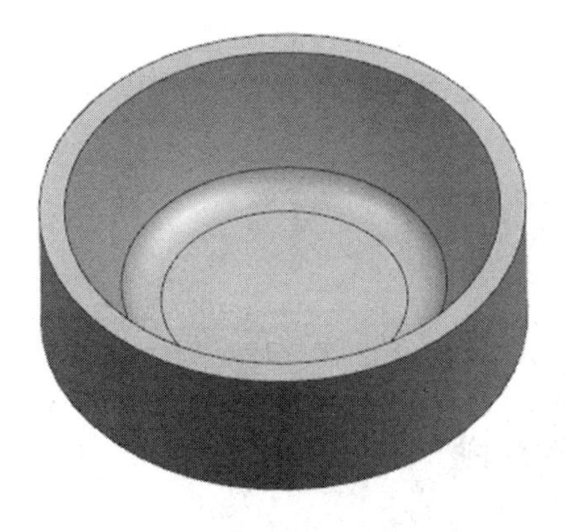

图 9-10　碗形零件 CAD 模型

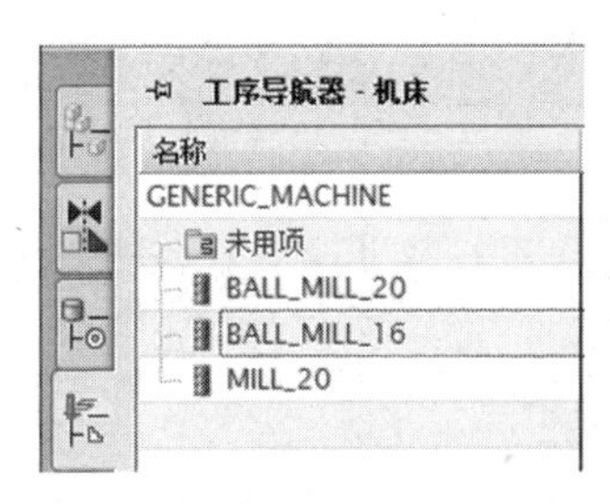

图 9-11　创建完的刀具列表

点击几何视图按钮，在工序导航器几何视图中找到 WORKPIECE，选中 WORKPIECE，点击右键，进入铣削几何体对话框，如图 9-12 所示，点击指定部件按钮，弹出部件几何体选择对话框，选择要加工的碗形零件，如图 9-13 所示，点击【确定】按钮回到铣削几何体对话框。

图 9-12　铣削几何体选择

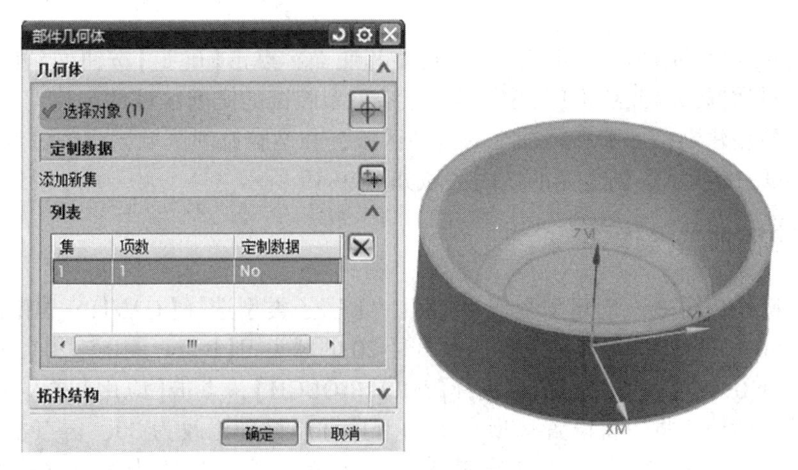

图 9-13　选择部件

再点击指定毛坯按钮，如图 9-14 所示，类型选择包容圆柱体，点击【确定】回到图 9-12 铣削几何体选择对话框，再点击【确定】结束铣削几何体 WORKPIECE 的设置。

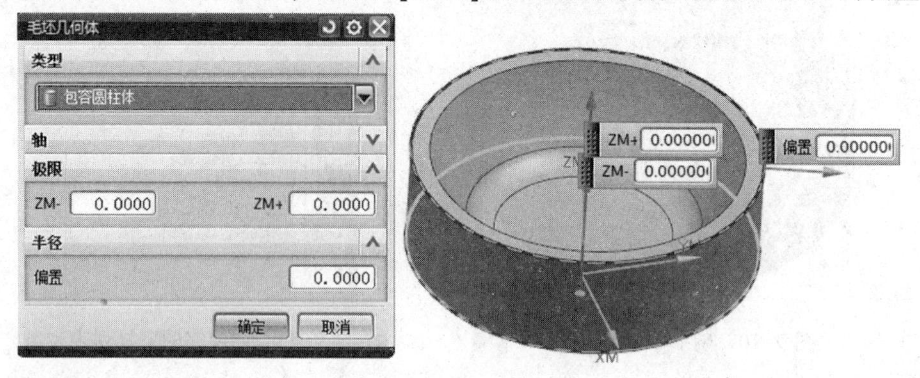

图 9-14　选择毛坯几何体

点击创建几何按钮，弹出创建几何体对话框，创建型腔铣的铣削区域，如图 9-15 所示，几何体子类型选择铣削区域，几何体父节点选择【WORKPIECE】，点击【确定】，进入铣削区域选择对话框。点击指定切削区域按钮，进入铣削区域选择对话框，如图 9-16 所示。

图 9-15　创建几何体

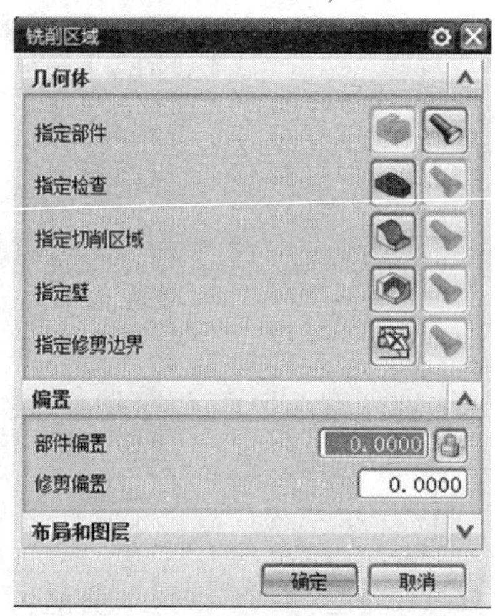

图 9-16　铣削区域选择

选择如图 9-17 所示曲面，包括侧壁、拐角和底面，点击【确定】按钮回到图 9-16 所示铣削区域选择对话框，再次点击【确定】按钮，结束型腔铣的铣削区域的创建。

接下来开始创建半精加工和精加工的铣削区域，和型腔铣削区域同样的过程，选择侧壁和拐角，如图 9-18 所示。创建完的铣削区域如图 9-19 所示。

二、创建粗加工操作

点击创建操作按钮，创建型腔铣粗加工，工序子类型选择【CAVITY_MILL】，程序父节点选择【PROGRAM】，刀具父节点选择直径 20 的球头刀【BALL_MILL_20】，几何体父节点选择【MILL_AREA_1】，方法父节点选择【MILL_ROUGH】，点击【应用】进入如图 9-21 所示创建型腔铣对话框。将刀轨设置选项卡中的刀具直径百分比改为 30，再点击切削层，将粗加工切削区域分为两个范围，从顶面到 15. 18mm 深，切削层间距为 6mm，从 15. 18mm 到底面切削层间距为 2mm，如图 9-22 所示。

图 9-17　铣削区域选择

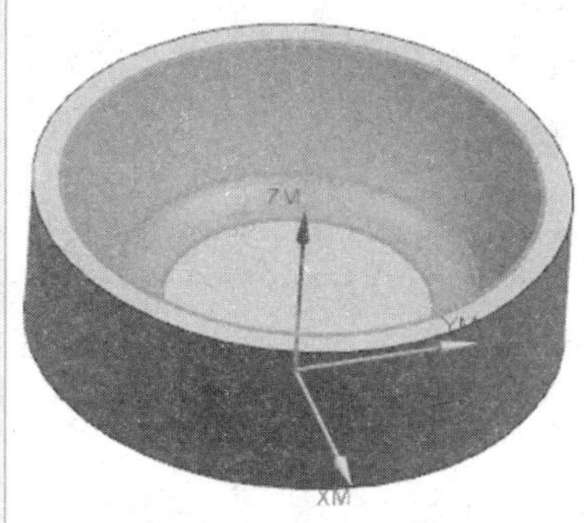

图 9-18　半精加工和精加工铣削区域

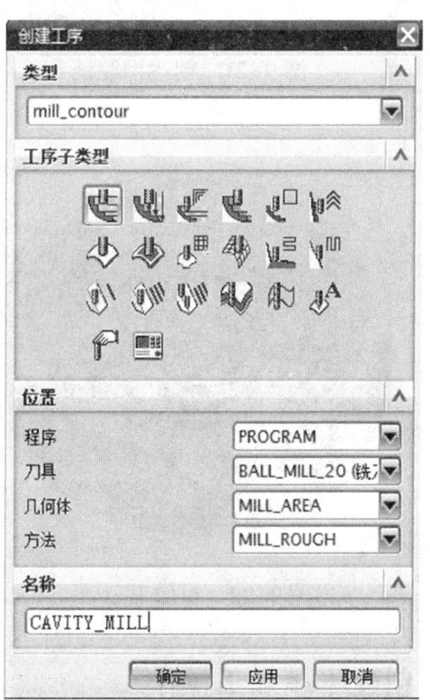

图 9-19　创建的几何列表

图 9-20　创建型腔铣粗加工

点击生成刀轨按钮，生成刀轨如图 9-23 所示，点击刀轨确认按钮，生成如图 9-24 所示的粗加工刀轨。点击图 9-21 所示型腔铣对话框中的【确认】按钮，结束型腔铣粗加工的刀轨设置，回到图 9-20 所示对话框，创建侧壁半精加工工序。

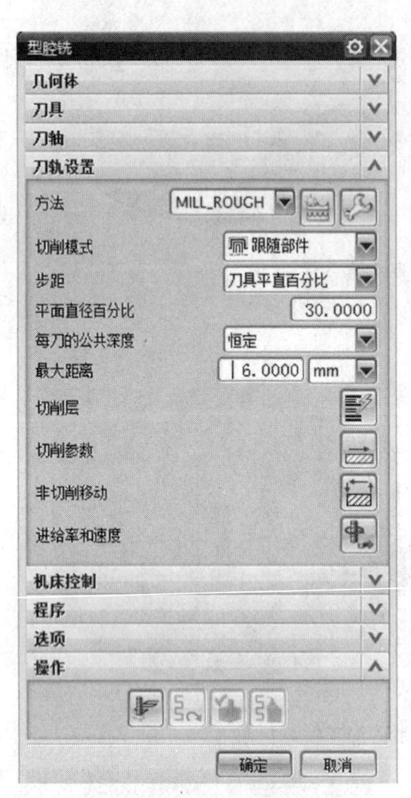

图 9-21　创建型腔铣

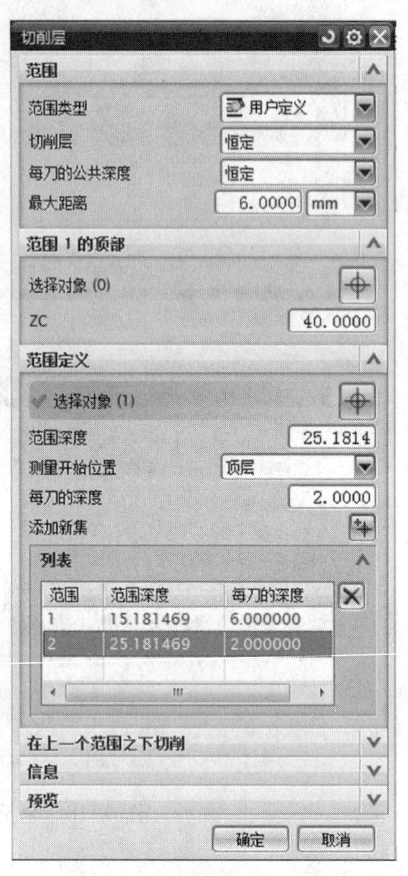

图 9-22　设定切削层间距

图 9-23　粗加工刀轨

图 9-24　粗加工刀轨确认

三、创建半精加工操作

半精加工工序子类型选择等高轮廓铣【ZLEVEL_PROFILE】，程序父节点选择【PRO-

GRAM】，刀具父节点选择直径 20 的球头刀【BALL_MILL_20】，几何体父节点选择【MILL_AREA_2】，方法父节点选择【MILL_SEMI_FINISH】，点击【应用】进入如图 9-21 所示创建等高轮廓铣对话框。将刀轨设置选项卡中的每刀公共深度改为残余高度，最大残余高度设置为 0.5，其余参数不变，点击生成刀轨按钮，生成的刀轨如图 9-27 所示。点击图 9-26 所示型腔铣对话框中的【确认】按钮，结束型腔铣半精加工的刀轨设置，回到图 9-25所示对话框，创建侧壁精加工工序。

图 9-25　创建半精加工操作

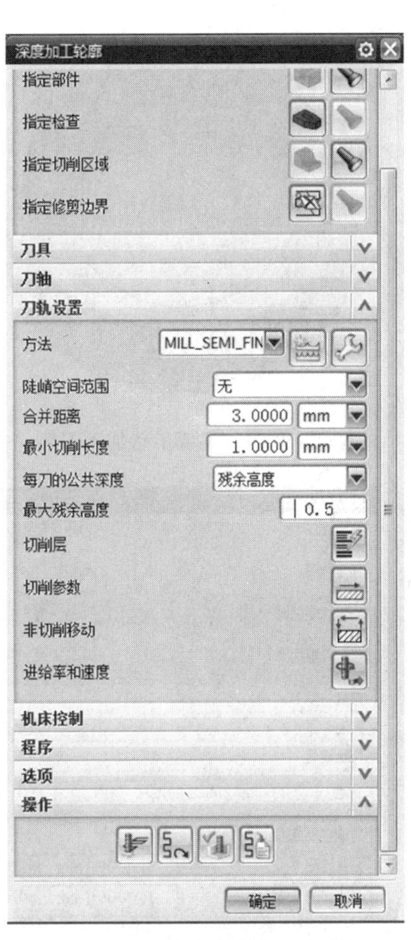

图 9-26　设定半精加工参数

四、创建精加工操作

创建精加工操作，如图 9-28 所示，精加工工序子类型选择等高轮廓铣【ZLEVEL_ PROFILE】，程序父节点选择【PROGRAM】，刀具父节点选择直径 16 的球头刀【BALL_ MILL_16】，几何体父节点选择【MILL_AREA_2】，方法父节点选择【MILL_FINISH】，点击【应用】进入如图 9-29 所示创建等高轮廓铣对话框。将刀轨设置选项卡中的每刀公共深度改为残余高度，最大残余高度设置为 0.01，其余参数不变，点击生成刀轨按钮，生成的刀轨及确认如图 9-30 所示。点击图 9-29 所示型腔铣对话框中的【确认】按钮，结束型腔铣精加工的刀轨设置，回到图 9-28 所示对话框，创建底面精加工工序。

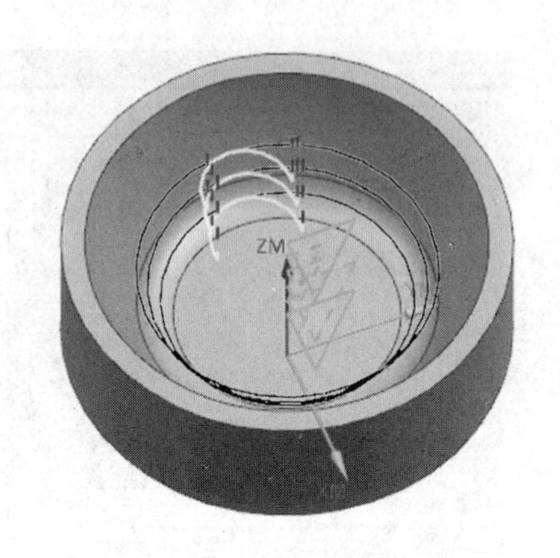

图 9-27　生成半精加工刀轨

图 9-28　创建精加工操作

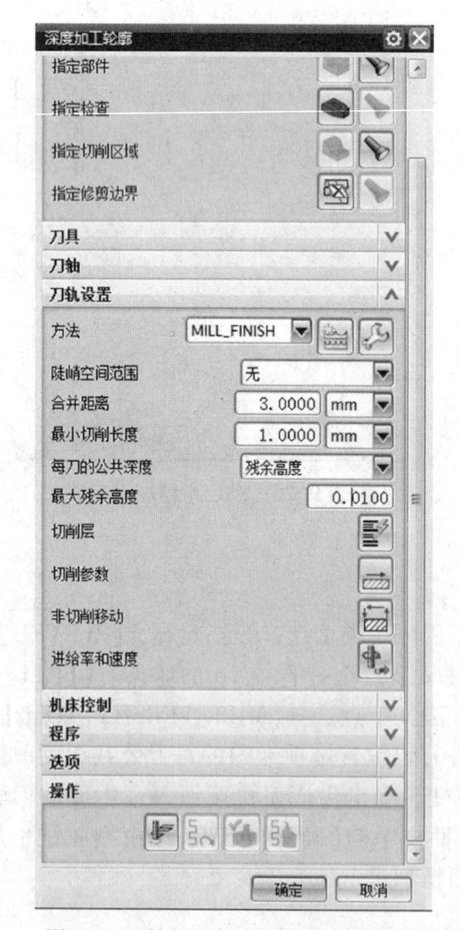

图 9-29　精加工等高轮廓铣参数设置

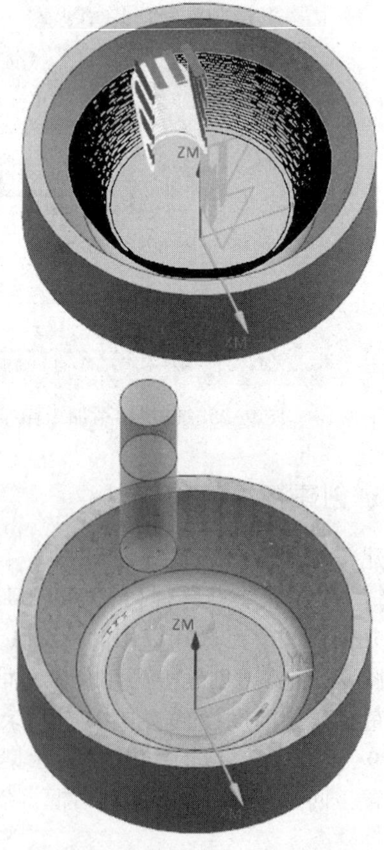

图 9-30　曲面精加工刀轨及确认

在如图 9-31 所示对话框中，选择操作类型【mill_planar】，精加工工序子类型选择面铣【FACE_MILLING_AREA】，程序父节点选择【PROGRAM】，刀具父节点选择直径 20 的平底铣刀【MILL_20】，几何体父节点选择【WORKPIECE】，方法父节点选择【MILL_FINISH】，点击【确定】进入如图 9-32 所示创建面铣对话框。在几何体选项卡中点击指定切削区域，弹出如图 9-33 所示对话框，选择底面。点击【确定】按钮回到图 9-32 所示对话框。

图 9-31　创建底面精加工操作

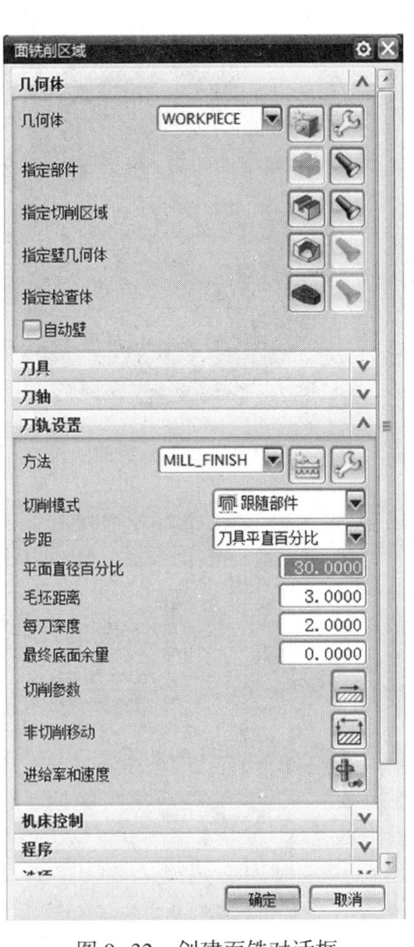

图 9-32　创建面铣对话框

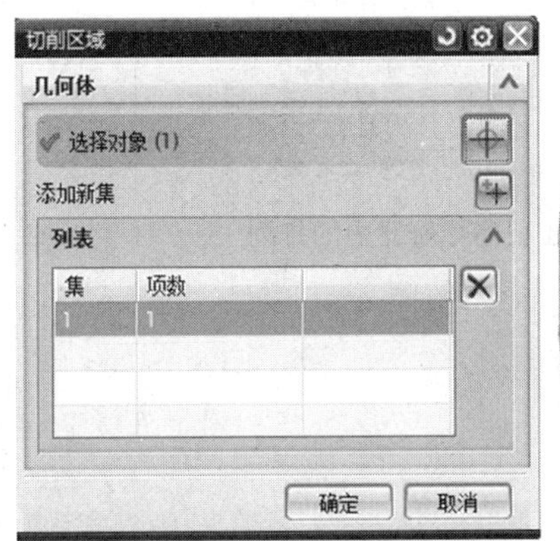

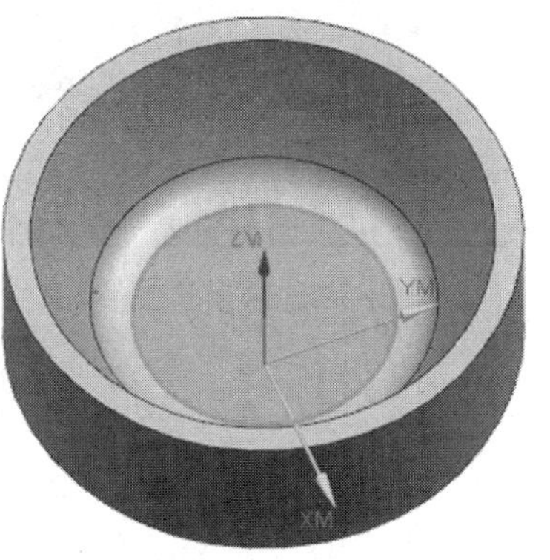

图 9-33　指定面铣切削区域

将刀轨设置选项卡中的切削模式改为【跟随部件】，平面直径百分比改为30，毛坯距离3，每刀深度2，其余参数不变，点击生成刀轨按钮，生成的刀轨及确认如图9-34所示。点击图9-32所示面铣对话框中的【确认】按钮，结束面铣精加工的刀轨设置。

如图9-35是所有加工刀轨的确认。图9-36是所有操作在工序导航器中的排列。

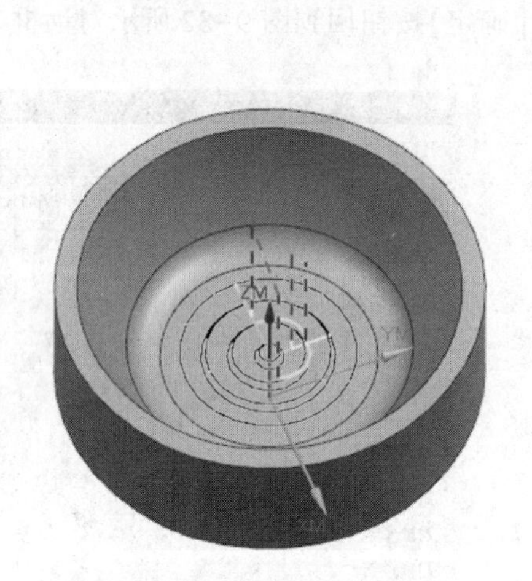

图9-34　底面精加工刀轨

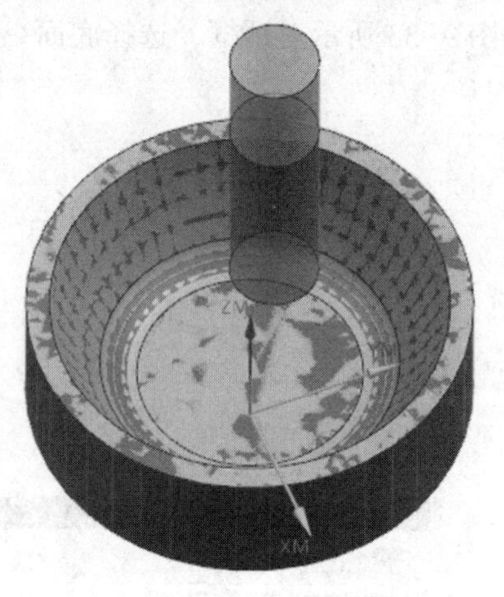

图9-35　所有加工刀轨确认

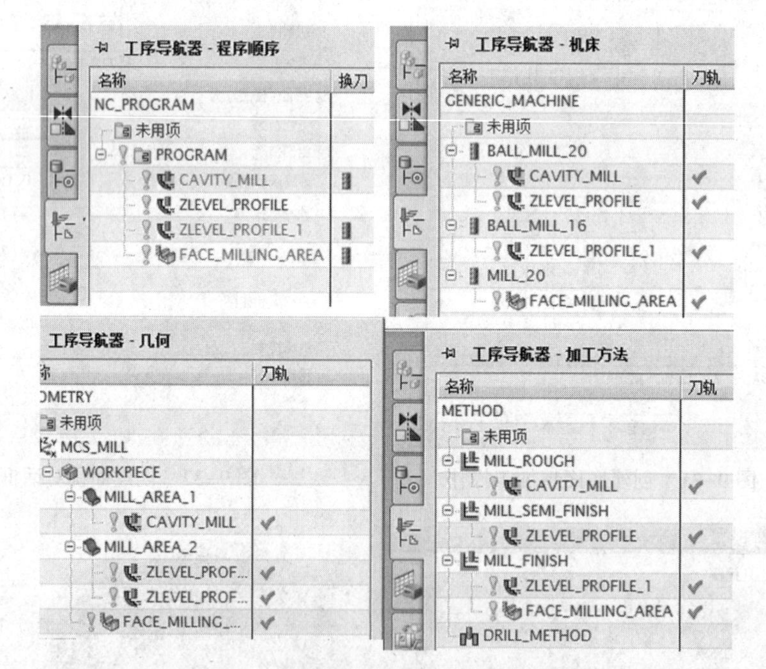

图9-36　所有操作在工序导航器中的排列

第十章　UG 固定轴曲面轮廓铣

前面一章介绍了型腔铣，在加工实例中采用等高轮廓铣的方式进行了精加工，为获得比较好的表面质量，定义了残余高度，其本质还是一层一层进行切削，有一定的局限性。为了获得更好的曲面加工精度，在 3 轴铣床上可以采用固定轴曲面轮廓铣，在 4 轴或 5 轴铣床上则可以采用可变轴曲面轮廓铣。本章主要介绍固定轴曲面轮廓铣。

第一节　UG 固定轴曲面轮廓铣简介

固定轴曲面轮廓铣（FIXED_CONTOUR）是 UG NX 中用于曲面精加工的主要加工方式，和使用型腔铣直接进行精加工相比，其功能更加强大，可以在复杂曲面上产生精密的刀具路径。由于固定轴曲面轮廓铣是采用驱动路径或驱动点沿刀具轴投影到零件表面而产生的，因此固定轴曲面轮廓铣可以详细控制刀具轨迹的生成。

固定轴曲面轮廓铣主要包含的操作子类型如图 10-1 所示。其中最基本的是固定轴曲面轮廓铣【FIXED_CONTOUR】，其他操作类型都可由固定轴曲面轮廓铣演变获得。

创建固定轴曲面轮廓铣的基本流程和型腔铣、平面铣是一样的，都是先获得零件和毛坯的 CAD 模型，进入加工模块，创建程序顺序、刀具、几何、加工方法，然后创建操作、刀轨后处理，生成车间文档。但和型腔铣又有一些区别，型腔铣一般用于粗加工和半精加工，使用的毛坯余量比较大，而固定轴曲面轮廓铣主要用于精加工，其毛坯余量一般较小，经常作为型腔铣的后续工步。另一个重要区别是固定轴曲面轮廓铣引入了驱动几何和投影矢量，用以创建刀轨。以如图 10-2 所示工件来说明驱动几何、投影矢量与刀轨的关系。在图 10-2 中，驱动几何是上方的半球面，投影矢量是刀具轴，与 Z 轴平行。首先在半球面上生成一系列的驱动点，驱动点的生成受加工方向、切削模式的控制。生成驱动点后将驱动点沿投影矢量也就是 Z 轴投影到部件上，再沿着这些投影点生成加工刀轨。

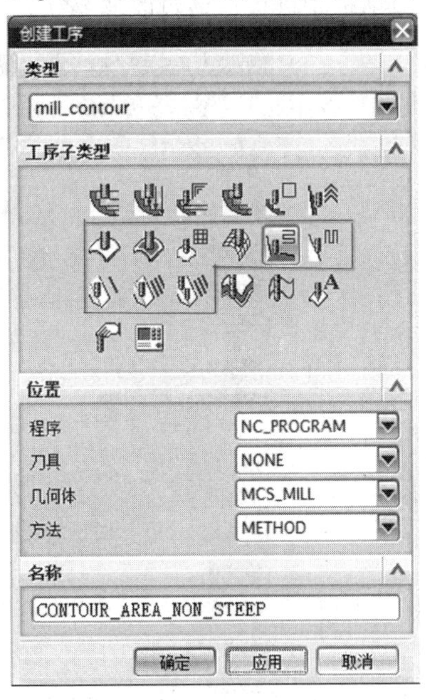

图 10-1　固定轴曲面轮廓铣

以下将详细介绍固定轴曲面轮廓铣的驱动方法设置。加工如图 10-3 所示曲面，曲面底座长和宽都为 100mm，总高 20mm，毛坯余量 1mm。使用直径 20 的球头刀具【BALL_MILL】，创建铣削区域加工几何【MILL_AREA】，指定圆弧面及边倒圆作为加工区域，创建固定轴曲面轮廓铣，如图 10-4 所示。

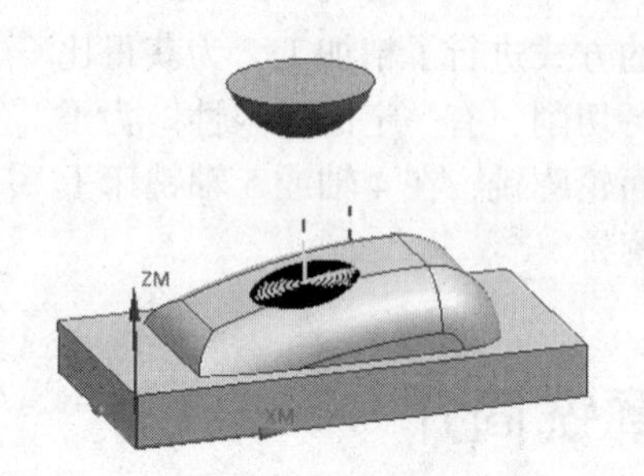

图 10-2 驱动面与投影矢量

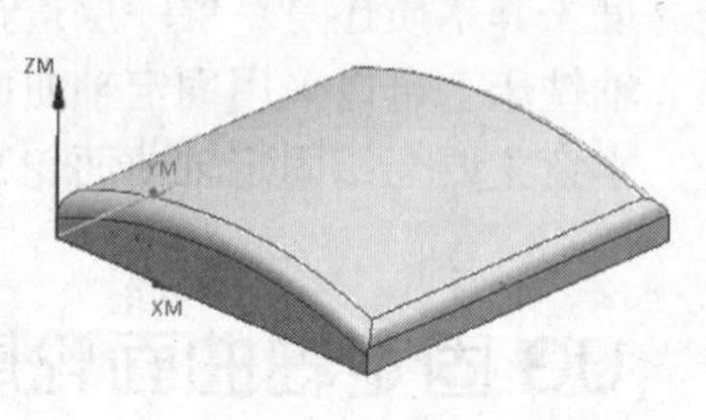

图 10-3 带圆弧曲面的零件

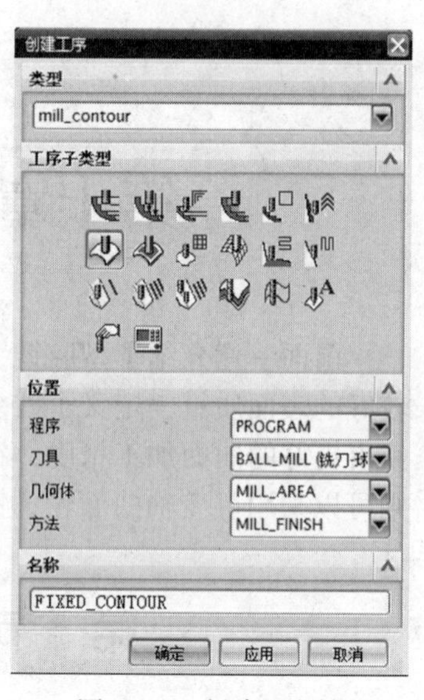

图 10-4 创建固定轴曲面轮廓铣

点击【应用】进入固定轴曲面轮廓铣对话框。如图 10-5 所示，固定轴曲面轮廓铣比型腔铣多了驱动方法和投影矢量选项卡。驱动方法有 10 种，如图 10-6 所示，本节主要介绍曲线/点、螺旋式、边界、区域铣削。以下驱动方法的介绍都是基于图 10-3 的零件在图 10-5 对话框中进行，通过改变驱动方式观察曲面上的刀具轨迹。

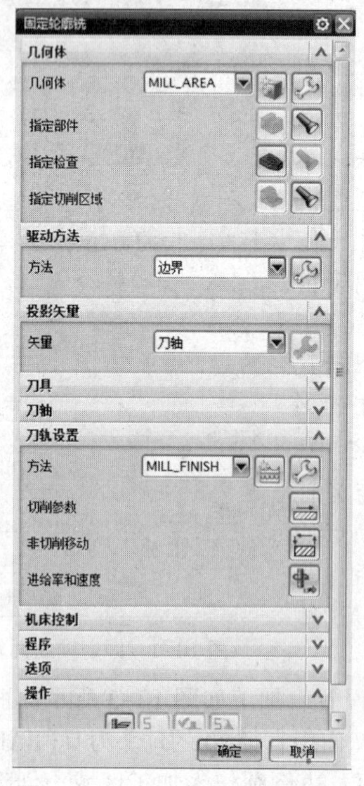

图 10-5 【固定轮廓铣】对话框

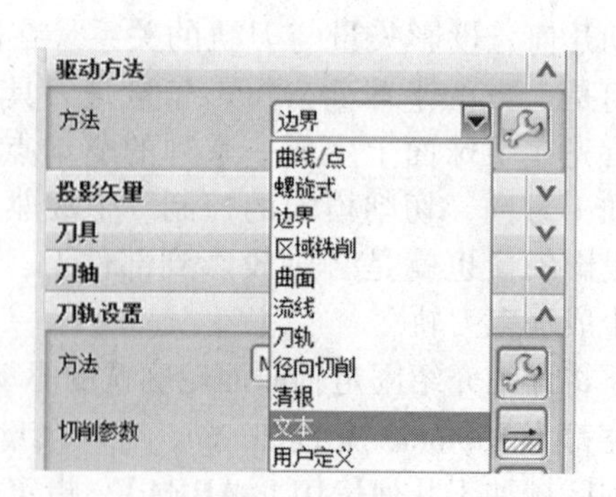

图 10-6 驱动方法

一、曲线/点驱动

这种驱动方式是通过指定点和曲线来定义几何体，驱动曲线可以是开放的或封闭的，连续的或非连续的，平面的或非平面的。特别适合在曲面上雕刻图案或文字，将零件的余量设置为负值，刀具就可以在零件表面刻出一个槽。如图 10-7 所示，在曲面的上方作一圆，利用该圆做驱动线在曲面上铣一个圆槽。

在驱动方法中选择【曲线/点】，点击驱动方法选项卡里的编辑按钮，弹出如图 10-8 所示对话框。选择工件上方的圆。在这个对话框中，还可以定制切削进给率及设定切削步长。切削步长的设定有两种，一是数量，如果数量为 10，表示沿曲线生成 10 个驱动点，点与点之间用直线刀轨相连；二是公差，表示刀轨与驱动曲线的最大距离小于指定值。点击【确定】按钮回到图 10-5 对话框。

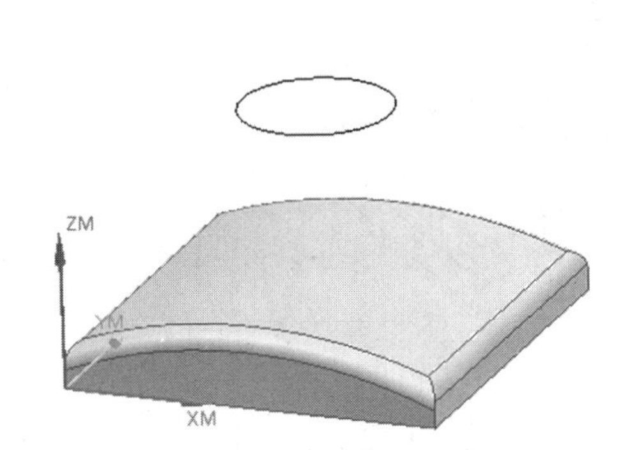

图 10-7　曲线/点驱动用的曲线

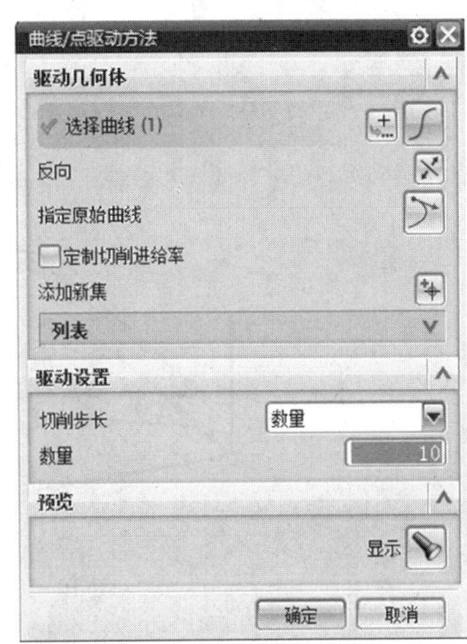

图 10-8　选择曲线对话框

点击切削参数设定按钮，设定部件余量为-1，如图 10-9 所示，点击【确定】按钮，回到图 10-5 对话框，再点击生成刀轨按钮，生成刀轨如图 10-10 所示。该刀轨可以在曲面上刻出深度为 1 的圆。实际雕刻花纹时应该选择直径合适的刀具。

二、螺旋式驱动

螺旋式驱动是在垂直于投影矢量的平面上由一个指定点向外做螺旋线而生成驱动点的驱动方法，螺旋式驱动方法没有行间转换，其步距移动很光滑。回到图 10-5 对话框，选择螺旋式驱动，点击驱动方法选项卡里的编辑按钮，弹出如图 10-11 所示螺旋式驱动方法对话框。首先应当指定螺旋驱动的中心点。点击点构造器按钮，可以调出点构造器，设定 X、Y、Z 坐标如图 10-12 所示，点击【确定】按钮回到图 10-11 对话框，设定最大螺旋半径为 60，步距定为刀具平直百分比，两条刀轨距离为刀具直径的百分之十，点击【确定】按钮，回到图 10-5 所示对话框，其余参数使用缺省值，点击生成刀轨按钮，生成刀轨如图 10-13 所示。注意：此处部件余量应为 0。

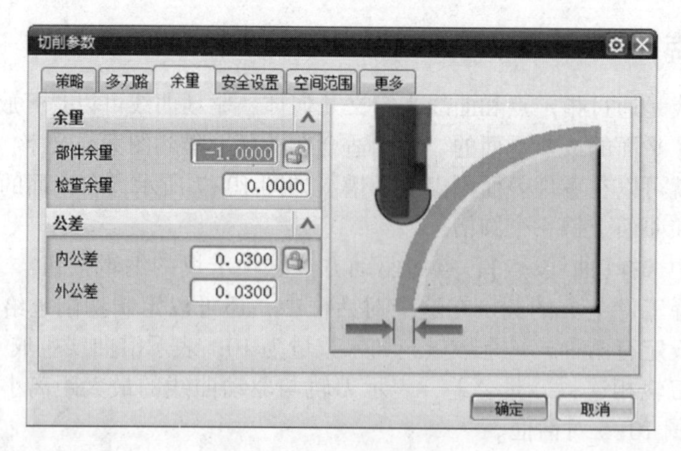

图 10-9　设定部件余量

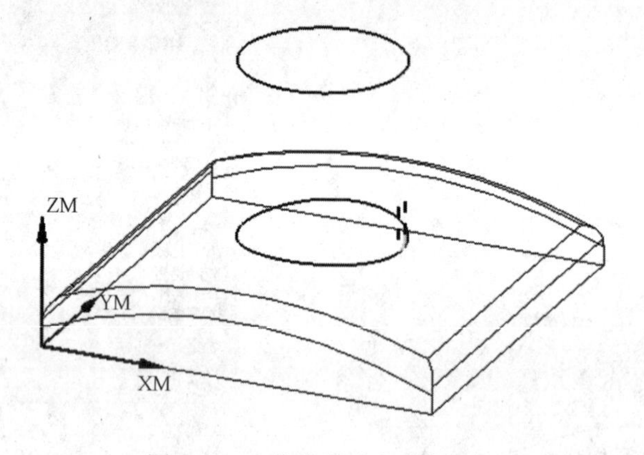

图 10-10　曲线驱动生成的刀轨

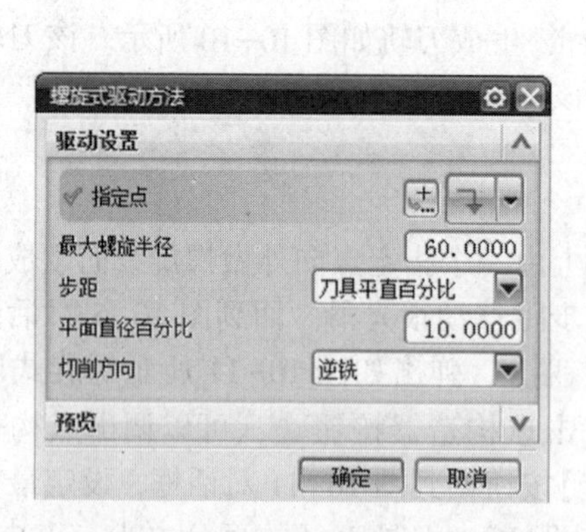

图 10-11　螺旋式驱动方法

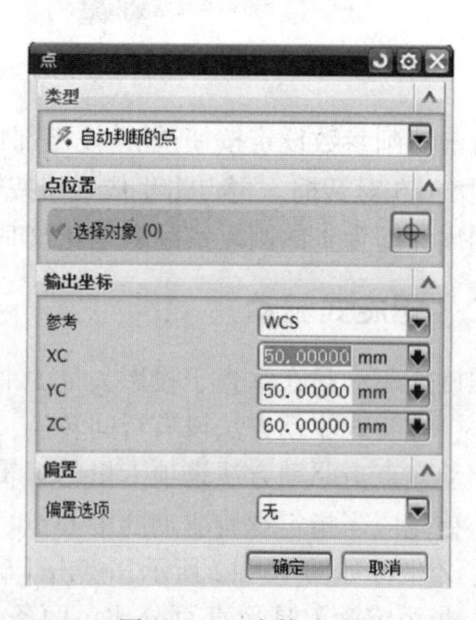

图 10-12　点构造器

三、边界驱动

边界驱动方式根据边界按指定的切削模式来获得驱动点，再将驱动点投影到曲面生成刀轨。边界内的切削模式类似于平面铣和型腔铣。选择边界驱动方法，点击驱动方法选项卡里的编辑按钮，弹出如图 10-15 所示边界驱动方法对话框。首先应当指定驱动几何体。点击边界选择按钮，弹出边界几何体选择对话框，边界几何的选择模式包括曲线/边、边界、面、点。其中边界模式是直接输入已存在的边界名；而曲线/边、面、点模式是采用曲线/边、面、点方式构建临时边界，其方法和平面铣中边界的构建相同。以面方式为例，选择曲面的底面构建边界如图 10-16 所示。点击【确定】按钮回到图 10-14 对话框，在该对话框中驱动设置的内容及含义与平面铣中切削模式的设置相同，读者可作适当修改，点击【确定】按钮回到图 10-5 对话框，其余参数使用缺省值，点击生成刀轨按钮，生成刀轨如图 10-17 所示。这种驱动方式的本质是在边界平面内先按指定的切削模式生成刀轨，其步距控制方法与原理和平面铣相同，是在平面内控制步距，再将刀轨投影到曲面。如果曲面比较陡峭，那么这种驱动方式获得的表面质量较粗糙。

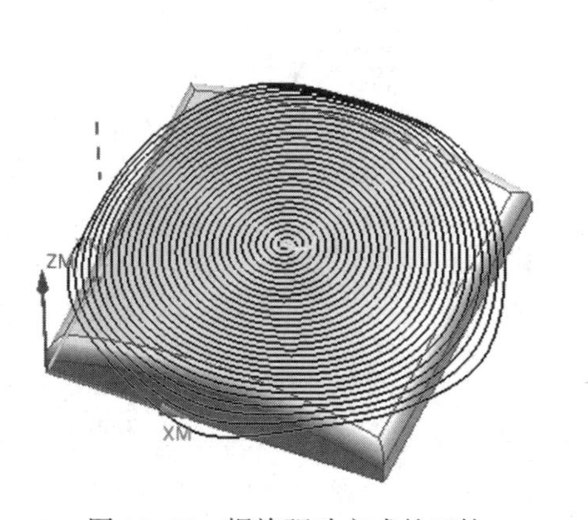

图 10-13　螺旋驱动方式的刀轨

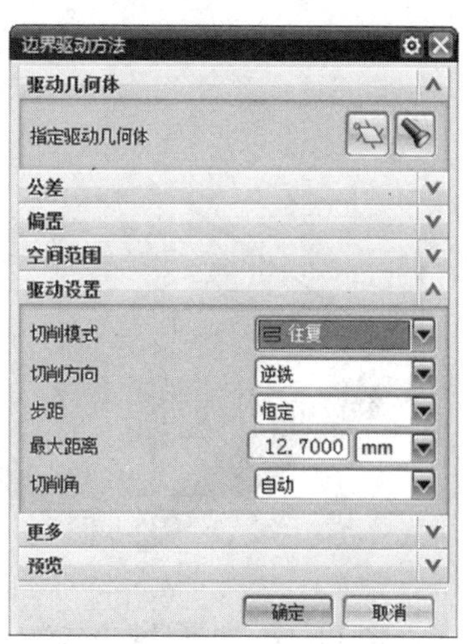

图 10-14　边界驱动方式

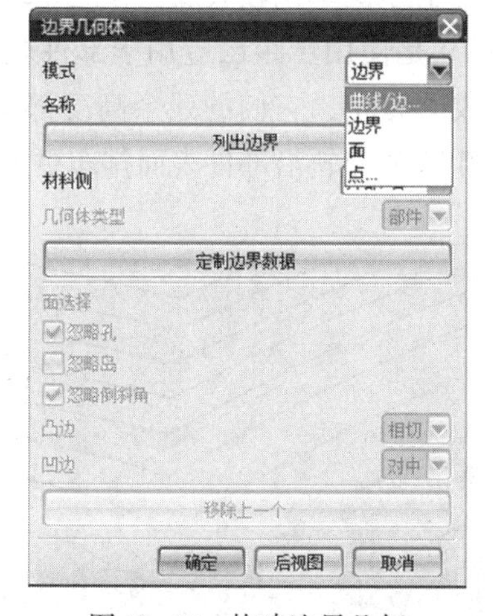

图 10-15　构建边界几何

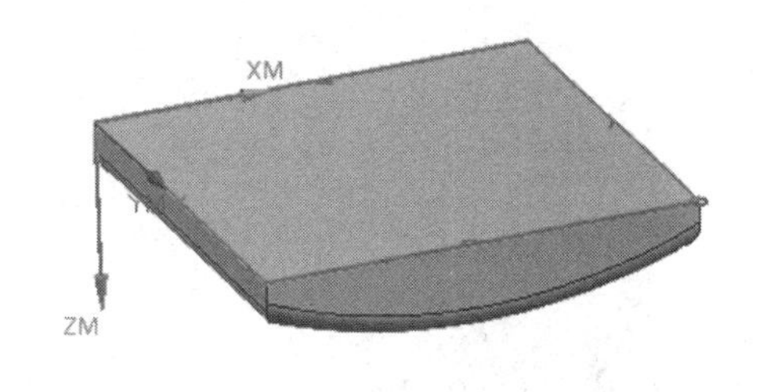

图 10-16　面方式构建边界

四、区域铣削驱动

区域铣削固定轴曲面轮廓铣中最常用的一种精加工操作方式，区域铣削与边界驱动生成的刀轨有点类似，但其创建的刀轨可靠性更好，针对加工曲面，可以有陡峭区域判断及步距应用于部件上的功能，相比边界驱动可以更容易的获得小的表面粗糙度。因此建议优先选择区域铣削。这种铣削驱动方式是直接使用待加工曲面作为驱动几何生成刀轨。

在图 10-5 所示对话框中选择区域铣削，弹出如图 10-18 所示边界驱动方法对话框。陡峭空间范围有三种模式，无、定向陡峭、非陡峭。陡峭空间范围为无，表示生成刀轨的过程中不判断是否有峭壁，在整个切削区域生成刀轨；陡峭空间范围为非陡峭，表示生成刀轨的过程中判断加工区域法线和刀轴的夹角，仅在夹角小于陡角的区域生成刀轨；陡峭空间范围为定向陡峭，表示生成刀轨的过程中判断加工区域法线和刀轴的夹角，仅在夹角大于陡角的区域生成刀轨。该对话框中驱动设置中切削模式的内容及含义与平面铣中切削模式的设置相同，读者可选择适当的切削模式。

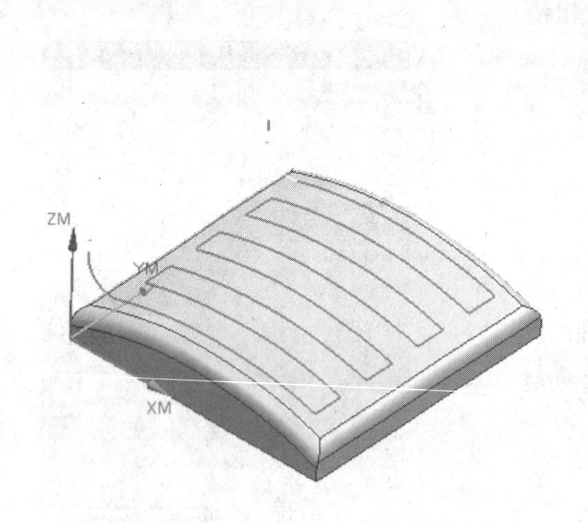

图 10-17　边界驱动方式生成的刀轨

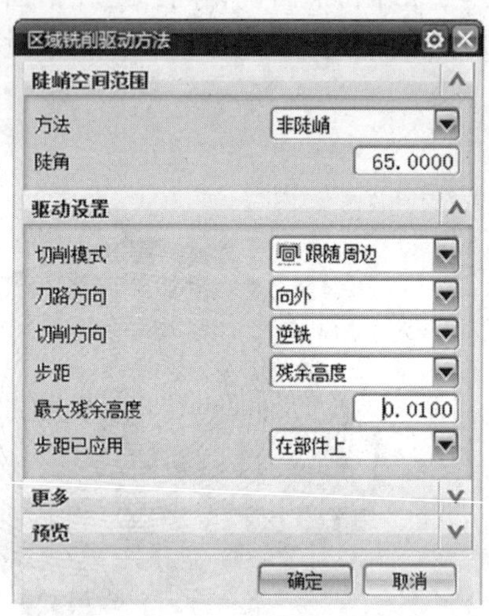

图 10-18　区域铣削驱动方法

在这里比较有特色的是步距已应用在部件模式，对于曲率比较大及比较陡峭的侧壁，使用这种模式可以保证部件上加工余量均匀。图 10-19 是使用步距已应用于部件模式生成的刀轨，图 10-20 是使用步距已应用于平面模式生成的刀轨，它们的残余高度都是 0.1mm，可以看出，在侧壁及拐角，步距已应用于部件模式生成的刀轨沿部件表面排布更加均匀，表面质量更高。

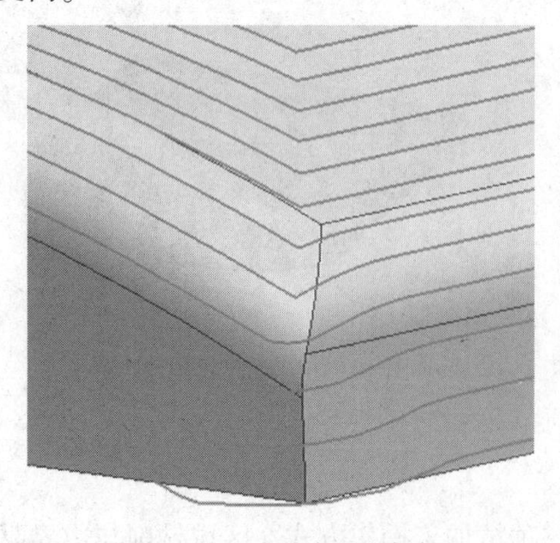
图 10-19　步距应用于部件

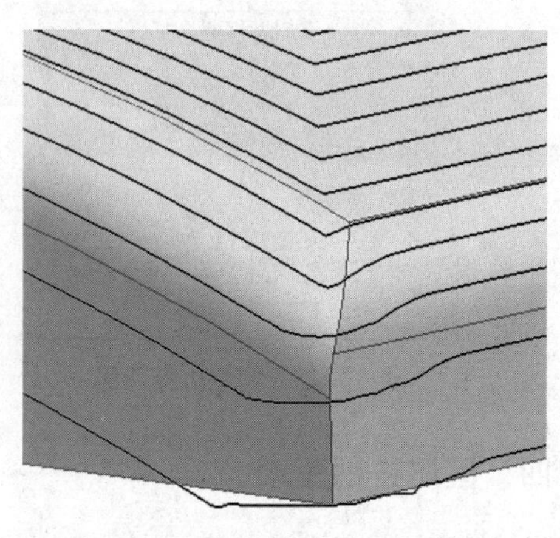
图 10-20　步距应用于平面

选择步距已应用于部件模式，点击【确定】按钮回到图 10-5 对话框，其余参数使用缺省值，点击生成刀轨按钮，生成刀轨如图 10-21 所示。

五、其他驱动方式

其他驱动方式还包括曲面、流线、刀轨、径向切削、清根、文本，其基本思路和前面介绍的类似，本书只做简单介绍。

曲面驱动方式是在驱动曲面上生成驱动刀轨，再将刀轨沿投影矢量投影到零件表面。和边界驱动类似，都是将驱动刀轨投影到零件表面，不过边界定义的驱动刀轨处于一个平面内，而曲面驱动生成的驱动刀轨位于曲面上。

流线驱动方式采用流线和交叉线构建网格曲面，再以网格曲面来产生驱动点投影到零件表面，相比曲面驱动方式，流线驱动具有更大的灵活性，可以利用曲线、边界来定义几何体，也可以指定切削区域，并自动以切削区域边缘为流曲线和交叉曲线作为驱动几何体。它可以在任何复杂的曲面上生成相对均匀的刀轨。

刀轨驱动允许指定原有的刀轨来定义驱动几何体，经过投影生成新的刀轨。

径向切削通过指定边界，沿着该边界生成垂直于该边界的驱动刀轨，特别适合于清角加工。其刀轨如图 10-22 所示，其边界是底座上的四条边。

清根加工沿着零件凹角和凹谷生成驱动路径，常用来清除前面加工中较大直径刀具在凹角处留下的残料。

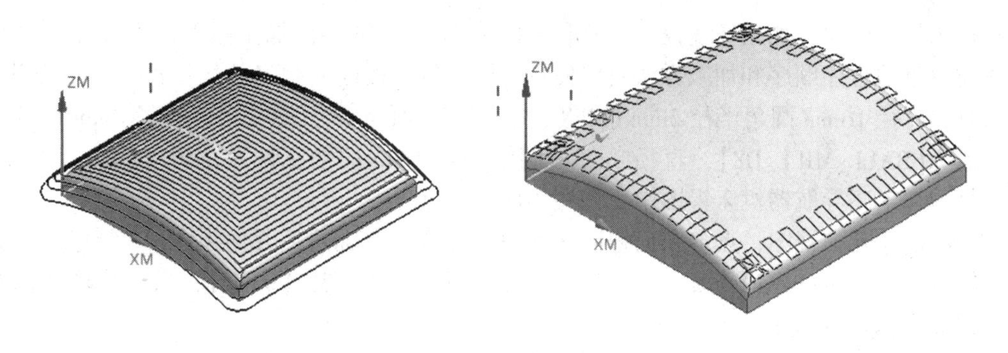

图 10-21　区域铣削驱动生成的刀轨　　　　图 10-22　径向切削生成的刀轨

文本加工类似于曲线/点方式，不过文本驱动是以注释文本作为驱动几何体，生成刀位点并投影到部件曲面上而生成刀轨，可以用于在曲面上雕刻文字。注意：只能选择注释文本，不能直接使用曲线文本。

第二节　UG 固定轴曲面轮廓铣范例

本节以加工一个盒盖凸模为例，展示曲面轮廓加工的全过程，包括粗加工、半精加工、精加工全过程。

一、加工准备

如图 10-23 所示，在一块料上加工出盒盖的凸模，盒盖由两段圆弧拉伸而成，底座长 90mm、宽 50mm、高 10mm。零件总高 23.1mm，最小圆弧半径 1mm、毛坯尺寸 90mm，宽 50mm，高 25mm。为了加工这一零件，选定直径 16mm、圆角半径 2mm 的平底铣刀用于型腔铣粗加工及等高轮廓铣半精加工，直径 8mm 的球头刀具用于曲面精加工，加工方法为固定轴曲面轮廓铣，直径 8mm 圆角半径 1mm 的刀具用于清根加工和底座上表面的精加工。

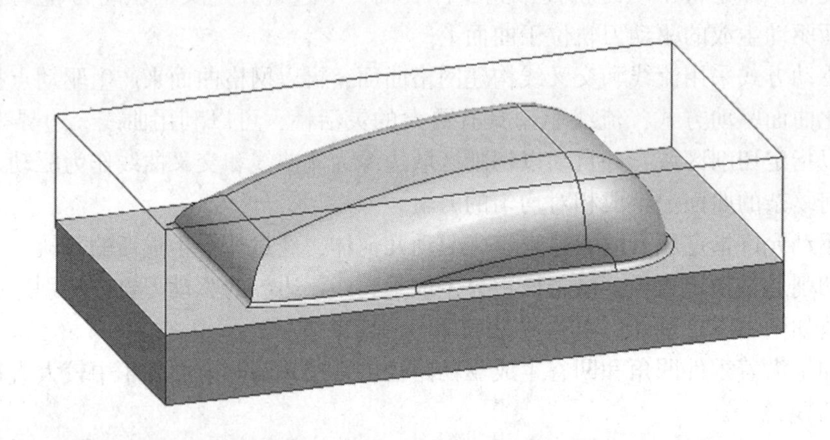

图 10-23　盒盖凸模 CAD 模型

进入加工模块，加工环境设置选择【mill_contour】。本零件加工过程不算复杂，因此工序导航器里的程序顺序和加工方法直接使用 UG 缺省。按前面制定的加工策略，首先建立 3 把刀具，直径 16mm 圆角半径 2mm 的平底铣刀命名为【MILL_D16R2】，直径 8mm 的球头刀具命名为【BALL_MILL_D8】，直径 8mm，圆角半径 1mm 的平底铣刀命名为【MILL_D8R1】。刀具排列在工序导航器机床视图中，如图 10-24 所示。

其次建立几何视图，点击几何视图按钮，工序导航器进入几何视图，MCS_MILL 直接使用缺省，选择 WORKPIECE，点击右键弹出快捷菜单，选择【编辑】，指定毛坯几何和部件几何如图 10-25 所示。

点击创建几何按钮，弹出创建几何体对话框，子类型选择【MILL_AREA】，父节点选择【WORKPIECE】，如图 10-26 所示，点击【应用】，进入铣削区域对话框，如图 10-27 所示。

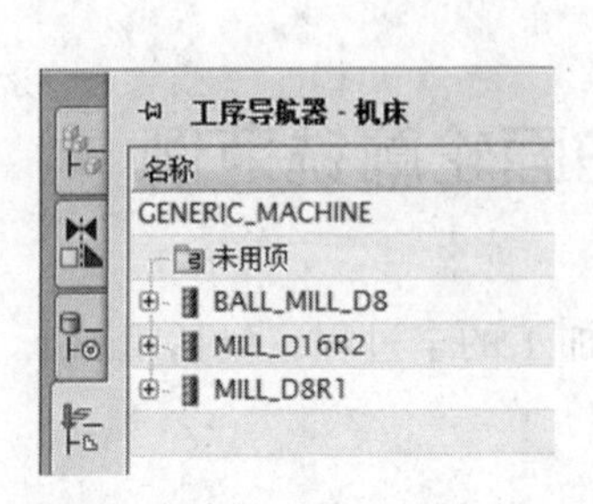

图 10-24　建立的刀具列表

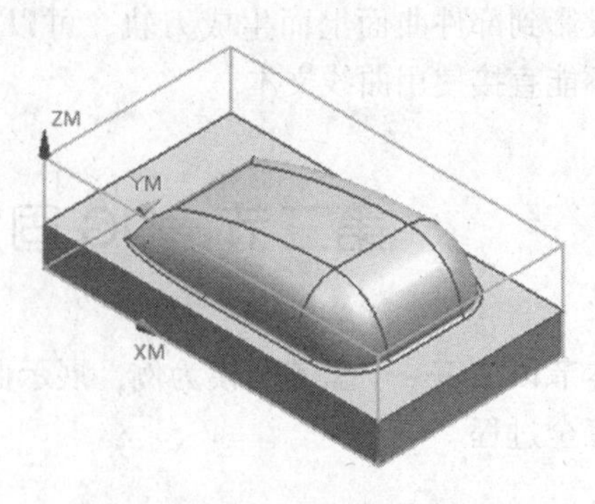

图 10-25　部件几何和毛坯几何

在铣削区域对话框中点击指定切削区域按钮，选择凸模的所有曲面及底座的上表面如图 10-28 所示。点击【确定】回到图 10-27 所示对话框，再点击【确定】结束铣削区域几何体的设置。

图 10-26　创建铣削区域几何体

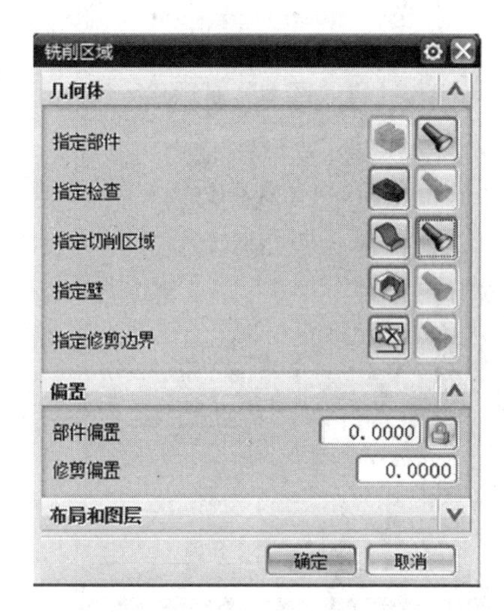

图 10-27　选择铣削区域对话框

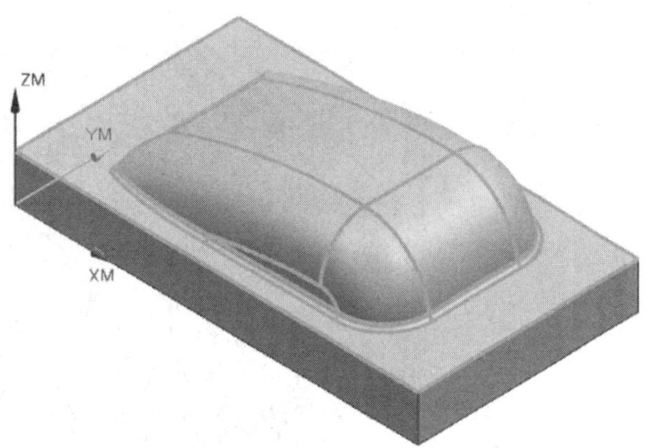

图 10-28　切削区域选择

二、创建粗加工操作

点击创建操作按钮，弹出创建操作对话框如图 10-29 所示，程序子类型选择型腔铣，程序父节点选择【PROGRAM】，刀具选择【MILL_D16R2】，几何体父节点选择【MILL_AREA】，方法选择【MILL_ROUGH】，点击【应用】进入型腔铣操作对话框，步距选择刀具平直百分比，平面直径百分比定为 20，每刀公共深度恒定，最大距离 3mm，如图 10-30 所示。点击生成刀轨按钮，生成刀轨如图 10-31 所示，点击刀轨确认按钮，生成粗加工刀轨仿真，如图 10-32 所示。

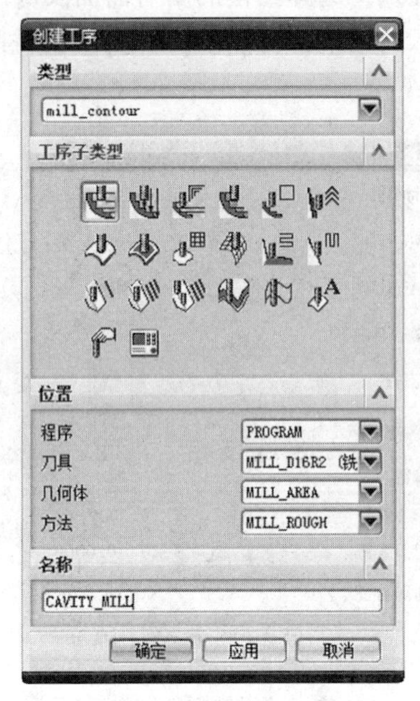

图 10-29　创建粗加工操作

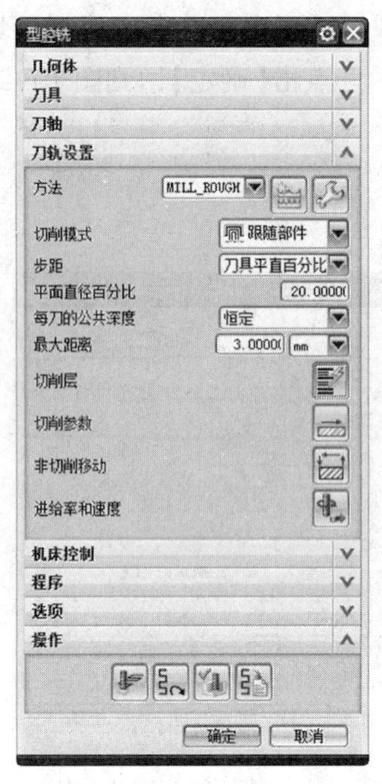

图 10-30　【型腔铣】粗加工对话框

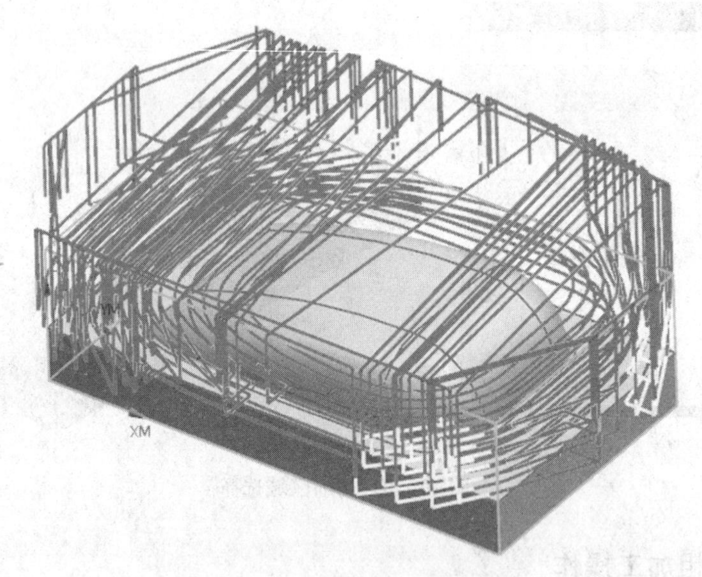

图 10-31　粗加工刀轨

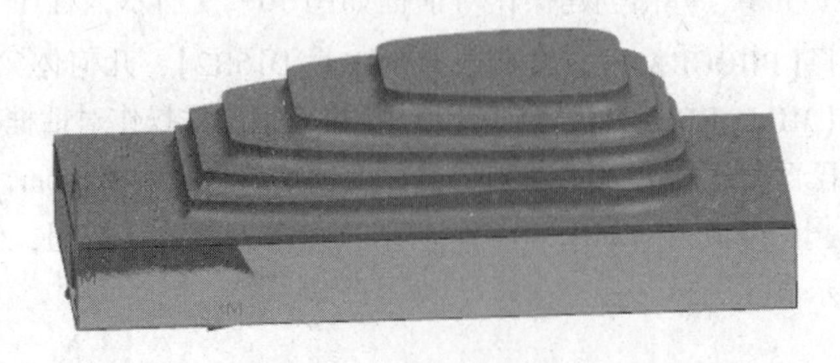

图 10-32　粗加工刀轨仿真

三、创建半精加工操作

点击【确定】按钮，结束粗加工操作的设置，接着创建半精加工，如图 10-33 所示，操作子类型选择等高轮廓铣，程序父节点选择【PROGRAM】，刀具选择【MILL_D16R2】，几何体父节点选择【MILL_AREA】，方法选择【MILL_SEMI_FINISH】，点击【应用】进入等高轮廓铣操作对话框，每刀公共深度恒定，最大距离 1mm，如图 10-34 所示，点击生成刀轨按钮，生成刀轨如图 10-35 所示。仿真效果如图 10-36 所示。

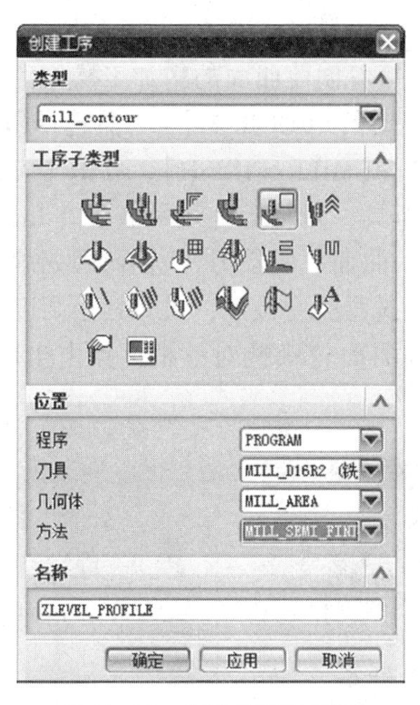

图 10-33　创建等高轮廓铣

图 10-34　等高轮廓铣操作对话框

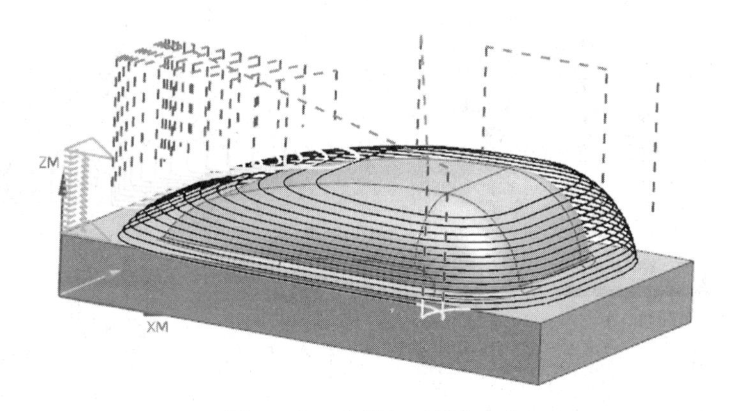

图 10-35　半精加工操作刀轨

图 10-36　半精加工操作刀轨仿真

四、创建精加工操作

点击【确定】按钮，结束半精加工操作的设置，接着创建曲面的精加工操作，如图 10-37 所示，操作子类型选择等高轮廓铣，程序父节点选择【PROGRAM】，刀具选择【BALL_MILL_D8】，几何体父节点选择【WORKPIECE】，方法选择【MILL_FINISH】，点击【应用】进入固定轴曲面轮廓铣操作对话框，如图 10-38 所示，刀具、刀轴等使用缺省。在几何体选项卡中点击指定切削区域按钮，选择如图 10-39 所示曲面。驱动方法选择区域铣削，点击编辑按钮，设定驱动方法，如图 10-40 所示，步距选择残余高度，最大残余高度设为 0.01，步距应用在部件上。点击【确定】按钮回到固定轴曲面轮廓铣对话框，点击生成刀轨按钮，生成刀轨如图 10-41 所示。

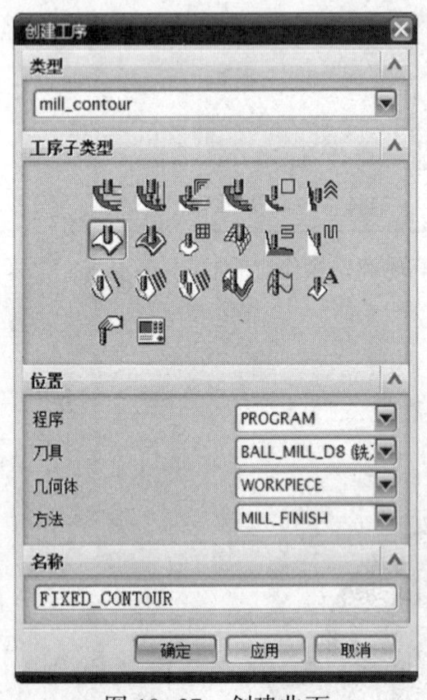

图 10-37　创建曲面精加工操作

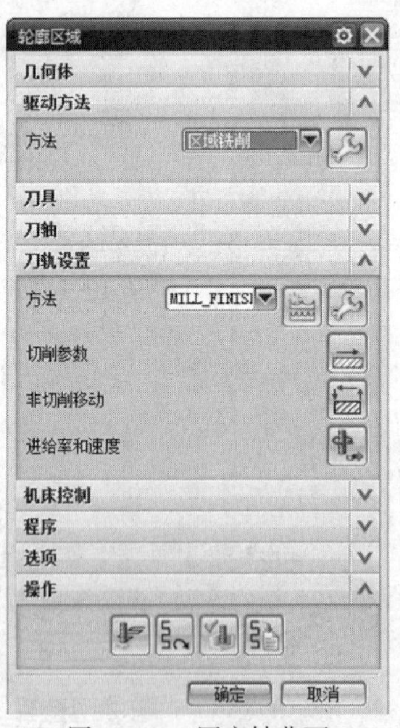

图 10-38　固定轴曲面轮廓铣对话框

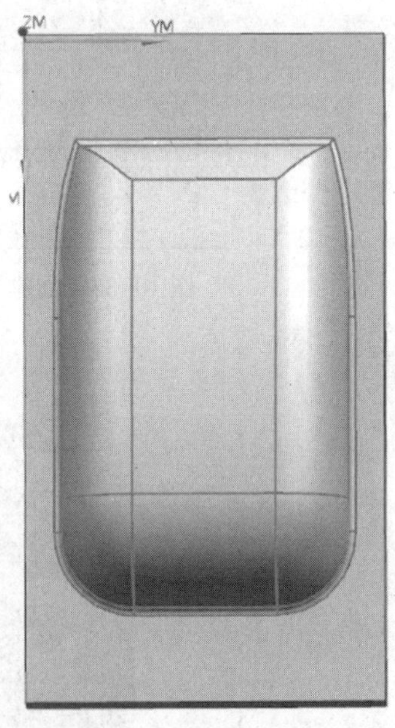

图 10-39　固定轴曲面轮廓铣削区域

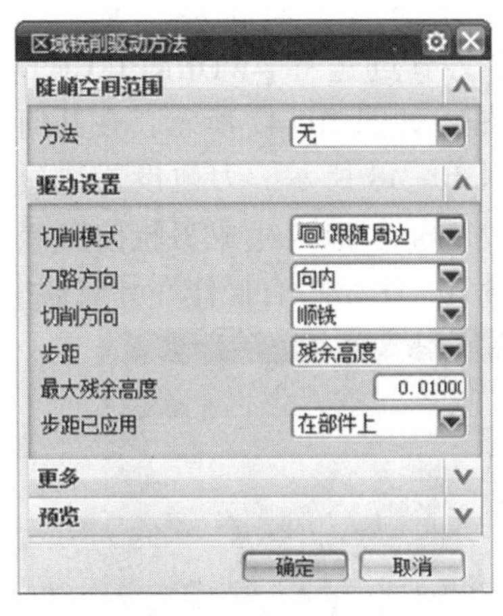

图 10-40　区域铣削驱动方法

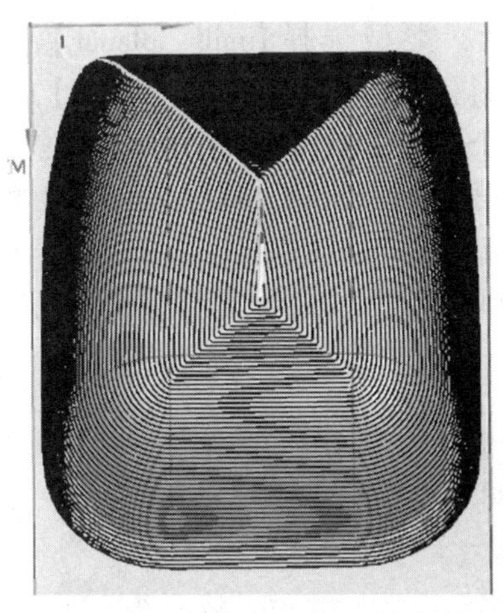

图 10-41　曲面精加工刀轨

五、创建清根加工操作

点击【确定】按钮，结束精加工操作的设置，接着创建清根加工操作，如图 10-42 所示，操作子类型选择清根加工，程序父节点选择【PROGRAM】，刀具选择【MILL_D8R1】，几何体父节点选择【MILL_AREA】，方法选择【MILL_FINISH】，点击【应用】进入单刀路清根操作对话框，所有参数使用缺省。如图 10-43，点击生成刀轨按钮，生成刀轨如图 10-44 所示，仿真加工效果如图 10-45 所示。

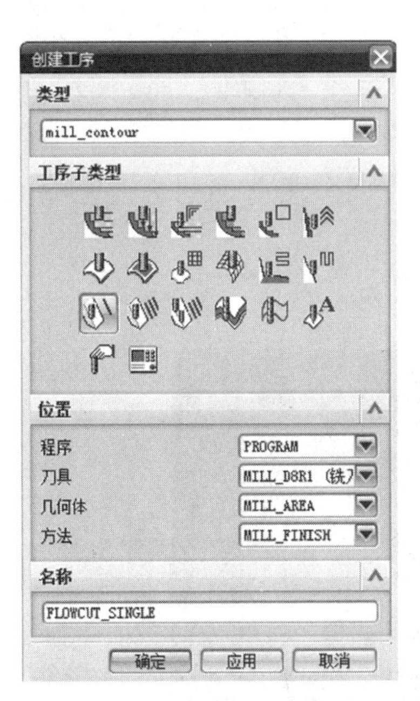

图 10-42　创建单刀路清根

图 10-43　单刀路清根操作

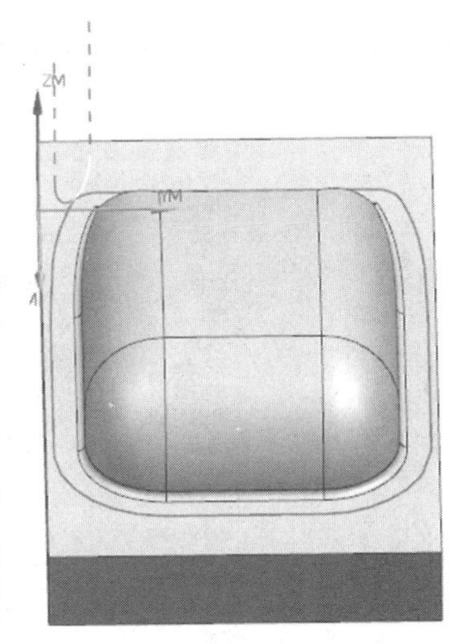

图 10-44　清根加工刀轨

六、创建底座上表面精加工操作

点击【确定】按钮，结束清根加工操作的设置，接着开始底座上表面精加工操作，如图

10-46 所示，类型选择【mill _ planar】，操作子类型选择面铣，程序父节点选择【PROGRAM】，刀具选择【MILL_D8R1】，几何体父节点选择【WORKPIECE】，方法选择【MILL _FINISH】，点击【应用】进入面铣操作对话框，如图 10-47 所示，在几何体选项卡中点击指定切削区域按钮，选择底座上表面，如图 10-48 所示。刀轨设置选项卡中，平面直径百分比设为 30，毛坯距离设为 3mm，每刀深度 3mm，点击生成刀轨按钮，生成刀轨如图 10-49 所示。图 10-50 是精加工刀轨确认，图 10-51 是所有操作在导航器中的排列。

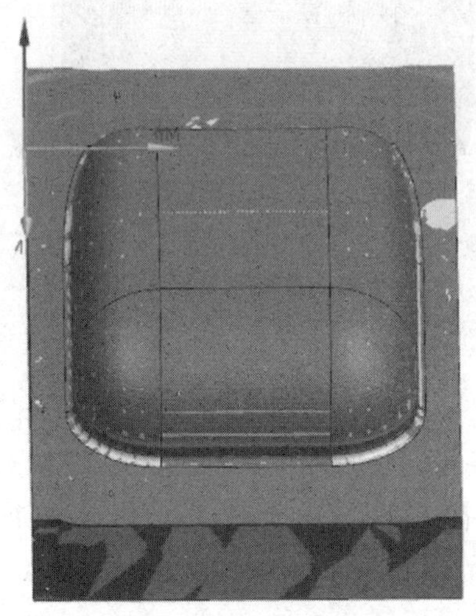

图 10-45　精加工及清根加工

图 10-46　创建面铣精加工

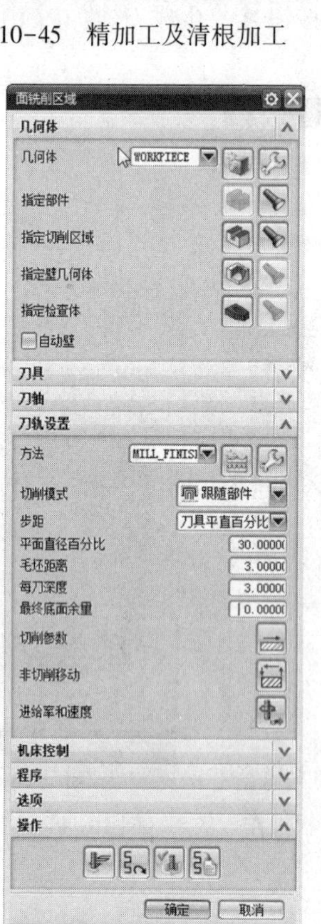

图 10-47　【面铣削区域】操作对话框

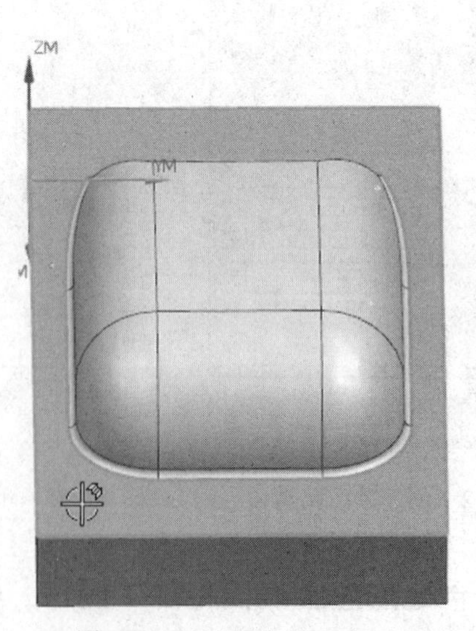

图 10-48　选择底座上表面

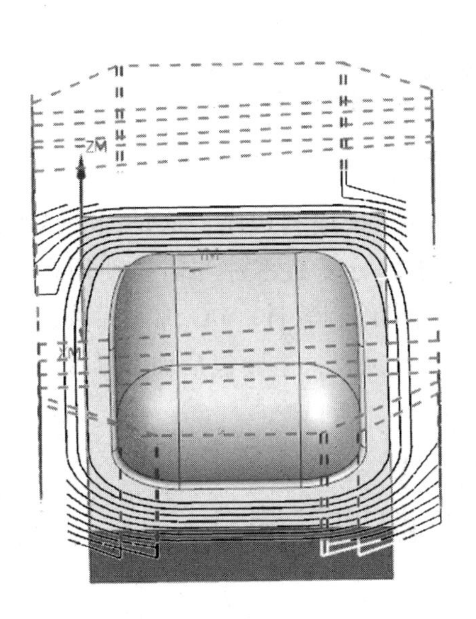

图 10-49　面铣削精加工刀轨

图 10-50　精加工刀轨确认

图 10-51　所有操作在导航器中的排列

第十一章　UG 车削加工

数控车削的零件在实际生产中有很多使用手工来编制程序，这是因为这些零件大多形状简单，使用手工编程完全可以胜任。但对于部分复杂零件和需要使用车铣复合加工中心来使用的零件，其程序的编制则应当使用自动编程软件。UG 加工模块的数控车削编程功能非常强大，本章将简单介绍 UG 车削的自动编程，主要包括轴类零件的内、外圆表面车削加工。

第一节　UG 车削加工简介

UG 的车削加工(turning)模块包括很多的操作子类型，如图 11-1 所示。第一行是钻削加工，本章不介绍。是指端面车削(FACING)，是指外圆表面粗加工(ROUGH_TURN_OD)，是指反向外圆表面粗加工(ROUGH_BACK_TURN)，是指内圆表面粗镗(ROUGH_BORE_ID)，是指内圆表面反向粗镗(ROUGH_BACK_BORE)，是指外圆表面精加工(FINISH_TURN_OD)，是指内圆表面精镗(FINISH_BORE_ID)，是指内圆表面反向精镗(FINISH_BACK_BORE)，是指切外圆槽(GROOVE_OD)，是指切内圆槽(GROOVE_ID)，是指端面切槽(GROOVE_FACE)，是指加工内螺纹(THREAD_OD)，是指加工内螺纹(THREAD_ID)，是指切断(PART-OFF)。

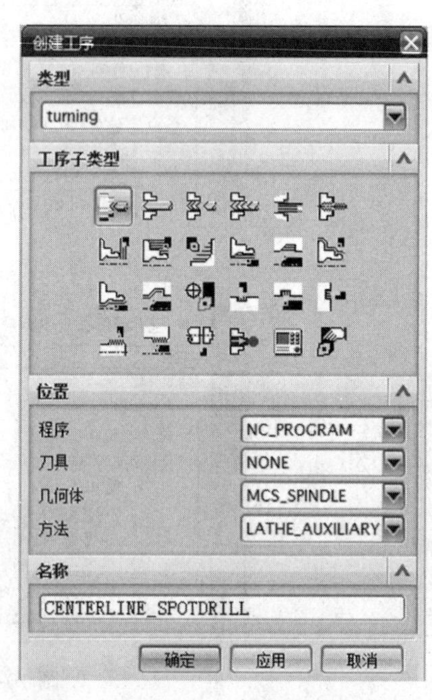

图 11-1　车削加工操作子类型

UG 车削加工数控编程的基本思路和铣削是相同的，但在具体操作上有些区别。本节重点讲述 UG 车削加工和铣削加工编程的不同之处。为了便于边学边练习，读者可自行创建一个轴类零件 CAD 模型，然后进入 UG 车削加工自动编程模块。创建 CAD 模型的过程中需要注意，轴类零件的中心轴线应该和 UG 坐标系的 X 轴平行。

一、创建车削刀具

车削用刀具和铣削有很大区别。点击创建刀具按钮，刀具类型选择【turning】，如图 11-2 所示，主要包括钻头、左偏外圆车刀、右偏外圆车刀、左偏内圆车刀、右偏内圆车刀、切槽刀、挑扣刀及成型车刀等。刀具子类型选中外圆车刀，再点击【应用】，弹出车刀定义对话框，如图 11-3 所示。刀具选项卡中可以定义车刀刀片的形状及尺寸。在镶块选项卡中可以定义 ISO 刀片形状，包括平行四边形、菱形、六角形、矩形、八边形、五边形等，根据实际车削使用的刀片进行选择。刀片位置可以定义刀具是出于顶侧还是底侧。参照图例选项卡的图片，在尺寸选项卡中可以定义刀片的尺寸，主要有刀尖半径和副偏角(OA)。在夹持器选项卡中可以定义刀柄，选中【使用车刀夹持器】复选框，可以定义刀柄的样式、尺寸等，如图 11-4 所示。使用缺省参数定义的车刀如图 11-5 所示。其余刀具的创建过程与此类似，不再赘述。

图 11-2　创建车削刀具

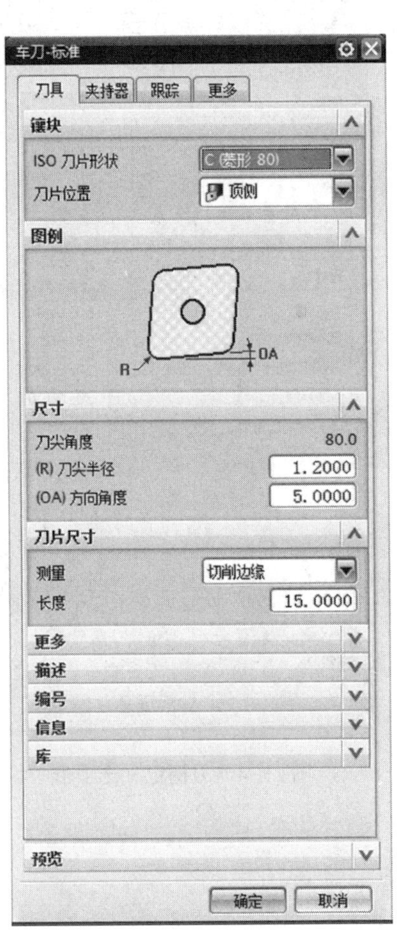

图 11-3　创建车刀

二、创建几何

如图 11-6 所示，车削工序导航器的几何视图中缺省的几何有根节点 MCS_SPINDLE、WORKPIECE、TURNING_WORKPIECE。MCS_SPINDLE 是车削加工的工件坐标系，应当和工件在机床上的工件坐标系保持一致。在导航器中右键点击【MCS_SPINDLE】，选择【编辑】，弹出如图 11-7 所示对话框，点击 CSYS 对话框按钮，弹出如图 11-8 所示坐标系定义对话框。此时可以用多种方式定义工件坐标系，如图 11-9 所示，通过点击工件右端面圆心，工件坐标系从工件左端面移到了右端面。车削加工的工件坐标系的 Z 轴一般和车床主轴中心线平行，指向尾座方向，X 轴垂直于 Z 轴，平行于刀架运动平面，指向远离工件方向。在 UG 中，认为数控机床的刀架出于车床背面，因此图 11-9 所示为站在车床前方看到的坐标轴排布方式。

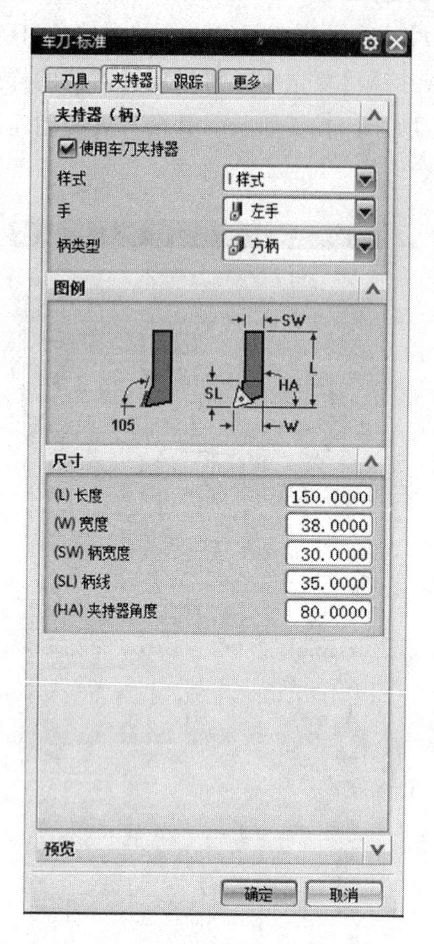

图 11-4　刀柄定义选项卡

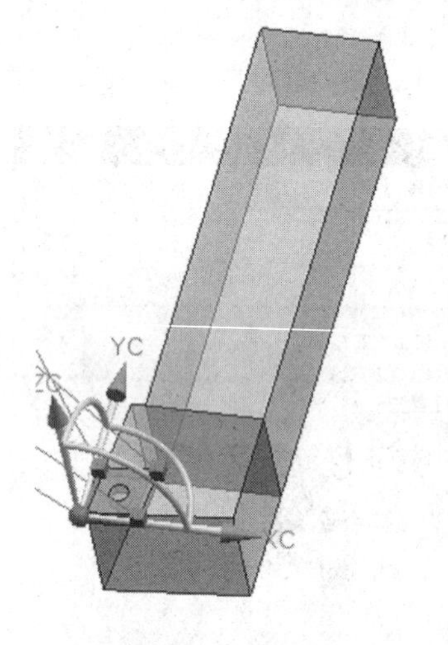

图 11-5　车刀模型

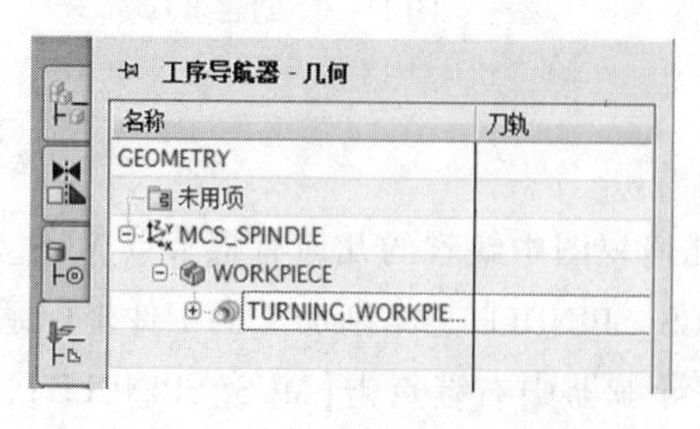

图 11-6　车削工序导航器的几何视图

图 11-7　车削工件坐标系对话框

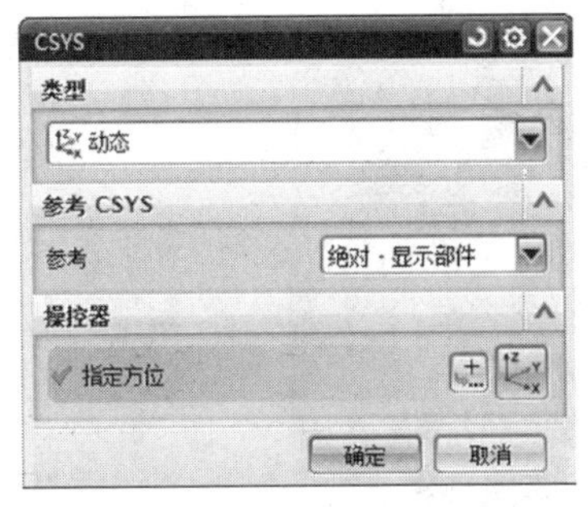

图 11-8　坐标系定义对话框

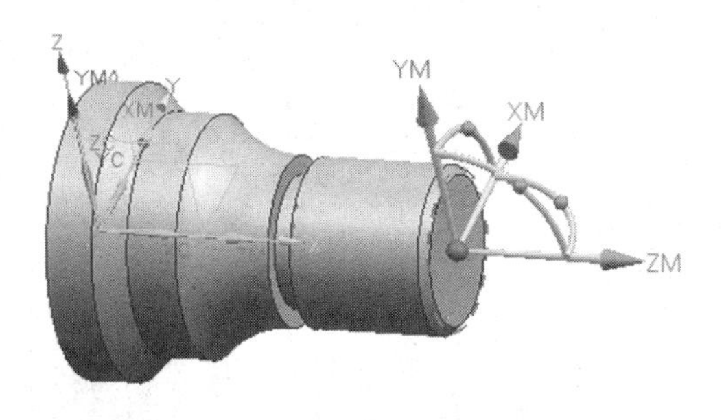

图 11-9　移动工件坐标系

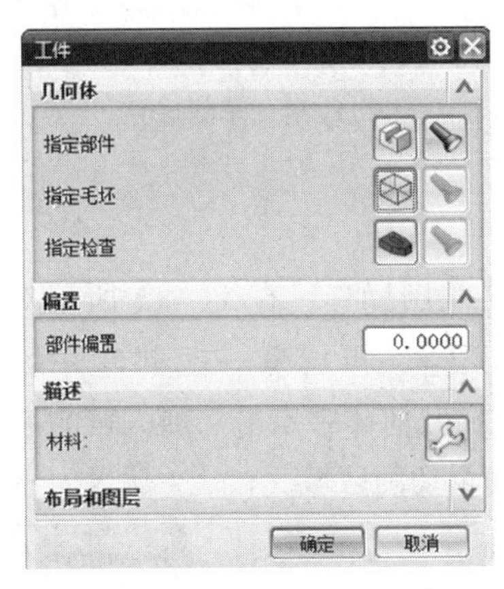

图 11-10　工件几何定义对话框

定义好工件坐标系后，在图 11-8 所示对话框上点击【确定】按钮，回到图 11-7 所示对话框，再点击【确定】按钮，结束工件坐标系的编辑。

在导航器中右键点击【WORKPIECE】，选择【编辑】，弹出部件选择对话框，如图 11-10 所示，在该对话框中点击指定部件按钮，选择需要车削的工件，然后点击指定毛坯按钮，选择毛坯的 CAD 模型，如图 11-11 所示。此时右键点击【TURNING_WORKPIECE】，选择编辑，车削用的部件边界和毛坯边界已经自动生成，如图 11-12 所示。因为车削加工本质上是一种二维加工，其部件边界和毛坯边界其实就是部件和毛坯轴向截面的一半，将部件边界和毛坯边界绕中心线旋转 360°可以获得部件和毛坯。点击【确定】结束车削边界的设定。

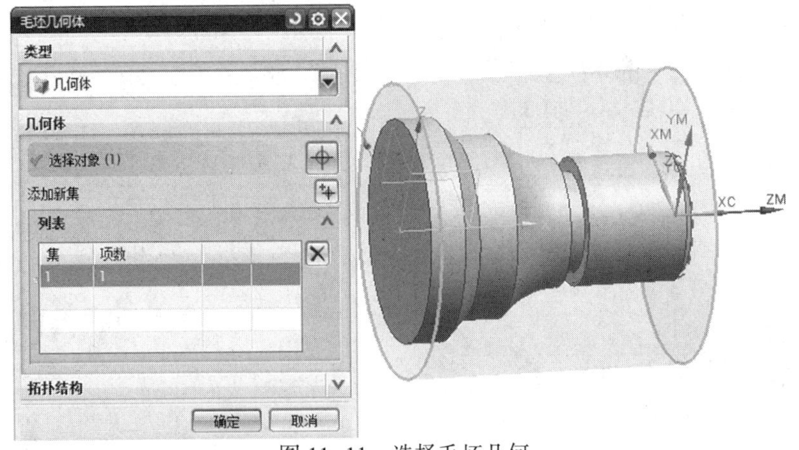

图 11-11　选择毛坯几何

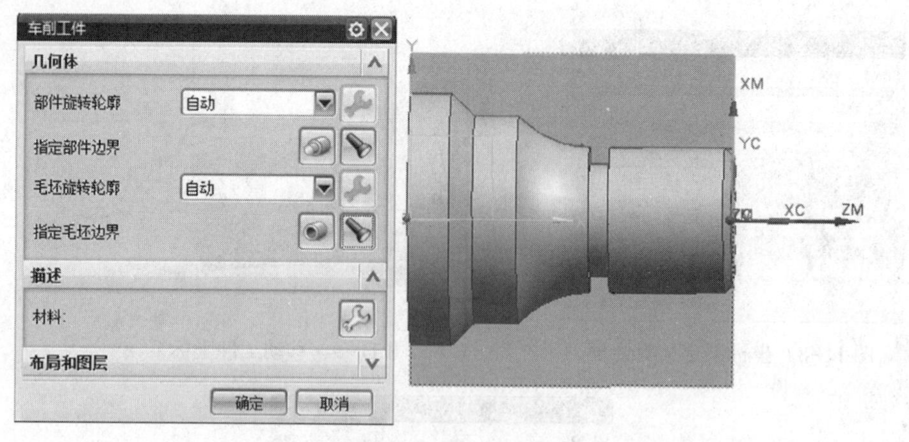

图 11-12　车削边界

三、创建车削操作

点击创建操作按钮，创建车削操作，在 11-13 所示对话框中，选择类型【turning】，工序子类型选择外圆表面粗加工，再选择一把创建好的刀具，点击【应用】，进入如图 11-14 所示粗车 OD 对话框。在几何体中点击切削区域的编辑按钮，弹出切削区域编辑对话框如图 11-15 所示，可以编辑切削区域。

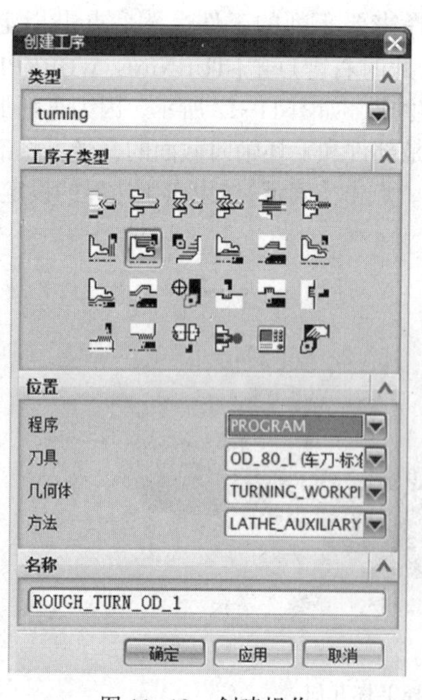

图 11-13　创建操作

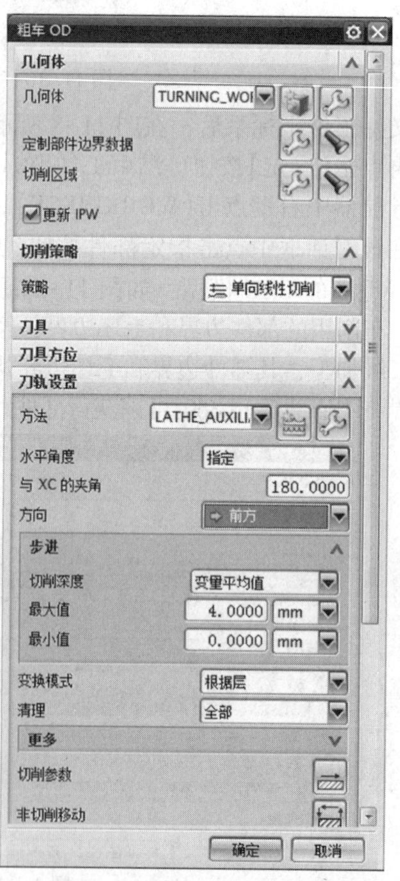

图 11-14　【粗车 OD】对话框

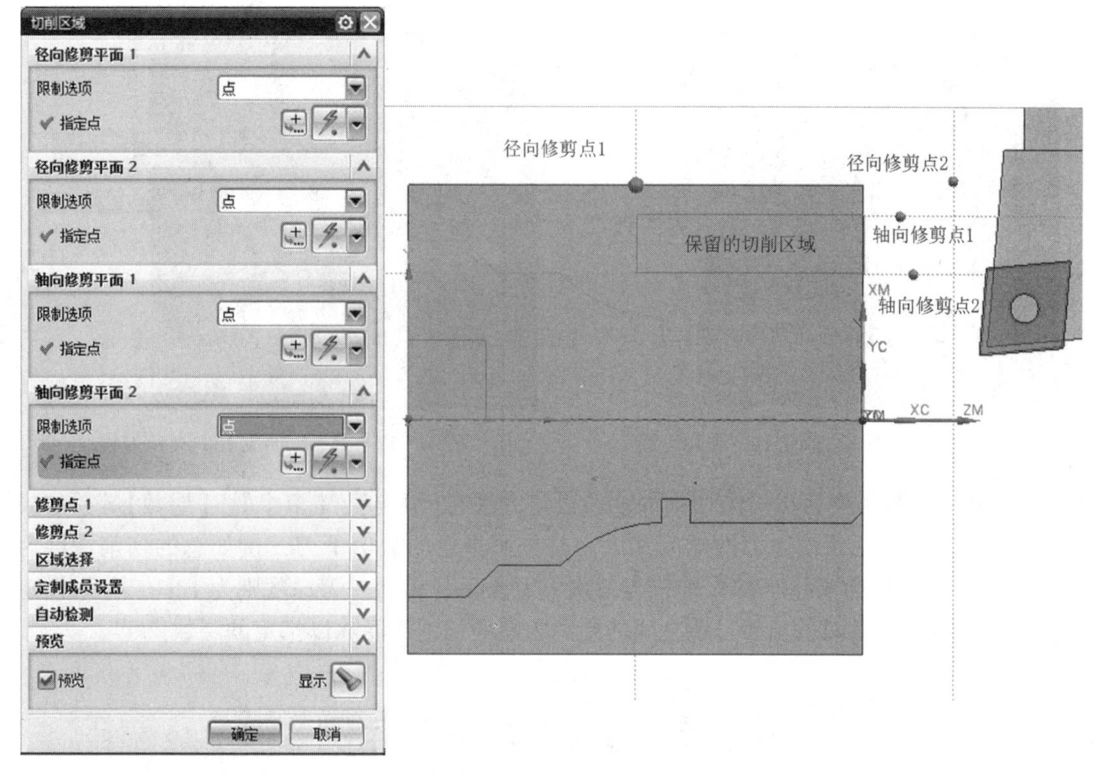

图 11-15　切削区域编辑

在径向修剪平面 1、2 和轴向修剪平面 1、2 选项卡的限制选项下拉列表框中都选择【点】方式，分别指定 4 个点，如图 11-15 所示，在径向上通过径向修剪点 1、2 分别生成两条垂直于 Z 轴的直线，在轴向上通过轴向修剪点 1、2 分别生成两条平行于 Z 轴的直线，只有这 4 条直线之间的区域被切削。

切削区域编辑只在必要的时候才进行，通常情况下使用缺省设置，UG 系统根据毛坯边界和部件边界在整个区域内进行切削。

回到图 11-14 所示粗车操作对话框，在切削策略选项卡中可以指定，包括单向线性切削、线性往复切削、倾斜单向切削等，在车床上最常用的是单向线性切削和单向轮廓切削。在外圆加工中，单向线性切削生成的刀轨基本和 Z 轴平行，单向轮廓切削生成的刀轨是和工件轮廓平行的等距线。另外，在切槽操作中一般使用单向插削，生成的刀轨垂直于 Z 轴。

刀轨设置选项卡中可以设定刀轨生成的相关参数，方法下拉列表框中的加工方法和铣削里的方法意义相同。水平角度如选择【指定】，是指切削时生成刀轨所用的水平参考，采用与 XC 轴成角度的方式来指定，缺省为 180°。方向为【前方】，意为刀具按照与 XC 轴成指定角度的方向前进。当切削模式为单向线性切削、与 XC 轴成 180°，方向为前方时生成的刀轨如图 11-16 所示，如果将夹角改为与 XC 轴成 150°，生成的刀轨如图 11-17 所示。还可以通过指定矢量的方式来指定水平参考，在水平角度后的下拉列表框中选择【矢量】，可以通过构建矢量的方式指定水平参考。

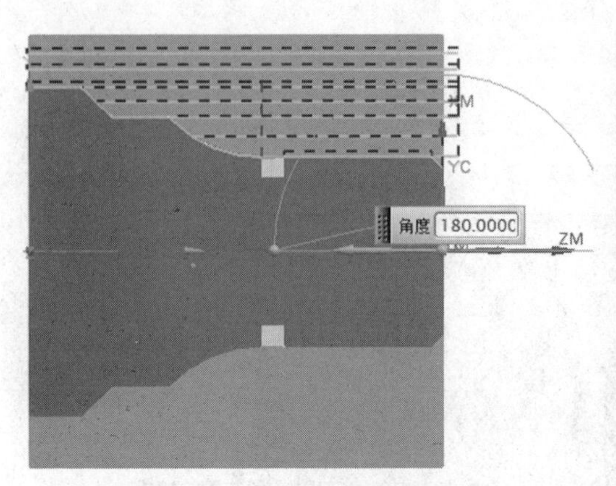

图 11-16　与 XC 轴成 180°夹角刀轨

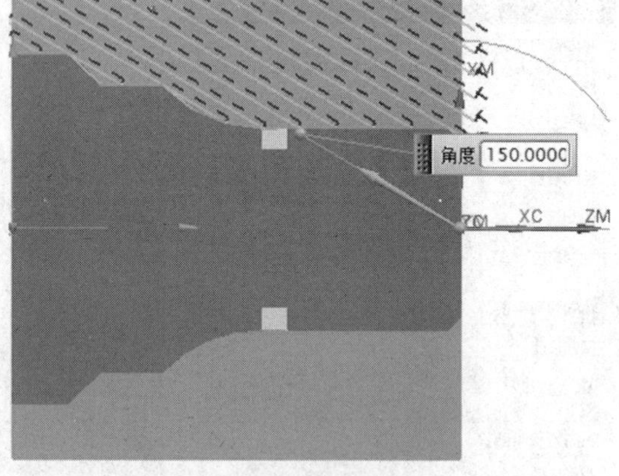

图 11-17　与 XC 轴成 150°夹角刀轨

在步进子选项卡中可以设定切削深度，设定方法有【恒定】、【多个】、【层数】等，如果设定为【恒定】，那么每次下刀的切削深度都是按照指定的数值下刀，例如总的切削深度为 13mm，下刀深度设为 4mm，那么前三刀每次下刀 4mm，最后一刀深度则为 1mm。如果设定方法为【层数】，那么两条相邻刀轨之间的距离为总的切削深度除以指定的层数。

第二节　UG 车削加工范例

前面粗略介绍了创建 UG 车削加工过程中和 UG 铣削不同的一些特点，本节将通过一个包含内外圆表面的轴类零件的编程过程，示范 UG 车削加工模块的使用。

首先准备零件和毛坯的 CAD 模型。如图 11-18 所示，要用外径 100mm、内径 55mm 的套管中加工一个零件，该套管比较长，加工完后将零件从管子上切断。零件尺寸如图 11-19 所示。

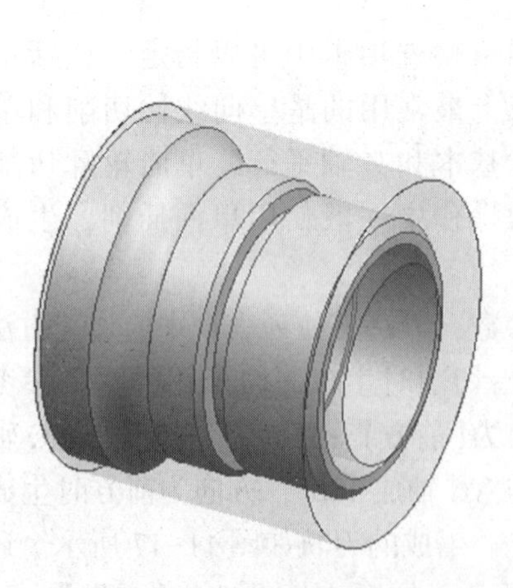

图 11-18　零件及毛坯 CAD 模型

图 11-19　零件尺寸图

为加工该零件，先加工外圆面和右端面，使用一把外圆车刀；加工内圆面，使用一把左偏内孔车刀和一把左偏反向内孔车刀；再使用一把刀宽为 3mm 的切槽刀切槽。

一、加工准备

进入加工模块，选择【turning】，程序顺序及加工方法不变，首先创建刀具，点击创建刀具按钮，弹出如图 11-20 所示对话框，刀具子类型选择外圆车刀【OD_80_L】，点击【应用】，进入刀具创建对话框，在夹持器选项卡中选中【使用车刀夹持器】，其余参数使用缺省值。点击【确定】按钮回到图 11-20 所示对话框。接着创建下一把刀具，刀具子类型选择内孔车刀【ID_55_L】，点击【应用】按钮进入车刀创建对话框，在夹持器选项卡中将刀柄参数改为如图 11-21 所示。这是因为缺省的刀柄参数值太大，加工本例的内孔会产生干涉，其余参数使用缺省，点击【确定】按钮回到图 11-20 对话框，接着创建反向内孔车刀(BACKBORE_55_L)，点击【应用】，进入车刀创建对话框，修改刀柄参数如图 11-21 所示。在图 11-21 中单击【确定】，结束反向内孔车刀的创建。接着创建切槽刀【OD_GROOVE_L】，点击【应用】按钮，进入槽刀创建对话框，设置切槽刀宽度为 3mm，如图 11-22 所示，刀片参数及刀杆尺寸都使用缺省参数，点击【确定】按钮，再回到图 11-20 对话框，点击【取消】按钮，结束刀具的创建。工序导航器中机床视图如图 11-23 所示。

接着创建几何，点击几何视图按钮，进入工序导航器的几何视图，右键点击【WORKPIECE】选择【编辑】，指定部件为要加工的零件，套管为毛坯，如图 11-24 所示。

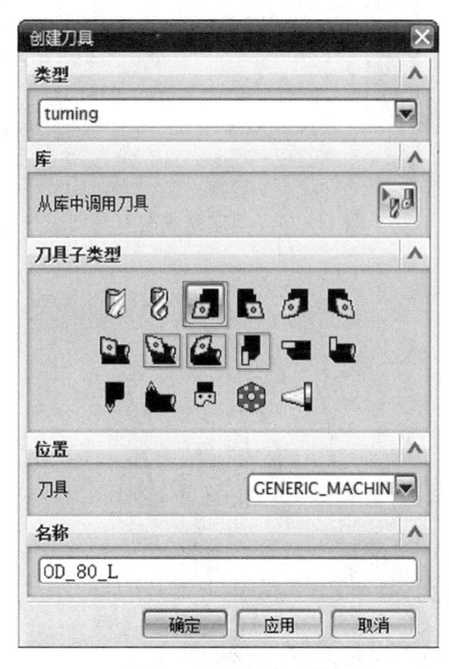

图 11-20　创建刀具

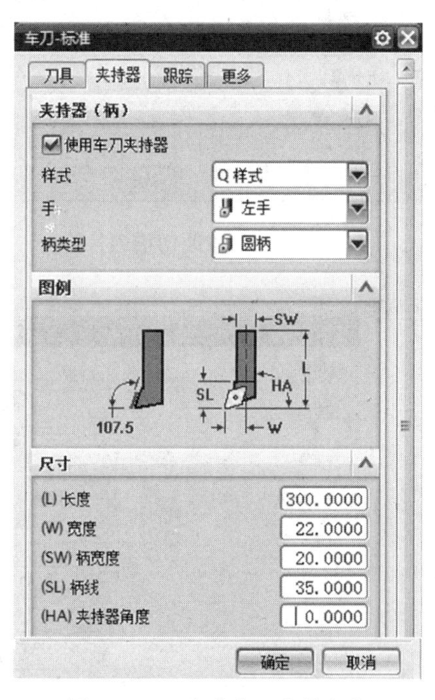

图 11-21　内孔车刀参数定义

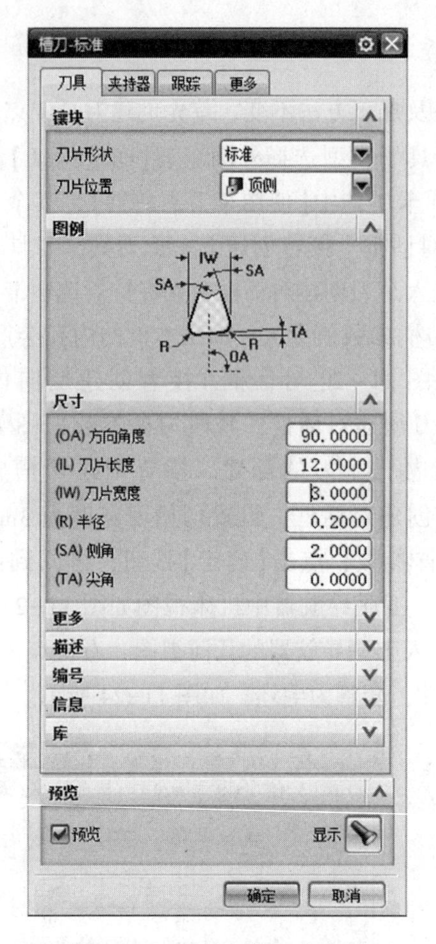

图 11-22　修改切槽刀片宽度

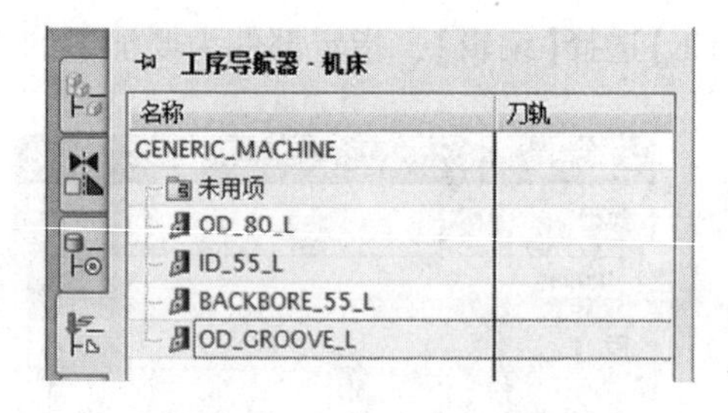

图 11-23　创建完成的刀具列表

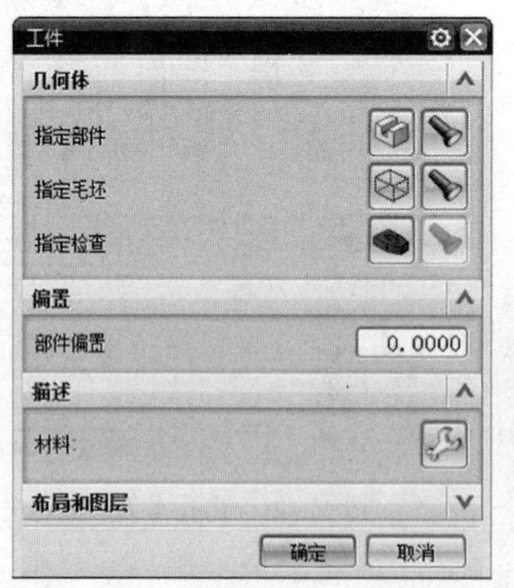

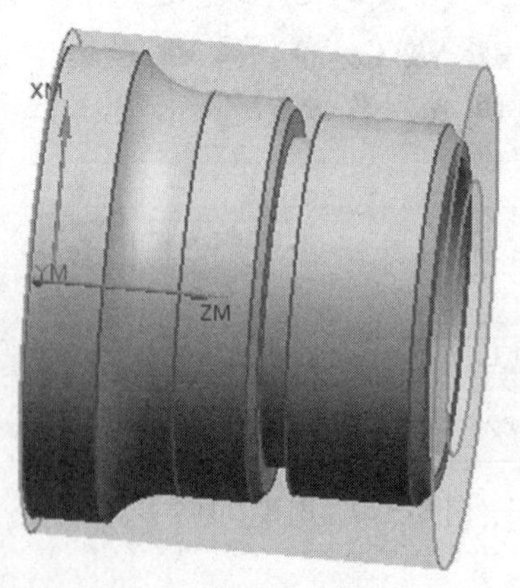

图 11-24　指定部件和毛坯

点击图 11-24 所示对话框中的【确定】按钮，回到工序导航器的几何视图，左键点击【TURNING_WORKPIECE】，此时车削边界会自动生成，如图 11-25、图 11-26 所示。

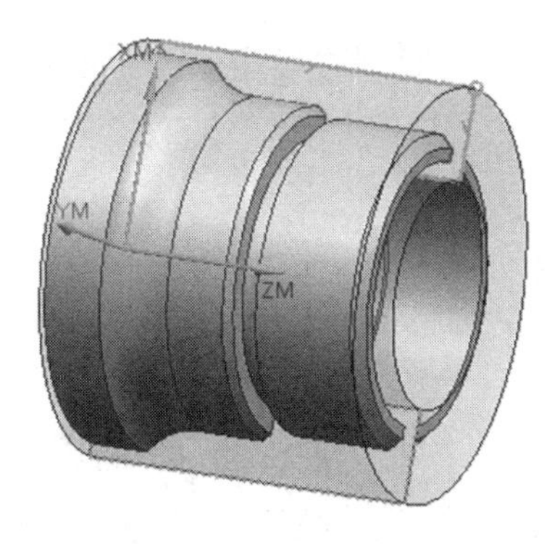

图 11-25　由部件和毛坯生成的车削边界

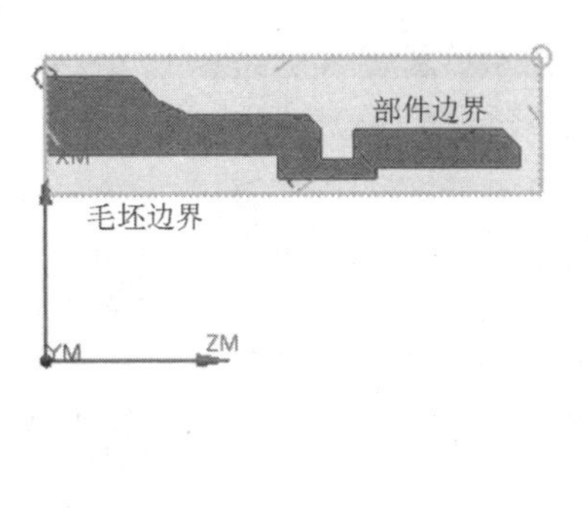

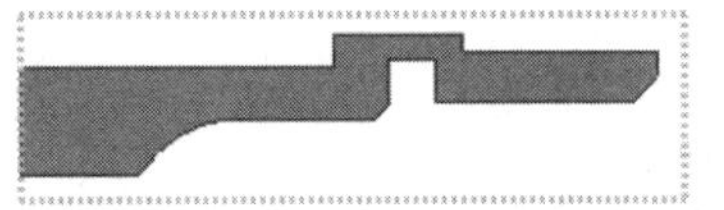

图 11-26　毛坯边界和部件边界

二、创建外圆面、内圆面粗加工

点击创建操作按钮，创建操作如图 11-27 所示，操作类型选择【turning】，操作子类型选择外圆表面粗加工，程序父节点选择【PROGRAM】，刀具选择【OD_80_L】，几何体父节点选择【TURNING_WORKPIECE】，加工方法父节点选择【LATHE_ROUGH】。点击【应用】，进入创建粗车操作对话框，如图 11-28 所示，点击非切削移动按钮，弹出非切削移动对话框。进入逼近选项卡，指定出发点和起点如图 11-29 所示。

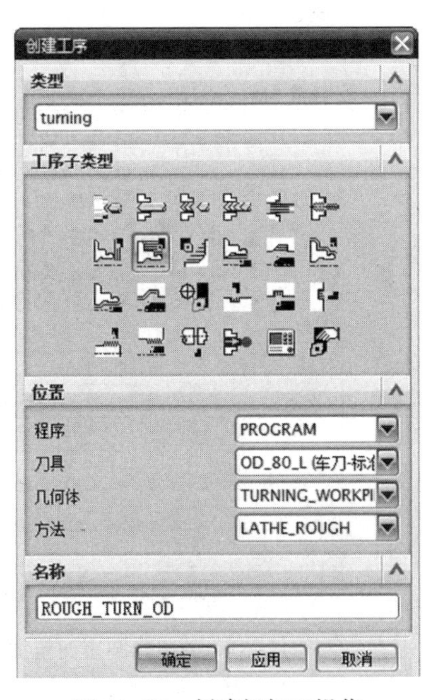

图 11-27　创建粗加工操作

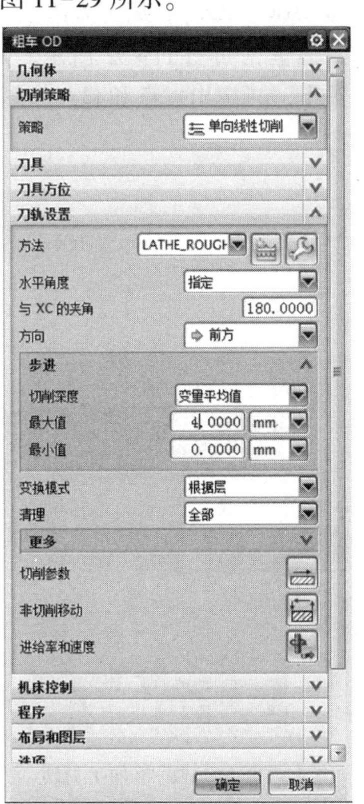

图 11-28　创建粗车操作对话框

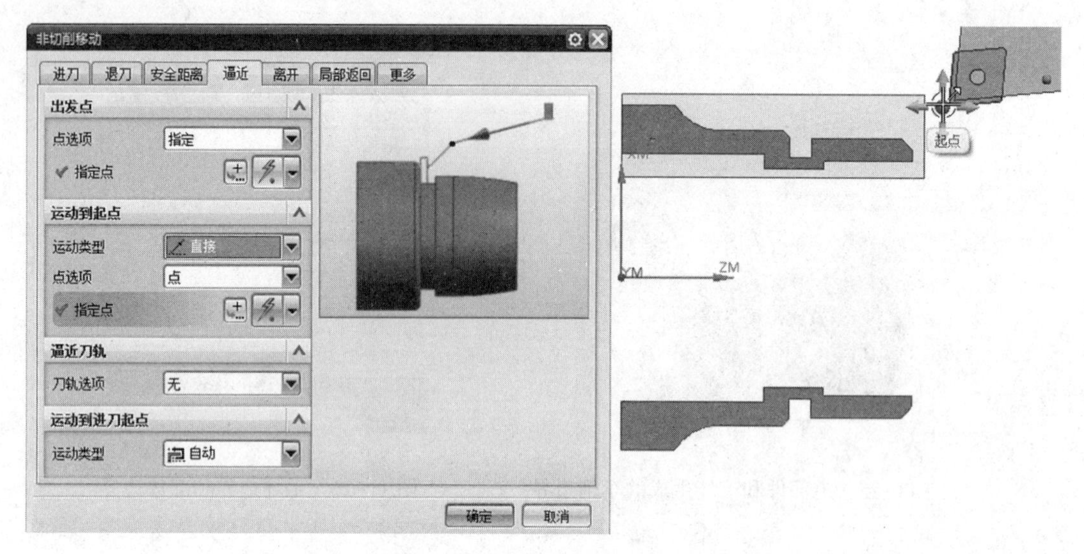

图 11-29　指定出发点和起点

点击【确定】按钮，回到 11-28 所示对话框，其余参数使用缺省，点击生成刀轨按钮，生成粗加工刀轨如图 11-30 所示。

点击图 11-28 所示对话框的【确定】按钮，结束外圆面粗加工刀轨的生成，回到图 11-27 所示对话框。接下来创建内圆面粗加工操作。如图 11-31 所示，操作子类型选择内圆表面粗加工，程序父节点选择【PROGRAM】，刀具选择【ID_55_L】，几何体父节点选择【TURNING_WORKPIECE】，加工方法父节点选择【LATHE_ROUGH】。点击【应用】，进入创建粗镗操作对话框，如图 11-32 所示，点击非切削移动按钮，弹出非切削移动对话框。进入逼近选项卡，指定出发点和起点如图 11-33 所示。

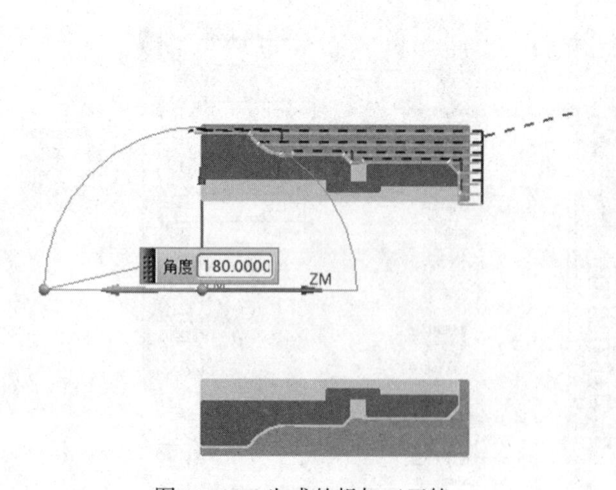

图 11-30　生成的粗加工刀轨

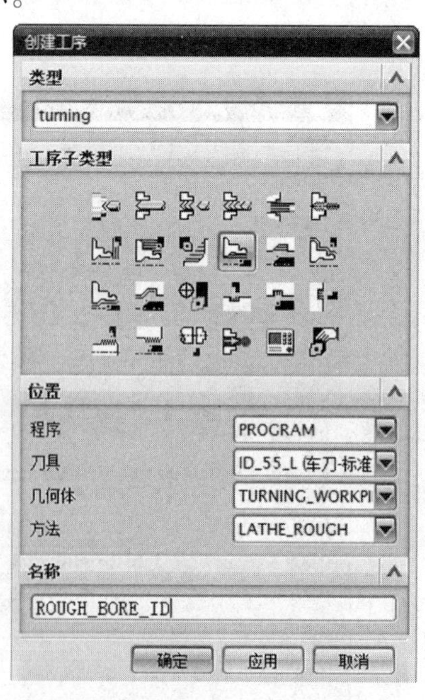

图 11-31　创建内圆表面粗加工

图 11-32　内圆表面粗加工

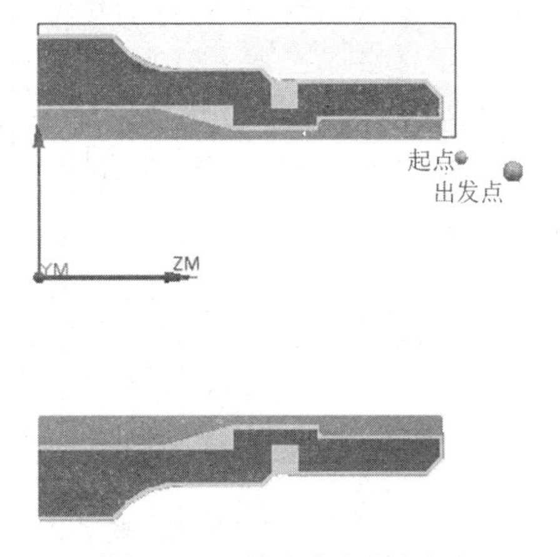

图 11-33　指定出发点和起点

在图 11-32 所示对话框中点击生成刀轨按钮，生成内圆粗加工刀轨如图 11-34 所示。由图中可以看出，正向粗加工有一部分材料没有加工到，需要接着创建内圆面反向粗加工操作。

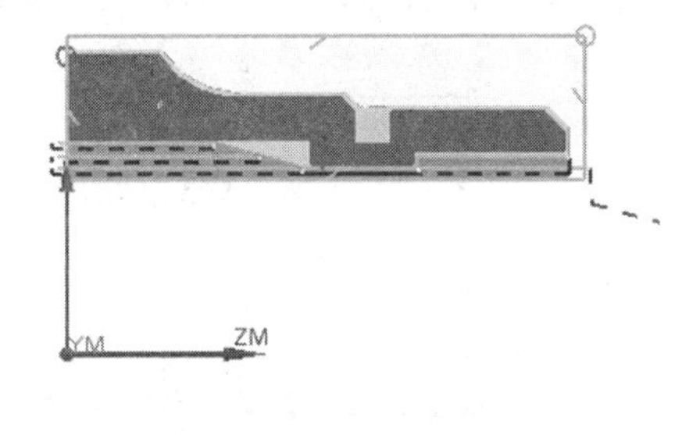

图 11-34　内圆面粗加工刀轨

点击图 11-32 所示对话框的【确定】按钮，结束内圆表面粗加工刀轨的生成，回到图 11-31 所示对话框。接下来创建内圆面反向粗加工操作，如图 11-35 所示，操作子类型选择内圆表面反向粗加工，程序父节点选择【PROGRAM】，刀具选择【BACKBORE_55_L】，几何体父节点选择【TURNING_WORKPIECE】，加工方法父节点选择【LATHE_ROUGH】。点击【应用】，进入创建粗镗操作对话框，如图 11-36 所示，点击非切削移动按钮，弹出非切削移动对话框。进入逼近选项卡，指定出发点和起点如图 11-37 所示。

在图 11-36 所示对话框中点击生成刀轨按钮，生成内圆表面粗加工刀轨如图 11-38 所示。

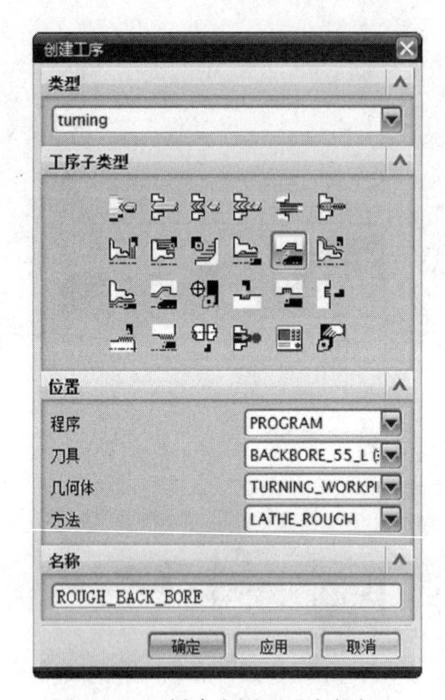

图 11-35　创建内圆面反向粗加工

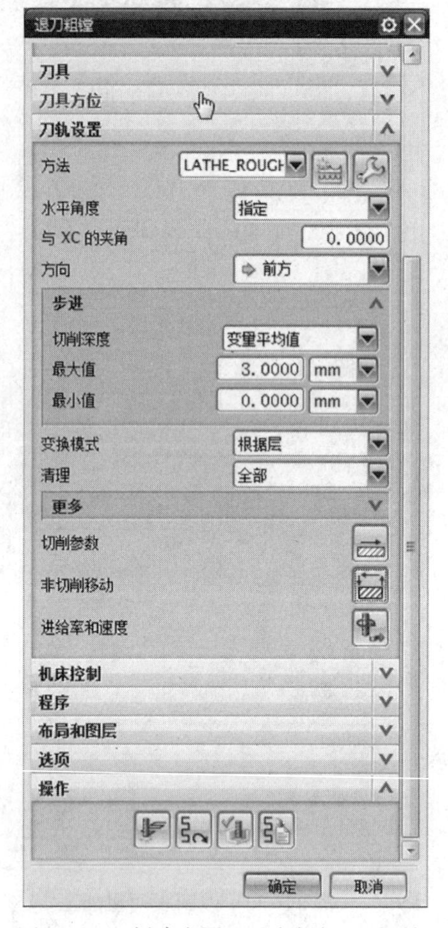

图 11-36　创建内圆面反向粗加工对话框

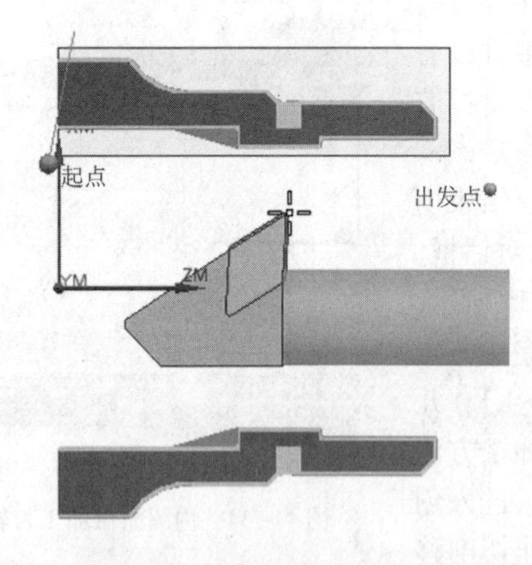

图 11-37　设定起点和出发点

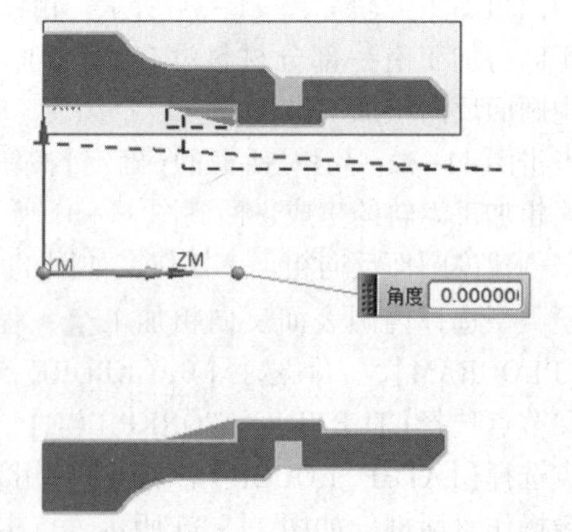

图 11-38　反向粗镗刀轨

三、创建内、外圆表面精加工操作

在如图 11-39 所示对话框，操作子类型选择内圆表面精加工，程序父节点选择【PRO-

GRAM】，刀具选择【ID_55_L】，几何体父节点选择【TURNING_WORKPIECE】，加工方法父节点选择【LATHE_FINISH】。点击【应用】，进入创建精镗操作对话框，如图 11-40 所示，点击非切削移动按钮，弹出非切削移动对话框。进入逼近选项卡，指定出发点和起点如图 11-33 所示。在图 11-40 所示对话框中点击生成刀轨按钮，生成内圆精加工刀轨如图 11-41 所示，点击【确定】按钮，结束内圆表面精加工操作。

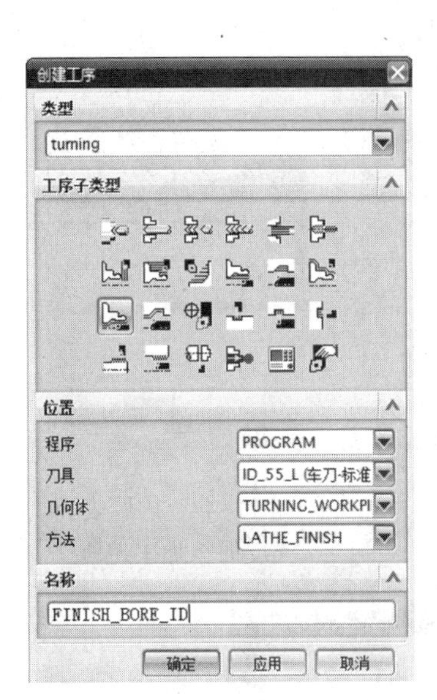

图 11-39　创建内圆面精加工操作

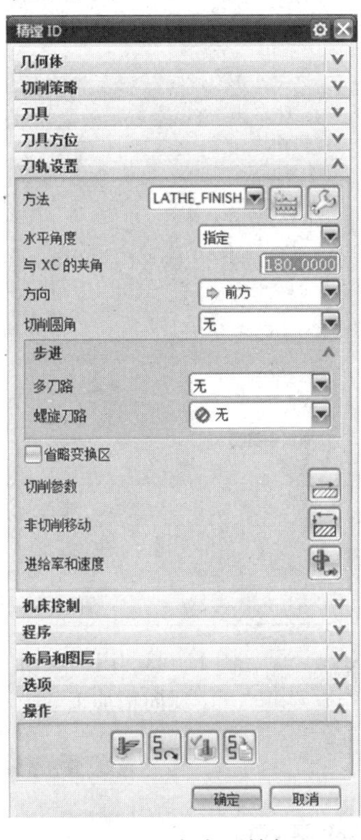

图 11-40　内表面精加工操作对话框

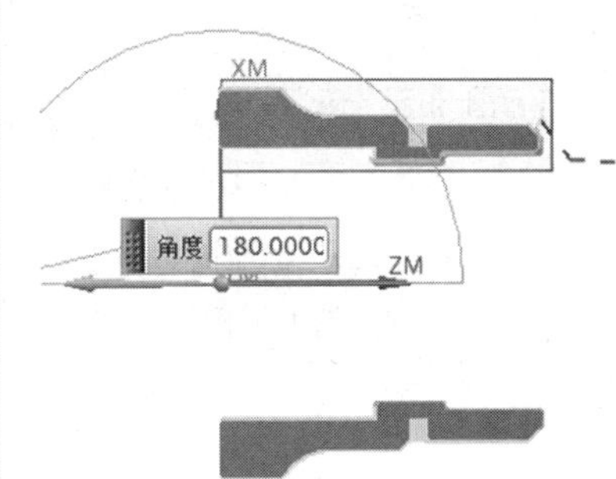

图 11-41　内表面精加工刀轨

在如图 11-42 所示对话框，操作子类型选择内圆表面反向精加工，程序父节点选择【PROGRAM】，刀具选择【BACKBORE_55_L】，几何体父节点选择【TURNING_WORKPIECE】，加工方法父节点选择【LATHE_FINISH】。点击【应用】，进入创建精镗操作对话框，如图 11-43 所示，点击非切削移动按钮，弹出非切削移动对话框。进入逼近选项卡，指定出发点和起点如图 11-37 所示。在图 11-43 所示对话框中点击生成刀轨按钮，生成内圆表面反向精加工刀轨如图 11-44 所示。

创建外圆表面精加工，在如图 11-45 所示对话框中设置工序子类型为外圆表面精加工，程序父节点选择【PROGRAM】，刀具选择【OD_80_L】，几何体父节点选择【TURNING_WORKPIECE】，加工方法父节点选择【LATHE_FINISH】。点击【应用】，进入创建精车操作对话框，如图 11-46 所示，点击非切削移动按钮，弹出非切削移动对话框。进入逼近选项卡，指定出发点和起点如图 11-29 所示。在图 11-46 所示对话框中点击生成刀轨按钮，生成内圆表面反向精加工刀轨如图 11-47 所示。

图 11-42　创建内表面反向精加工操作

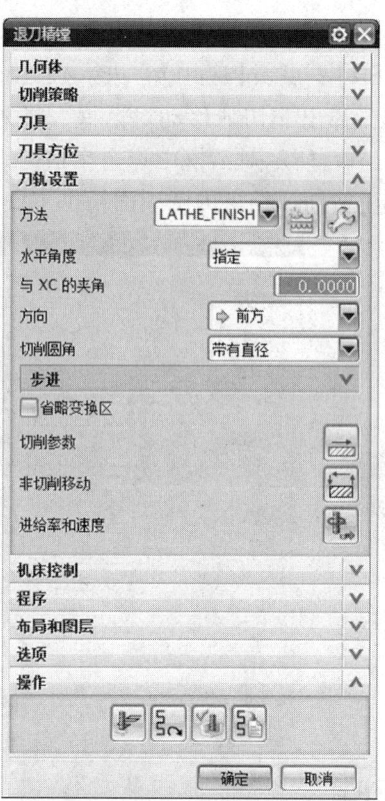

图 11-43　内圆表面反向精加工

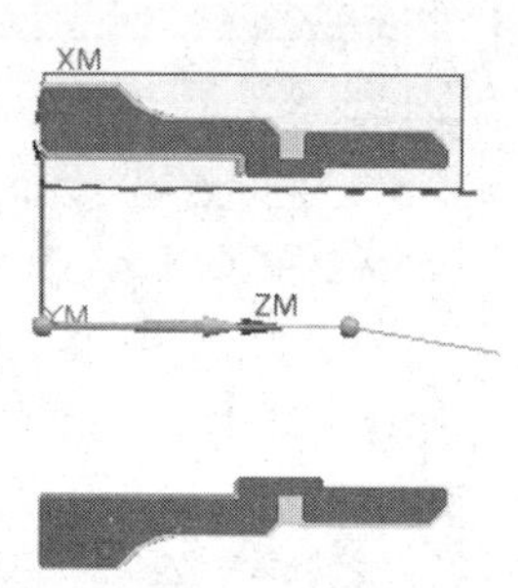

图 11-44　内圆表面反向精加工刀轨

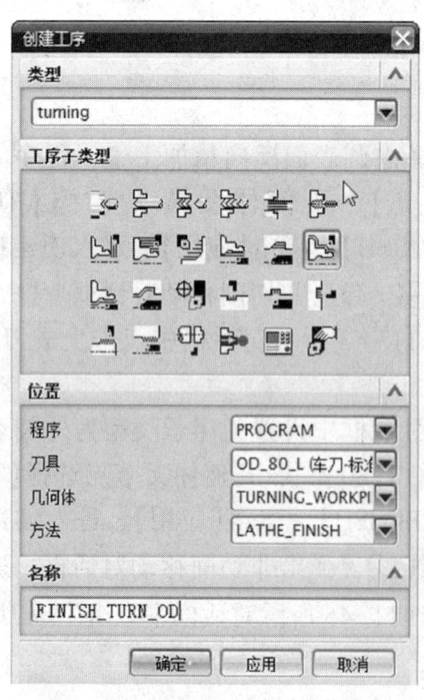

图 11-45　创建外圆面精加工

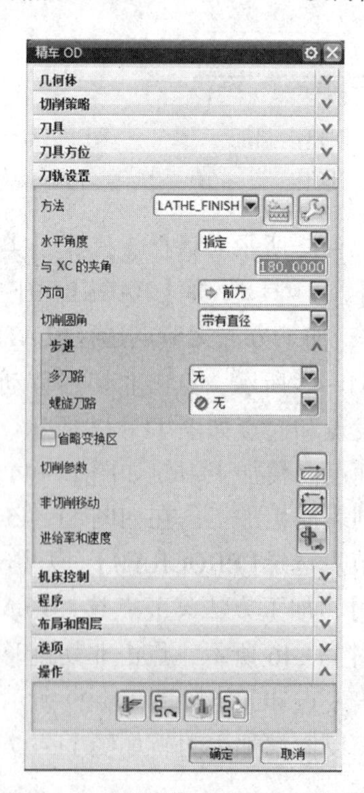

图 11-46　创建外圆面精加工操作

四、创建切槽操作

创建切槽操作，在如图 11-48 所示对话框中设置工序子类型为切外圆槽，程序父节点选择【PROGRAM】，刀具选择【OD_GROOVE_L】，几何体父节点选择【TURNING_WORKPIECE】，加工方法父节点选择【LATHE_FINISH】。点击【应用】，进入创建切槽操作对话框，如图 11-49 所示，在几何选项卡中点击编辑切削区域按钮，指定轴向修剪点 1、2，如图 11-50 所示。

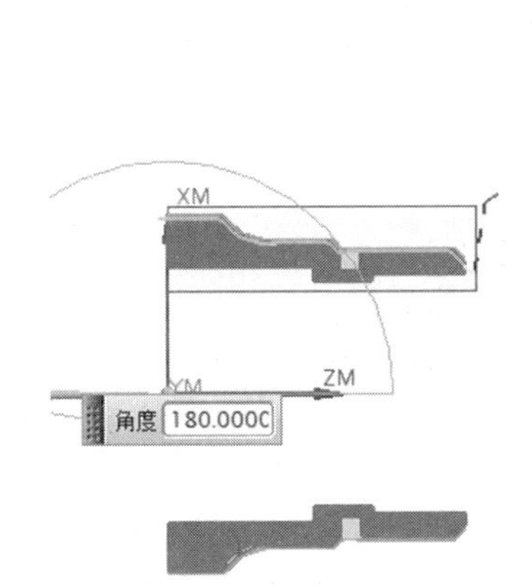

图 11-47　外圆表面精加工刀轨

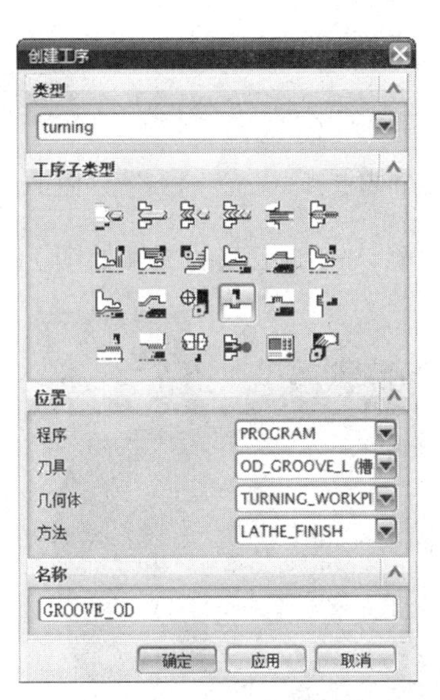

图 11-48　创建切槽操作

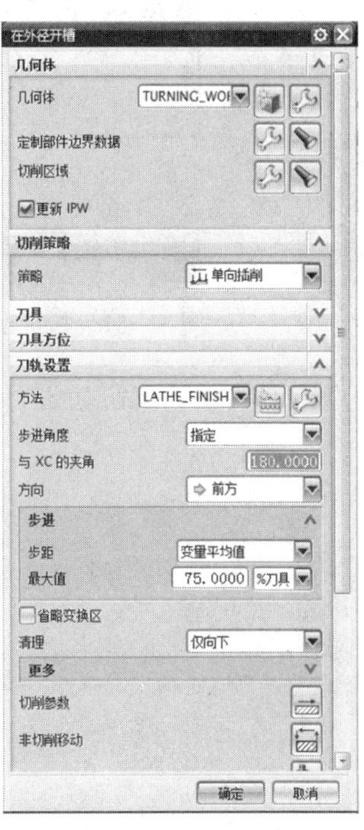

图 11-49　创建切槽操作

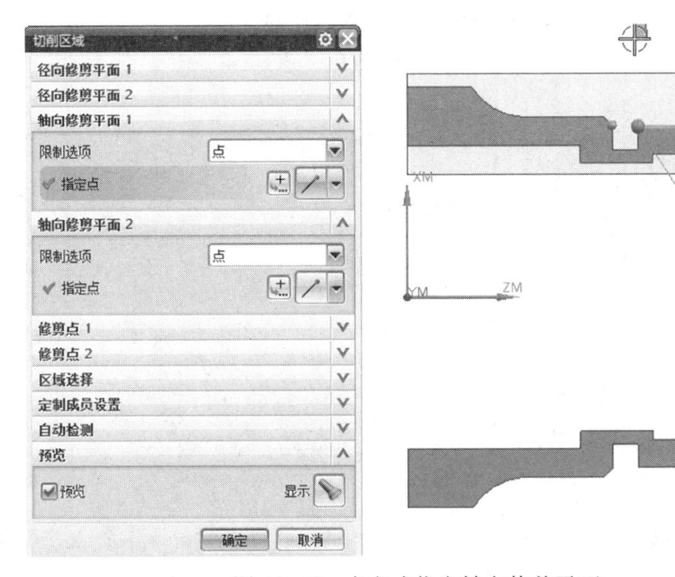

图 11-50　点方式指定轴向修剪平面

在图 11-49 所示对话框中点击非切削移动按钮，弹出非切削移动对话框。进入逼近选项卡，指定出发点和起点如图 11-51 所示。在图 11-49 所示对话框中点击生成刀轨按钮，生成切槽刀轨如图 11-52 所示。

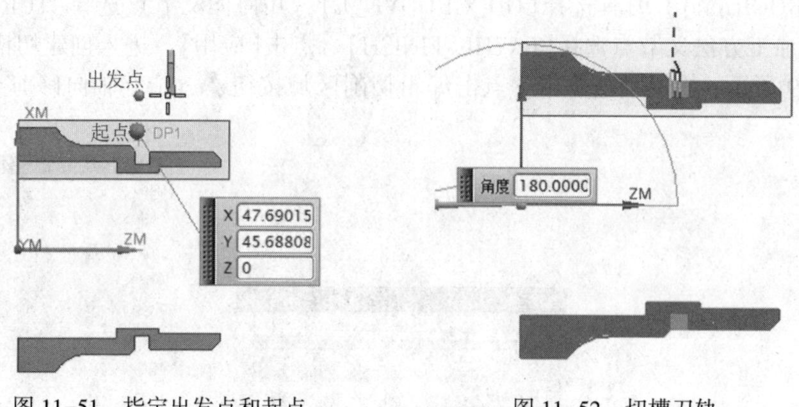

图 11-51　指定出发点和起点　　　　图 11-52　切槽刀轨

点击刀轨确认按钮进行刀轨确认，加工完的部件如图 11-53 所示。

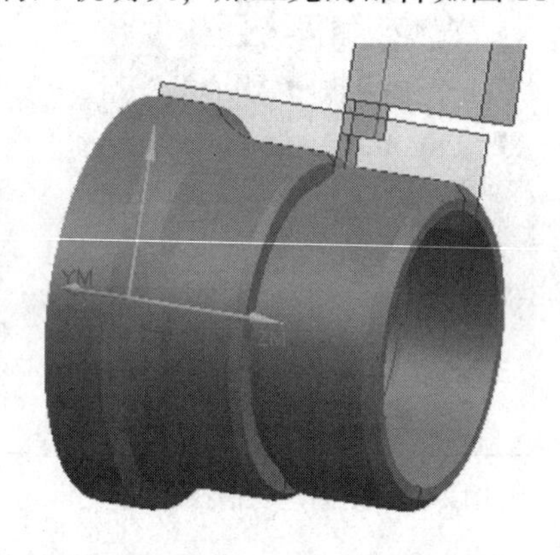

图 11-53　刀轨确认

第十二章　UG 后处理与仿真加工

使用 UG CAM 模块生成的刀轨并不能直接驱动机床进行加工，在 UG CAM 模块与机床之间有后处理作为桥梁联系起来。使用 UG 后处理将刀轨处理为数控加工程序，再将数控程序输入机床才可以开始加工。

UG NX 8.0 提供了后处理构造器，可用于构造针对具体机床的后处理器。关于后处理构造器的使用本书不做详细介绍，本书例子所涉及的后处理器可向邮箱（jgmetalwork@126.com）索取。这两个后处理器为 simense802c_lathe 和 simense802c_mill，分别针对西门子 802C/802Se 车床和 802C/802Se 铣床，对应于南京斯沃数控仿真软件的 SINUMERIK 802C/802SE T 和 802C/802Se M。每个后处理器包含 3 个文件，其后缀分别为 pui、def 和 tcl。使用前应当把这两个后处理器总共 6 个文件拷贝到 UG NX 8.0 的基本安装目录里的 MACH \ resource \ postprocessor 文件夹。例如在作者的机器上，这 6 个文件存储在 C：\ UGS \ NX8 \ MACH \ resource \ postprocessor 目录下。

第一节　西门子 802C 数控铣床仿真加工

数控铣床的仿真加工以第八章花形凹模加工为例进行说明。首先打开花形凹模的 UG 文件，进入加工模块，已经创建好的操作如图 12-1 所示。这个零件是在 100mm×100mm×30mm 的块料上加工内凹花形。采用了两把平底铣刀，直径都是 25mm。创建刀轨时没有为刀具指定编号，也没有指定主轴转速，因此需要先完成这两项工作。另外，为方便对刀，还将工件坐标系原点移到了工件顶面的左上角点，如图 12-1 所示。

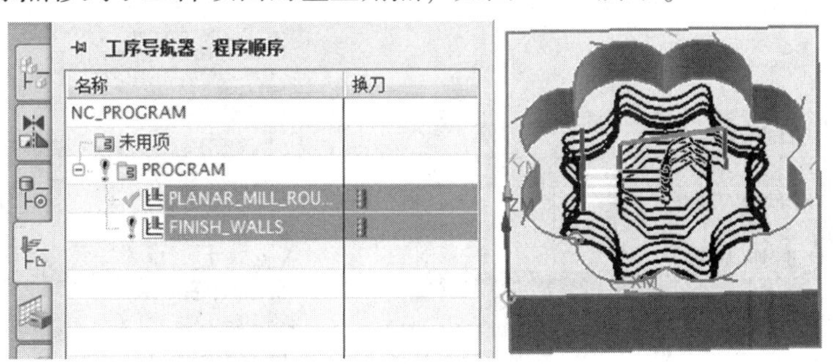

图 12-1　已创建好的刀轨

点击进入工序导航器机床视图，右键点击粗加工刀具【MILL_D25】，选择【编辑】，进入如图 12-2 所示刀具参数对话框。设定粗加工刀具【MILL_D25】的刀具号为 1。用同样的方法设定精加工刀具【MILL_D25_JING】的刀具号为 2。然后右键点击粗加工操作【PLANAR_MILL_ROUGH】，选择【编辑】，进入操作对话框，点击进给率和速度按钮，进入如图 12-3所示对话框，指定主轴转速为 300r/min，点击【确定】按钮结束转速设置。用同样的方法为精加工刀轨 FINISH_WALLS 设定转速。然后按住键盘的【Ctrl】键，如图 12-4 所示，选中粗加工操作和精加工操作，点击鼠标右键，选择快捷菜单的【后处理】，进入后处理对话框，如图 12-5 所示。点击浏览查找后处理器按钮，进入打开文件对话框，进入 UG NX 8.0 的基本安装目录里的 MACH \ resource \ postprocessor 文件夹，找到 simense802c _mill. pui 文件，打开该文件，此时在后处理器列表框中出现了 simense802c _ mill 字样。选中 simense802c_mill，定义好输出文件的文件名后，点击应用【按钮】，提示程序将被输出，此时在输出文件夹下已经有了数控程序文件，后缀为 MPF。可用记事本打开该文件 pingmianxi4. mpf，如图 12-6 所示。

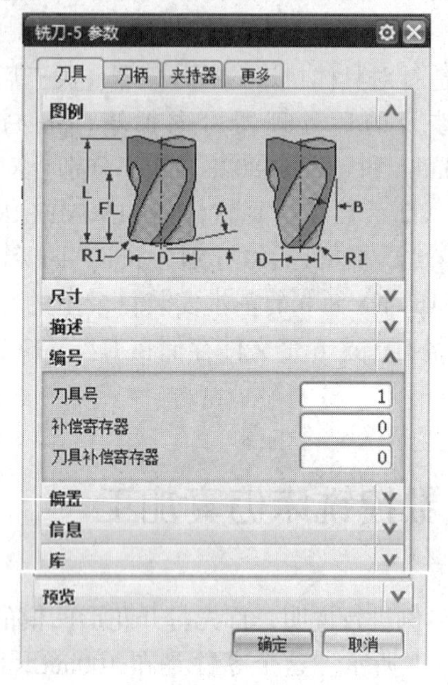

图 12-2　指定刀具号

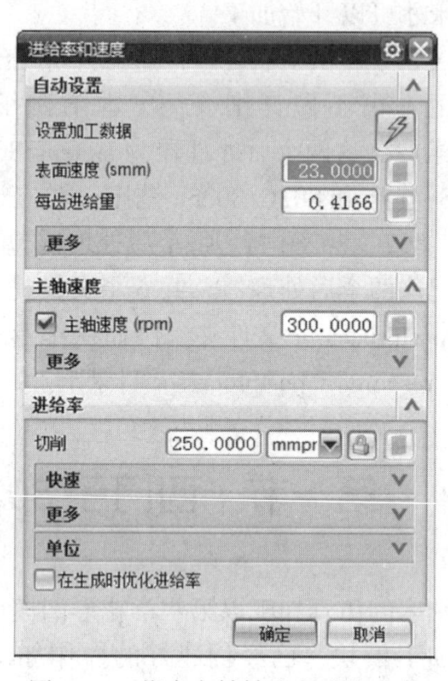

图 12-3　指定主轴转速和进给速度

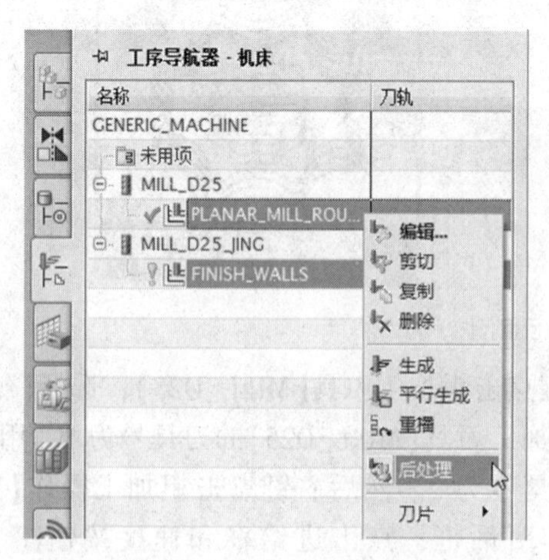

图 12-4　进入后处理环节

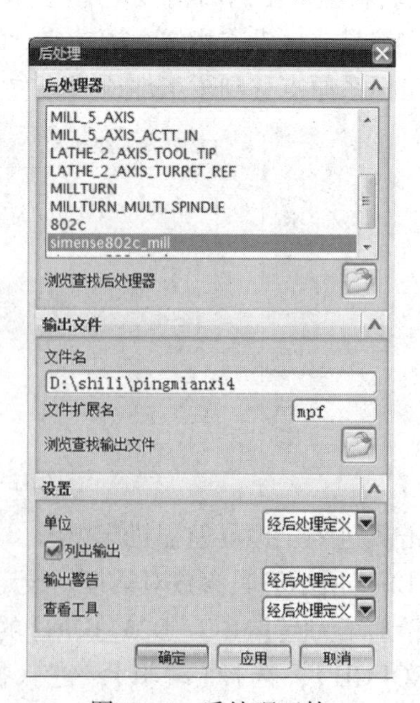

图 12-5　后处理刀轨

此时可以关闭 UG NX 8.0，进入南京斯沃数控仿真软件，选择 802C/802Se M，如图 12-7 所示，点击运行，进入 802C 铣床的仿真系统。具体操作过程如下：

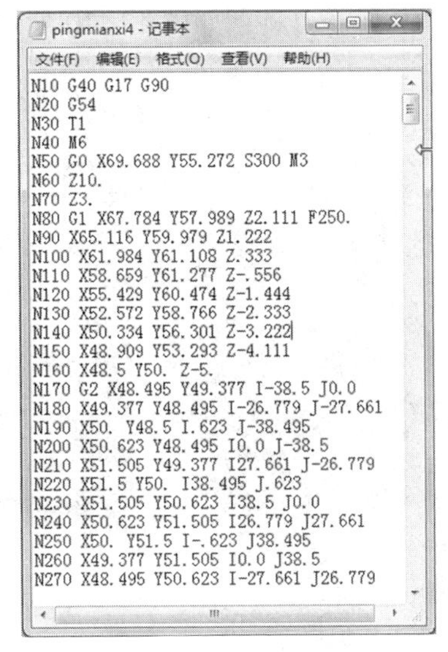

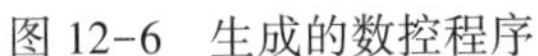
图 12-6 生成的数控程序

图 12-7 进入数控仿真系统

（1）点击数控面板上的【K1】键，打开驱动器使能，系统会弹出对话框，提醒返回参考点，点击【确定】，依次点击【+X】【+Y】【+Z】按钮，返回参考点。

（2）打开软件的【机床操作】菜单，点击【刀具管理】项，进入如图 12-8 所示刀具库管理对话框。在刀具数据库中选择编号 001 的端铣刀，点击【修改】按钮，在弹出的修改刀具对话框中将刀具直径改为 25，点击【确定】回到刀具库管理对话框。在刀具库管理对话框中单击【添加】按钮，弹出添加刀具对话框，指定刀具号为 8，刀具名称为 t8，如图 12-9 所示。这个对话框里，刀具号和刀具名称指的是刀具在刀具库中的编号和名称，与程序中的刀具号没有直接关系。如图所示，填上精加工刀具直径 25mm，刀杆长度 120mm，点击【确定】回到图 12-8 对话框。

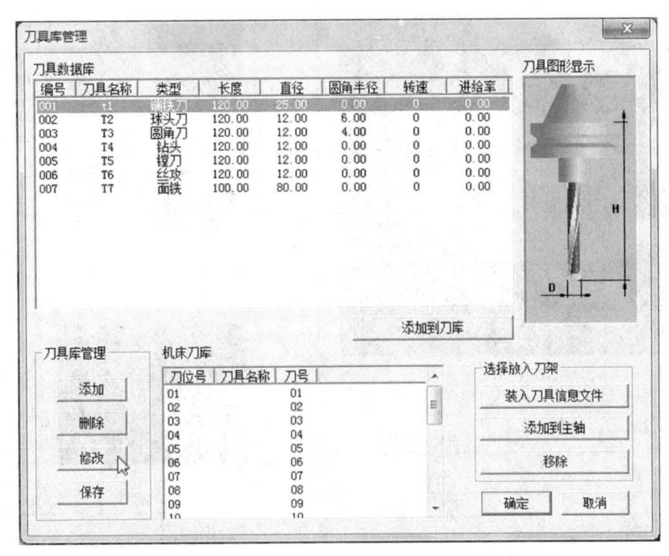

图 12-8 刀具库管理

（3）在刀具数据库列表框中选中 t1 端铣刀，点击下方的【添加到刀库】按钮，选择 1 号刀位，再选中 t8 端铣刀，点击下方【添加到刀库】按钮，选择 2 号刀位。在机床刀库列表框中选中 t1，点击【添加到主轴】。此时机床主轴和刀库中有了刀具，如图 12-10 所示。点击图 12-8 所示对话框的【确定】按钮，结束刀具的管理。

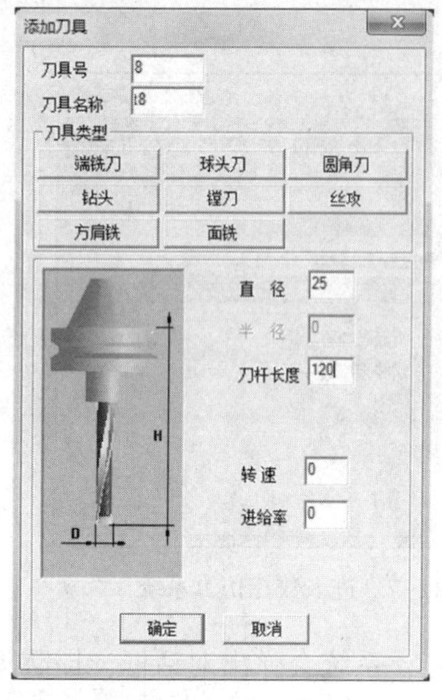

图 12-9　添加刀具

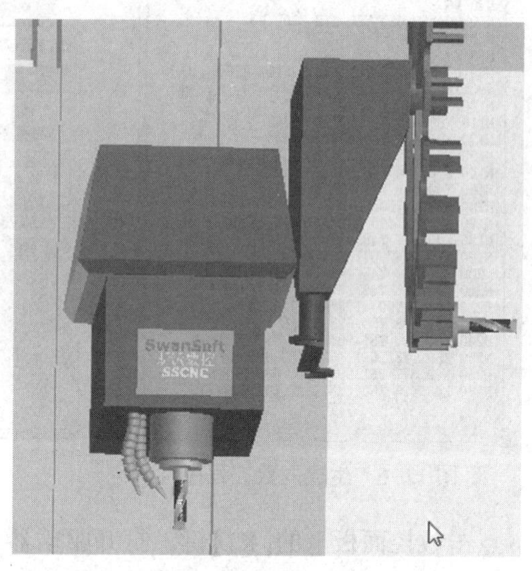

图 12-10　添加好的刀具

（4）点击软件的【工件操作】菜单，选择【设置毛坯】，弹出设置毛坯对话框如图 12-11 所示，设置长方体的长宽高分别为 100mm×100mm×30mm，选中下方的更换工件按钮，点击【确定】结束毛坯的设置。点击软件的【工件操作】菜单，选择【工件装夹】，弹出工件装夹对话框，选择【工艺板装夹】方式，如图 12-12 所示，点击【确定】结束工件装夹方式的设置。

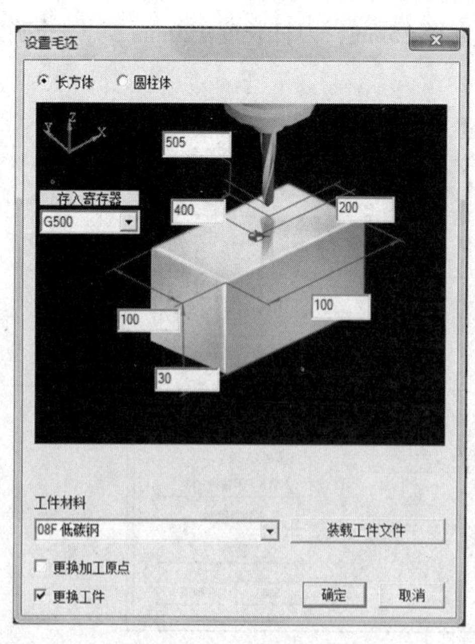

图 12-11　设置毛坯尺寸

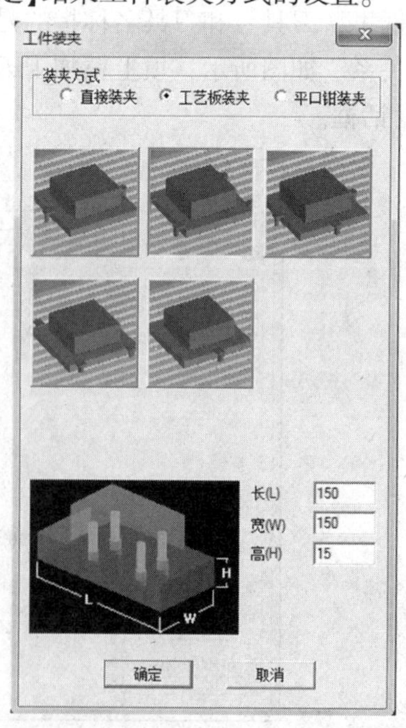

图 12-12　设置工件装夹方式

（5）点击【文件】菜单，选择【打开】，弹出对话框提示是否保存现有项目，点击【否】，进入打开文件对话框，文件过滤器选择【NC 程序文件】，找到前面生成的程序文件，点击【打开】按钮，程序则被导入，如图 12-13 所示。

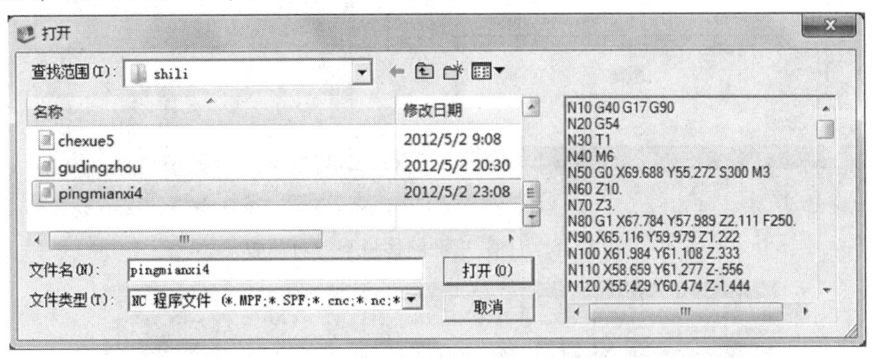

图 12-13　打开程序文件

（6）点击数控面板上的，再点击数控面板上的主菜单按钮，在软键上选择【参数】，再选择【零点偏移】，如图 12-14 所示。使光标停留在 G54 的区域，按软键【测量】，选择刀具号 1，按软键【确定】，进入对刀界面如图 12-15 所示。UG 中设定的工件原点在工件左侧靠外的顶点。先对 X 轴，如图 12-16 所示，使用手动操作方式将刀具与工件左侧边相切，此时刀具中心所处的位置为-462.069，这个位置是刀具中心在机床坐标系中的值，刀具和工件左侧边相切，那么工件原点和刀具中心相差一个刀具半径，即 12.5mm，X 轴的正方向向右，工件原点的机床坐标系值比刀具当前位置大 12.5，因此工件原点的 X 坐标应当为-449.569，在零偏中输入-12.5，点击软键【计算】。在实际机床中有可能需要在零偏中输入 12.5 才能得到正确的工件原点坐标值，这是由于仿真软件和实际机床的计算方式不同，但是不管怎么计算，应当以最终获得正确的工件原点坐标为准。

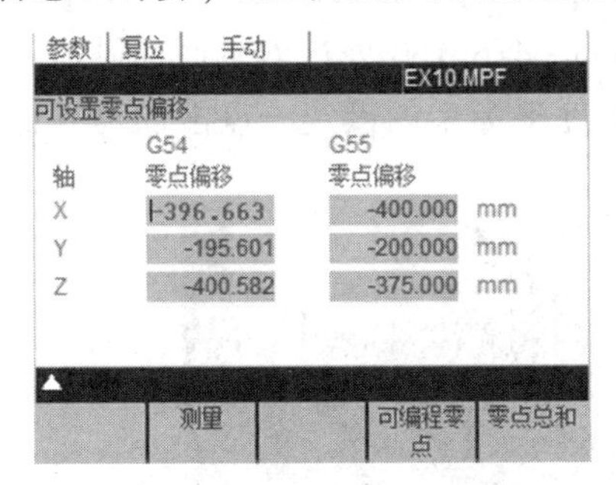

图 12-14　设置零点偏移

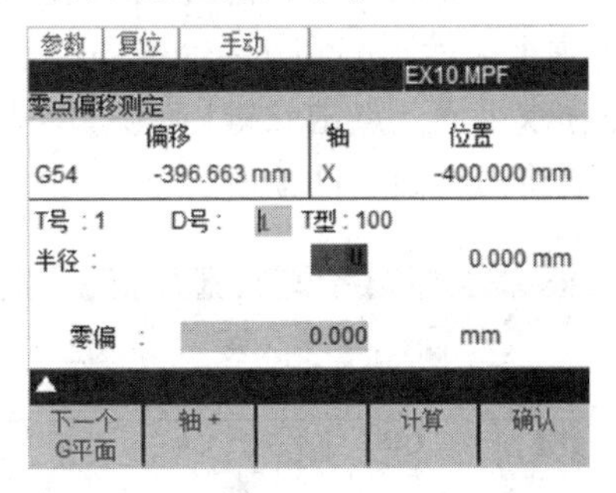

图 12-15　计算 X 轴偏移量

（7）按【轴+】软键，对 Y 轴，如图 12-17 所示，使用手动操作方式将刀具与工件前侧边（靠近机床门）相切，此时刀具中心所处的位置为-261.822，这个位置是刀具中心在机床坐标系中的值，刀具和工件前侧边相切，那么工件原点和刀具中心相差一个刀具半径，即 12.5mm，Y 轴的正方向在图中向左，工件原点的机床坐标系值比刀具当前位置大 12.5，因此工件原点的 Y 坐标应当为-249.322，在零偏中输入-12.5，点击软键【计算】。同样，在实际机床中有可能需要在零偏中输入 12.5 才能得到正确的工件原点坐标值，这是由于仿真软件和实际机床的计算方式不同，但是不管怎么计算，应当以最终获得正确的工件原点坐标为准。

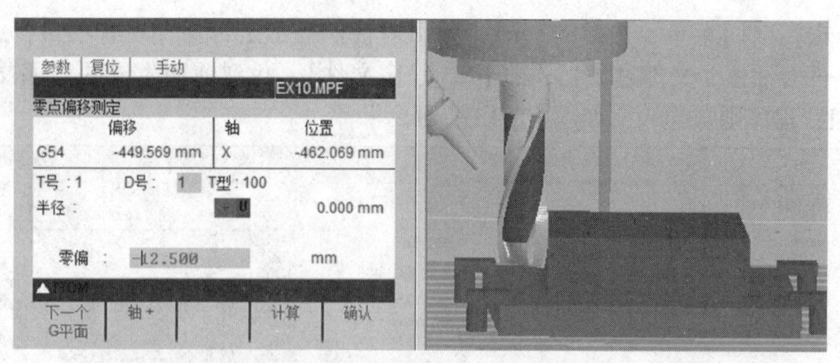

图 12-16　计算 X 轴偏移量与刀具位置

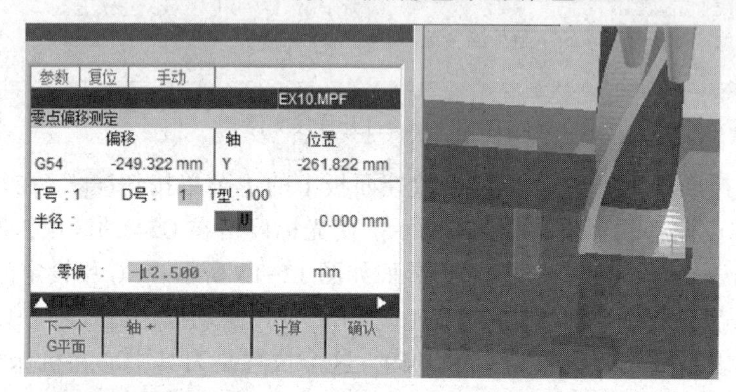

图 12-17　计算 Y 轴偏移量

(8) 按【轴+】软键，对 Z 轴，如图 12-18 所示，使用手动操作方式将刀具与工件顶面相切，此时主轴下端面圆心所处的位置为-386.160，这个位置是主轴下端面圆心在机床坐标系中的值，刀具和工件顶面相切，那么当主轴下端面圆心到达-386.160 时，刀具底面圆心接触到了工件原点，因此在零偏中输入 0，点击软键【计算】。如果定义工件原点在底面，部件高 30，那么主轴下端面圆心到达-386.160 减 30 即-416.160 处，刀具底面圆心才可以接触上工件原点所在水平面。点击软键【确认】结束工件坐标系的设定。点击加工界面键回到加工界面。然后将刀抬离工件顶面。

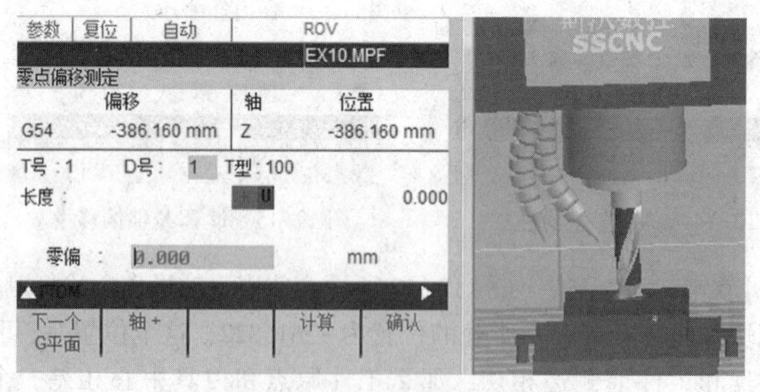

图 12-18　计算 Z 轴偏移量

(9) 点击数控面板上的自动模式键，机床切换到自动模式。再点击循环开始键，即可开始加工。加工结束后的效果如图 12-19 所示。

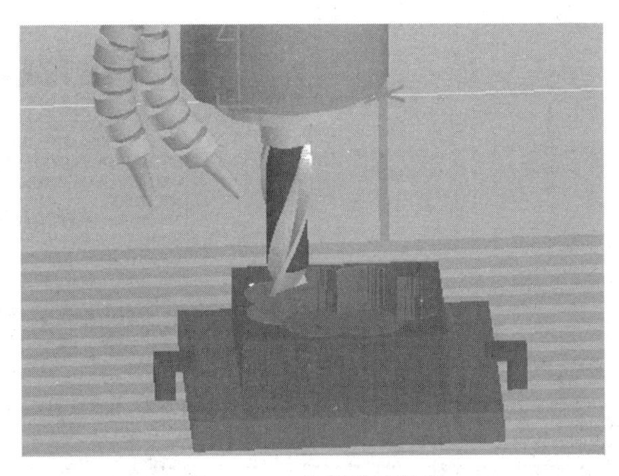

图 12-19　铣削仿真效果

第二节　西门子 802C 数控车床仿真加工

车削的数控仿真以第十一章提及的一个零件为例进行说明。零件外形如图 12-20 所示。该零件包含 M35 的螺纹、5mm 宽的槽、圆弧面、锥面、外圆柱面。毛坯直径为 80mm，高为 80mm。使用一把外圆车刀、一把螺纹车刀和一把刀宽为 3mm 的切槽刀进行加工。在 UG 中依次定义为 1、2、3 号刀，设定外圆加工时主轴转速为 500r/min，切槽时主轴转速为 200r/min，车螺纹时转速为 30r/min，同时定义好相应的进给速度。在 UG 中生成的刀轨如图 12-21 所示。

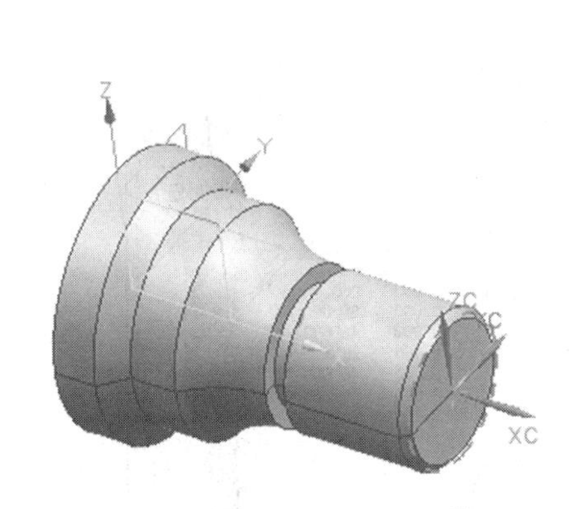

图 12-20　车削零件的 CAD 模型

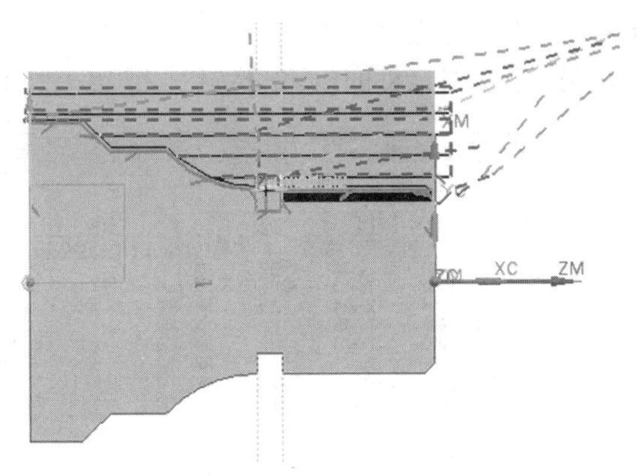

图 12-21　车削刀轨

进入在工序导航器程序顺序视图，如图 12-22 所示，按住键盘【Ctrl】，选中所有的操作，点右键弹出快捷菜单，选择【后处理】，进入后处理对话框，如图 12-23 所示。

点击浏览查找后处理器按钮，进入打开文件对话框，进入 UG NX 8.0 的基本安装目录里的 MACH \\ resource \\ postprocessor 文件夹，找到 simense802c_lathe. pui 文件，打开该文件，此时在后处理器列表框中出现了 simense802c_lathe 字样。选中 simense802c_lathe，定义好输出文件的文件名后，点击应用【按钮】，提示程序将被输出，确定之后在输出文件夹下已经有了数控程序文件，后缀为 MPF。至此可以关闭 UG，进入仿真软件。进入仿真软件后的操作流程如下：

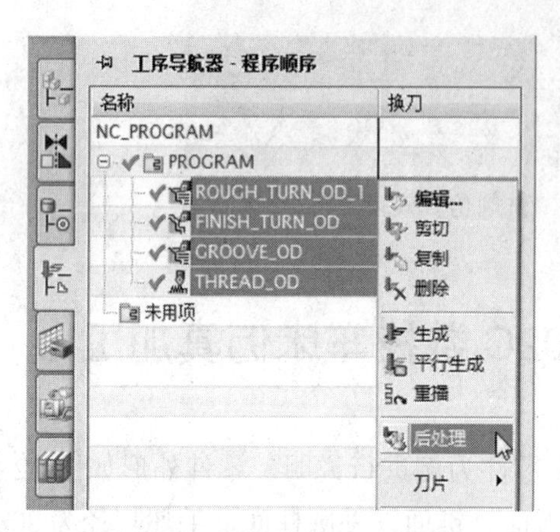

图 12-22　选择操作进行后处理

图 12-23　车削的后处理

(1) 点击数控面板上的【K1】键，打开驱动器使能，系统会弹出对话框，提醒返回参考点，点击【确定】，依次点击【+X】【+Z】按钮，返回参考点。

(2)打开软件的【机床操作】菜单，点击【刀具管理】项，创建刀具如图 12-24 所示。在机床刀库中 1 号刀为外圆车刀 Tool1，2 号刀为割刀 Tool6，3 号刀为螺纹刀 Tool3。点击图 12-24 所示对话框的【确定】按钮，结束刀具的管理。

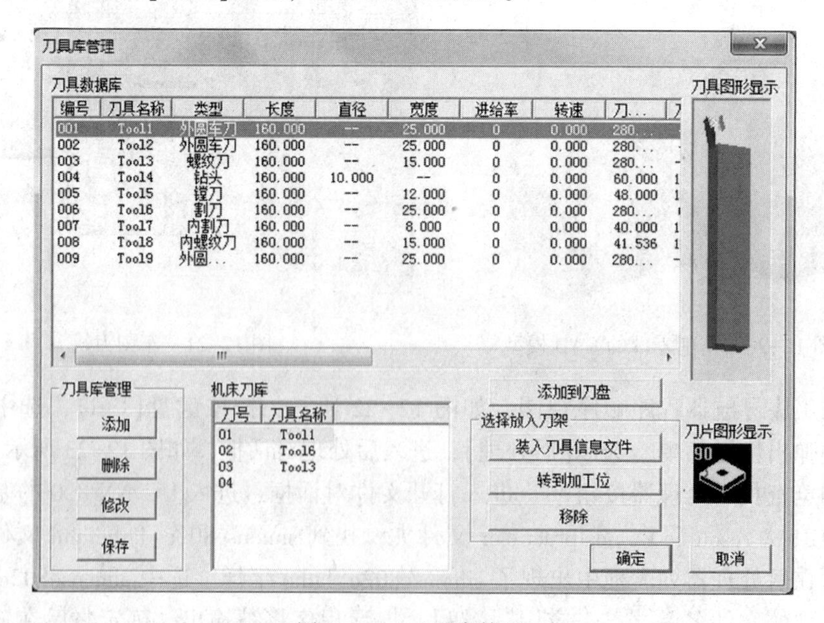

图 12-24　刀具库管理

(3) 点击软件的【工件操作】菜单，选择【设置毛坯】，弹出设置毛坯对话框，如图 12-25 所示，设置圆棒料的直径为 80，长度为 250，选中下方的更换工件按钮，点击【确定】结束毛坯的设置。

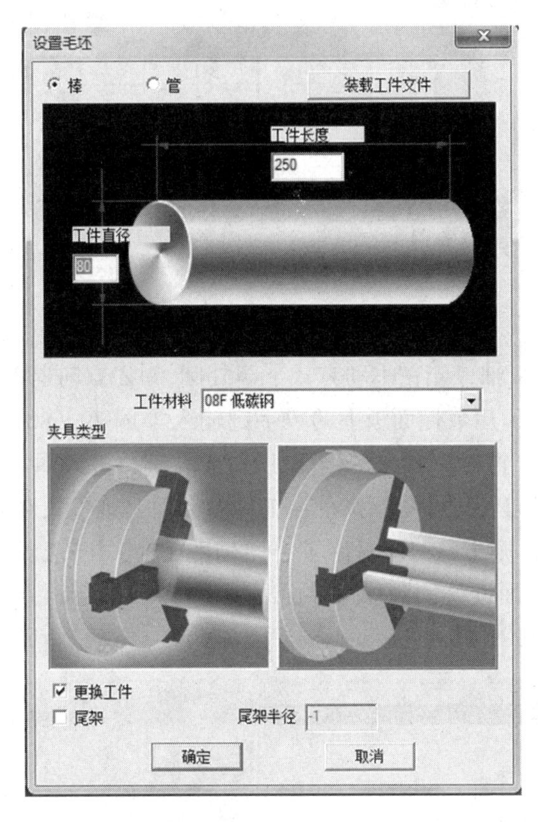

图 12-25　设置毛坯尺寸

(4) 点击【文件】菜单，选择【打开】，弹出对话框提示是否保存现有项目，点【否】，进入打开文件对话框，文件过滤器选择【NC 程序文件】，找到前面生成的程序文件，点击【打开】按钮，程序则被导入，如图 12-26 所示。

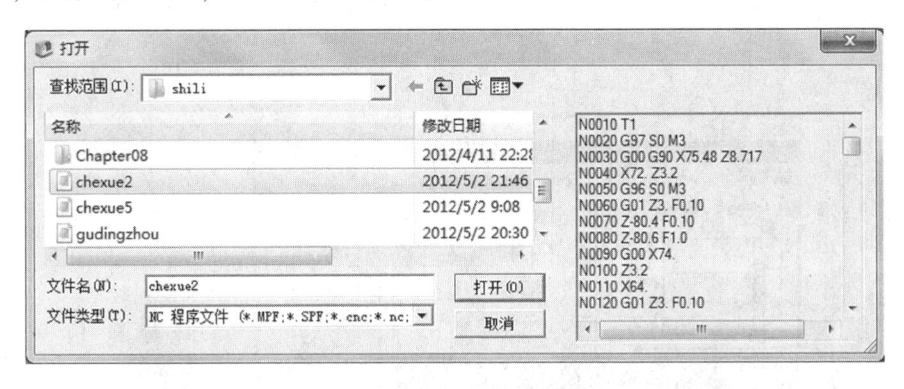

图 12-26　打开程序文件

(5) 点击数控面板上的▢，再点击数控面板上的主菜单按钮▢，在软键上选择【参数】，再选择【刀具补偿】，如图 12-27 所示。

按 <<T　T>> 对应的软键，选择 1 号刀，选择【对刀】软键，进入对刀界面，如

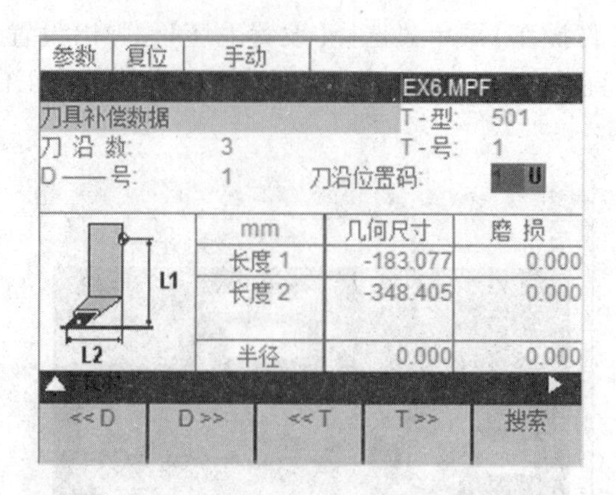

图 12-27　刀具补偿数据

图 12-28 所示，首先对 X 轴，先在手动方式下车外圆，+Z 方向退刀，用游标卡尺量取工件直径，假设为 79.680mm，用数控面板上的数字键输入零偏 79.680，按 计算 所对应的软键，则 X 轴的偏置就对好了。再对 Z 轴，按 轴+ 所对应软键，进入图 12-29 所示界面。在手动方式下车端面，+X 向退刀，工件坐标系设在工件右端面，则输入 0，按 计算 所对应的软键，再按 确认 所对应的软键，则 1 号刀就对好了。回到图 12-27 所示界面，用同样的方法对 2、3 号刀。然后点击加工界面键 M 回到加工界面。手动将刀架移到工件右边，留出足够的刀架回转空间，避免换刀时发生碰撞。

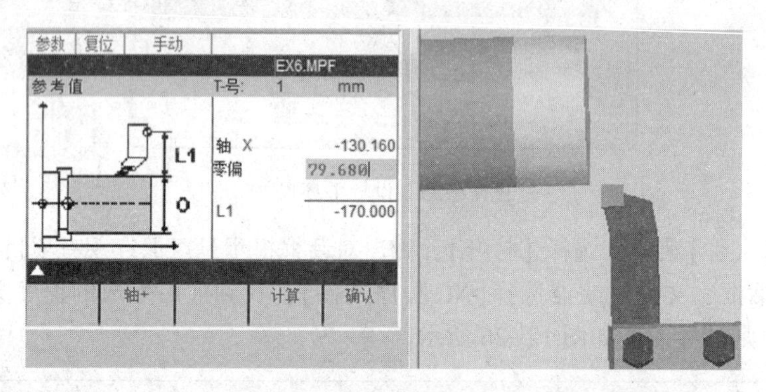

图 12-28　X 轴对刀

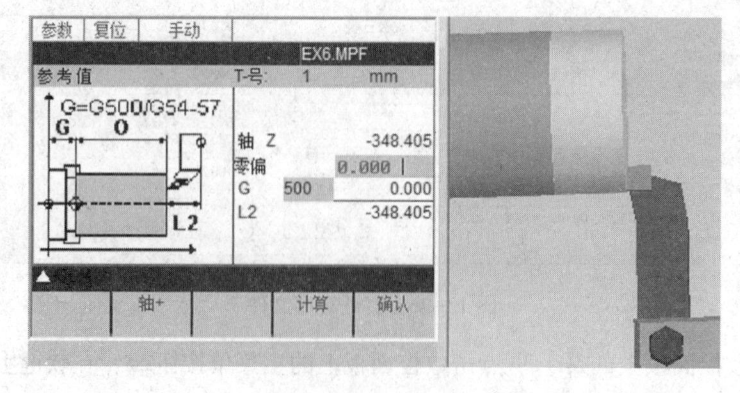

图 12-29　Z 轴对刀

（6）点击数控面板上的自动模式键AUTO，机床切换到自动模式。再点击循环开始键CYCLE START，即可开始加工。加工结束后的效果如图 12-30 所示。

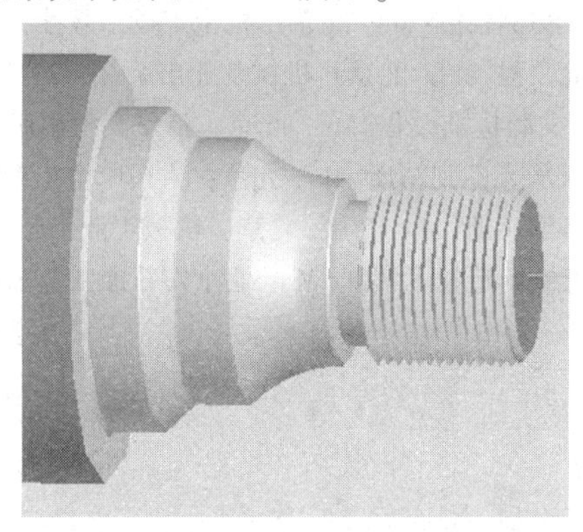

图 12-30　仿真加工的效果

参考文献

[1] 展迪优 . UG NX 8.0 快速入门教程[M]. 北京：机械工业出版社，2012.

[2] 詹友刚. UG NX 8.0 产品设计实例精解[M]. 北京：机械工业出版社，2011.

[3] 詹友刚. UG NX 8.0 数控加工教程[M]. 北京：机械工业出版社，2012.

[4] 张瑞萍，孙晓红. UG NX6 中文版标准教程[M]. 北京：清华大学出版社，2009.

[5] 龙马工作室. UG NX 4 中文版从入门到精通[M]. 北京：人民邮电出版社，2008.

[6] 钟日明等. UG NX 8.0 完全自学手册[M]. 2 版. 北京：机械工业出版社，2012.

[7] 宋玉杰，闫月娟，祖海英. 机械制造技术实践[M]. 北京：石油工业出版社，2009.